教育部　财政部职业院校教师素质提高计划职教师资培养资源开发项目
通信工程专业职教师资培养资源开发（VTNE027）（负责人：曾翎）

U0953634

通信局（站）电源系统

TONGXIN JU(ZHAN)
DIANYUAN XITONG

主　编　曾　翎　马康波
副主编　杨忠孝　漆逢吉　李义平
　　　　罗晓蓉　邓晓红

电子科技大学出版社
University of Electronic Science and Technology of China Press
·成都·

图书在版编目(CIP)数据

通信局(站)电源系统 / 曾翎，马康波主编. -- 成都:电子科技大学出版社，2018.8

(教育部财政部职业院校教师素质提高计划成果系列丛书)

ISBN 978-7-5647-5536-2

Ⅰ.①通… Ⅱ.①曾…②马… Ⅲ.①电信设备 - 电源 - 高等职业教育 - 教材 Ⅳ.①TN86

中国版本图书馆CIP数据核字（2018）第005075号

内 容 提 要

本书为教育部、财政部职业院校教师素质提高计划成果系列丛书之一。本书主要聚焦通信局（站）电源系统设计、安装、维护等专业知识和技能，旨在培养职教本科学生掌握通信局（站）电源系统的设计、安装、维护等专业能力与教学能力。本书包括通信局（站）交流供电系统运行与维护、接地与防雷系统运行与维护等5个学习情境，10余个学习任务。本书可以作为通信工程职教师资本科的教学、培训用书，也可以作为相关高职与中职教师的参考用书。

通信局(站)电源系统

曾　翎　马康波　主编

策划编辑　郭蜀燕　杨仪玮
责任编辑　于　兰

出版发行　电子科技大学出版社
　　　　　成都市一环路东一段159号电子信息产业大厦九楼　邮编：610051
主　　页　www.uestcp.com.cn
服务电话　028-83203399
邮购电话　028-83201495

印　　刷　四川煤田地质制图印刷厂
成品尺寸　185mm×260mm
印　　张　21
字　　数　460千字
版　　次　2018年8月第一版
印　　次　2018年8月第一次印刷
书　　号　ISBN 978-7-5647-5536-2
定　　价　82.00元

教育部　财政部职业院校教师素质提高计划成果系列丛书
通信工程专业职教师资培养资源开发（VTNE027）

项目牵头单位：电子科技大学

项目负责人：曾　翎

项目专家指导委员会

主　任：刘来泉

副主任：王宪成　　郭春鸣

成　员：（按姓氏笔画排列）

刁哲军	王继平	王乐夫	邓泽民
石伟平	卢双盈	汤生玲	米　靖
刘正安	刘君义	孟庆国	沈　希
李仲阳	李栋学	李梦卿	吴全全
张元利	张建荣	周泽扬	姜大源
郭杰忠	夏金星	徐　流	徐　朔
曹　晔	崔世钢	韩亚兰	

出 版 说 明

《国家中长期教育改革和发展规划纲要（2010—2020年）》颁布实施以来，我国职业教育进入加快构建现代职业教育体系、全面提高技能型人才培养质量的新阶段。加快发展现代职业教育，实现职业教育改革发展新跨越，对职业学校“双师型”教师队伍建设提出了更高的要求。为此，教育部明确提出，要以推动教师专业化为引领，以加强“双师型”教师队伍建设为重点，以创新制度和机制为动力，以完善培养培训体系为保障，以实施素质提高计划为抓手，统筹规划，突出重点，改革创新，狠抓落实，切实提升职业院校教师队伍整体素质和建设水平，加快建成一支师德高尚、素质优良、技艺精湛、结构合理、专兼结合的高素质、专业化的“双师型”教师队伍，为建设具有中国特色、世界水平的现代职业教育体系提供强有力的师资保障。

目前，我国共有60余所高校正在开展职教师资培养，但由于教师培养标准的缺失和培养课程资源的匮乏，制约了“双师型”教师培养质量的提高。为完善教师培养标准和课程体系，教育部、财政部在“职业院校教师素质提高计划”框架内专门设置了职教师资培养资源开发项目，中央财政划拨1.5亿元，系统开发用于本科专业职教师资的培养标准、培养方案、核心课程和特色教材等系列资源。其中，包括88个专业项目、12个资格考试制度开发等公共项目。该项目由42家开设职业技术师范专业的高等学校牵头，组织近千家科研院所、职业学校、行业企业共同研发，一大批专家学者、优秀校长、一线教师、企业工程技术人员参与其中。

经过3年的努力，培养资源开发项目取得了丰硕成果。一是开发了中等职业学校88个专业（类）职教师资本科培养资源项目，内容包括专业教师标准、专业教师培养标准、评价方案，以及一系列专业课程大纲、主干课程教材及数字化资源；二是取得了6项公共基础研究成果，内容包括职教师资培养模式、国际职教师资培养、教育理论课程、质量保障体系、教学资源中心建设和学习平台开发等；三是完成了18个专业大类职教师资资格标准及认证考试标准开发。上述成果，形成了共计800多本正式出版物。总体来说，培养资源开发项目实现了高效益：形成了一大批资源，填补了相关标准和资源的空白；凝聚了一支研发队伍，强化了教师培养的“校—企—校”协同；引领了一批高校的教学改革，带动了“双师型”教师的专业化培养。职教师资培养资源开发项目是支撑专业化培养的一项系统化、基础性工程，是加强职教教师培养培训一体化建设的关键环节，也是对职教师资培养培训基地教师专业化培养实践、教师教育研究能力的系统检阅。

自2013年项目立项开题以来，各项目承担单位、项目负责人及全体开发人员做了大量深入细致的工作，结合职教教师培养实践，研发出很多填补空白、体现科学性和前瞻性的成果，有力推进了“双师型”教师专门化培养向更深层次发展。同时，专家指导委员会的各位专家以及项目管理办公室的各位同志，克服了许多困难，按照两部对项目开发工作的总体要求，为实施项目管理、研发、检查等投入了大量时间和心血，也为各个项目提供了专业的咨询和指导，有力地保障了项目实施和成果质量。在此，我们一并表示衷心的感谢。

编写委员会

2016年3月

前　　言

通信电源是通信系统的重要组成部分，通信质量和通信的可靠性与通信电源系统的供电质量和供电可靠性密切相关。可以说，通信电源是通信系统的“心脏”，它在通信网上处于极为重要的位置。

本书以通信工程专业职教师资本科教育的学科建设为背景，以面向中等职业学校培养专业课教学师资人才为目标，以通信电源系统设计、安装、维护的我国国家标准、行业标准、各通信营运商维护规程及通信行业的职业资格标准为依据，根据行业企业发展需要和完成职业岗位实际工作任务所需的知识、能力和素质要求，打破传统教材以学科体系知识为主线的架构。重新建立以能力为本位，突出知识、能力和素质教育的有机结合和全方位发展，采用理实一体化课程结构，适用于技能应用型人才培养的新型教材。

本书编写按理论实践一体化课程结构，以工作过程为导向，以项目式、典型任务驱动式组织教学内容。教材的体例是项目和典型任务结构，每个典型任务包括：学习情景设计→任务描述→任务分析→知识链接与拓展→技能训练→任务完成→评价→教学策略→思考与练习等几个主要环节。在教学内容组织和教学实施方面都力争做到理实一体化，通过教师的教学过程实施，再结合本教材的教学策略讨论，可以有效地引导学生学习专业教学方法和技巧，落实培养目标要求的“专业性”“技术性”和“师范性”三结合，突出“师范”教育特点。

本课程的教学组织和实施采用理实一体化模式，理论教学与实践实训必须贯穿整个教学过程，理论结合大量的实验室实训、现场实习、参观和见习，有条件的学校，还可以穿插适当的现场岗位顶班实习，学时数的设置自由度很大，可以有较大的弹性，建议时数为64学时。

与教材配套的数字化资源是本课程的一大特色，在网络平台上有相应的支持。网络数字化资源内容包括课程基本信息、课程导学、教材任务、课程总结共四个部分。

本书由曾翎、马康波主编，典型工作任务1.1，典型工作任务1.2，典型工作任务1.5，典型工作任务2.1，典型工作任务2.2，典型工作任务3.1，典型工作任务3.2，由漆逢吉、马康波共同执笔；典型工作任务1.3，典型工作任务1.4，典型工作任务5.1，典型工作任务5.2由李义平执笔；典型工作任务4.1由马康波执笔；附录、通信局（站）电源系统补充知识由漆逢吉执笔；全书由马康波统稿，杨忠孝统审。本教材数字化资源由罗晓蓉、邓晓红设计、制作完成。

在本书的编写过程中，得到了电子科技大学、四川邮电职业技术学院和通信企业的学科专家、职业技术教育专家和企业高管等很多同志的大力支持，故本书是集体智慧的结晶。教材中的很多素材、案例来自大量的国家标准、专业学科研究文献和电信设备生产行业企业的产品资料及电信运营企业的管理文件、章程等。在此，对他们的工作和贡献一并表示衷心感谢！

由于作者水平有限，书中难免存在缺点和欠妥之处，敬请读者批评指正。

编　者

2018年5月

目　　录

学习情境一　交流供电系统运行与维护操作

学习情境及知识地图

1　学习情境概述

本次学习主要聚焦在通信局（站）交流供电系统的巡检维护情景。主要从高压变配电设备、低压交流供电系统、油机发电机组（分固定式和移动式两类）及交流不间断电源系统（UPS）等方面设置典型工作任务，各典型工作任务侧重于维护项目、维护内容、系统主要参数指标测试及规范操作等方面选取教学内容，通过学习与实践，要求学生掌握交流供电系统的巡检维护的方法、内容及规范等。

2　学习情境知识地图

本次学习情景的知识地图如图1.1所示。

◆ 巡检维护

（1）巡检维护项目

包括：安全检查、设备及器件清洁、设备运行状态检查、器件工作状态检查、主要技术指标测试及分析。

（2）巡检维护周期

定期维护：月维护、季维护、半年维护、年维护。

不定期维护：突发故障时的维护。

◆ 维护资料收集与归档

包括：月度维护记录表、季度维护记录表、半年度维护记录表、年度维护记录表、故障分析处理记录表。

◆ 常用维护技能

（1）指标测量类技能

包括：温升测量、绝缘电阻测量、三相电压及电流测量、三相电压不平衡度测量、谐波测量、零地电压测量。

（2）规范操作类技能

包括：两路高压市电切换操作、油机发电机组启动与正常停机操作、市电停电及来电操作、UPS开机及关机操作、UPS工作模式切换操作。

图1.1　交流供电系统运行与维护操作知识结构图

学习任务分析

表1.1　主要学习任务列表

序号	任务名称	主要学习内容	建议学时	学习成果	理实一体化教学建议
1	高压变配电设备巡检维护	根据通信行业相关维护标准及维护规程规定，高压变配电设备巡检维护主要涉及高压开关柜和降压电力变压器的巡检维护，包括日常定期的清洁、检查及测试等	4学时	熟悉高压变配电设备巡检维护项目、内容，能够测试主要技术指标并分析处理	
2	低压交流供电系统巡检维护	根据通信行业相关维护标准及维护规程规定，低压交流供电系统巡检维护主要涉及低压配电设备及供电线路的巡检维护，包括日常定期的清洁、检查及测试等	4学时	熟悉低压交流供电系统巡检维护项目、内容，能够测试主要技术指标并分析处理	
3	固定式油机发电机组的使用与维护	根据通信行业相关维护标准及维护规程规定，固定式油机发电机组的使用与维护主要涉及固定式油机发电机组的巡检维护及启动、正常停机、市电停电、市电来电等相关规范操作	4学时	熟悉固定式油机发电机组的巡检维护项目、内容，能够按规范要求完成启动、正常停机、市电停电、市电来电等相关操作	
4	移动式油机发电机组的使用与维护	根据通信行业相关维护标准及维护规程规定，移动式油机发电机组的使用与维护主要涉及移动式油机发电机组的巡检维护及启动、正常停机等相关规范操作	2学时	熟悉移动式油机发电机组的巡检维护项目、内容，能够按规范要求完成启动、正常停机等相关操作	
5	UPS的巡检维护与操作	根据通信行业相关维护标准及维护规程规定，UPS的巡检维护与操作主要涉及UPS的巡检维护、测试及启动、关机、工作模式切换等相关规范操作	2学时	熟悉UPS的巡检维护项目、内容，能够按规范要求完成启动、关机、工作模式切换等相关操作	

典型工作任务1.1　高压变配电设备巡检维护

1.1.1　任务描述

通信局（站）电源系统主用交流电源为市电，一般从10kV（线电压）高压电网引入。

通信局（站）的高压交流供电系统由高压供电线路、高压配电设备和降压电力变压器组成。高压变配电设备巡检维护涵盖高压供电线路、高压配电设备和降压电力变压器等。本次工作任务是对高压变配电设备进行维护，包括日常定期的清洁、检查及测试等。

根据通信行业的维护规定，高压变配电设备的维护分季度维护和年度维护，在教学过程中可根据实习企业环境实际情况的不同，灵活设置或安排不同任务。

1.1.2　任务分析

根据我国通信行业标准YD/T1970.2《通信局（站）电源系统维护技术要求第2部分：高低压变配电系统》以及各大通信运营企业的“电源、空调维护规程”，高压变配电设备维护周期表中规定的巡检维护主要项目有以下15个。

1. 清洁设备，堵塞进水和防止小动物钻入的孔洞。
2. 检查仪表显示是否正常，联锁装置是否正常。
3. 检查信号指示是否正常、有无告警。
4. 检查干式变压器的风机。
5. 检查熔断器接触是否良好，温升是否符合要求。
6. 检查接触器、闸刀、负荷开关是否正常。
7. 检查各接头处有无氧化、腐蚀，接触是否良好，螺丝有无松动。
8. 测试布线和机盘的绝缘。
9. 清洁电缆沟和瓷瓶。
10. 调整继电保护装置。
11. 检测避雷器及接地引线。
12. 检验高压防护用具。
13. 检查变压器和电力电缆的绝缘。
14. 校正仪表。
15. 检查主要元器件的耐压。

由于涉及高压，完成任务的重点是安全生产，因此必须遵守下列规定。

（1）高压变配电设备操作人员必须持有当地安全生产监督管理局颁发的高压变配

电设备操作证书，无证者不准进行操作。

（2）应实行两人值班制，一人操作、一人监护，实行操作唱票制度。不准一人进行高压操作。

（3）切断电源前，任何人不准进入防护栏。

（4）在切断电源、检查有无电压、安装移动地线装置、更换熔断器等工作时，均应使用防护工具。

（5）在距离10～35kV导电部位1m以内工作时，应切断电源，并将变压器高低压两侧断开，凡有电容的器件（如电缆、电容器、变压器等）应先放电。

（6）核实负荷开关确实断开，设备不带电后，再在电源开关处悬挂“有人工作，切勿合闸”的警告牌后方可进行维护和检修工作。警告牌只许原挂牌人或监护人撤去。

（7）严禁用手或金属工具触碰带电母线，检查通电部位时应用符合相应等级的试电笔或验电器。

（8）雨天不准露天作业，高处作业时应系好安全带，严禁使用金属梯子。

1.1.3　必备知识

1. 通信局（站）的高压交流供电系统组成及高压市电引入

通信局（站）的高压交流供电系统由高压供电线路、高压配电设备和降压电力变压器组成，即由高压市电引入线路和专用变电站组成。根据通信局（站）的实际情况，高压市电的引入可以分成两路高压引入和一路高压引入两种情况。当引入两路高压市电时，一般选择主、备用运行方式。

2. 高压停电检修流程及倒闸操作的技术要求

检修设备时，必须完成切断电源、验电、放电、接地线和装设临时遮栏等工作流程，在核实隔离开关或负荷开关确实断开、设备不带电，接好接地线后，再悬挂“有人工作，切勿合闸”警告牌，方可进行维护和检修工作。警告牌只许原挂牌人或监护人撤去。

停电检修时，应先停低压，后停高压；先断负荷开关，后断隔离开关。送电顺序则相反。切断电源后，高压设备的三相线上均应接地线。

3. 温升测量

在供电系统中当供电系统有电流流过时，会使供电系统中的线路、设备或器件的温度升高。电源维护人员通过对线路、设备或器件的温升测量和分析，可以间接地判断供电系统的运行状态。

4. 绝缘电阻的测量

绝缘电阻是电气设备和电气线路最基本的绝缘指标。测量电气设备绝缘电阻是检查其绝缘状态最简便的辅助方法。由所测绝缘电阻能发现电气设备导电部分影响绝缘的异物，绝缘局部或整体受潮和脏污，绝缘油严重劣化、绝缘击穿和严重热老化等缺陷。

1.1.4 技能训练

1. 温升测量

在供电系统中的供电线路、器件、设备及线路与器件之间的连接处等均存在一定的等效电阻，所以当供电系统有电流流过时，供电系统中的线路、设备或器件的温度就会升高。线路、设备或器件的温度与周围环境温度之差称为温升。

在实际工作中，电源维护人员通过对线路、设备或器件的温升测量和分析，可以间接地判断供电系统的运行状态。测量温升的首选仪器为红外点温计（红外测温仪），测量温升步骤如下：

（1）打开红外点温计电源开关，选择摄氏度为单位；

（2）按下红外测温仪电源开关，射出红外线，将红外线对准被测物体表面（在被测物件表面有红点），从液晶显示屏读取被测物体表面温度；

（3）从机房温湿度仪读取环境温度；

（4）计算被测物体温升：

温升=被测物体表面温度–环境温度；

（5）查询相关标准，判断被测物体温升是否正常。

测量时的注意事项。

①被测试点与仪表距离不宜太远，一般要求测温仪与被测物体表面之间距离为1～1.5m；且仪表应该与被测物体表面垂直。

②在仪表与被测物体间不应有其他物体的干扰情况，以免造成测量值的误差。

③对测试点所得的温度以最大值为依据。

④不准用激光直接瞄准人（兽）的身体，特别是人（兽）的眼睛！不要直接看激光柱，以防损坏眼睛。

2. 绝缘电阻的测量

在实际工作中，常用兆欧表［摇表，表面上标有符号“MΩ”（兆欧）］测量电机、电缆、变压器和其他电气设备的绝缘电阻。常用的兆欧表有ZC-7、ZC-11、ZC-25等型号；兆欧表的额定电压有250、500、1000、2500V等；测量范围有50、1000、2000MΩ等。

绝缘电阻测量步骤如下。

（1）根据线路、设备的工作电压选择合适电压等级的兆欧表。

（2）校表。测量前应将兆欧表进行一次开路和短路试验，检查兆欧表是否良好。将两连接线开路，摇动手柄，指针应指在“∞”处，再把两连接线短接一下，指针应指在“0”处，符合上述条件者即良好；否则不能使用。

（3）将被测设备与线路断开，对于大电容设备还要进行放电。

（4）接线。在兆欧表上有三个接线端钮，分别标为接地E、电路L和屏蔽G。测量绝缘电阻时，一般只用“L”和“E”端，E通常接地或接设备外壳，L接被测线路。但在测量电缆对地的绝缘电阻或被测设备的漏电流较严重时，就要使用“G”端，并将“G”端接屏蔽层或外壳，如图1.2所示。

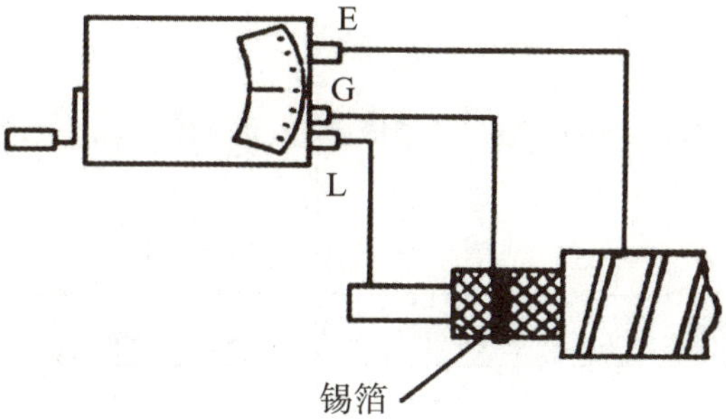

图1.2 电缆绝缘电阻测量接线图

（5）摇测。线路接好后，可按顺时针方向转动摇把，摇动的速度应由慢而快，当转速达到每分钟120转左右时，保持匀速转动，1分钟后读数，并且要边摇边读数，不能停下来读数。

（6）拆线放电。读数完毕，一边慢摇，一边拆线，然后将被测设备放电。放电方法是将测量时使用的地线从兆欧表上取下来与被测设备短接一下即可（不是兆欧表放电）。

测量绝缘电阻时应该注意以下几点。

①禁止在雷电时或高压设备附近测绝缘电阻，只能在设备不带电，也没有感应电的情况下测量。

②使用兆欧表时必须将表水平放置，且远离外磁场。

③摇测过程中，被测设备上不能有人工作。

④兆欧表线不能绞在一起，要分开。

⑤兆欧表未停止转动之前或被测设备未放电之前，严禁用手触及。拆线时，也不要触及引线的金属部分。

⑥测量结束时，含有大电容的设备要放电。

⑦要定期校验兆欧表的准确度。

1.1.5 任务完成

1. 分组

以6～8人为一个学习小组，并确定各学习小组组长。然后由组长根据教学任务完成本小组组员工作职责分工，如确定操作员、数据记录员、安全监督员等，并负责组织本小组完成本次学习任务。

2. 讨论

各学习小组围绕高压变配电设备日常巡检维护项目展开讨论，并制订出相应的实施方案、具体操作步骤、安全注意事项等。

3. 审核

由指导老师对各学习小组制订的方案进行审核，主要审核各小组方案的完整性、可操作性及安全性等。

4. 实施

各小组根据指导老师审核后的方案完成本次实训任务，并将相关结果填入下列各表中。

表 1.2　高压变配电设备测量记录表

序号	测试项目	测试用仪器、仪表	测试结果	是否正常	判断依据
1	熔断器温升				
2	测试布线和机盘的绝缘				
3	检查变压器和电力电缆的绝缘				
4	检查主要元器件的耐压值				

表 1.3　高压变配电设备巡检维护记录表

序号	检查内容	检查结果	处理措施
1	检查各走道绝缘胶垫是否完好		
2	检查高压室各门窗、地槽、线管、孔洞是否密封		
3	检查仪表显示是否正常，联锁装置是否正常		
4	检查信号指示是否正常、有无告警		
5	检查变压器、机架、电缆沟和瓷瓶等是否有灰尘		
6	检查干式变压器的风机工作是否正常		
7	检查熔断器接触是否良好		
8	检查各接头处有无氧化、接触是否良好、螺丝有无松动		
9	检查接触器、闸刀、负荷开关、继电保护装置是否正常		
10	检验高压防护用具		
11	检查避雷器状态是否正常		
12	检查接地引线是否锈蚀、氧化		

1.1.6　教学评价

整个教学过程在教师的组织和协调中进行，可按照以下几个方面进行考核。

1. 过程考核

教师全程监督整个任务实施过程，观察每个学员在整个过程中各方面的表现，并做好记录（建议拍下工作照片）。

1）操作的规范及熟练程度：主要考查学员对规范的熟练程度和工具的正确使用并按照正确的步骤完成任务。

2）掌握知识的灵活程度：主要考查学员能否举一反三，可以通过学员对类似问题采取的解决方案提问，以及与学员的交流等几个方面来综合考虑。

3）学习态度：主要考查学员能否积极、主动，完成任务是否认真，应杜绝学员抄起手看热闹，啥也不干，做“抄手派”。

2. 结果考核

1）任务实施情况：主要考查学员是否能按照要求完成高压变配电设备的维护。

2）任务记录文件和报告文件：任务实施后，应该提交任务记录文件和报告文件，任务记录文件主要考查其是否详细、规范记录对设备的检修、维护结果。报告文件中主要考查能否提出每个人在这次任务中实实在在的收获。

3）组员互评：小组成员之间在共同完成任务的过程中，从协作能力及在小组中所发挥的作用两个方面互相评分。

评价内容及参考指标见表1.4。通过对下表各项内容的考核，评定出学员的成绩。

表1.4　评价内容及参考指标

评价指标 / 学员	过程考核(50%)			成果考核(30%)		组员互评(20%)	
	操作的规范及熟练程度（20%）	掌握知识的灵活程度（20%）	学习态度（10%）	任务实施情况（20%）	报告文件（10%）	小组协作能力（10%）	在小组中发挥的作用(10%)

1.1.7　知识链接与拓展

1. 高压市电的引入

通信局（站）的高压交流供电系统由高压供电线路、高压配电设备和降压电力变压器组成，即由高压市电引入线路和专用变电站组成。根据通信局（站）的实际情况，高压市电的引入可以分成两路高压引入和一路高压引入两种情况。

（1）两路高压引入

一类市电需引入两路10kV高压，供电十分可靠。但引入两路高压的线路投资大，因此一类市电主要适用于用电容量大，地位十分重要的通信局（站），如国际电信局、省会及以上长途枢纽局、一类国际卫星地球站和大型无线电台。

当引入两路高压市电时，高压供电系统的运行方式有三种：①一路主用一路备用；②两路市电互为主、备用；③两路市电分段运行——两路市电同时分供负荷，在每路市电容量有限时采用。

引入两路高压、主备用运行方式的主接线（一次接线）举例如图 1.3（a）所示。主要电气设备图形符号如图 1.3（b）所示。

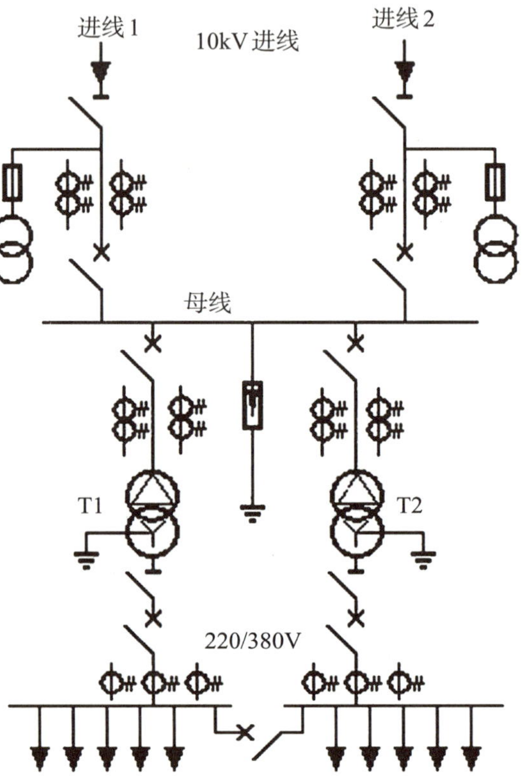

（a）引入两路高压、主备用运行方式举例

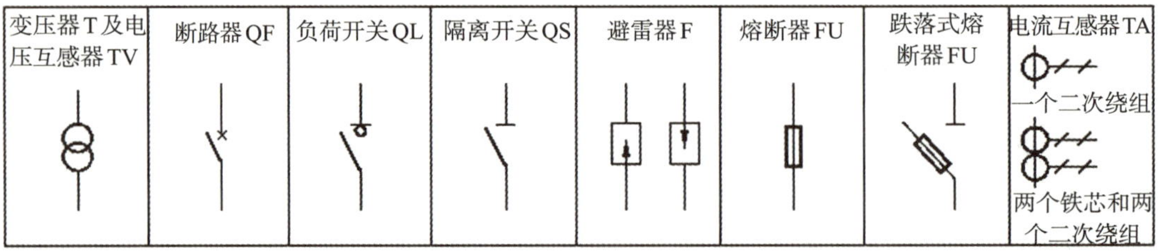

（b）主要电气设备图形符号

图 1.3　引入两路高压、主备用运行方式的主接线和主要电气设备图形符号

主、备用运行方式必须有电气和机械联锁装置，使之同一时间只能接通一路高压市电。

（2）一路高压引入

二类及以下市电，引入一路10kV高压，常见引入方案有三种，其主接线如图1.4所示。

①图1.4（a）是在高压侧加装跌落式熔断器（又称高压熔断器式跌落开关）的引入方案。跌落式熔断器的断开和接通，使用高压绝缘棒（即令克棒，又称高压拉杆）操作。

②图1.4（b）是在高压侧加装负荷开关及熔断器的引入方案。负荷开关用于带载操作，可接通和切断负荷电流，熔断器用于切断负荷短路电流。可通过操作机构接通或断开负荷开关。

③图1.4（c）是在高压侧加装隔离开关和断路器的引入方案。断路器中有灭弧装置，能带负荷操作。当线路发生短路和过负荷时，断路器能自动断开，故障排除后能直接合闸。隔离开关断开时有明显的断点，便于观察和保障安全，但它没有灭弧装置，不能带负荷操作。

无论哪种方案，都应在停电检修时，先停低压，后停高压；检修后送电时，先接通高压，后接通低压。

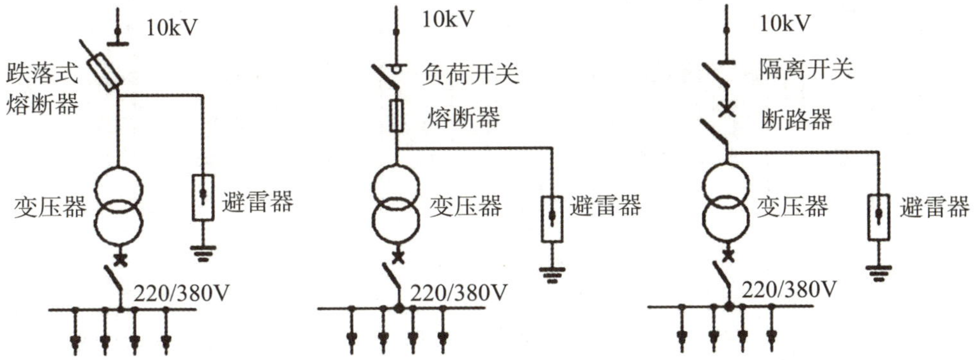

（a）跌落式熔断器　　（b）负荷开关和熔断器　　（c）隔离开关和断路器

图1.4　一路高压引入方案

2. 专用变电站

通信局（站）的专用变电站由高压配电设备和降压电力变压器组成，分为室外小型专用变电站和室内专用变电站两种类型。

室外小型专用变电站（所）将变压器安装在室外，可分为杆架式和落地式。

室内专用变电站（所）将变压器安装在室内。当变压器容量在315kVA以下时，一般不设高压开关柜，变压器高压侧接通或切断电源常用高压负荷开关进行操作；变压器容量较大或有两路高压市电引入时，应设高压配电室，配置适当的高压开关柜。

3. 高压开关柜

高压开关柜是按一定线路方案将有关一、二次设备组装而成的一种高压成套配电装置。高压开关柜按其主要电器安装方式，分为固定式和手车式两大类。

固定式高压开关柜，其主要电器包括断路器、互感器、避雷器等，都是固定安装的。固定式开关柜具有结构比较简单、制造成本低的优点，但主要电器出现故障或需要检修时，必须中断供电，直到故障排除或检修完成后才能恢复供电。

手车式（移开式）高压开关柜，其主要电器是装在可以拉出和推入开关柜的手车上的，如KYN-10、JYN-10等系列。相对于固定式开关柜，手车式开关柜具有检修安全、供电可靠性高等优点，当其发生故障或需要检修时，在切断电源后可将手车拉出，再推入同类备用手车，即可恢复供电，停电时间短，大大提高了供电可靠性，但制造成本较高，主要用于负荷比较重要、要求供电可靠性高的场所。手车式高压开关柜一次交流供电系统方案举例如图1.5所示。

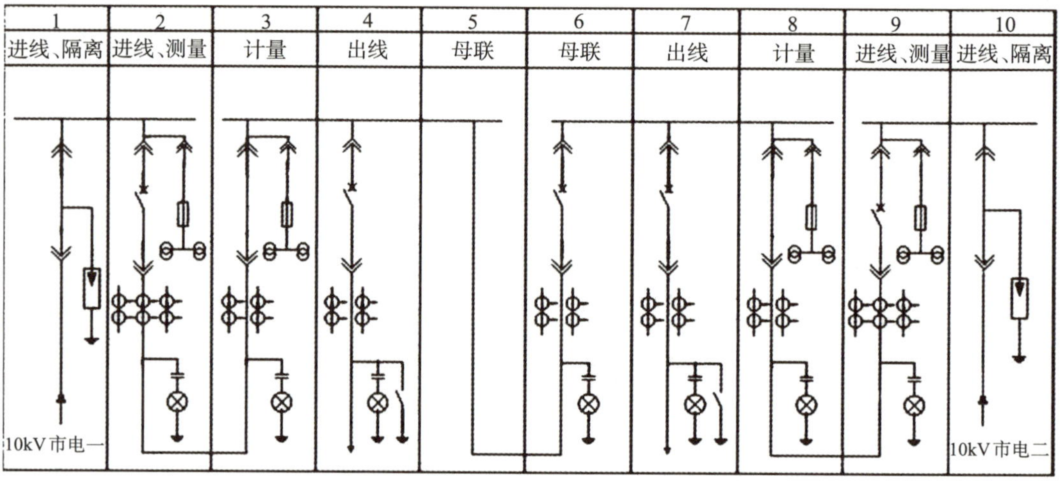

图1.5　手车式高压柜一次交流供电系统方案举例

三类局站可采用环网高压开关柜。环网柜是一种固定式高压开关柜，一般由三个间隔组成：一个电缆进线间隔、一个电缆出线间隔、一个计量间隔。HXGN-12系列环网柜一次交流供电系统方案如图1.6所示。由于环网柜采用负荷开关加熔断器来代替断路器，所以设备价格低、占地面积少、操作简单。

4. 常用高压电器

（1）高压隔离开关

高压隔离开关（文字符号QS）具有明显的分断间隙，因此主要用来隔离高压电源，保证安全检修，并能通断一定的小电流。它没有专门的灭弧装置，因此不允许接通或切断正常负荷电流，更不能切断短路电流，禁止带负荷断开、闭合隔离开关。通常它与断路器配合使用，并要严格遵守操作顺序：切断电源时，先断开断路器，再拉断隔离开关；送电时，先闭合隔离开关，再闭合断路器。工程中常用于固定式高压柜或高压电源的室内进线端。

（2）高压断路器

高压断路器（文字符号QF）是高压输配电线路中最为重要的电气设备，具有可靠的灭弧装置，不仅能切断和接通正常的负荷电流，还可以承受一定时间的短路电流，并能在保护装置作用下自动跳闸，切断故障电路。

常见的高压断路器有少油断路器、真空断路器和六氟化硫断路器（以SF_6惰性气体为灭弧和绝缘介质），在通信局（站）中要求采用真空断路器。

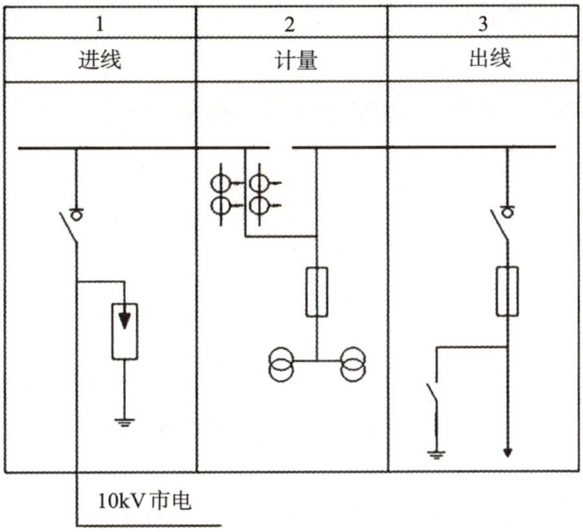

图1.6　环网柜一次供电系统方案

（3）高压负荷开关

高压负荷开关（文字符号QL）能通断正常的负荷电流和过负荷电流，隔离高压电源。它只有简单的灭弧装置，因此不能接通或切断短路电流。高压负荷开关通常与高压熔断器配合使用，利用熔断器来切断短路电流。工程中多用于环网柜、箱式变电站和对变压器进行直接操作。

（4）高压熔断器

高压熔断器（文字符号FU）是一种结构简单、应用广泛的保护电器。在电路发生短路或过负荷时它能自身熔断而断开供电电路，起到保护系统设备的作用。一般由熔管、熔体、灭弧填充物、静触座、绝缘支柱等构成。室内广泛采用RN型管式熔断器，室外则广泛采用RW型跌落式熔断器。

（5）电流互感器和电压互感器

电流互感器（文字符号TA）和电压互感器（文字符号TV）统称为互感器，它们其实就是特殊的变压器。高压供电系统运行时，电压、电流等电气参数都需要测量和监视。电压互感器用于测量电压（通常二次绕组额定电压为100V），电流互感器用于测量电流（通常其二次绕组额定电流为5A）。同时，可采用互感器作为继电保护和信号装置的电源，使得控制和保护装置与高压电路隔离开。

必须注意，电流互感器二次绕组不能开路；电压互感器二次绕组不能短路；互感器二次绕组侧有一端必须接地，用以防止一、二次绕组间绝缘击穿时一次侧的高压窜入二次侧，危及人身和设备安全。

5. 高压开关柜的“五防”功能

高压开关柜应装设防止电气误操作的闭锁装置，使之具备“五防”功能：防止误分、误合断路器；防止带负荷分、合隔离开关；防止带电合接地开关；防止带接地线合闸送电；防止误入带电间隔。

6. 停电检修程序

变配电室停电检修，应报主管部门同意并通知用户后再进行，应遵守停电—验电—放电—接地—挂牌—检修的程序。

①切断电源前，任何人不准进入防护栏。

②切断电源的顺序：先断负载开关，后断隔离开关，先停低压、后停高压。

③应使用符合相应等级的试电笔或验电器检查通电部位，核实负载开关可靠断开、设备不带电。

④有电容的器件应进行放电。

⑤切断电源后，高压配电设备的三相端均应悬挂临时接地线；安装接地线时，应先接接地端，再接线路端。

⑥在所有断开的断路器手柄上悬挂“有人工作，禁止合闸”等警示牌。

⑦检修时应有详细记录。

⑧检修完毕，核实电气装置上确实无人工作后，先拆除临时接地线的线路端，再拆除其接地端；送电顺序与切断电源的顺序相反。

⑨警示牌只许原挂牌人或监护人撤除。

7. 降压电力变压器

降压电力变压器把三相10kV高压变成220/380V低压，用三相五线制（TN-S系统）配线方式输送给低压配电设备，为整个通信局（站）提供低压交流电。

（1）结构和类型

三相电力变压器主要组成部件包括铁心和绕组，其基本结构示意图如图1.7所示。三相变压器的铁心一般做成三柱式，直立部分称为铁柱，水平部分称为铁轭，用来构成闭合磁路。每个铁柱上套着一相的高、低压绕组，低压绕组套在铁心上，高压绕组套在低压绕组外面，这样便于绝缘。

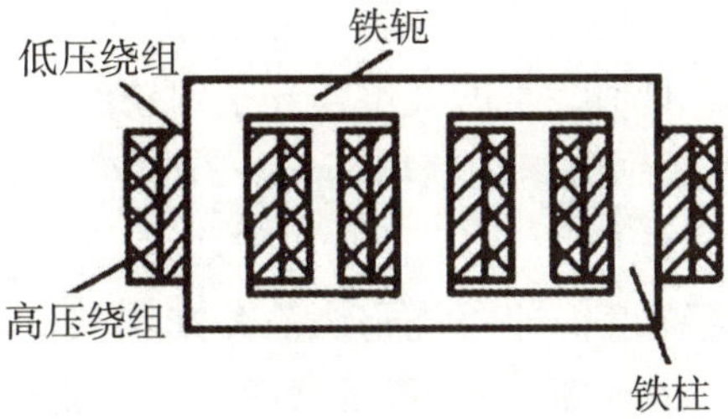

图1.7　三相变压器结构示意图

通信局(站)一般采用油浸式变压器,如在主楼内安装,应选用干式变压器。

油浸式变压器的绕组和铁心都浸在油箱内的变压器油中，变压器油起绝缘和散热作用。绕组和铁心的热量先传递给变压器油，然后通过变压器油传递给散热管或散热片散热。在使用时应特别注意防火安全。

干式变压器是指铁心和绕组不浸在任何绝缘液中，直接以空气为冷却介质的变压器。它由铁心、绕组、风冷和温控装置以及防护外壳构成。绝缘方式有环氧树脂浇注式、环氧树脂绕包式等类型。绕组温升限值为：B级绝缘80℃，F级绝缘100℃，H级绝缘125℃。干式变压器主要用于防火要求较高的场合。

干式变压器的安全运行和使用寿命，很大程度上取决于变压器绕组绝缘的安全可靠。如果绕组温度超过绝缘材料耐受温度，将使绝缘损坏，因此对变压器运行温度的监测及其控制、报警十分重要。通信局（站）使用的干式变压器，我国通信行业标准YD/T1051—2010《通信局（站）电源系统总技术要求》中要求其绝缘为H级、变压器带温控器并具有RS232和RS485接口，能实现遥测（变压器温度）、遥信（风机告警、变压器超温告警）。

（2）规格

电力变压器的额定容量，采用国际电工委员会（IEC）推荐的R10系列，按1.26倍递增，如100、125、160、200、250、315、400、500、630、800、1000、1250、1600、2000、2500kVA等。

电力变压器的额定电压，包括一次额定电压和二次额定电压，都是指的线电压；二次额定电压指空载电压。通信局（站）使用的降压电力变压器，其额定电压一次绕组为10kV，二次绕组为400V（采用星形连接时对应的相电压为230V）。由于满载时二次绕组内有约5%的电压降，因此用电设备受电端的电压为线电压380V、相电压220V。

（3）绕组连接方式

电力变压器绕组可接成星形、三角形，在高压侧分别用Y、D表示，在低压侧分别用y、d表示；星形连接中的中性点引出中线时高压侧用YN表示，低压侧用yn表示。

变压器原（一次）、副（二次）绕组采用不同的连接方式，形成了原、副绕组对应的线电压之间不同的相位关系，其相位差总是30°的倍数，国际上规定用时钟指针表示：原绕组线电压相量用分针表示，方向恒指12；副绕组线电压相量用时针表示，时针指向哪个数字，这个数字就是三相变压器的接线组标号，例如时针指向11点，则变压器的接线组标号为11，表明副绕组的线电压超前原绕组对应线电压30º（当时针指向12时，接线组标号为0，表明副绕组的线电压与原绕组对应线电压的相位差为0）。

通信局（站）使用的降压电力变压器，我国通信行业标准YD/T1051—2010中明确要求采用“D，yn11”接线组，即原绕组为三角形连接，副绕组为星形连接，中性点直接接地并接出中性线，举例如图1.8所示（图中低压交流配电为TN-S系统），副绕组的线电压超前原绕组对应线电压30º。同原、副绕组均为星形连接的“Y，yn0”接线组比较，采用“D，yn11”接线组的优点是：有利于抑制由负载带来的高压电网的三次谐波等谐波电流，有利于低压单相接地短路故障时的保护与切除，变压器承受三相不平衡负荷的能力更强。

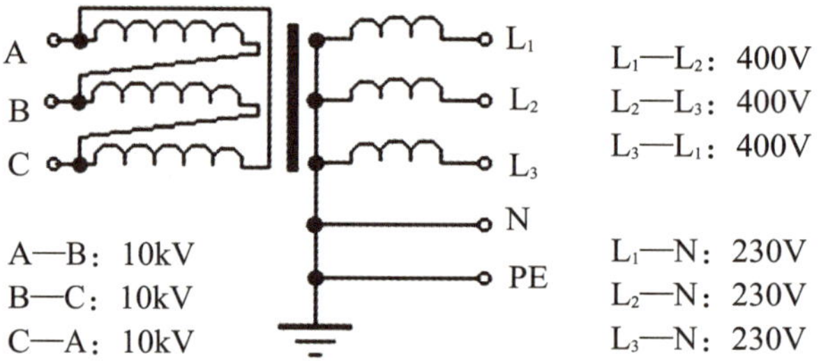

图1.8　“D，yn11”接线组举例

10kV配电网为中性点不直接接地系统，不引出中性线。变压器副绕组中性点直接接地的接地电阻值，在变压器容量不超过100kVA时，应不大于10Ω；当变压器容量超过100kVA时，应不大于4Ω。

1.1.8　教学策略

表1.5　教学策略

典型工作任务名称	高压变配电设备巡检维护	适用年级	教学时间/学时
教学目标	1.具备正确读取、记录高压变配电设备运行数据并按照要求完成资料归档能力 2.具备规范操作高压变配电设备能力 3.具备高压变配电设备指标测量及数据分析处理能力 4.具备高压变配电设备巡检维护并能对实际情况分析处理能力	×××年级	第×学期4学时
教学资源	多媒体、教材、教学课件、视频资料、高压配电实训基地等		
参考教学方法	讲授法、参观教学法、互动式教学法、现场教学法、演示法、角色扮演、分组讨论		
参考资料、学习资源	教材、教学课件、相关标准、专业网站、实习现场、图片资料、视频、电视电影等媒体文件		

思考与练习

1. 高压隔离开关、高压断路器、高压负荷开关和高压熔断器，通常怎样配合使用？

2. 使用电流互感器和电压互感器时，必须注意什么问题？

3. 高压开关柜应具备哪“五防”功能？

4. 高压电气设备倒闸操作的技术要求有哪些？

5. 画出降压电力变压器“D，yn11”接线组的接线图。“D，yn11”是什么含义？

6. 回顾“高压变配电设备巡检维护”工作任务运用过的教学方法，分析讨论本部分最优教学方法，并研讨这部分内容采用理实一体化教学场地和实验的配备。

7. 观看同学在本次实训，或以前在“高压变配电设备巡检维护”工作任务训练的视频，从中发现、研讨操作的不足、失误或错误，归纳为典型案例。

典型工作任务1.2　低压交流供电系统巡检维护

1.2.1　任务描述

从高压电网引入通信局（站）的10kV高压市电，由降压电力变压器降压，变为220/380V低压后对局（站）内供电。

通信局（站）的低压交流供电系统由低压市电、备用发电机组、低压配电设备、UPS以及相关的馈电线路组成。低压交流供电系统巡检维护涵盖低压市电、备用发电机组、低压配电设备、UPS以及相关的馈电线路的巡检维护，此次工作任务是涉及低压交流供电系统中设备及供电线路的维护，包括日常定期的清洁、检查及测试等。

根据通信行业的维护规定，低压交流供电系统的维护分月度维护、半年维护和年度维护，在实际教学过程中可根据不同的实际情况，安排不同任务。

1.2.2　任务分析

根据我国通信行业标准YD/T1970.2《通信局（站）电源系统维护技术要求第2部分：高低压变配电系统》以及各大通信运营企业的“电源、空调维护规程”，低压交流供电系统维护周期表中规定的日常维护主要项目有以下方面。

1. 检查高、低压告警保护点的设定值，检查信号继电器的动作和指示灯是否正常。

2. 检查低压配电设备是否有告警。

3. 检查电表指示是否正常。

4. 检查各接头有无氧化、螺丝有无松动。

5. 检查接触器、开关的动作是否正常（动作是否顺滑、灵活，没有任何卡阻），触点、触头接触是否良好。

6. 测量熔断器的温升或压降是否正常。

7. 测量低压配电屏连接端子和屏内连接条的温升有无异常。

8. 电容补偿屏的电容外形检查，电容温升有无有异常，并检查回路保护熔丝是否正常。

9. 测量三相电压不平衡度、谐波畸变及零对地电压是否正常。

10. 清洁设备。

通信局（站）低压交流供电系统的维护作业涉及带电（220/380V）测量等，完成任务必须把安全放在首位。

1.2.3 必备知识

1. 低压交流供电系统的组成

通信局（站）的低压交流供电系统由低压市电、备用发电机组、低压配电设备、UPS以及相关的馈电线路组成。

2. 用三相电能质量分析仪测量三相电压不平衡度

三相不平衡度在三相电力系统中指三相不平衡的程度，用电压、电流的负序基波分量或零序基波分量与正序基波分量的方均根百分比表示。测量三相负荷并进行调整，使之平衡，是降损节能的一项有效措施。

3. 用三相电能质量分析仪测量谐波

谐波含量是从非正弦周期交流量中减去基波分量后所得到的量。从周期性变化量中减去基频分量后剩下的其他分量。通过谐波测量，可以检测交流电的纯净度。

1.2.4 技能训练

图1.9 三相电能质量分析仪接口示意图

三相电能质量分析仪是对电网运行质量进行检测及分析的专用仪器。可以提供电力运行中的谐波分析及电能品质分析。三相电能质量分析仪接口示意图及测量连线示意图如图1.9、图1.10所示。

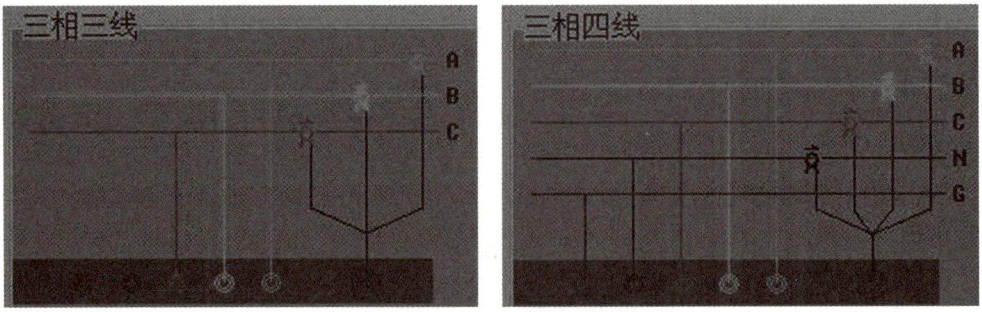

图1.10 三相电能质量分析仪测量连线示意图

1. 用三相电能质量分析仪测量三相电压不平衡度

按照图1.10接线，接通仪表电源，如图1.11所示在主菜单中双击“三相不平衡测量”，便可进行三相电压不平衡度的测量，测量结果如图1.12所示。

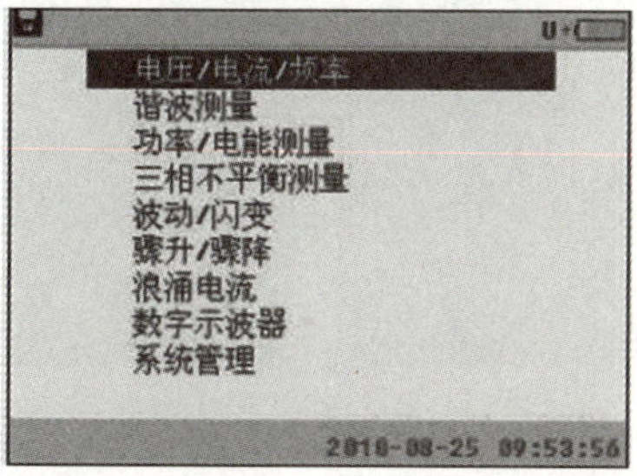

图1.11 主菜单

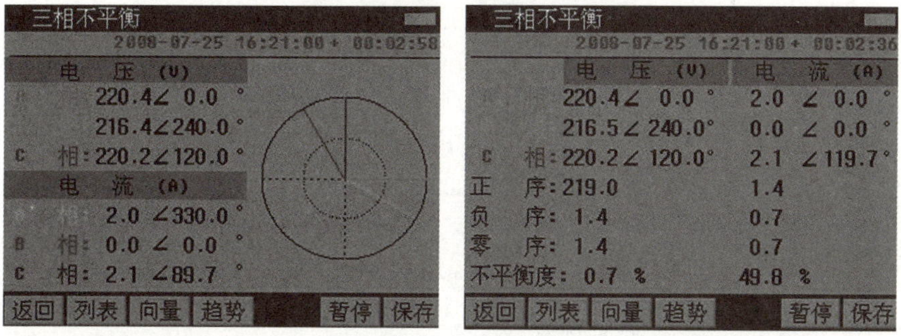

图1.12 不平衡测量向量图及不平衡测量结果列

三相电压不平衡度ε_u是电压负序分量与正序分量的有效值百分比。

对于任何一个不对称的三相电压$\dot{A}$、$\dot{B}$、$\dot{C}$，都可以分解为三组对称分量。其中$\dot{A}_1$、$\dot{B}_1$、$\dot{C}_1$按顺时针排列，彼此相差120°，幅值相等，称为正序分量；$\dot{A}_2$、$\dot{B}_2$、$\dot{C}_2$按逆时针排列，彼此相差120°，幅值相等，称为负序分量；$\dot{A}_0$、$\dot{B}_0$、$\dot{C}_0$方向相同，幅值相等，称为零序分量。

三相电压不平衡度按下式计算：$\varepsilon_u = \dfrac{U_n}{U_p} \times 100\%$。

式中，U_n是电压的负序分量，U_p是电压的正序分量。

2. 用三相电能质量分析仪测量谐波

我们平时所用的正弦波交流电，其主要成分是频率为50Hz的基波，除此之外，可能还含有谐波成分（其频率为基波频率的整数倍），如二次谐波（100Hz），三次谐波（150Hz），以此类推。我国通信行业标准规定，电压波形正弦畸变率即电压总谐波畸变率（THD_u）应不大于5%；局站输入电流总谐波畸变率（THD_i）应不大于10%（在220/380V低压侧测量）。

测量谐波时，如图1.11所示在主菜单中双击“谐波测量”，进入谐波测量界面如图1.13所示。点击设置键，选择谐波测量结果表现形式：%F（以各次谐波有效值与基波有效值的比值作为谐波失真百分比），按“确认”便可得到所需测量值。

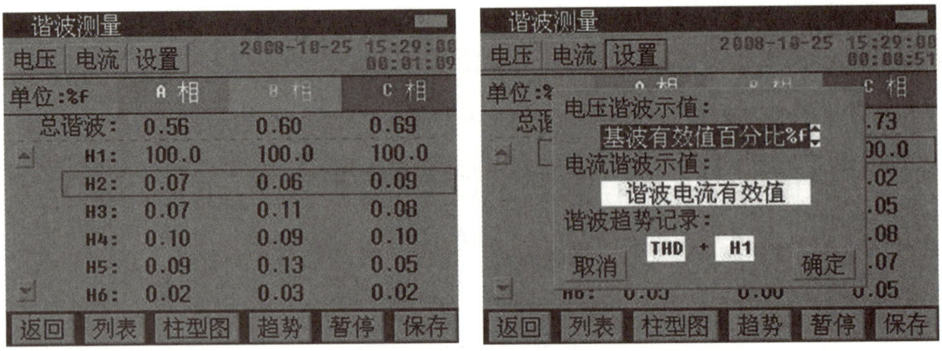

图 1.13 谐波测量界面

1.2.5 任务完成

1. 分组

以6～8人为一个学习小组，每一个小组确定一个学习小组组长。然后由组长根据教学任务完成本小组组员工作职责分工或指定角色，如确定操作员、数据记录员、安全监督员等，并负责组织本小组完成本次学习任务。

2. 讨论

各学习小组围绕低压交流供电系统日常巡检维护项目展开讨论，并制订出相应的实施方案、具体操作步骤、安全注意事项等。

3. 审核

由指导老师对各学习小组制订的方案进行审核，主要审核各小组方案的完整性、可操作性及安全性等。

4. 实施

各小组根据指导老师审核后的方案完成本次实训任务，并将相关结果填入下列各表中。

表 1.6 低压交流供电系统测量记录表

序号	测试项目	测试用仪器、仪表	测试结果	是否正常	判断依据
1	熔断器温升				
2	断路器温升				
3	电容器温升				
4	设备进出线端子温升				
5	设备内连接条温升				
6	断路器等器件进出线端子温升				
7	U_a				
8	U_b				
9	U_c				
10	零对地电压				
11	三相电压不平衡度				
12	各相总谐波（THD）				

表 1.7　低压交流供电系统巡检维护记录表

序号	检查内容	检查结果	处理措施
1	检查各接头有无氧化、螺丝有无松动		
2	检查接触器、开关的动作是否正常，接触是否良好		
3	电容补偿屏的电容外形检查，并检查回路保护熔丝是否正常		

1.2.6　教学评价

整个教学过程在教师的组织、监督和协调中进行，可按照以下几个方面进行考核。

1. 过程考核

教师全程监督整个任务实施过程，观察每个学员在整个过程中各方面的表现，并做好记录。

1）操作的规范及熟练程度：主要考查学员对规范的熟练程度和工具的正确使用并按照正确的步骤完成任务。

2）掌握知识的灵活程度：主要考查学员能否举一反三，可以通过学员对类似问题采取的解决方案，提问，以及与学员的交流等几个方面来综合考虑。

3）学习态度：主要考查学员能否积极、主动，完成任务是否认真。

2. 结果考核

1）任务实施情况：主要考查学员是否能按照要求完成高压变配电设备的维护。

2）报告文件：任务实施后，应该提交报告文件，报告文件中主要考查能否提出每个人在这次任务中实实在在的收获。

3）组员互评：小组成员之间在共同完成任务的过程中，从协作能力及在小组中所发挥的作用两个方面互相评分。

评价内容及参考指标见表 1.8。通过对下表各项内容的考核，评定出学员的成绩。

表 1.8　评价内容及参考指标

评价指标 / 学员	过程考核（50%）			成果考核（30%）		组员互评（20%）	
	操作的规范及熟练程度（20%）	掌握知识的灵活程度（20%）	学习态度（10%）	任务实施情况（20%）	报告文件（10%）	小组协作能力（10%）	在小组中发挥的作用（10%）

1.2.7 知识链接与拓展

1. 低压交流供电系统的组成

通信局（站）的低压交流供电系统由低压市电、备用发电机组、低压配电设备、UPS以及相关的馈电线路组成。

较大容量的通信局（站）通常设置低压配电室，安装成套低压交流配电设备，用来接受与分配低压市电及备用油机发电机电源，对通信局（站）的所有机房、保证建筑负荷和一般建筑负荷供电。其设备的数量和容量，根据建设规模、所配置的变压器数量、用电设备的供电分路要求及预计远期发展规模来确定。当配置多台变压器时，每台变压器的低压配电设备之间设置母联开关，以保证供电可靠。

用于小型通信站的简易交流供电系统，设置1个交流配电屏或配电箱，作为受电和配电单元。交流配电屏（箱）的电源输入端通常是两路电源引入（市电、油机发电机）。

2. 常见的低压配电设备

（1）低压交流配电柜

低压交流配电柜又称低压开关柜，是按一定的线路方案将有关一、二次设备组装而成的成套低压交流配电设备，由受电、馈电（动力、照明等）、联络、自动切换柜等组成，担负着低压电能分配、控制、保护、测量等任务。

低压交流配电柜的结构形式通常有两种，一种是固定式，另一种是抽屉式。二者各有利弊。从使用和维护方面看，抽屉式低压配电柜维修方便，同规格的抽屉能可靠互换；但抽屉式低压配电柜采用封闭式结构，柜内散热比固定式差，为此在选择开关时应注意环境温度的影响，需考虑0.8的降容系数。

（2）油机发电机组控制屏

油机发电机组控制屏用于发电机组的操作、控制、检测和保护，目前往往随油机发电机组的购入由油机发电机组厂商配套提供，其种类较多，通常和发电机组安装在一起。

（3）ATS

自动切换开关（ATS：Automatic Transfer Switch）是将负载电路从一个电源自动换接至另一个（备用）电源的开关装置，用以确保重要负荷连续、可靠运行。在重要通信枢纽局的交流供电系统中，ATS常担负两路低压市电之间或市电与发电机之间的自动切换工作。

ATS一般由两部分组成：开关本体和控制器。而开关本体又有PC级（整体式）与CB级（断路器）之分：PC级为一体式结构，它是双电源切换的专用开关，具有结构简单、体积小、自身连锁、切换速度快（通常在0.2s以内）、安全、可靠等优点，但需要配备短路保护电器；CB级为配备过电流脱扣器的ATS，其主触头能够接通并分断短路电流，它由两台断路器加机械连锁组成，具有短路保护功能，但CB级的结构要比PC级复杂得多。PC级ATS比CB级ATS具有更高的可靠性，而且体积较小，因此重要负载场合应优先选用PC级产品。

控制器主要用来检测两路电源的工作状况，它与开关本体进线端相连。当被监测的电源发生故障（如欠压、失压、任意一相断相或频率出现偏差）时，控制器发出动作指令，开关本体则带着负载从一个电源自动切换至另一个电源。

图1.14是典型ATS应用电路。图中，U_1是主用电源（市电），U_2是备用电源（发电机），Q_1和Q_2是短路保护电器，DN是控制器。

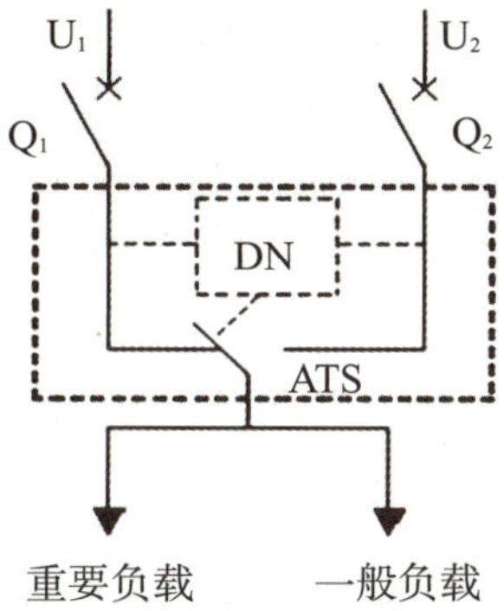

图1.14　典型ATS应用电路框图

PC级ATS不具备短路保护功能，因此必须配置短路保护电器：断路器或熔断器。在选择短路保护电器额定电流值时，一般的原则是短路保护电器与被保护电器（ATS）额定电流值一致（即1∶1）。

通信局（站）使用的ATS，按照YD/T1051—2010的要求，配置智能控制器，开关极数为4极：3相+N；中性线（N）转换方式为："具备中性线过渡转换、延时切换功能"，即ATS切换过程中相线的动触头是"先离后接"，而N线的动触头是"先接后离"，两路电源的N线先重叠连接，待相线切换完成以后再将两路电源的N线分离，使得负载在任何时候都不失去N线，从而切实防止切换过程中出现三相负载接通了相线而零线未接通的有害现象，如图1.15所示。

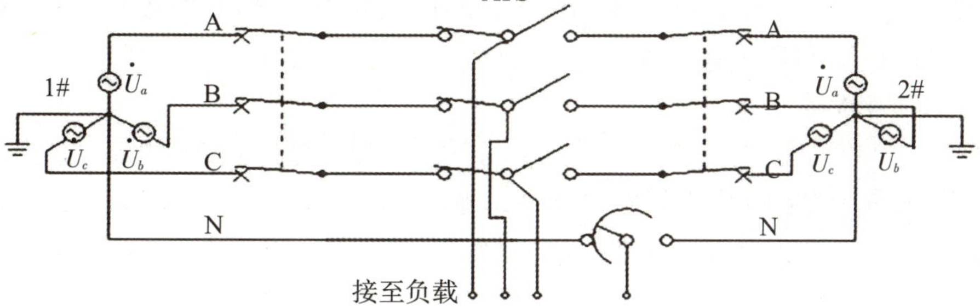

（a）切换前

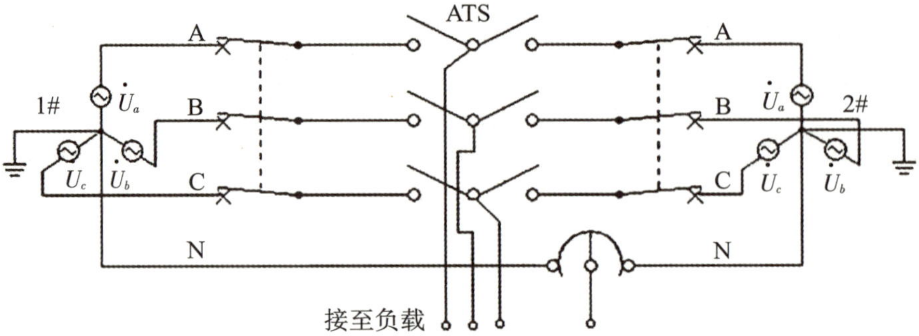

（b）切换中

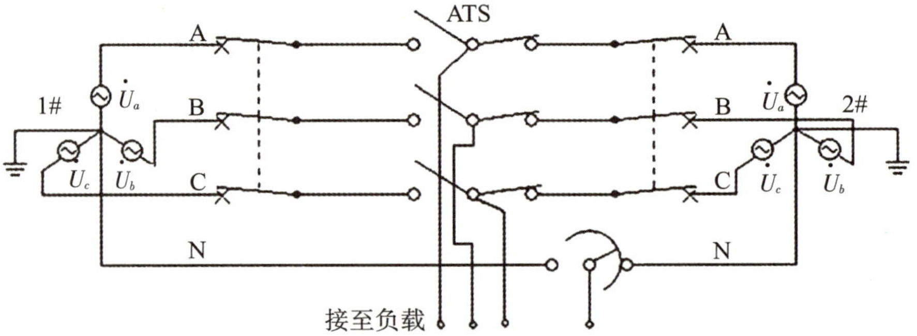

（c）切换后

图 1.15　ATS 相线与中性线切换过程示意图

3. 常见的低压配电电器

（1）低压刀开关

低压刀开关（文字符号 QK）是最普通的一种低压电器，适用于交流 50Hz、额定交流电压 380V（直流电压 440V）、额定电流 1500A 以下的配电系统，做不频繁手动接通和分断电路或隔离电源以保证安全检修之用。

低压刀开关根据其工作原理、使用条件和结构形式的不同可分为：开启式负荷开关（即胶盖瓷底刀开关 HK1、HK2、TSW 系列等）、封闭式负荷开关（即铁壳开关 HH3、HH4 系列等）、隔离刀开关（HS13、HD11 系列等）、熔断器式刀开关（HR3 系列等）和组合开关（HZ10 系列等）。

（2）低压熔断器

熔断器（文字符号 FU）是一种最简单的保护电器，在低压配电电路中，主要用于短路保护和过负荷保护。它串联在电路中，当通过的电流大于规定值时，以它本身产生的热量，使熔体熔化而自动分断电路。它的主要缺点是熔体熔断后必须更换，会引起短时停电。

低压熔断器种类很多，如 RT0 系列有填料封闭管式熔断器，RM10 系列密闭管式熔断器，RL系列螺旋式熔断器，NT系列熔断器以及引进的aM、gM系列熔断器等。其中NT系列熔断器是引进技术生产的一种高分断能力的熔断器，现广泛应用于低压配电装置中。此系列熔断器的熔管为高强度陶瓷管，内装优质石英砂，熔体采用优质材料制成。这种熔断器的主要特点是体积小、质量轻、功耗小、分断能力强、过载保护特性好。

熔断器主要由熔体和安装熔体的熔管或熔座以及底座等部分构成。熔体是熔断器的主要部分，常做成丝状或片状。熔体的材料有两种：一种是低熔点材料，如铅、锌、锡以及锡铅合金等；另一种是高熔点材料，如银和铜。熔管是熔体的保护外壳，在熔体熔断时兼有灭弧的作用。

每一种熔体都有两个参数，即额定电流与熔断电流。额定电流是指长时期通过熔体而不熔断的电流值。熔断电流通常是额定电流的2倍。一般规定，通过熔体的电流为额定电流的1.3倍时，应在1h以上熔断；通过额定电流的1.6倍时，应在1小时内熔断；达到熔断电流时，应在30～40s熔断；当达到9～10倍额定电流时，熔体应瞬间熔断。熔断器的这种保护特性称为反时限特性。

熔管有三个参数：额定工作电压、额定电流和断流能力。额定工作电压是从灭弧角度提出的，当熔管的工作电压大于额定电压时，在熔体熔断时可能出现电弧不能熄灭的危险。熔管的额定电流是由熔管长期工作允许温升所决定的电流值，所以熔管中可装入不同等级额定电流的熔体，但所装入熔体的额定电流不能大于熔管的额定电流值。断流能力是表示熔管在额定电压下断开故障电路时所能切断的最大电流值。

熔断器的选用原则如下。

①根据配电系统可能出现的最大故障电流、选用具有相应分断能力的熔断器。

②在电动机回路中用做短路保护时，为避免熔体在电动机启动过程中熔断，对于单台电动机，选取熔体额定电流≥(1.5～2.5)×电机额定电流；对于多台电动机，选取总熔体额定电流≥(1.5～2.5)×容量最大一台电动机的额定电流+其余电动机的负荷电流。

③照明回路，熔体的额定电流值按等于或稍大于负载额定电流配置。其他回路，熔体的额定电流值按不大于最大负荷电流的2倍配置。

④各级熔断器应相互配合，上一级应比下一级的熔体额定电流大。对于NT型熔断器，前后级熔断器的额定电流比为1.6：1；对于RT0型熔断器，前后级熔断器的额定电流比为（2～2.5）：1。

（3）低压断路器

低压断路器（文字符号QF）又称低压自动开关、自动空气开关或空气开关，习惯上简称空开。它既能带负荷接通和切断电源，又能在短路、过负荷时自动跳闸，保护电力线路和设备，在故障排除后可重新合闸恢复供电而不需更换，维护简单，恢复供电快，寿命长。它被广泛用于配电线路的交、直流低压电气装置中，适用于正常情况下不频繁操作的电路。

低压断路器按用途可分为配电用断路器、电动机保护用断路器、照明用断路器和漏电保护断路器等。

配电用断路器按其结构形式，可分为塑料外壳式（装置式）断路器和万能式（框架式）断路器两大类，塑料外壳式为DZ系列，框架式为DW系列，均由触头系统、灭弧装置、传动机构、自由脱扣机构及各种脱扣器等部分组成。

低压断路器有以下几个关键电气指标。

①额定电压U_e：是指断路器在规定条件下能正常长期运行的最大工作电压，通常指线电压。

②额定电流I_n：是指断路器在规定条件下能长期通过的最大电流，又称脱扣器额定流。

③额定运行短路分断能力I_{cs}：是指规定条件下分断短路电流的能力，在分断动作后，断路器能继续承载它的额定电流。

④额定极限短路分断能力I_{cu}：是指规定条件下分断短路电流的能力，但在分断动作后，不考虑断路器继续承载它的额定电流。

选择低压断路器的一般原则是：U_e不小于电源和负载的额定电压，I_n不小于线路实际工作电流，I_{cu}或I_{cs}不小于线路可能出现的最大预期短路电流（通常$I_{cu}>I_{cs}$）。只要最大预期短路电流小于I_{cu}，断路器就能可靠地切断电路。断路器分断I_{cu}后，不能继续承载额定电流，必须更换；如果短路电流小于I_{cs}，则断路器可以继续使用，不需更换。

前后级断路器应配合，其过流脱扣器的配合级差可取0.1～0.2s，即负荷断路器为瞬时动作，低压配电干线断路器则选用短延时过流脱扣器保护。

（4）接触器

接触器（文字符号KM）适用于频繁接通和分断交、直流主电路及大容量控制电路。可分为交流接触器和直流接触器两种。接触器由主触头、灭弧系统、线圈及电磁系统、辅助触头和支架等组成。交流接触器主要有CJ0、CJ10、CJ12、CJ12B系列以及众多的合资品牌。直流接触器主要有CZ0系列。

接触器不具备过电流保护功能，因此在电路中要与断路器或熔断器配合使用。

交流接触器的额定电流，应根据被控制设备的运行情况来选择：对连续运行的用电设备，一般按实际最大负荷占交流接触器额定容量的67%～75%来选取；对于间断运行的用电设备，一般按实际最大负荷占交流接触器额定容量的80%来选取。

用于低压无功功率补偿投撤电容的交流接触器，应选用专用电容接触器，其主触头经过特殊设计和处理，能可靠地投撤电容。

4. 功率因数补偿

（1）功率因数的概念

在交流电路中，电源供给负载的视在功率包括有功功率和无功功率。有功功率是电阻性负载消耗的功率，即实际消耗的电功率，用P表示，单位为瓦（W）或千瓦（kW）；无功功率并非实际消耗的功率，而是反映电感性负载或电容性负载发生的电源与负载间能量交换所占用的电功率，用Q表示，单位为乏（var）或千乏（kvar）；视在功率是电压和电流有效值的乘积，用S表示，单位为伏安（VA）或千伏安（kVA）。按线性负载来考虑，三者的关系可用功率三角形来表示，如图1.16所示。

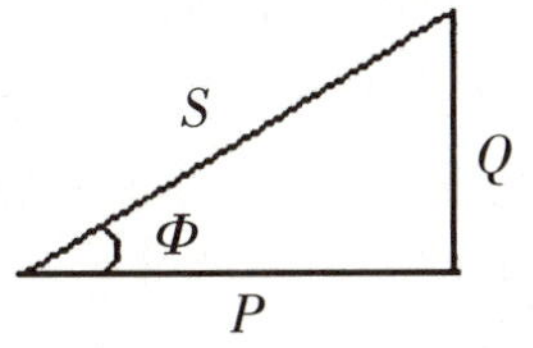

图1.16　功率三角形

对于三相平衡负载，视在功率为

$$S = 3UI = \sqrt{3}U_l I = \sqrt{P^2 + Q^2} \qquad (1.1)$$

式中，U为相电压有效值，U_l为线电压有效值，I为电流有效值。

当供电回路中既有电感性负载又有电容性负载时，总的无功功率为

$$Q = Q_L - Q_C$$

式中，Q_L为电感的无功功率，Q_C为电容的无功功率。

有功功率与视在功率之比称为功率因数，用λ表示。在线性电路中，功率因数等于电流与电压相位差的余弦，即

$$\lambda = \frac{P}{S} = \frac{3UI\cos\varphi}{3UI} = \cos\varphi \qquad (1.2)$$

功率因数是反映电力用户电气设备合理使用状况、电能利用程度和用电管理水平的一项重要指标。

（2）提高功率因数的意义

①降低线路损耗和压降

每条供电线路上的功率损耗$\Delta P_L=I^2R$与流经线路的电流平方成正比，假设用户所需有功功率一定，由$P=S\cos\varphi=3UI\cos\varphi$可知，在电网电压$U$不变的情况下，功率因数$\cos\varphi$越高，线路上的电流$I$就越小，线路损耗也就越小；与此同时，线路上的电流较小，线路上的电压降也就较小。

②提高变压器利用率

变压器的额定视在功率S为定值，由$P=S\cos\varphi$可知，提高功率因数，就可多带有功负载，即提高了变压器的利用率。

③节约用户的电费开支

通常变压器容量在315kVA以上时，供电部门按功率因数的高低调整电费，提高功率因数会直接给用户带来经济效益。

（3）提高功率因数的方法

提高功率因数的方法分为提高自然功率因数和功率因数人工补偿。

①提高自然功率因数

自然功率因数是指用电设备自身所具有的功率因数。电感性的电气设备如变压器、电动机等，其功率因数的高低与设备的负荷率有关，负荷率越低，功率因数越小。为了降低无功功率消耗，提高自然功率因数，可采取的措施，一是合理选择电动机的大小，避免大马拉小车，及时更换负荷率小于40%的电动机；二是正确选择变压器容量，提高变压器负荷率，其负荷率在75%～80%较合适。

提高自然功率因数是提高功率因数最经济的方法，但单靠提高自然功率因数往往满足不了对功率因数的要求，还需采用无功功率补偿的方法来提高功率因数。

②功率因数人工补偿

一般情况下，用电负荷多为电感性负载，常用并联电容器的方法来补偿功率因数，原理如图1.17所示。

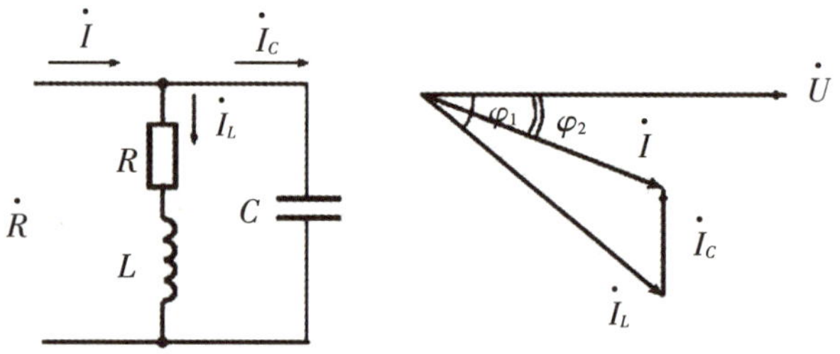

图1.17　并联电容补偿功率因数原理

图中，R、L串联表示感性负载，端电压为$\dot{U}$，电流为$\dot{I}_L$，感性负载使得电流相位滞后电压相位一个角度，这个角度就是功率因数角φ_1。在R、L两端并联电容C，将有电流$\dot{I}_C$流过电容，$\dot{I}_C$比$\dot{U}$超前90º。并联电容后，总电流$\dot{I}$是$\dot{I}_L$与$\dot{I}_C$的相量和，校正后的功率因数角为φ_2。可见$\varphi_2<\varphi_1$，功率因数得到提高。并联电容补偿的容量（无功功率）可按下式计算

$$Q_C = P(tg\varphi_1 - tg\varphi_2) \tag{1.3}$$

式中，Q_C是电容器补偿的无功功率（kvar），P是有功功率（kW），φ_1是补偿前的功率因数角，φ_2是补偿后的功率因数角。

专门用来补偿功率因数的电容器称为移相电容器，具有安装简单、运行维护方便、有功损耗小和投资少等优点。

（4）移相电容器的型号和补偿容量

移相电容器的型号由文字和数字两部分组成。

例如，YY0.4-12-3。移相电容型号中文字和数字的含义是：第一位字母Y表示移相用；第二位字母Y表示矿物油浸渍；0.4表示额定电压为0.4kV；12表示标称容量为12kvar；3表示三相，是指封装好的移相电容器内部接成三角型，外部引出三个接头，

可直接连接在三相电源上。

电容器的电容量为C，当电容器两端施加正弦交流电压U时，它能补偿的无功功率为$Q=U^2/X_C=2\pi fCU^2$，即当C一定时，电容器能补偿的无功功率Q与施加在电容器上的电压U的平方成正比。因此并联电容器进行补偿时，宜采用三角形连接，其补偿容量为星形连接的3倍。电容器的额定电压应与电力网的额定电压相符。

（5）并联电容补偿的方法

并联电容器补偿无功功率通常有以下三种方法。

①分散补偿

分散补偿是指将移相电容器就近并联在电感性负载上。若电容器的补偿容量选择得当，补偿效果明显。但分散补偿维护工作量大，电容器的利用率低、投资大。这种补偿方式只适用于长期运行的负载或容量较大的负载。

②低压集中补偿

低压集中补偿是把移相电容器集中在一起，组成无功功率补偿屏，又称电容补偿柜，将其并联在变压器低压侧的电力母线上进行无功功率补偿。

细分交流负荷，有的长期使用，有的时用时停，存在一个用电高峰和低谷的问题。若将所有移相电容器接成一组对用电高峰进行补偿，且满足对功率因数的要求，则在用电低谷时就会过补偿，造成电压偏高。因此实际工作中往往将移相电容器分成几组，一组长期并联在电路中对固定不变的负荷进行补偿，其余的移相电容器组根据负荷的运行情况及时投入或撤除，既满足提高功率因数的要求，又不会造成过补偿。

电容器是储能元件，当电容器从电源上断开时，电容器上的电压等于电路断开瞬间的电源电压。因此撤除的移相电容器应考虑放电，一般采用灯泡来放电。

③高压集中补偿

高压集中补偿就是将电容补偿柜移到变压器的高压侧。在高压侧补偿的补偿效果比在低压侧好，但移相电容器即使接成星型，电容器承受的电压也很高，易造成电容器爆炸，同时高压操作需要专门的辅助电源和操作机构，维护操作困难，因此在通信企业中多采用低压集中补偿。

（6）功率因数自动调节

功率因数自动调节是指在电容补偿柜中设置了自动调节装置，能根据电网电压和负载的变化及时投入或撤除电容器组，以保证功率因数符合要求。电网电压的波动和负载的启动会造成瞬时功率因数的波动，为避免自动调节装置的执行机构误动作，自动调节装置应采用适当延时投入和延时撤除的方式工作。

图1.18为电容补偿柜一次电路原理图，图中移相电容器组均采用三角形接法，一组作为固定补偿，其余的根据电网电压和负荷的变化自动投撤。采用交流接触器（专用电容接触器）作为自动调节装置的执行机构。

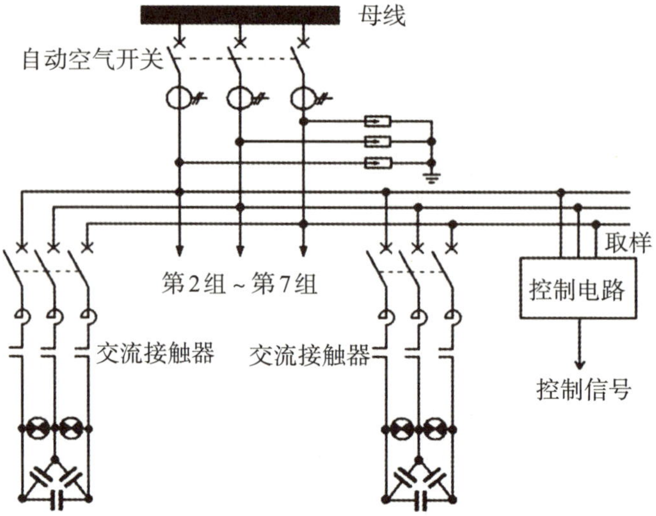

图1.18　电容补偿柜一次电路原理图

功率因数自动调节的基本原理是：采集母线功率因数的大小等为取样信号，取样信号与基准电压进行比较，其差值经放大、变换后去控制交流接触器的动作，从而自动投入或撤除电容器组。

功率因数补偿应避免补偿电容与电路的电感形成谐振，从而导致过电压。不宜一味追求高功率因数，一般情况下补偿后的功率因数在0.90～0.95便可，要严格防止过补偿。此外还需注意，如果利用移相电容器将功率因数提高到0.95，供电系统有可能在5次或7次谐波发生谐振，导致系统工作异常；在移相电容电路中串联小电感，使谐振频率不在系统谐波频率的范围内，可以解决这个问题。

1.2.8　教学策略

表1.9　教学策略

典型工作任务名称	低压交流供电系统巡检维护	适用年级	教学时间/学时
教学目标	1.具备正确读取、记录低压交流供电系统运行数据并按照要求完成资料归档能力 2.具备规范操作低压配电设备能力 3.具备低压交流供电系统指标测量及数据分析处理能力 4.具备低压交流供电系统巡检维护并能对实际情况分析处理能力	×××年级	第×学期4学时
教学资源	多媒体、教材、教学课件、视频资料、低压交流供电系统实训基地等		
参考教学方法	讲授法、参观教学法、互动式教学法、现场教学法、演示法		
参考资料、学习资源	教材、教学课件、相关标注、专业网站		

思考与练习

1. 在低压交流供电系统中，选用熔断器应符合哪些原则？

2. 提高功率因数有什么意义？

3. 交流变配电设备停电检修时，应遵循怎样的操作顺序？

4. 通信局（站）低压配电设备的维护有哪些要求？

5. 回顾“低压交流供电系统巡检维护”工作任务教学中应用的教学方法，同学可以分析讨论本部分最优教学方法，并研讨这部分采用理实一体化教学场地和实验条件配备。

6. 观看在本次或以前“低压交流供电系统巡检维护”工作任务训练视频，从中发现、研讨操作的不足、失误或错误，归纳为典型案例。

典型工作任务1.3　固定式油机发电机组的维护和使用

1.3.1　任务描述

通信局（站）电源系统备用交流电源多为油机发电机组，分固定式和移动式两类，本任务完成“固定式油机发电机组维护和使用”的学习和实训。

1.3.2　任务分析

油机发电机组是指将内燃机（柴油发动机或汽油发动机）、交流同步发电机及其控制装置（控制屏）组装在一个公共底座上形成的机组，根据我国通信行业标准YD/T1970.2《通信局（站）电源系统维护技术要求第6部分：油机发电机组系统》以及各大通信运营企业的“电源、空调维护规程”，油机发电机组维护周期表中规定的固定式油机发电机组日常维护主要项目有：

1. 设备巡视；
2. 检查启动电池，必要时进行充电；
3. 机组全面清洁；
4. 检查冷却液、润滑油、柴油是否充足（启动前）；
5. 检查风冷机组的进风、排风风道是否畅通（启动前）；
6. 检查油机市电转换柜工作状态；
7. 空载试机15 ~ 30min；
8. 检查各种仪表、信号指示是否正常（运行时）；
9. 检查有无异味、异响和液体泄漏等现象（运行时）。

固定式油机发电机组的日常维护项目可以通过空载试机或加载试机来完成，试机时需要完成开机前的检查，运行检查、关机、故障停机检查和记录。

1.3.3 必备知识

1. 柴油发电机组组成

柴油发电机组由柴油机、交流同步发电机和控制系统等组成。

柴油机主要由两大机构和四大系统组成，它们是：曲轴连杆机构、配气机构，燃油供给系统、润滑系统、冷却系统和启动系统。

交流同步发电机由定子、转子和励磁系统组成。有单相和三相之分，小型油机发电机组常采用单相发电机，大中型油机发电机组多采用三相发电机。

控制系统包括自动检测、控制和保护装置。

2. 四冲程柴油机的工作原理

柴油机是以柴油为燃料的内燃机。要持续地输出动力，将热能转化为机械能，柴油机必须完成进气、压缩、做功、排气4个过程。

3. 同步发电机的基本结构及工作原理

同步发电机由两部分构成，一是静止部分称为定子，二是旋转部分称为转子。

柴油机带动发电机的转子旋转，转子磁极在定子和转子之间的空气隙里形成一个旋转磁场，适当选择磁极形状，使该磁场的磁感应强度沿定子圆周按余弦规律分布；定子的三相绕组被旋转磁场切割而产生3个频率相同、幅值相等、相位互差120°、按正弦规律变化的感应电动势。

4. 油机发电机组启动、停机操作

油机发电机组开机前必须进行相关检查、机组的运行过程中应按要求严密观测运行状况；通过正常停机、故障停机、紧急停机的操作，可以实现正确操作油机进行发电。

5. 油机发电机组停、来电操作

市电停电，需要启动油机发电；市电来电，需要停止油机发电。通过油机发电机组停、来电操作，可以顺利完成油机供电与市电供电的切换。

1.3.4 技能训练

1. 油机发电机组启动、停机操作

(1) 开机前检查，将检查结果记录在下表中

表1.10 开机前检查项目

序号	检查项目	检查结果	备注
1	机油液位		
2	冷却水位		
3	检查燃油油量、进油、回油管路是否通畅，柴油滤清器是否需要更换		
4	检查排风通道是否通畅，检查及清洁空气滤清器，必要时清洁或更换		

续表

序号	检查项目	检查结果	备注
5	检查电启动系统连接是否正确，有无松动，启动电池电压、液位是否正常		
6	清理机组及其附近放置的工具、零件及其他物品		

（2）正常启动

①启动：关闭电源输出开关，打开电路锁匙→按下启动按钮，启动成功后，应先低速运转一段时间，然后逐渐调整到额定转速，不允许刚启动就猛加油门使转速突然升高。

②启动后应检查机组是否运行平稳，是否有异常响声，排烟情况是否正常。

③提速：检查各仪表（包括监察油机和交流电），如机油压力、油温、水温、转速、电压和频率等。

表 1.11　柴油发电机组启动运行记录表

检查项目	检查结果	备注	检查项目	检查结果	备注
机油压力			各信号灯指示是否正常		
机油温度			油机运转时是否有剧烈振动和异常声响		
冷却水温度			排气管冒烟		
电压					
频率					
转速					

（3）正常停机

①先卸去负载，然后调节调速器操纵手柄，逐步降低转速至750r/min左右，运转3～5min。

②关闭油门停机。

③停机后应检查启动蓄电池是否充足电。严冬季节如无保温措施，停机半小时后，放出冷却水。

（4）注意事项

分组操作，老师先示范，时刻注意安全，在每个安全环节应仔细讲解，示范正确的操作。

2. 油机发电机组停、来电操作

（1）市电停电后的操作

①市电停电后，将告警开关拨到来电通知位置。

②在低压配电屏上关闭所有负载（断开负载开关）。

③将市电—油机转换开关打到中间“断”的位置。

④启动发电油机；检查油机运转平稳情况，指标情况。

⑤将市电—油机转换开关打到“油机电”位置。

⑥在低压配电屏上逐步合上负载开关（合每一开关之间应有一个时间间隔）。

⑦检查“油机电”的电压V、频率Hz、转速、机油压力、水温等参数。

（2）市电来电操作

①市电来电后，将告警开关拨到停电告警位置。

②检查市电的电压、频率。

③在低压配电屏上关闭所有负载（断开负载开关）。

④将市电—油机转换开关打到“市电”位置。

⑤在低压配电屏上合上负载开关。

⑥油机怠速工作后，关闭油门停机。

（3）注意事项

①要求操作熟练，步骤正确，无不安全因数。

②操作过程中要绝对注意安全。人应站在交配屏的正前方，并且进行单手操作，不能倚靠在机架上。

③合闸刀时要求单手操作，分两步，即分—断—合，动作干净利落。

1.3.5 任务完成

（1）分组

以6～8人为一个学习小组，并确定各学习小组组长。然后由组长根据教学任务完成本小组组员工作职责分工，如确定操作员、数据记录员、安全监督员等，并负责组织本小组完成本次学习任务。

（2）讨论

各学习小组围绕固定式油机发电机组的维护项目展开讨论，并制订出相应的实施方案、具体操作步骤、安全注意事项等。

（3）审核

由指导老师对各学习小组制订的方案进行审核，主要审核各小组方案的完整性、可操作性及安全性等。

（4）实施

各小组根据指导老师审核后的方案完成本次实训任务，并在实训项目中填入相关检测数据或检查结果。

1.3.6 教学评价

整个教学过程在教师的组织和协调中进行，可按照以下几个方面进行考核。

1. 过程考核

教师全程监督整个任务实施过程，观察每个学员在整个过程中各方面的表现，并做好记录。

1）操作的规范及熟练程度：主要考查学员对规范的熟练程度和工具的正确使用并按照正确的步骤完成任务。

2）掌握知识的灵活程度：主要考查学员能否举一反三，可以通过学员对类似问题采取的解决方案，提问，以及与学员的交流等几个方面来综合考虑。

3）学习态度：主要考查学员能否积极、主动，完成任务是否认真。

2. 结果考核

1）任务实施情况：主要考查学员是否能按照要求完成高压变配电设备的维护。

2）报告文件：任务实施后，应该提交报告文件，报告文件中主要考查能否提出每个人在这次任务中实实在在的收获。

3）组员互评：小组成员之间在共同完成任务的过程中，从协作能力及在小组中所发挥的作用两个方面互相评分。

评价参考指标见表1.12。通过对下表各项内容的考核，评定出学员的成绩。

表1.12 评价参考指标

评价指标 / 学员	过程考核（50%）			成果考核（30%）		组员互评（20%）	
	操作的规范及熟练程度（20%）	掌握知识的灵活程度（20%）	学习态度（10%）	任务实施情况（20%）	报告文件（10%）	小组协作能力（10%）	在小组中发挥的作用（10%）

1.3.7 知识链接与拓展

1.3.7.1 固定式柴油发电机组的组成及应用要求

1. 组成

固定式柴油发电机组由柴油机、交流同步发电机和控制系统等组成。

柴油机主要由两大机构和四大系统组成，它们是：曲轴连杆机构、配气机构，燃油供给系统、润滑系统、冷却系统和启动系统。

交流同步发电机由定子、转子和励磁系统组成。有单相和三相之分，小型油机发电机组常采用单相发电机，大中型油机发电机组多采用三相发电机。

控制系统包括自动检测、控制和保护装置。

2. 应用及要求

在通信领域，油机发电机组通常作为备用交流电源使用，当市电停电时，启动油机发电，为通信局（站）提供交流电源。

通信局（站）一般采用中速水冷柴油发电机组；高山、高寒和缺水地区的小型通信局（站）可采用中速风冷柴油发电机组。随着通信技术的不断发展，现代通信设备对电源质量提出了更高的要求，油机发电机组应能随时迅速启动，及时供电，运行安全稳定，可以连续工作，供电电压和频率满足通信设备的要求。

1.3.7.2 柴油机的构造和工作原理

（一）常用术语

柴油机是通过在气缸内连续进行进气、压缩、做功和排气4个过程来完成能量转换的。常用名词如下。

（1）上、下止点

活塞在气缸中移动到离曲轴中心线最远的距离称为上止点，活塞在气缸中移动到离曲轴中心线最近的距离称为下止点。

（2）活塞冲程

上、下止点间的距离称为活塞冲程（或行程），一般用S表示。对应一个活塞冲程，曲轴旋转180°。

（3）气缸容积

活塞位于上止点时，其顶部与气缸盖之间的容积称为燃烧室容积，用V_c表示；活塞从一个止点运动到另一个止点所扫过的容积，称为气缸工作容积，用V_h表示。活塞位于下止点时，其顶部与气缸盖之间的容积称为总容积，用V_a表示，$V_a=V_c+V_h$。

多缸发动机各气缸工作容积的总和，称为发动机排量，用V_L表示。

（4）压缩比

压缩比是指气缸总容积与燃烧室容积之比，用ε表示，即$\varepsilon=V_a/V_c$。压缩比表明了气体的压缩程度，通常汽油机的压缩比为6～10，柴油机的压缩比为16～22。

（5）工作循环

活塞在汽缸内上下移动，完成进气、压缩、做功、排气4个过程，称为一个工作循环。

（二）柴油机的基本工作原理

1. 四冲程柴油机的工作原理

柴油机是以柴油为燃料的内燃机。要持续地输出动力，将热能转化为机械能，柴油机必须完成进气、压缩、做功、排气4个过程。这些过程通常采用4个冲程来实现，其工作循环如图1.19所示。

（1）进气冲程

进气冲程时进气门打开，排气门关闭，曲轴带动活塞由上止点往下止点移动，气缸吸入空气，如图1.19（a）所示。由于空气经过滤清器（空滤）、进气管、进气门等要遇到阻力，因此活塞到达下止点时，进到气缸内的空气压强只有0.75～0.9kg/cm²，温度为30℃～50℃。

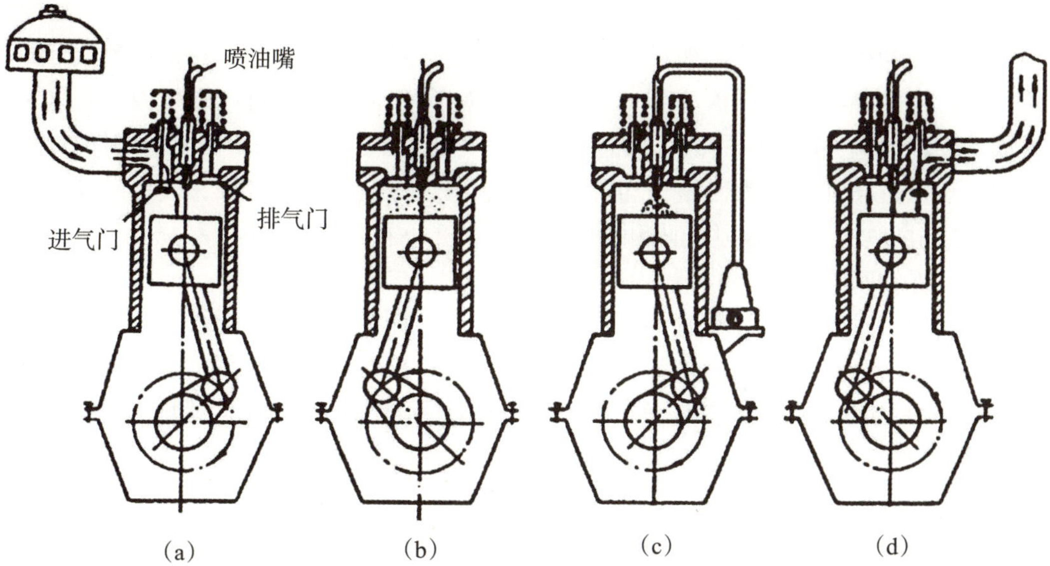

图1.19　四冲程柴油机的工作循环

（2）压缩冲程

压缩冲程时进、排气门均关闭，曲轴带动活塞由下止点往上止点移动，压缩气缸中的空气，如图1.19（b）所示。压缩冲程完毕，气缸内空气压强可达30～50kg/cm²，温度可达500℃～700℃。

（3）做功冲程

压缩冲程完毕时进气门、排气门仍然关闭着，当活塞快到上止点时，气缸顶部的喷油器开始向气缸内喷射雾状柴油，并被高温高压空气点燃。燃烧的混合气压力和温度迅速上升，在气缸内膨胀做功，推动转过上止点的活塞迅速移向下止点，活塞通过连杆转动曲轴，由曲轴输出动力。如图1.19（c）所示。燃烧时，最高压强达60～120kg/cm²，温度为1500℃～2000℃。

（4）排气冲程

排气时排气门打开，进气门关闭，曲轴带动活塞由下止点往上止点移动，排出燃烧后的废气，如图1.19（d）所示。

当活塞再重复向下移动时，又开始第二个工作循环的进气冲程，如此周而复始，使柴油机不断地转动，产生动力。

总结单缸四冲程柴油机的工作原理不难发现，完成一个工作循环，曲轴旋转两周，活塞上下运行两个来回，只有做功冲程是活塞推动曲轴而做功的，其他3个冲程要由曲轴带动活塞运动，消耗动能。因此，柴油机工作时，曲轴转速不均匀。解决办法是安装飞轮和采用多气缸结构。对于单缸机，在曲轴的功率端装上一个沉重的飞轮，利用飞轮的惯性带动活塞完成做功之外的其余3个冲程；对于功率较大的柴油机，在安装飞轮的基础上还采用多气缸结构。

2. 多缸柴油机的工作特点

多缸柴油机分为直立排列和V型排列。直立排列气缸序号是从曲轴自由端开始为第一缸，向功率输出端依次排列；V型排列气缸序号是从右列自由端处为第一缸，依次向功率输出端编序号，右列排完后，再从左列自由端连续向功率输出端编气缸序号。

对于多缸柴油机，为使做功均匀，运转平稳，将做功时刻分开，按一定规律安排不同的气缸做功，称为做功间隔和做功次序。

（1）做功间隔

在多缸柴油机中，各气缸的工作过程都相同，曲轴转两周（720º）每个气缸都会做功一次，为使做功均匀，将各气缸的做功冲程安排在不同的时刻出现，称为做功间隔，如四缸四冲程柴油机，其做功间隔为$\varPhi$=720º/N=720º/4=180º，即每隔180º有一个气缸做功。

（2）做功次序

以直立四缸柴油机为例，自由端为第1缸，往功率输出端（飞轮端）依次为2、3、4缸，为使柴油机运转平稳、曲轴受力均匀，不能按1、2、3、4缸的次序安排做功，而应按1、2、4、3或1、3、4、2的次序安排做功。六缸柴油机常见的做功次序为1、5、3、6、2、4或1、5、4、6、2、3。

（三）柴油机的总体构造

下面分述组成柴油机的两大机构和四大系统。

1. 曲轴连杆机构

（1）组成

曲轴连杆机构主要由气缸、活塞、连杆和曲轴等部件组成。

①气缸：气缸是燃料燃烧的地方，柴油机的功率不同，气缸的直径和数目也不相同。对于多缸机，采用多个气缸铸成一个整体。工作过程中，活塞在气缸内上下往返运动，为了减小气缸与活塞之间的摩擦，气缸的内壁（简称气缸壁）必须非常光滑，通常加工成镜面做成缸套，嵌入气缸体中。

燃料在气缸中燃烧时，温度可高达1500℃～2000℃，必须散热。水冷机组采用冷却水散热，为此气缸壁都做成中空的夹层，两层之间的空间称为水套。风冷机组是在气缸体与气缸盖外表面安置散热片，利用空气流动带走散热片的热量。

②活塞：柴油机工作时，活塞既承受很高的温度，又承受很大的压力，而且运动速度极快，惯性很大。因此，活塞必须具有良好的机械强度和导热性能，常用质量较

轻的铝合金铸造，以减小惯性。为使活塞与气缸之间紧密接触，保持良好的密封性能，活塞的上部装有活塞环。活塞环有气环和油环两种，气环的作用是防止气缸漏气，油环的作用是防止机油窜入燃烧室并分布油膜。

③连杆与曲轴：连杆将活塞与曲轴连接起来，从而将活塞承受的压力传给曲轴，通过连杆把活塞的往返直线运动变为曲轴的圆周运动。

（2）功用

曲轴连杆机构是柴油机的主要组成部分，它的作用是将燃料燃烧时产生的热能转变为机械能，并将活塞在气缸内的上下往返直线运动变为曲轴的圆周运动，以带动其他机械做功。

（3）工作条件

柴油机工作时，曲轴连杆机构直接与高温高压气体接触，受可燃混合气和燃烧废气的腐蚀，同时活塞的直线运动要变为曲轴的旋转运动，受力复杂，且润滑困难。因此曲轴连杆机构的一些部件不能随意更换或调换，必须配对使用。

2. 配气机构

（1）组成

四冲程柴油机一般采用气门式配气机构，它由气门组件（进气门、排气门）、气门传动组件（凸轮轴、推杆、挺杆、摇臂）、空气滤清器、消声器等部件组成。根据气门组件的安装位置，分为顶置式和侧置式配气机构。当油机发电机组安装在室内时，还需要考虑进、排风管道，有时把它们和配气机构统称为配气系统。

（2）功用

配气机构的作用是根据柴油机做功次序、转速和输出功率的要求，适时地轮流打开和关闭进、排气门，使之进气充分，排气彻底。

（3）充气效率

可燃混合气充满气缸的程度，用充气效率表示。充气效率越高，表明进入气缸的新气越多，可燃混合气燃烧时可放出的热量就越大，发动机的功率也就越大。在进气管道中安装涡轮增压器即可提高充气效率。

3. 燃油供给系统

（1）组成

柴油机的燃油供给是和调速系统相关联的，一般由油箱、低压油管、输油泵、柴油滤清器、高压油泵、高压油管、喷油器及调速器等组成。

柴油机工作时，输油泵从油箱内吸取柴油，经燃油滤清器滤清后进入高压油泵，高压油泵将燃油加压送入喷油器，喷油器将高压柴油呈雾状喷入燃烧室，多余的柴油经回油管返回到油箱中。

（2）功用

燃油供给系统的作用是将清洁的柴油以高压雾状方式，适时地喷入气缸，与气缸中的高温空气混合后，着火燃烧，同时根据负载的轻重自动调节供油量和喷油时间。

（3）要求

对燃油供给系统的基本要求是：良好的雾化、正确的喷油时间及便捷的油量调节。

①良好的雾化。这是实现柴油良好燃烧的基础，主要靠高压油泵和喷油器配合来保证。对高压油泵的要求是，在整个喷油期间保持喷油压力在一定的范围之内。对喷油器的要求，一是雾化均匀；二是具有一定的喷射压力和射程、合适的喷注锥角；三是断油迅速、无滴漏现象。

②正确的喷油定时。这是保证柴油高效燃烧的前提，一般是在活塞移动到上止点前就将柴油喷入气缸。喷入点与上止点之间的曲柄转角，称为“喷油提前角”，喷油提前角的大小对柴油机工作影响很大：喷油提前角过大，将导致发动机工作粗暴；喷油提前角过小，则燃油压力和热效率下降，输出功率减小，排气管冒白烟。喷油提前角由工厂试验确定，当燃油品质发生变化时需要重新调整。

③供油量调节。供油量的大小决定着柴油机输出功率的大小，对于发电用的柴油机组而言，若外界负荷（用电量）减少而喷油量不变，则柴油机的输出功率大于外负荷，会使转速升高，机组的输出电压和频率升高；反之则降低。为使机组输出稳定，必须根据负载的变化自动调节供油量。通常是将高压油泵的油门控制与调速器结合起来，通过检测油机转速从而改变高压油泵的供油量。

（4）调速器

调速器根据负荷变化，迅速、自动地调整供油量，使柴油机输出功率与负荷保持平衡，保持稳定的转速，限制最高转速，防止飞车事故。柴油机常用的调速器有机械式调速器、液压调速器和电子调速器。

①机械式调速器的基本原理是利用机械结构将飞锤产生的离心力变为推力，去推动喷油泵油门调节齿杆，从而改变柴油机的转速。

②液压调速器是通过液压伺服器将飞锤产生的离心力加以放大，用放大后的动力去推动油门调节机构。

③电子调速器是将转速和负荷的变化通过传感器转变为电信号，送到控制器进行比较，控制器输出电信号给执行机构，执行机构动作推动齿杆而改变供油量。

（5）电控喷射系统

电控喷射系统按控制方式分为两类，一类是在原调速器—喷油泵的基础上，改进更新机构功能，用线位移和角位移的电磁液压执行机构，来实现喷油量和喷油正时的电控；另一类是时间控制，即共轨电喷系统。共轨电喷系统由高压油泵、压力传感器、电子控制装置（ECU）、喷油器组成。高压油泵将高压燃油输送到公共供油管，通过闭环系统对公共供油管内的油压实现精确控制，使油压大小与发动机的转速无关。通过共轨将高压燃油分送到每个喷油器，喷油器上集成有高速电磁阀，电磁阀的开启时刻和开通时间由电子控制装置控制，喷油器喷油量的大小取决于共轨中的油压和电磁阀开启时间的长短。采用转速、温度、压力等传感器，将实时检测的参数同步输入计算机，与已储存的参数值进行比较，实现随运行工况对喷油量、喷油定时的实时控制，从而保证柴油机达到最佳的燃烧比和良好的雾化，以及最佳的发火时间、足够的能量和最少的污染排放。

4. 润滑系统

油机工作时，各部分机件在运动中将产生摩擦，为了减轻机件磨损，延长使用寿命，必须对运动零件进行润滑。

（1）润滑方式

由于发动机各运动零件的工作条件不同，对润滑强度的要求也就不同，因此要相应地采取不同的润滑方式，常用的润滑方式有以下3种。

①压力循环润滑。利用机油泵，将具有一定压力的机油源源不断地送往摩擦表面的润滑方式称为压力循环润滑。例如，曲轴主轴承、连杆轴承及凸轮轴轴承等处，承受的载荷及相对运动速度较大，需要以一定压力将机油输送到摩擦面的间隙中，方能形成油膜以保证润滑。

②飞溅润滑。利用连杆、曲轴等零件在旋转时拍打油底壳中的机油的飞溅作用，把油滴或油雾甩至摩擦表面的润滑方式称为飞溅润滑。这种润滑方式可使气缸壁、活塞销以及配气机构的凸轮表面、挺柱等得到润滑。

③注油润滑。发动机辅助系统中有些零件无法实现压力循环润滑，只能定期用注油器加注润滑脂（黄油）进行润滑，例如水泵及发电机轴承就是采用这种方式润滑。近年来也采用含有耐磨润滑材料（如尼龙、二硫化钼等）的轴承来代替需加注润滑脂的轴承。

（2）压力循环润滑的组成

压力循环润滑是柴油机的主要润滑方式，通常由油底壳、机油泵、机油滤清器（粗滤和细滤）、机油冷却器、油管、油道、油尺和机油压力表等组成。

①机油泵。机油泵通常装在油底壳内，其作用是提高机油压力，从而将机油源源不断地送到需要润滑的机件上。

②机油滤清器。机油滤清器的作用是滤除机油中的杂质，以减轻机件磨损并延长机油的使用期限。一般润滑系统中装有几个不同滤清能力的滤清器：与主油道串联的滤清器称为全流式滤清器，一般为粗滤器；与主油道并联的滤清器称为分流式滤清器，一般为细滤器，过油量约为10%～30%。

③油尺和机油压力表。油尺是用来检查油底壳内油量和油面高低的一片金属杆，下端制成扁平，并有刻线。机油油面必须处于油尺上下刻线之间。机油压力表用以指示发动机工作时机油压力的大小，一般采用电热式机油压力表，它由油压表和传感器组成，中间用导线连接。传感器装在粗滤器或主油道上，把感受到的机油压力传给油压表，显示机油压力的大小。

（3）功用

①润滑作用：润滑运动零件表面，减小摩擦和磨损。

②清洗作用：机油在润滑系统内不断循环，清洗摩擦表面，带走磨屑和其他异物。

③冷却作用：通过润滑油带走摩擦产生的热量。

④密封作用：在运动零件之间形成油膜，提高它们的密封性，有利于防止漏气或漏油。

⑤防锈蚀作用：在零件表面形成油膜，防止零件表面腐蚀生锈。

⑥减震缓冲作用：在运动零件表面形成油膜，吸收冲击并减小振动。

5. 冷却系统

（1）功用

柴油机工作时，气缸温度很高（燃烧时最高温度可达2000℃），这样将使机件膨胀变形，摩擦力增大。同时，机油也可能因温度过高而变稀，从而降低润滑效果。为了避免温度过高，须对机组进行冷却，把零件吸收的热量及时散发出去，以保证机体在适宜的温度（80℃～90℃）下正常工作。

（2）固定式柴油机水冷系统的组成

水冷系统包括水套、水管、水泵、节温器、散热水箱及风扇等。冷却水通过水泵加压后在冷却系统中循环。循环途径一般为：水箱→大循环水泵进水管→水泵→进水管→机油冷却器→机体进水管→气缸水套→气缸盖出水管→节温器→回水管→水箱。节温器按水温的高低，实现冷却水的大、小循环，柴油机冷机启动时，为迅速提高水温，采用小循环工作（冷却水不流经水箱），直到水温升高到80℃左右，节温器打开，冷却水流入水箱形成大循环工作。

6. 启动系统

使发动机从静止状态过渡到工作状态的全过程，称为发动机的启动。完成启动所需要的装置称为启动系统。固定式柴油机常采用电动机启动。电动机启动是以电动机作为机械动力，通过离合机构将电动机轴上的齿轮与发动机飞轮周缘的齿圈啮合，使飞轮旋转从而启动油机。电动机采用直流电机，以蓄电池作为电源。通信局（站）所用的油机发电机组通常采用电动机启动，简称电启动。

电启动系统一般由启动电池（24V或12V蓄电池）、启动开关（按钮）、电动机、电动机的离合机构、充电机、导线等组成。启动时，打开电路锁匙→按下启动按钮→电路接通，一方面使电动机转动；另一方面通过离合机构使电动机的齿轮与飞轮的齿圈啮合，飞轮转动。油机启动成功后，应及时松开启动按钮，使其回到断开位置，此时由于电路已切断，离合机构在复位弹簧的作用下复位，电动机的齿轮与飞轮的齿圈脱离，同时电动机断电停机。此外，油机启动成功后通过皮带轮带动充电机转动，对蓄电池充电。

1.3.7.3　同步发电机的基本结构及工作原理

1. 同步发电机的基本结构

同步发电机由两部分构成，一是静止部分称为定子，二是旋转部分称为转子。通常将定子做成产生电动势的电枢，转子做成磁极。在定子铁心中嵌入电枢绕组，工作时电枢绕组输出交流电送往负载。电枢绕组可以是单相的，称为单相交流发电机；也可以是三相的，称为三相交流发电机。转子成为磁极的方法有两种，一种是在转子铁心中嵌入励磁绕组，励磁绕组通以直流电流而形成磁极，称为电励磁发电机；另一种是由永磁材料做磁极，称为永磁发电机。磁极在柴油机的带动下形成旋转磁场，旋转磁场切割定子绕组而发电，称为旋转磁极式发电机。

2. 同步发电机的工作原理

柴油机带动发电机的转子旋转，转子磁极在定子和转子之间的空气隙里形成一个旋转磁场，适当选择磁极形状，使该磁场的磁感应强度沿定子圆周按余弦规律分布；定子的三相绕组被旋转磁场切割而产生3个频率相同、幅值相等、相位互差120º、按正弦规律变化的感应电动势。假设A相感应电势的初相角为零，振幅值为E_m，则3个绕组产生的感应电势瞬时值为

$$e_A = E_m \sin \omega t \tag{1.4}$$

$$e_B = E_m \sin(\omega t - 120^\circ) \tag{1.5}$$

$$e_C = E_m \sin(\omega t + 120^\circ) \tag{1.6}$$

旋转磁场的转速与发电机的转速始终是相等的关系，两者保持同步，所以称为同步发电机。

发电机转速n（r/min）与频率f及磁极对数p的关系为

$$n = \frac{60f}{p} \tag{1.7}$$

当磁极对数p=2时，要获得恒定的50Hz频率，就必须严格要求柴油机的转速稳定在1500r/min不变。

定子每相绕组感应电势的有效值为

$$E = 4.44KfN\Phi_m \tag{1.8}$$

式中，K是电枢绕组状况所决定的绕组系数（K<1），f是感应电势的频率，N是每相的电枢绕组匝数，Φ_m是旋转磁场的磁通振幅值。在电励磁发电机中，Φ_m值由励磁电流决定，改变励磁电流的大小，就可改变Φ_m值，从而调节同步发电机产生的感应电势大小。例如，增大转子励磁绕组中的直流电流，则Φ_m增大，使E增大，故同步发电机的输出电压增大。

3. 同步发电机的励磁

（1）发电机获得励磁电流的方式

作为电励磁发电机，凡是从其他电源获得励磁电流的，称为他励发电机；从发电机本身获得励磁电流的，则称为自励发电机。同步发电机获得励磁电流有以下常见方式。

①直流发电机供电的励磁方式

为同步发电机提供励磁电流的直流发电机称为直流励磁机。励磁机与同步发电机采用同轴式或背包式，由发动机驱动。励磁机发出的直流电通过装在大轴上的滑环及固定电刷，送到同步发电机的转子励磁绕组，从而产生磁极。这是传统的励磁方式，因其励磁调节速度较慢、维护工作量大，在通信用柴油发电机组中已经不采用。

②交流励磁机供电的励磁方式

为同步发电机提供励磁电流的交流发电机称为交流励磁机。交流励磁机制成旋转电枢式，装在发电机大轴上，大轴转动时转子电枢输出交流电供给安装在机组转动部分的旋转整流器（由二极管组成），旋转整流器输出直流电给发电机转子励磁绕组产生磁极。这种励磁方式无须电刷，称为无刷励磁。

③三次谐波励磁方式

这种励磁方式是同步发电机本身兼作交流励磁机，属于自励方式。在定子铁心槽内单独嵌放一组辅组绕组，它与主绕组无电的联系。发动机运转后，利用同步发电机气隙合成磁场中存在的三次谐波，在辅助绕组上感应出三次谐波电势，经整流后变为直流，经电刷、滑环给转子磁极励磁。利用三次谐波励磁的发电机，刚开始发电时需要转子磁极具有剩磁；若机组长久不使用，剩磁消失，则启动前需要充磁。现在通信用柴油发电机组不采用这种励磁方式。

（2）永磁励磁方式

①永磁发电机

用永磁材料制成磁极的发电机，称为永磁发电机。19世纪20年代发明的第一台电机就是永磁电机，由于当时所用的永磁材料是天然磁铁矿石，磁感强度低，制成的电机体积庞大，不久就被电励磁电机所取代。随着稀土钴永磁和钕铁硼永磁等稀土永磁材料的发现，永磁同步发电机得到了广泛应用。

永磁同步发电机不需要励磁绕组和直流励磁电源，更不需要电刷装置（是无刷电机），因而结构紧密，功率质量比高。它的缺点是磁感强度调节困难，使其本身的输出电压难以调节。

②用永磁发电机励磁

我国通信行业标准yd/t502—2007《通信用柴油发电机组》规定，发电机应选用无刷励磁同步发电机，宜采用永磁励磁方式。

采用永磁励磁方式的同步发电机示意图如图1.20所示。用永磁发电机做副励磁机，它和主发电机及主励磁机同轴。

主发电机的定子是电枢，转子是磁极，其励磁电流由主励磁机输出的三相交流电经旋转整流器变成直流电供给。主励磁机的转子是电枢，定子是磁极，其励磁电流来源于副励磁机。柴油机带动发电机旋转时，副励磁机的定子电枢绕组被永磁材料制成的转子磁极产生的旋转磁场切割而产生交流电，通过静止的晶闸管整流器变为直流电，为主励磁机的定子磁极供给励磁电流，该励磁电流的大小通过励磁系统中的自动调压装置（晶闸管整流器及其控制电路）进行调节，使主励磁机具有适当输出，从而实现主发电机自动稳压。

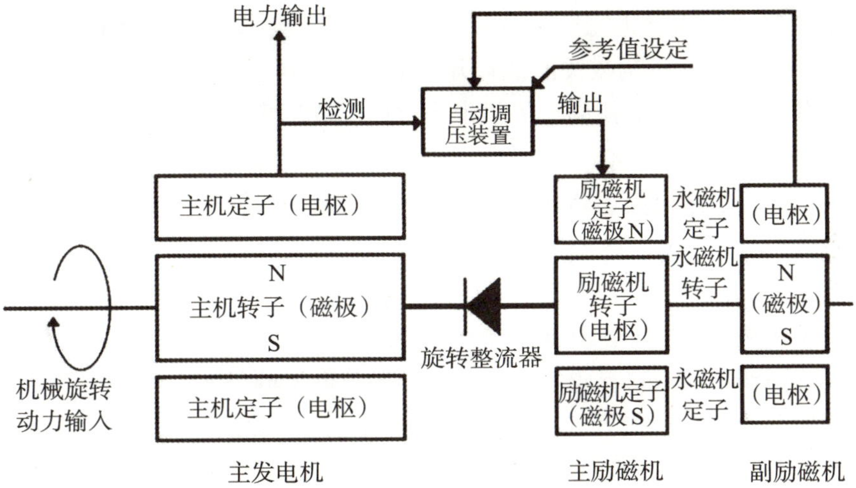

图1.20　永磁励磁方式的同步发电机示意图

4. 固定式柴油发电机组的使用与维护

（1）开机前的检查

①机油、冷却水的液位是否符合规定要求。

②风冷机组的进风、排风风道是否畅通。

③日用燃油箱里的燃油量是否充足。

④启动电池电压、液位是否正常。

⑤机组及其附近是否放有工具、零件及其他物品，开机前应进行清理，以免机组运转时发生意外危险。

⑥机组总开关是否处于分断状态。

⑦环境温度低于5℃时，应启动加热器给机组加热。

（2）机组的运行

①启动成功后，应先低速运转一段时间，然后逐渐调整到额定转速，不允许刚启动就猛加油门使转速突然升高；电压、频率（转速）达到规定值后方可供电。

②机组不宜长时间低速运行，低转速下运行时柴油雾化不好，排污严重。

③机组运行中要密切关注各仪表、信号灯的指示是否正常；检查机油压力、机油温度和水温是否符合要求：机油压力应为1.5～4.0kg/cm²，机油温度应为70℃～90℃，水冷机组进水温度应为55℃～65℃，出水温度应为75℃～85℃；观察排烟是否正常。

④经常检查冷却水、燃油和润滑油的液面，如发现不符合要求，应立即补充，但禁止在机组运行中手工补充燃料。

⑤注意倾听机组在运行中有无激烈振动和异常敲击声，检查机组有无渗漏；发现问题要查明原因，予以排除。

⑥记录运行小时数。

（3）机组的停机操作

①正常停机

当市电恢复供电或试机完毕时，应先切断负载，空载运行3～5min，再关闭油门停机。不能用打开减压机构或关闭油箱开关的办法来停机。停机后应检查蓄电池是否充足电。严冬季节如无保温措施，停机半小时后，放出冷却水，以免冻裂水管。

②故障停机

当出现油压低、水温高、转速高、电压异常等故障时，应自动或手动停机。

③紧急停机

当出现转速过高（飞车）或其他有发生人身事故或设备危险情况时，应紧急停机，按紧急停机按钮，立即切断油路和气路（进气）；在上述操作无效的情况下，可用器具堵住空气滤清器的进口，隔绝空气，达到紧急停机的目的。

故障或紧急停机后应做好检查和记录，在机组未排除故障和恢复正常时，不得重新开机运行。

1.3.8 教学策略

表1.13 教学策略

典型工作任务名称	固定式油机发电机组的维护与使用	适用年级	教学时间/学时
教学目标	1.具备规范完成固定式油机发电机组的日常巡检维护能力 2.具备规范操作固定式油机发电机组能力	×××年级	第×学期4学时
教学资源	多媒体、教材、教学课件、视频资料、油机发电机组实训基地等		
参考教学方法	讲授法、参观教学法、互动式教学法、现场教学法、演示法		
参考资料、学习资源	教材、教学课件、相关标准、专业网站		

思考与练习

1. 阐述四冲程柴油机的工作原理。
2. 柴油机由哪些机构和系统组成？
3. 阐述交流同步发电机的工作原理。
4. 阐述油机发电机组维护的基本要求。

5. 油机发电机组启动前应做哪些检查？启动后应做哪些检查？

6. 阐述正常停机、故障停机、紧急停机。

7. 回顾“固定式油机发电机组的维护和使用”工作任务运用过的教学方法，分析讨论本部分最优教学方法，并研讨采用理实一体化教学场地和实验条件配备。

8. 观看本次实训，或以前在“固定式油机发电机组的维护和使用”工作任务训练视频，从中发现、研讨错误操作的典型案例。

典型工作任务1.4　移动式油机发电机组的维护和使用

1.4.1　任务描述

通信局（站）电源系统备用交流电源多为油机发电机组，分固定式和移动式两类，本任务以移动式油机发电机组为例。

1.4.2　任务分析

根据我国通信行业标准YD/T1970.2《通信局（站）电源系统维护技术要求第6部分：油机发电机组系统》以及各大通信运营企业的“电源、空调维护规程”，油机发电机组维护周期表中规定的移动式油机发电机组日常维护主要项目有以下几项。

1. 移动式发电机组长期不使用时，应每个月做一次发电机组及其车辆的试机、试车。

2. 每周至少给启动电池充电一次，保证汽车和油机的启动电池电量充足。检查并及时补充润滑油和燃油箱的油量。

3. 每次使用后，注意补充发电机组及其车辆的润滑油和燃油，及检查冷却液箱的液位情况。

4. 拖车式电站和车载式电站宜设专用车库。

5. 作为备用发电的小型汽油机，在其运转供电时，要有专人在场，并且当人机同处一室时，应保持室内空气流通，防止人员发生废气（一氧化碳）中毒。在燃油不足时，停机后方可添加燃油。存放时，不得与其他在运行油机共室临近存放。

移动式油机发电机组（电站）包括：便携式汽油机组、拖车式电站和车载式电站。完成移动式油机发电机组的日常维护项目可选用便携式汽油机组，通过空载试机或加载试机来完成，试机时需要完成开机前的检查，启动、运行检查、关机、故障停机检查和记录。

1.4.3　必备知识

1. 便携式油机发电机组主要特点

便携式油机发电机组输出功率较小，从几百瓦到20千瓦不等，通常采用四冲程风冷顶置气门单相发电机，有单缸、双缸之分。按使用的燃料有汽油机、柴油机、天然气机之分。

便携式油机发电机组冷却方式通常采用风冷系统，风冷发动机气缸和气缸盖一般采用传热较好的铝合金铸成，为了增大散热面积，在气缸和气缸盖表面分布许多均匀排列的散热片。利用空气流动带走散热片的热量而进行冷却。

便携式油机发电机组输出功率不大，通常采用无刷励磁的单相同步交流发电机。

2. 便携式油机发电机组启动、停机等规范操作

便携式油机发电机组多作为移动通信基站应急供电电源，维护人员无论是在启动发电，还是停机等操作时，都必须规范操作，避免出现安全等事故。发电首先需要正确启动。

3. 便携式油机发电机组的使用注意事项

（1）便携式机组多作为移动通信基站应急供电电源，其输出为单相交流电，通常基站的开关电源设备需要三相交流电源，因此当使用便携式机组发电时，需要将单相改为假三相使用。

（2）便携式机组的输出功率较小，当机组的输出功率不能满足基站全部负荷的要求时，强行发电会出现啸叫、输出电压不稳甚至停机等现象，长期如此还会严重影响机组寿命。此时可去掉部分负荷，保障最重要负荷的用电。

1.4.4 技能训练

1.便携式油机发电机组启动操作

（1）启动前的检查

①清洁机组，检查各部件是否完好并紧固可靠，各线缆接头的连接是否牢固可靠，接地端子是否接地可靠。

②检查燃油箱存油量（存油量不能少于油箱容量的50%），否则应及时添加至燃油滤清器肩部。

③检查机油液面高度，应在油标尺的上限位和下限位之间。

④测量启动电池电压，电压不足时应及时充电或更换电池。

⑤检查及清洁空气滤清器，必要时清洁或更换。

（2）正常启动

①拆除交流负载并断开发电机组交流输出空开。

②将燃油阀置于（ON）位置。

③将阻风门置于（CHOKE）即关位置。

④将引擎开关置于（ON）或（START）位置。

⑤轻轻拉起启动抓手，直到感到阻力为止，然后用力拉起，待引擎升温时，将阻风门置于（ON）位置。

⑥启动后应检查机组是否运行平稳，是否有异常响声，排烟情况是否正常。

⑦检查机组交流输出电压和频率等均正常，合上发电机组交流输出空开，给负载送电。

2.便携式油机发电机组、停机操作

（1）正常停机

①先卸去负载，然后调节调速器操纵手柄，逐步降低转速至750r/min左右，运转3~5min。

②关闭引擎开关和油门停机。

③停机后应检查蓄电池是否充足电。

（2）注意事项

①要求操作熟练，步骤正确，无不安全因数。

②操作过程中要绝对注意安全。人应站在交配屏的正前方，并且进行单手操作，不能倚靠在机架上。

③合闸刀时要求单手操作，分两步，即分—断—合，动作干净利落。

1.4.5　任务完成

（1）分组

以6~8人为一个学习小组，并确定各学习小组组长。然后由组长根据教学任务完成本小组组员工作职责分工，如确定操作员、数据记录员、安全监督员等，并负责组织本小组完成本次学习任务。

（2）讨论

各学习小组围绕便携式油机发电机组的维护项目展开讨论，并制订出相应的实施方案、具体操作步骤、安全注意事项等。

（3）审核

由指导老师对各学习小组制订的方案进行审核，主要审核各小组方案的完整性、可操作性及安全性等。

（4）实施

各小组根据指导老师审核后的方案完成本次实训任务，并在实训项目中填入相关检测数据或检查结果。

1.4.6　教学评价

整个教学过程在教师的组织和协调中进行，可按照以下几个方面进行考核。

1. 过程考核

教师全程监督整个任务实施过程，观察每个学员在整个过程中各方面的表现，并做好记录。

1）操作的规范及熟练程度：主要考查学员对规范的熟练程度和工具的正确使用并按照正确的步骤完成任务。

2）掌握知识的灵活程度：主要考查学员能否举一反三，可以通过学员对类似问题采取的解决方案，提问，以及与学员的交流等几个方面来综合考虑。

3）学习态度：主要考查学员能否积极、主动，完成任务是否认真。

2. 结果考核

1）任务实施情况：主要考查学员是否能按照要求完成高压变配电设备的维护。

2）报告文件：任务实施后，应该提交报告文件，报告文件中主要考查能否提出每个人在这次任务中实实在在的收获。

3）组员互评：小组成员之间在共同完成任务的过程中，从协作能力及在小组中所发挥的作用两个方面互相评分。

评价指标参考见表1.14。通过对下表各项内容的考核，评定出学员的成绩。

表1.14　评价指标参考

评价指标 / 学员	过程考核（50%）			成果考核（30%）		组员互评（20%）	
	操作的规范及熟练程度（20%）	掌握知识的灵活程度（20%）	学习态度（10%）	任务实施情况（20%）	报告文件（10%）	小组协作能力（10%）	在小组中发挥的作用（10%）

1.4.7　知识链接与拓展

1.4.7.1　便携式汽油机组与固定式柴油机组的不同点

便携式机组输出功率较小，从几百瓦到20千瓦不等，通常采用四冲程风冷顶置气门单相发电机，有单缸、双缸之分。按使用的燃料有汽油机、柴油机、天然气机之分。下面以单缸四冲程风冷顶置气门单相发电机组为例说明便携式汽油机组与固定式柴油机组的不同点。

单缸四冲程汽油机的工作循环与四冲程柴油机的工作循环基本相同，也是通过进气、压缩、做功和排气4个冲程完成一个循环。只是由于所用燃料的性质不同，其工作方式与柴油机有所不同，不同点如下。

1. 便携式汽油机组在进气管道紧邻气缸的地方安装了化油器，化油器的出油孔与进气管道相通，利用进气过程中空气流动的负压，从化油器中吸出汽油与空气混合，进入气缸的是可燃混合气。

2. 汽油机的压缩比比柴油机低，压缩终了时，可燃混合气的压强只有5～10kg/cm²，温度只有250℃～400℃，需用火花塞（安装在气缸盖上）产生的电火花点燃。

3. 便携式汽油机组的冷却系统通常采用风冷系统，风冷发动机气缸和气缸盖一般采用传热较好的铝合金铸成，为了增大散热面积，在气缸和气缸盖表面分布许多均匀排列的散热片。利用空气流动带走散热片的热量而进行冷却。

4. 便携式汽油机组的启动方式通常有电启动或人力启动，人力启动分为手摇、手拉。手摇式启动是将启动手柄端头插入曲轴前端的启动爪内，以人力转动曲轴，达到一定转速后松开减压装置，利用曲轴飞轮的惯性启动油机。手拉式启动的绳索启动前在弹簧的作用下盘在启动盘内，启动时，关闭阻风门，迅速拉动绳索手柄启动油机，启动后打开阻风门。

5. 便携式汽油机组的输出功率不大，通常采用无刷励磁的单相同步交流发电机。

其他的知识点可参照固定式柴油发电机组的维护与使用中的知识链接与拓展。

1.4.7.2　便携式机组的使用

便携式机组多作为移动通信基站应急供电电源。通常基站的开关电源设备需要三相交流电源（其中的整流模块为单相交流供电），当使用便携式机组发电时，需要将单相改为假三相使用，其改动方法或接入地点可视基站交流供电系统的情况而定。

1. 若交流配电箱具有市电、油机电三相转换开关，且配电箱内引入油机电的插孔是三相的，可在与之配套的插头内将3个相线柱复接，零线单接。这样便携式机组的单相交流电就变成了开关电源设备的假三相交流电，可以为开关电源设备中各整流模块供电。

2. 若开关电源设备具有两路交流输入，且输入空开具有联锁控制，可将油机电源的空开的3个输入端复接后再接到便携式机组的相线上，如图1.21所示。零线单接。

3. 将开关电源设备中的整流模块更换到有电的相线上工作，虽然没有单相变假三相，但可使多个整流模块同时工作。注意：倒换到市电供电前要将整流模块复位。

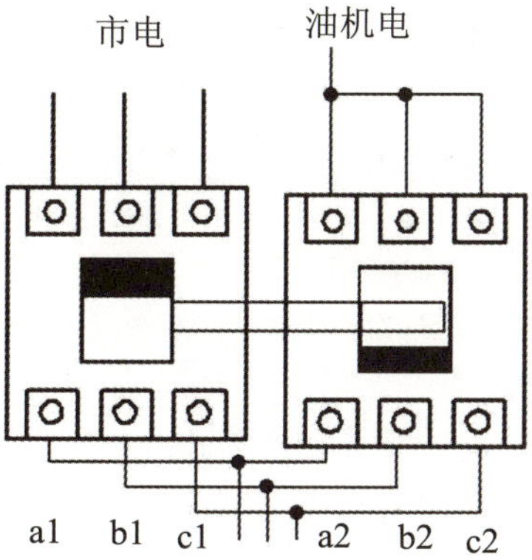

图1.21　单相变假三相的接线方式

便携式机组的输出功率较小，当机组的输出功率不能满足基站全部负荷的要求时，强行发电会出现啸叫、输出电压不稳甚至停机等现象，长期如此还会严重影响机组寿命。此时可采用如下方法去掉部分负荷，保障最重要负荷的用电。

1. 去掉基站的空调与其他交流负荷。

2. 减小对蓄电池组的充电电流（或不对电池组充电），可调低开关电源设备设置的充电限流值或浮充电压值。注意：倒换到市电工作后应及时将充电限流值或浮充电压值调回原位。

3. 对基站相对次要的通信设备不供电，只对最重要的通信设备（传输设备等）供电。

1.4.8 教学策略

表 1.15 教学策略

典型工作任务名称	移动式油机发电机组的维护与使用	适用年级	教学时间/学时
教学目标	1.具备规范完成便携式油机发电机组的日常巡检维护能力 2.具备规范操作便携式油机发电机组能力	×××年级	第×学期2学时
教学资源	多媒体、教材、教学课件、视频资料、油机发电机组实训基地等		
参考教学方法	讲授法、参观教学法、互动式教学法、现场教学法、演示法		
参考资料、学习资源	教材、教学课件、专业网站		

思考与练习

1. 简述移动式油机发电机组启动前应做哪些检查，启动后应做哪些检查。

2. 简述“假三相”的接线方法。

3. 回顾“移动式油机发电机组的维护和使用”工作任务教学中运用过的教学方法，分析讨论本部分最优教学方法，并研讨采用理实一体化教学场地和实验条件配备。

4. 观看以前“移动式油机发电机组的维护和使用”工作任务训练视频，从中发现、研讨操作的不足、失误或错误，归纳为典型案例。

典型工作任务1.5 UPS的巡检维护与操作

1.5.1 任务描述

卫星通信地球站的通信设备、数据通信机房服务器及其终端、网管监控服务器及其终端、计费系统服务器及其终端等，采用交流电源并要求交流电源不间断，为此应采用交流不间断电源系统（Uninterruptible Power System，简称UPS）对其供电。交流不间断电源系统又称为交流不间断电源设备。

根据通信行业的维护规定，UPS的维护分月度维护、季度维护和年度维护，在实际教学过程中可根据不同的实际情况，安排不同任务。

此次工作任务是对UPS进行维护与操作，包括日常巡检、测试及工作模式倒换等。

1.5.2　任务分析

根据我国通信行业标准YD/T1970.4《通信局（站）电源系统维护技术要求第4部分：不间断电源（UPS）系统》以及各大通信运营企业的“电源、空调维护规程”，交流不间断电源系统（UPS）维护周期表中规定的日常维护主要项目有以下几项。

1. 检查各种自动、告警和保护功能均应正常，察看告警和历史信息，发现告警及时处理并分析原因。

2. 测试UPS各项功能，检查正常运行方式与储能供电运行方式的切换、逆变器供电与市电旁路供电的切换是否正常。

3. 检查主机、蓄电池及配电部分引线和端子的接触情况，检查馈电母线、电缆及软连接头等各连接部位的连接是否可靠，并测量压降和温升。

4. 检查设备的工作和故障指示是否正常。

5. 查看UPS内部的元器件外观，发现异常（变形、鼓包、变色、烧焦等）及时处理。

6. 清洁设备，清洁散热风口、风扇及滤网，风道应无阻塞；检查UPS各主要模块和风扇电机的运行温度有无异常。

7. 检查UPS各主要模块、风扇、熔断器（刀开关）触头和可能会触及的壳体的运行温度有无异常。

8. 测量UPS的输入线电压、输入相电压、输入频率、输入电流谐波成分、输出电压不平衡度、零线电流和零地电压等参数，应符合相关要求。

9. 蓄电池放电时，检查直流熔断器和蓄电池连接条的压降或温升，应无异常变化。

10. 检查系统的接地是否牢靠。

通信局（站）内交流不间断电源系统的日常巡检维护与操作，由于涉及带电（220/380V）测量、保证不间断供电等，必须把安全放在首位，并要遵守下列规定：

（1）UPS主机现场应放置操作指南，指导现场操作；

（2）UPS的各项参数设置信息应全面记录、妥善保存并及时更新。

1.5.3　必备知识

1. 交流不间断电源系统组成

交流不间断电源系统又称为交流不间断电源设备。其输入和输出均为交流电，由整流器、逆变器、蓄电池组及输出转换开关组成。

2. 双变换UPS工作原理

双变换UPS工作原理：无论市电是否正常，均由逆变器经相应的静态开关向负载供电。市电正常时，整流器向逆变器供给直流电，并由整流器或另设的充电器对蓄电池组充电；当市电异常时，蓄电池组放电向逆变器供给直流电。其工作模式有正常供电模式、储能供电模式及旁路供电模式三种。

3. 高可靠性UPS供电系统

在通信局站配置UPS时，为保证供电可靠，一般都采用冗余UPS系统。冗余UPS系统有双机串联热备份供电系统、并联冗余供电系统及双母线供电系统三种类型。

1.5.4 技能训练

UPS的操作主要包括UPS的启动、停机及工作模式转换。不同厂家、不同型号的UPS的启动、停机及工作模式转换的详细步骤有所不同，在操作时，应以现场放置的操作指南为参考。在此以爱克赛9390 UPS为例讲解UPS的启动、停机及工作模式转换的规范操作流程。

1. UPS的启动

（1）正常模式启动UPS

①合上UPS输入断路器。

②合上UPS旁路输入断路器。

③密切观察，当UPS面板显示屏激活时，表明逻辑电源供电正常。

④按下主菜单栏下的CONTROLS按键，出现系统控制窗口；在系统控制窗口下，电源模块（PM）状态应显示为SHUTDOWN（关闭）。

⑤按下系统控制菜单栏下的NORMAL按键；如果可以利用自动旁路，关键负载会立即由旁路供电。在旁路模式下，直到逆变器开启，UPS将切换到正常模式。UPS控制面板上的状态指示灯提示UPS正常工作。如果自动旁路无法使用，UPS又无法切换到常规模式下时，UPS输出会一直保持关闭。

⑥密切观察以下信息按顺序出现在电源模块（PM）的状态：

DC STARTING：直流开机

INVERTER STARTING：逆变器开启

INVERTER SYNCING：逆变器同步

READY：准备就绪

ONLINE：在线

整流器和逆变器开启。当逆变器达到了全程电压时，UPS的K3输出电流接触器将闭合同时静态开关断开，以正常模式向关键负载供给电源。UPS将用大约1min时间达到正常模式的运行状态。

⑦当显示器窗口上出现“INVERTER SYNCING”（逆变器同步）或“CLOSE BATTERY”（闭合电池）之后，要随时闭合电池断路器。

⑧此时UPS将在常规模式下运行，同时，“NORMAL”状态指示灯变亮。

（2）旁路模式启动UPS

①合上UPS输入断路器。

②合上UPS旁路输入断路器。

③观察UPS控制面板激活电源流指示。

④按主菜单“CONTROLS”按钮，系统控制屏幕出现。

⑤在系统控制屏幕内，功率模块（PM）的状态应处于关闭状态。

⑥按“BYPASS”按钮，负载立即通过旁路电源供电。

⑦UPS现处运行在旁路模式，“BYPASS”指示灯变亮。

2. UPS工作模式转换

（1）从正常模式转换至旁路模式

①按主菜单“CONTROLS”按钮，系统控制屏幕出现。

②按“BYPASS”按钮，UPS转换到旁路模式，负载立即通过旁路电源供电；假如旁路电源没有，功率处理器维持工作并且将出现一个报警声；电源模块（PM）提示为“在线”（ONLINE）状态。

③UPS现在运行在旁路模式，旁路指示灯亮。注意：UPS柜内有电！

（2）从旁路模式转换到正常模式

①按主菜单“CONTROLS”按钮，系统控制屏幕出现。

②按“NORMAL”按钮，UPS转换到正常模式。假如功率处理器不可用，则仍然在旁路模式并发出一个报警声。

③UPS现在运行在正常模式，“NORMAL”指示灯亮；PM状态提示为“在线”（ONLINE）。

3. 关闭UPS

（1）从正常模式转换至旁路模式并关闭UPS

①转移负载到旁路模式，可通过实训项目2之一完成。

②按主菜单“CONTROLS”按钮，系统控制屏幕出现。

③按“→”键，显示系统控制屏幕2。

④按“PM OFF”按钮。PM提示为“关闭”（SHUTDOWN）状态。输入和输出的电流接触器断开，电池断路器断开PM关闭。由旁路给负载供电。

（2）UPS和负载关闭

①关闭UPS电源供电的所有设备。

②按下LOAD OFF按键。进入无负载窗口，该窗口可选择关机或放弃关机。

注意：在以下的步骤里，选中LOAD OFF时，关键负载将会失去所有电源供给；只有在需要对关键负载断电的情况下，才可使用此功能。在Load Off菜单栏下，按下LOAD OFF键3s，即可关闭UPS。按CANCEL键，可取消关闭。当选中LOAD OFF并按住3s后，输入、输出和旁路接触器就会断开，电池断路器断开、PM被关闭。

③UPS输入断路器和旁路输入断路器（假如双路供电）断开。

1.5.5 任务完成

1. 分组

以6~8人为一个学习小组，并确定各学习小组组长。然后由组长根据教学任务完成本小组组员工作职责分工如确定操作员、数据记录员、安全监督员等，并负责组织本小组完成本次学习任务。

2. 讨论

各学习小组围绕高压变配电设备日常巡检维护项目展开讨论，并制订出相应的实施方案、具体操作步骤、安全注意事项等。

3. 审核

由指导老师对各学习小组制订的方案进行审核，主要审核各小组方案的完整性、可操作性及安全性等。

4. 实施

（1）UPS的日常巡检、测试

各小组根据指导老师审核后的方案完成UPS的日常巡检、测试等实训任务，并将相关结果填入下列各表中。

表1.16 UPS测量记录表

序号	测试项目		测试用仪器、仪表	测试结果	是否正常	判断依据
1	连接头温升					
2	UPS主机温升					
3	风扇温升					
4	熔断器温升					
5	蓄电池连接条温升					
6	UPS的输入线电压	Uab				
		Ubc				
		Uca				
7	UPS的输入相电压	Ua				
		Ub				
		Uc				
8	输入频率					
9	输入电流总谐波（THD）					
10	输出电压不平衡度					
11	零对地电压					
12	零线电流					

表1.17　UPS日常巡检维护记录表

序号	检查内容	检查结果	处理措施
1	检查设备的工作和故障指示是否正常		
2	检查馈电母线、电缆及软连接头等各连接部位的连接是否可靠		
3	查看UPS内部的元器件外观，是否正常		
4	检查散热风道应无阻塞		
5	检查设备、散热风口、风扇及滤网是否有积尘		

（2）UPS的启动、停机及工作模式转换操作

各小组根据指导老师审核后的方案规范地完成UPS的启动、停机及工作模式转换操作。

1.5.6　教学评价

整个教学过程在教师的组织和协调中进行，可按照以下几个方面进行考核。

1. 过程考核

教师全程监督整个任务实施过程，观察每个学员在整个过程中各方面的表现，并做好记录。

1）操作的规范及熟练程度：主要考查学员对规范的熟练程度和工具的正确使用并按照正确的步骤完成任务。

2）掌握知识的灵活程度：主要考查学员能否举一反三，可以通过学员对类似问题采取的解决方案，提问，以及与学员的交流等几个方面来综合考虑。

3）学习态度：主要考查学员能否积极、主动，完成任务是否认真。

2. 结果考核

1）任务实施情况：主要考查学员是否能按照要求完成高压变配电设备的维护。

2）报告文件：任务实施后，应该提交报告文件，报告文件中主要考查能否提出每个人在这次任务中实实在在的收获。

3）组员互评：小组成员之间在共同完成任务的过程中，从协作能力及在小组中所发挥的作用两个方面互相评分。

评价指标参考见表1.18。通过对下表各项内容的考核，评定出学员的成绩。

表1.18　评价指标参考

评价指标 / 学员	过程考核（50%）			成果考核（30%）		组员互评（20%）	
	操作的规范及熟练程度（20%）	掌握知识的灵活程度（20%）	学习态度（10%）	任务实施情况（20%）	报告文件（10%）	小组协作能力（10%）	在小组中发挥的作用（10%）

1.5.7　知识链接与拓展

1. UPS的基本组成及分类与选用

（1）UPS的基本组成

UPS的输入和输出均为交流电，其基本组成方框图如图1.22所示。各部分的主要功能如下。

整流器：将输入交流电变成直流电。

逆变器：将直流电变成50Hz交流电（正弦波或方波）供给负载。

蓄电池组：市电正常时处于浮充状态，由整流器（充电器）给它补充充电，使之储存的电量充足；当市电异常（停电或超出允许变化范围）时，蓄电池组向逆变器供电；市电恢复正常后整流器（充电器）对它进行恒压限流充电，然后自动转为正常浮充状态。蓄电池组用以保证市电异常后UPS不间断地向负载供电至需要的备用时间。

输出转换开关：进行由逆变器向负载供电或由市电经旁路通道向负载供电的自动转换。其结构有带触点的开关（如继电器或接触器）和无触点的开关（一般采用晶闸管即可控硅）两类。后者没有机械动作，因此通常称为静态开关。

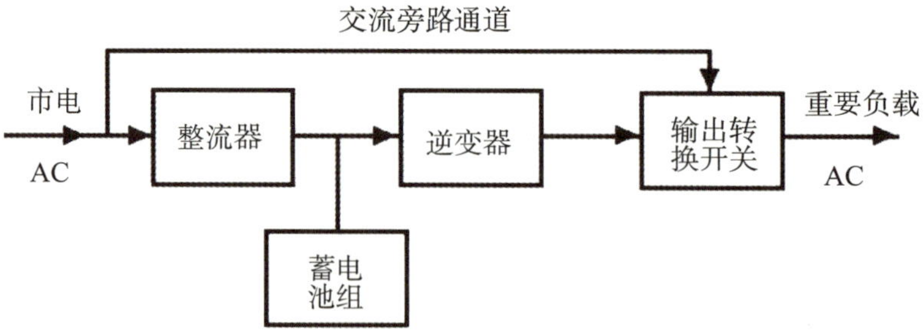

图1.22　UPS的基本组成方框图

（2）UPS的分类

根据电路结构的不同，按照国际电工委员会标准IEC62040-3：1999，UPS分为三种类型，即双变换UPS、互动UPS和后备式UPS，如图1.23所示。

过去常用的“在线”UPS这一术语（表示双变换UPS），IEC62040-3明确提出应避免使用。这是为了避免某些互动UPS与双变换UPS混淆。

①后备式UPS

后备式UPS（即冷备用UPS）的基本结构如图1.23（a）所示，其基本工作原理是：输入交流市电正常时，转换开关自动接通“旁路”，市电经旁路通道向用电设备供电（后备式UPS的旁路通道中通常加装对市电进行简单稳压处理的装置）；充电器对蓄电池充电；此时逆变器停机（冷备用）。当市电异常时，蓄电池对逆变器供电，逆变器迅速开机，转换开关自动接通逆变器，由逆变器输出交流电压向用电设备供电。电路有以下特点。

其一，转换开关靠电磁铁吸动，由机械电触点动作接通或断开电路，转换过程中输出电压有10ms左右的中断，要求用电设备允许这种短时间中断。通常计算机内部电源的电解电容器电容量足够大，可以维持这段时间的运行。

其二，逆变器结构简单，输出方波或正弦波；通常额定输出功率较小。

其三，这种UPS大多数是逆变器只能短时间运行（10min左右）的产品，逆变器和蓄电池容量都小，价格低廉，供电约为10min，主要做计算机停电前保存数据之用；也有逆变器运行时间稍长的产品。

②双变换UPS

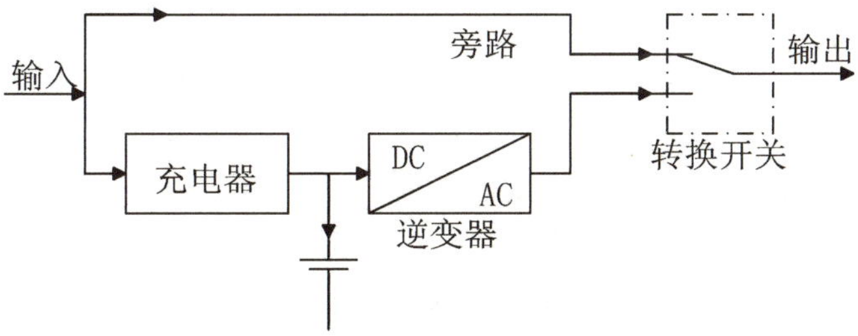

（a）后备式UPS

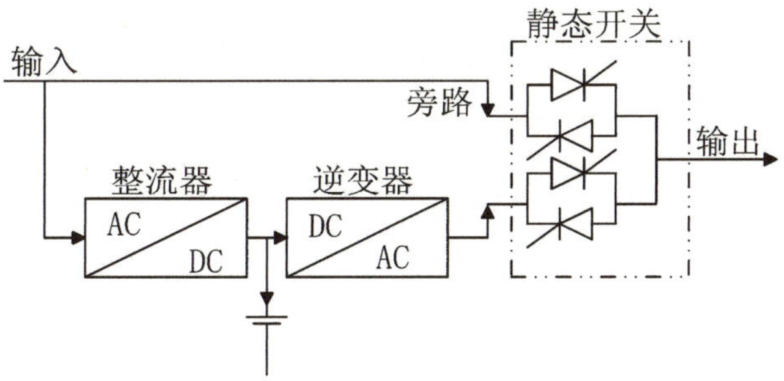

（b）双变换UPS

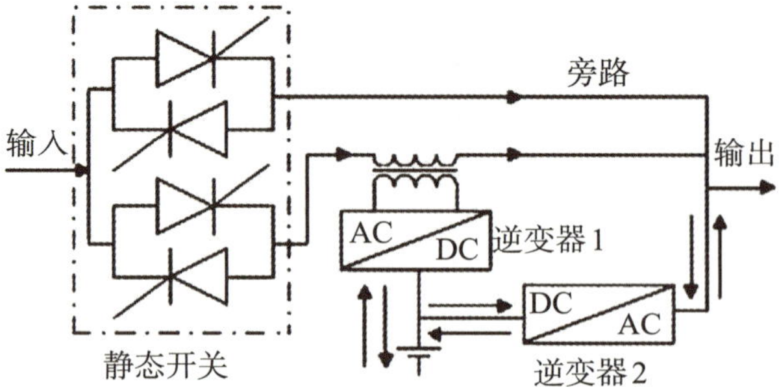

（c）属于互动UPS类型的Delta变换UPS

图1.23　UPS的分类

双变换UPS的基本结构如图1.23（b）所示，其基本工作原理是：无论市电是否正常，均由逆变器经相应的静态开关向负载供电。市电正常时，整流器向逆变器供给直流电，并由整流器或另设的充电器对蓄电池组充电；当市电异常时，蓄电池组放电向逆变器供给直流电。

由整流器/逆变器组合向负载供电，称为正常运行方式；由蓄电池/逆变器组合向负载供电，称为储能供电运行方式。在这两种运行方式的转换过程中，逆变器的输入直流电压不间断，因此UPS的输出电压保持连续，不会中断。

所谓双变换，是指这种UPS正常工作时，电能经过了AC/DC、DC/AC两次变换供给负载。电路有以下特点。

其一，在市电质量较好频率较稳定时，逆变器的输出频率跟踪市电频率，一旦逆变器过载或出现故障，机内的检测控制电路使静态开关迅速切换为由市电旁路供电；逆变器恢复正常后，静态开关又切换为由逆变器供电。由于逆变器与市电锁相同步，因此二者能实现安全、平滑的快速切换（切换时间不大于4ms，甚至不大于1ms）。静态开关是由晶闸管组成的交流开关，开关速度很快。

其二，逆变器输出标准正弦波，输出电压、频率稳定（若市电频率不稳，则逆变器不跟踪市电频率而保持输出频率稳定），可以彻底消除市电电压波动、频率波动、波形畸变以及来自电网的电磁骚扰对负载的不利影响，供电质量高。

其三，输出功率经整流器和逆变器两级变换产生（串级运行），设备的体积较大，效率较低（为两级效率相乘）。

双变换UPS有带输出隔离变压器和不带输出隔离变压器之分。带输出隔离变压器的机型在逆变器的输出侧接有隔离变压器，其可靠性较好，能做到零线对地线电压小于1V（数据机房通常要求零线对地线电压控制在1V以内）；但体积较大，质量较重，效率稍低。不带输出隔离变压器的机型在逆变器的输出侧没有隔离变压器，其体积较小，质量较轻，效率稍高；但可靠性不如前者，同时不易获得很低的零线对地线电压。

③互动UPS

互动UPS又称线路交互UPS或市电交互UPS，过去常称为在线互动式UPS，有多种型式的电路，图1.23（c）所示Delta变换UPS是属于这种类型的比较新型的产品。其中的逆变器是双向变换器，既能将输入交流电整流为直流电给蓄电池充电，又能将蓄电池的直流电逆变为交流电给负载供电，这两种工作状态在一定条件下自动转换。

Delta变换UPS的基本工作原理及电路特点如下。

其一，在市电正常时，UPS的输出频率为市电频率，输出功率以市电为主，双向变换器对交流电起补偿调节作用；同时双向变换器能工作在整流状态对蓄电池组充电。双向变换器的补偿调节作用使UPS具有稳压和校准正弦波波形输出的性能。

串联补偿——逆变器1（Delta双向变换器）是可变电流源，其输出电压补偿输入市电电压的变化，使输出电压稳定，并使输入电流波形为正弦波，所需补偿功率小。

并联补偿——逆变器2（主双向变换器）是电压源，它使输出电压为正弦波，并提供输出电流的谐波和无功电流，这时所需补偿功率小，可同时对蓄电池组充电，一个变换器具有整流和逆变两种用途。

当逆变器发生故障时，静态开关迅速切换为由市电旁路供电。

其二，市电异常时，由逆变器2提供输出的全部功率；交流输入侧的静态开关切断电源，防止逆变器反向馈电。

逆变器2的额定容量为负载容量的100%，而逆变器1的额定容量约为负载容量的30%。

其三，具有效率高、整流和逆变合二为一以减小体积和重量的优点，但负载没有与来自市电的干扰真正隔离。

在市电没有超出允许变化范围时，互动UPS的输出频率等于市电频率，若市电频率不稳，则UPS的输出频率不稳；而双变换UPS的输出频率等于逆变器的输出频率，能够始终保持稳定。这就是两者的根本区别。

（3）UPS的选用

通信用UPS宜采用双变换UPS，也可采用互动UPS，不宜采用后备式UPS。

双变换UPS的输入和输出，有单相输入单相输出、三相输入单相输出、三相输入三相输出3种类型，应根据需要来选用。

当通信局（站）需要UPS供电的设备较多、总负荷量较大时，为了供电可靠并节约能源，不宜多台UPS单机分散供电，而以采用较大容量的UPS系统相对集中供电为好，此时应选用能够并联运行的UPS并联供电，配置相应的输出交流屏，并在各专业机房配置专用交流配电箱。

UPS的额定容量用输出视在功率（kVA）表示。所需UPS的额定容量应根据负荷确定，宜适当留有余量。为确保UPS能长期安全可靠运行，其最大负荷应不超过额定容量的80%。

此外，高海拔地区空气稀薄，当海拔超过1000m时，随着海拔升高，设备的散热性能下降，密封的元器件内外压力差变大而较易损坏，因此UPS应降额使用。根据国家标准GB/T7260.3—2003《不间断电源设备（UPS）第3部分：确定性能的方法和试验要求》，降额系数如表1.19所示。

表 1.19　UPS 在海拔 1000m 以上使用时的降额系数

海拔/m	降额系数	海拔/m	降额系数
1000	1.0	3500	0.78
1500	0.95	4000	0.74
2000	0.91	4500	0.70
2500	0.86	5000	0.67
3000	0.82		

2. 正弦脉宽调制技术

UPS 中的核心部件是逆变器。对输出电压波形为正弦波的 UPS 而言，逆变器的任务是把直流电逆变成频率稳定、输出电压稳定、波形失真小的 50Hz 正弦波交流电供给负载。逆变器应可靠性高，变换效率高，动态特性好，对负载适应性强。

目前在输出正弦波的 UPS 中广泛采用正弦脉宽调制（SPWM）逆变器。脉冲频率约 10～20kHz，脉冲宽度则按 50Hz 正弦规律变化，这样易于滤除电压中的谐波分量而获得纯净的 50Hz 正弦波输出电压；逆变器可以做到体积小、质量轻、效率高；逆变器中的功率开关管大多采用 IGBT（绝缘栅双极晶体管）。

（1）正弦脉宽调制基本原理

正弦脉宽调制器的电路方框图及波形图如图 1.24 所示。高频方波发生器的输出电压经三角波形成器（积分电路）后，变为高频等腰三角波电压 u_s，它加到比较器的反相输入端；50Hz 正弦波发生器输出的正弦波电压 u_c 加到比较器的同相输入端。当正弦波电压瞬时值 u_c 大于三角波电压瞬时值 u_s 时，比较器输出高电平；当正弦波电压瞬时

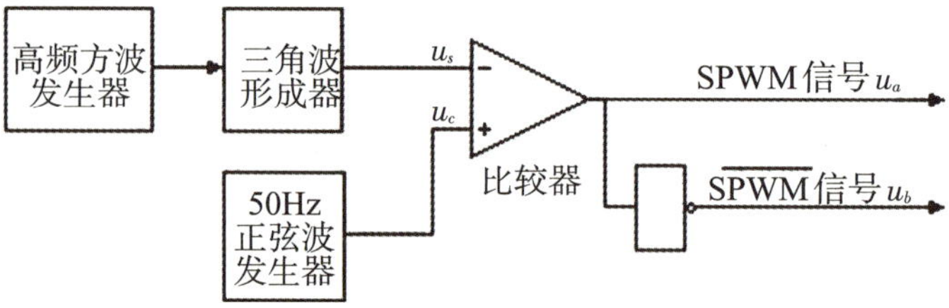

（a）方框图

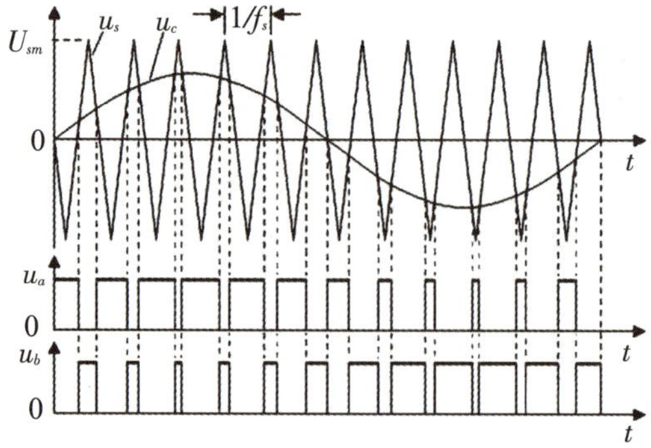

（b）波形图

图 1.24　正弦脉宽调制器的方框图与波形图

值u_c小于三角波电压瞬时值u_s时，比较器输出零电平。因此，比较器输出脉冲的宽度等于50Hz正弦波电压大于三角波电压的时间，输出脉冲的重复周期等于三角波的周期$T_s=1/f_s$。由于三角波电压的幅值和周期均固定不变，因此比较器输出脉冲的宽度按正弦规律变化，例如在50Hz正弦波$\omega t=90°$时，脉宽最宽；$\omega t=270°$时，脉宽最窄。由上所述，可知50Hz正弦波电压u_c是用来调制脉宽的，或者说用来调制脉冲的占空比。

比较器输出正弦脉宽调制（SPWM）信号u_a；SPWM信号经过“非”门，输出与其相位相反的信号u_b。于是脉宽调制器在$u_c>u_s$时，输出u_a矩形脉冲列；而当$u_c<u_s$时，输出u_b矩形脉冲列。u_a和u_b通过驱动电路分别去驱动逆变器中应轮流导通的功率开关管（IGBT），为了防止轮流导通的功率开关管出现共同导通现象，在实际电路中应使u_a与u_b的每一相邻脉冲之间都有一个死区时间，即u_a和u_b都为零的短暂时间。

加到比较器上的高频等腰三角波u_s称为载波，其频率f_s称为载波频率，应保持稳定；其振幅U_{sm}应保持不变。加到比较器上的正弦波u_c称为调制波，其频率称为调制频率，用f_1表示，调制频率必须与要求逆变器输出的频率相同，故f_1=50Hz；其振幅U_{cm}的大小可以调节。在讨论SPWM逆变器工作原理时，会用到幅度调制比m_a和频率调制比m_f等参数，它们的定义如下。

幅度调制比m_a定义为

$$m_a=\frac{U_{cm}}{U_{sm}} \tag{1.9}$$

m_a的变化范围通常为0 ~ 1。

频率调制比m_f定义为

$$m_f=\frac{f_s}{f_1} \tag{1.10}$$

m_f通常是整数。

由于SPWM是用高频等腰三角波与50Hz正弦波的交点来确定逆变器中功率开关管的开关转换时刻，因此SPWM法又称为三角波法。

SPWM信号可由单片机来产生，还可由数字信号处理器（DSP）作为主控单元，通过其外设库中独特的事件管理器模块来产生。采用全数字控制，能避免模拟控制所固有的硬件参数漂移等缺陷。

（2）单相全桥逆变器波形分析

SPWM单相全桥逆变器波形图举例如图1.25所示。图中u_s为载波（等腰三角波），u_c为调制波（50Hz正弦波），U_I为单相全桥逆变器的直流电源电压值，u_{AO}为逆变器的输出变压器原边电压瞬时值。在载波频率远高于调制频率的条件下，图1.25所示波形的细节如图1.26所示，下面用该图来求u_{AO}的平均值U_{AO}。

由于载波周期远小于调制波周期，因此在载波的一个周期内正弦调制波的瞬时值u_c可近似认为不变。在此前提下，图1.26中△DBE的$BE=t_1/2$，△DBE和△ABC是相似三角形。

由于：$BE=t_1/2$，$BC=Ts'/2$，$DE=u_c$，$AC=U_{sm}$。

而 $\dfrac{BE}{BC}=\dfrac{DE}{AC}$。

故 $\dfrac{t_1}{T_s'}=\dfrac{u_c}{U_{sm}}$。

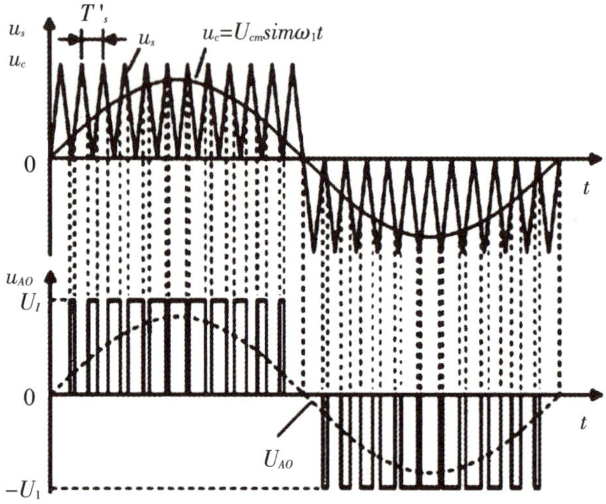

图1.25　SPWM单相逆变器波形图举例

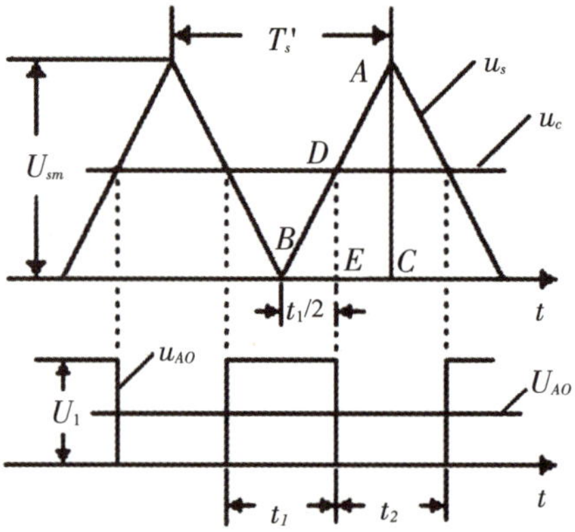

图1.26　图1.25波形的细节

u_{AO}的平均值为：

$$U_{AO}=\frac{t_1}{t_1+t_2}U_I=\frac{t_1}{T_s'}U_I=\frac{u_c}{U_{sm}}U_I \tag{1.11}$$

根据

$$u_c=U_{cm}\sin\omega_1 t\ (\omega_1=2\pi f_1,\ f_1=50\text{Hz}) \tag{1.12}$$

$$m_a=U_{cm}/U_{sm} \tag{1.13}$$

得

$$U_{AO}=m_aU_I\sin\omega_1 t\ (m_a\leqslant 1) \tag{1.14}$$

U_{AO}的振幅为

$$U_{AOm}=m_aU_I \tag{1.15}$$

由式（1.14）和（1.15）可知，SPWM单相全桥逆变器输出变压器原边绕组上高频脉冲电压的平均值U_{AO}为正弦波电压，其频率等于调制频率f_1=50Hz，其振幅U_{AOm}在U_I一定时与幅度调制比m_a成线性关系（$m_a\leqslant 1$）。通常载波振幅U_{sm}不变，改变调制波振幅U_{cm}的大小，就可以改变幅度调制比m_a，从而改变逆变器输出的50Hz正弦波电压的大小。U_{AO}就是逆变器产生的基波电压。

输出变压器副边绕组上的电压，波形与原边绕组相同，其大小取决于匝数比。由傅氏级数分析得知，输出电压的谐波分量为脉冲频率和它的倍频数及以它们为中心形成的边带，因此逆变器输出电压中最低次谐波的频率在脉冲频率附近，远离基波频率f_1。谐波频率高，因而输出滤波比较容易。谐波分量的滤除由接在输出变压器副边后面的输出滤波器来完成。在中小功率UPS中，利用输出变压器的漏感，再在变压器副边并联一个滤波电容，就可以构成输出滤波器。u_{AO}经变压器变压以及输出滤波后，就得到所需要的有效值为220V、波形失真很小的50Hz正弦波输出电压U_{out}，供给负载。运用闭环负反馈自动控制技术，当输入直流电源电压变化或负荷变化时，通过自动调节调制波振幅U_{cm}的大小，可使逆变器的输出电压保持稳定。

（3）SPWM三相桥式逆变器

SPWM三相桥式逆变器的主电路如图1.27所示。$VT_1\sim VT_6$为功率开关管；$VD_1\sim VD_6$为续流二极管；T为输出变压器，原边接成三角形，副边接成星形。功率开关管IGBT在栅极与发射极间加上脉冲电压（$u_G>0$）且集电极与发射极具备导通回路时导通，在栅极与发射极间电压为零（$u_G=0$）时截止。为了便于分析，将元器件理想化，功率开关管的导通压降和二极管的正向压降均忽略不计。

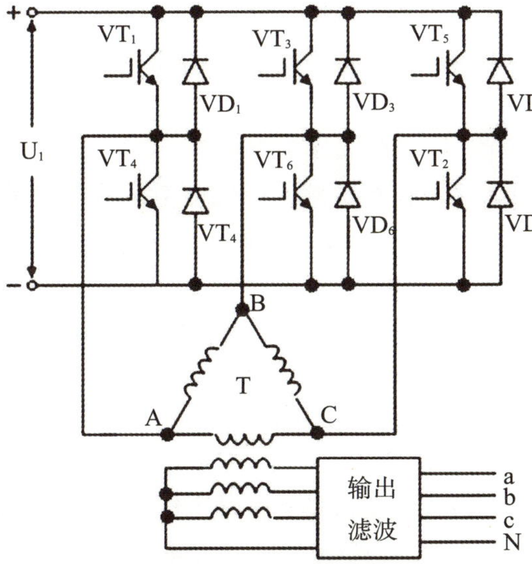

图1.27　SPWM三相桥式逆变器主电路

电路波形图如图1.28所示。三相50Hz正弦调制波彼此相差120°，它们与高频等腰三角形载波u_s比较的结果，分别形成控制A臂（VT_1与VT_4）、B臂（VT_3与VT_6）和C臂（VT_5与VT_2）开关的正弦脉宽调制驱动电压：u_{G1}与u_{G4}，u_{G3}与u_{G6}，u_{G5}与u_{G2}，电路工作过程如下。

① $t_0\sim t_1$期间

$u_{G1}>0$，$u_{G6}>0$，$u_{G5}>0$；$u_{G4}=0$，$u_{G3}=0$，$u_{G2}=0$。VT_1、VT_6、VT_5导通，VT_4、VT_3、VT_2截止。电流回路为

$$U_I(+) \longrightarrow \left\{ \begin{matrix} VT_1 \longrightarrow A \longrightarrow B \\ VT_5 \longrightarrow C \longrightarrow B \end{matrix} \right\} \longrightarrow VT6 \longrightarrow U_I(-) \tag{1.16}$$

桥路的输出电压瞬时值为：$u_{AB}=U_I$，$u_{BC}=-U_I$（即$u_{CB}=U_I$），$u_{CA}=0$。

② $t_1 \sim t_2$期间

$u_{G1}>0$，$u_{G3}>0$，$u_{G5}>0$；$u_{G4}=0$，$u_{G6}=0$，$u_{G2}=0$。即VT_4、VT_6、VT_2截止。由于VT_6由导通变为截止，因此电流下降，但回路中存在电感而使电流不能突变为零。这时VT_1、VT_5导通，VT_3虽加上了驱动脉冲但不能导通，而是VD_3在电感产生的感应电动势作用下导通，起续流作用。电流回路为

$$A \rightarrow B \rightarrow VD_3 \rightarrow VT_1 \rightarrow A$$
$$C \rightarrow B \rightarrow VD_3 \rightarrow VT_5 \rightarrow C$$

VD_3导通时间的长短，取决于电路中电感储能的大小，储能大则导通时间长，否则时间短。

桥路的输出电压瞬时值为：$u_{AB}=0$，$u_{BC}=0$，$u_{CA}=0$。

③ $t_2 \sim t_3$期间

$u_{G1}>0$，$u_{G6}>0$，$u_{G5}>0$；$u_{G4}=0$，$u_{G3}=0$，$u_{G2}=0$。此时情况同$t_0 \sim t_1$期间一样。

④ $t_3 \sim t_4$期间

$u_{G4}>0$，$u_{G6}>0$，$u_{G2}>0$；$u_{G1}=0$，$u_{G3}=0$，$u_{G5}=0$。VT_1、VT_3、VT_5截止。由于VT_1和VT_5由导通变为截止，而电路中存在电感，因此电流要下降但不会突变为零。这时仅有VT_6导通，VT_4和VT_2虽然加上了驱动脉冲但不能导通，而是由VD_4和VD_2续流。电流回路为

$$A \rightarrow B \rightarrow VT_6 \rightarrow VD_4 \rightarrow A$$
$$C \rightarrow B \rightarrow VT_6 \rightarrow VD_2 \rightarrow C$$

VD_4和VD_2导通时间长短取决于电感储能的大小。桥路的输出电压瞬时值为：$u_{AB}=0$，$u_{BC}=0$，$u_{CA}=0$。

由以上分析可知，三相桥式逆变器具有三种工作模式。

第一种工作模式：三个功率开关管导通，二极管都不导通，如$t_0 \sim t_1$期间和$t_2 \sim t_3$期间；

第二种工作模式：两个功率开关管导通，一个二极管导通，如$t_1 \sim t_2$期间；

第三种工作模式：一个功率开关管导通，两个二极管导通，如$t_3 \sim t_4$期间。

桥路输出电压以u_{AB}为例，波形图如图1.28中所示。脉冲频率是开关频率的2倍，即载波频率的2倍。由于调制波是互差120°的三相正弦波，因此桥路输出电压u_{AB}、u_{BC}、u_{CA}也互差120°。

高频脉冲电压u_{AB}、u_{BC}和u_{CA}的平均值都是50Hz正弦波电压，彼此相差120°，它们就是三相桥式逆变器产生的基波电压。

u_{AB}、u_{BC}和u_{CA}经T变压和输出滤波，就得到线电压为380V、相电压为220V的三相

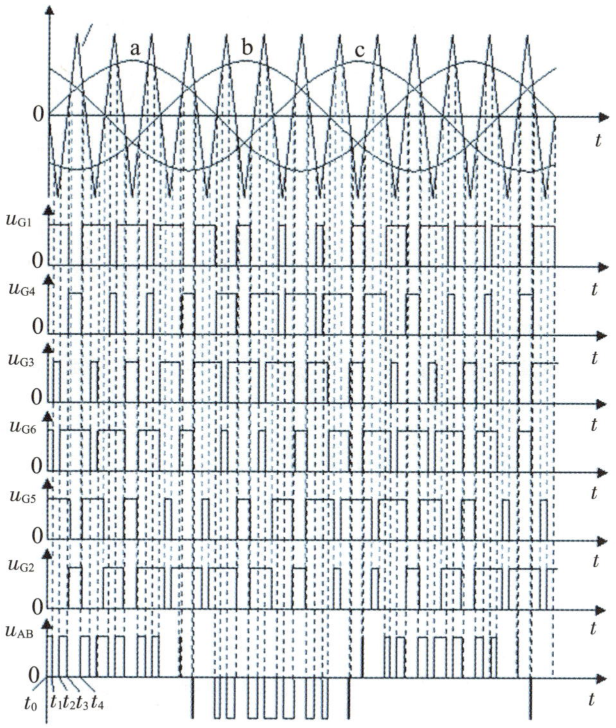

图1.28　SPWM三相桥式逆变器波形图

50Hz正弦波交流电压，给负载供电。

3. 锁相同步基本原理

双变换UPS当逆变器过载或发生故障时，在市电质量较好的条件下，应能安全平滑地切换为由市电旁路供电。为此在市电频率比较稳定时，逆变器输出的正弦波电压应与输入市电同频率并且基本同相位，即逆变器应与市电锁相同步。

用来使一个交流电源（或信号源）与另一个交流电源（或信号源）保持频率相同、相位差小且相位差恒定的闭环控制电路，称为锁相环。在正弦脉宽调制逆变器中，设置锁相环来使调制正弦波和三角波的频率分别锁定在电网频率和电网频率的高倍率上。

（1）锁相环的组成

锁相环的基本结构如图1.29所示。它由鉴相器（PD）、环路低通滤波器（LPF）、压控振荡器（VCO）三个主要部件组成。

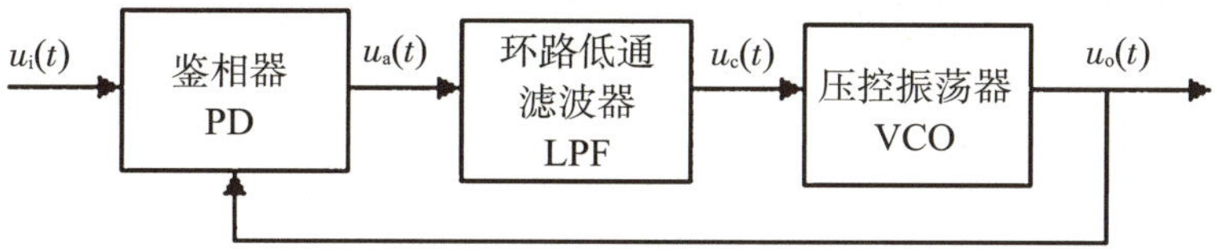

图1.29　锁相环的基本结构

鉴相器用于比较输入信号$u_i(t)$（如电网电压检测信号）和从压控振荡器反馈回来的输出信号$u_o(t)$的相位，其输出为正比于两个信号间相位差的误差电压$u_d(t)$，所以鉴相器又称为相位比较器。

环路低通滤波器用于衰减$u_d(t)$中的高频分量和噪声，提高抗干扰能力，输出控制电压$u_c(t)$。

压控振荡器是振荡角频率受控制电压控制的振荡器，当输入控制电压$u_c(t)=0$时，其振荡角频率ω_o固定不变；当$u_c(t)\neq 0$时，振荡角频率ω_o随控制电压$u_c(t)$而变化。

(2)锁相环的基本工作原理

在锁相环路中，如果压控振荡器的角频率ω_o与输入信号的角频率ω_i相差在一定范围内，则由鉴相器输出一定的误差电压，经过环路低通滤波器，去控制压控振荡器的角频率ω_o，使其向ω_i值靠拢，这称为频率牵引或频率跟踪。当两个频率完全一致而且两个信号间的相位差达到恒定时，环路便进入了锁定状态。处于锁定状态的锁相环，输入信号$u_i(t)$和输出信号$u_o(t)$之间只存在很小的相位差，而无频率差。

一个已经稳定工作的锁相环，如果输入信号的频率发生了变化（如电网频率变化），由于相位是频率对时间的积分，因此$u_i(t)$和$u_o(t)$的相位差发生变化，鉴相器输出相应的误差电压，经环路低通滤波器，使压控振荡器的频率重新调整到和输入信号频率一致，于是环路进入一个新的稳定状态。

当压控振荡器的角频率ω_o和输入信号的角频率ω_i相差很大时，环路无法使压控振荡器的角频率ω_o向ω_i值靠拢，这种现象称为“失锁”。一旦电网频率与额定频率偏离过大而造成失锁，UPS输出电压的频率应能稳定在50Hz；这时不允许进行逆变器供电与市电旁路供电的自动切换。

4. 静态开关

大多数UPS采用两个反向并联的晶闸管组成一个静态开关。

(1) 晶闸管简介

晶闸管（Thyristor）又称为可控硅（SCR：Silicon Controlled Rectifier）。

普通晶闸管具有可控的单向导电性，它有三个电极：阳极A、阴极K和门极（或称控制极）G。其内部结构示意图和图形符号如图1.30所示。

晶闸管由四层半导体材料构成3个PN结：J_1、J_2、J_3，从工作原理看，相当于一个PNP型三极管和一个NPN型三极管连接起来，等效原理图如图1.32所示。其中，NPN管用VT_1表示，PNP管用VT_2表示。晶闸管的阳极A是VT_2的发射极，门极G是VT_1的基极和VT_2的集电极，阴极K是VT_1的发射极。

当在晶闸管阳极和阴极间施加一定的正向电压而门极开路时，VT_1、VT_2都截止，晶闸管阳极-阴极之间没有电流通过，晶闸管不导通。

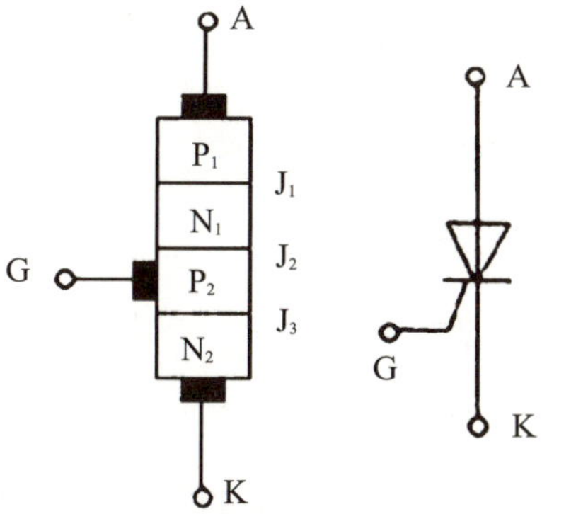

（a）内部结构　　（b）图形符号

图 1.30　晶闸管的内部结构示意图与符号

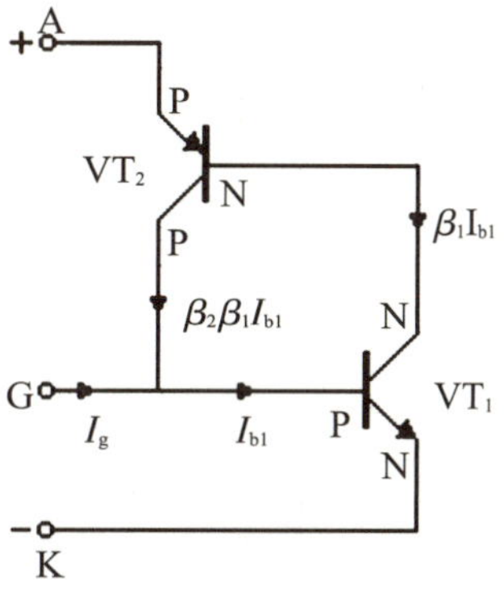

图 1.31　晶闸管的等效原理图

当在晶闸管阳极和阴极间施加正向电压 U_a，同时在门极和阴极间加一定的正向电压 U_g 时，VT_1 有基极电流流过，此时 VT_1 的基极电流 I_{b1} 等于门极电流 I_g，VT_1 导通，其集电极电流为 $\beta_1 I_{b1}$，这个电流就是 VT_2 的基极电流，因此 VT_2 的集电极电流为 $\beta_2\beta_1 I_{b1}$，它又流入 VT_1 的基极，再次放大。即

$$I_g=I_{b1}\rightarrow I_{c1}=\beta_1 I_{b1}=I_{b2}\rightarrow I_{c2}=\beta_2\beta_1 I_{b1}$$

如此循环下去，VT_1、VT_2 迅速饱和，晶闸管开通。这个过程很快，一般只有几微秒，称为触发过程。

晶闸管导通后，$I_{b1} \geqslant I_g$，门极电压不起作用，去掉门极正向电压，晶闸管仍然保持导通。由于这个特点，加在门极上的正向电压通常为脉冲电压，称为触发脉冲。

晶闸管导通后阳极电流的大小由阳极-阴极回路的电源电压和负载决定，如果降低电源电压或增大负载电阻，则阳极电流下降，当阳极电流减少到“维持电流”以下时，晶闸管就由导通变为关断。

由此可得出晶闸管导通和关断的条件。

晶闸管从阻断变为导通，必须同时满足两个条件：一是晶闸管的阳极与阴极之间必须加一定值的正向电压，二是晶闸管的门极与阴极之间必须加适当的正向电压。二者缺一不可。

晶闸管从导通变为关断的条件是：使晶闸管的阳极电流小于“维持电流”。将正向阳极电源电压降到接近零，或加上反向阳极电压，都能使原来导通的晶闸管关断。

（2）静态开关主电路原理

用两个反向并联的晶闸管组成一个静态开关如图 1.32 所示。当输入端为正弦波电压正半周时，晶闸管 VS_1 的门极触发脉冲使 VS_1 导通，电源经 VS_1 向负载供电；VS_1 在交流过零点时关断。当输入端电压为负半周时，晶闸管 VS_2 承受正向阳极电压，VS_2 的门极触发脉冲使 VS_2 导通，电源经 VS_2 向负载供电。

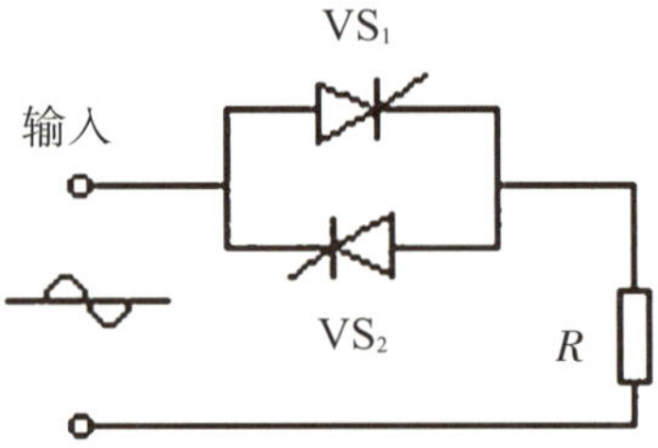

图 1.32 晶闸管静态开关

（3）静态开关的应用

UPS中逆变器输出静态开关S_1与市电旁路静态开关S_2的连接方式如图1.33所示。逆变器正常工作时，S_1导通，S_2关断，逆变器通过S_1为负载供电；当逆变器因故障退出供电时，S_1关断，S_2导通，由市电旁路继续为负载供电。静态开关与其检测控制电路配套使用，可使大中型UPS的逆变–旁路切换时间达到1ms甚至更短。

一般大中型UPS为了在主机检修时不中断对负载的供电而设置了检修旁路开关。UPS中逆变器输出静态开关、自动旁路静态开关和检修旁路开关的连接方式如图1.34所示。UPS正常工作时，开关S闭合，逆变器的输出静态开关S_1导通，逆变器为负载供电。检修时，先将供电方式切换为自动旁路供电，此时市电通过静态开关S_2为负载供电；然后将检修旁路开关S_3闭合，S_3与S_2并联为负载供电，由于S_3与S_2接同一市电，其输出必然同频率、同相位；而后将自动旁路开关S_2断开，仅由检修旁路开关S_3供电；最后切断开关S，并切断除检修旁路开关回路之外的输入交流电源，于是UPS主机完全脱离市电，可以安全地进行维护检修（注意这时机内还加有蓄电池组电压，可通过相应的开关来切断）。上述操作过程，能保证安全平滑地进行切换，不中断对负载的供电。检修完毕，接通UPS的相关输入电源，按与上面相反的顺序操作，即先闭合S；再闭合S_2，断开S_3；然后切断S_2，闭合S_1。

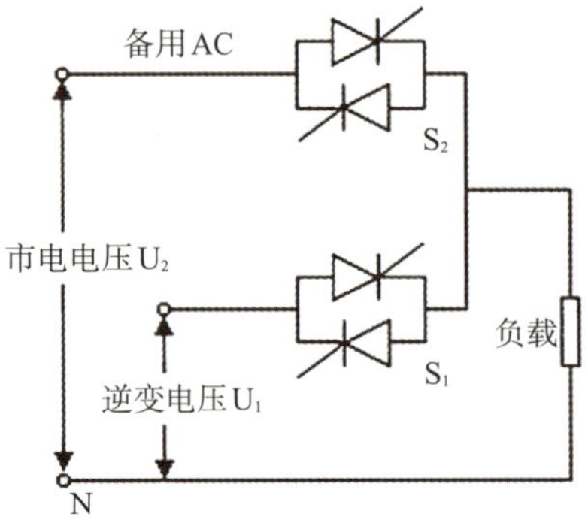

图 1.33 逆变器输出与市电旁路静态开关的连接

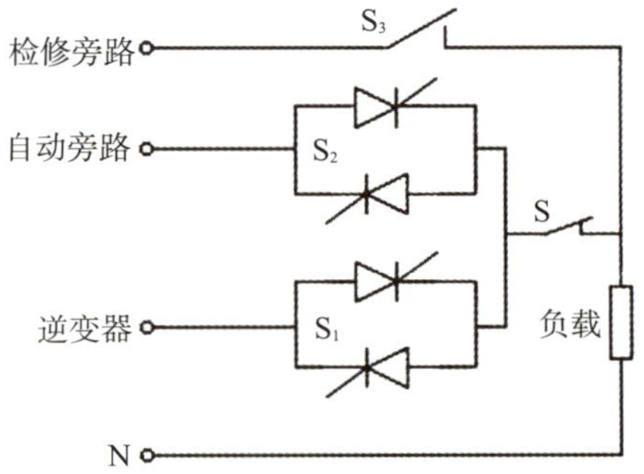

图 1.34 UPS中设置检修旁路开关

5. UPS的串并联使用

双变换UPS与互动UPS虽有较高的供电质量和可靠性，但毕竟是由大量电子元件、功率器件、散热风机和其他一些电气装置组成的功率电子设备，当采用单台UPS

供电时，由于其平均失效间隔时间（MTBF）是个有限值，一般为几万小时（YD/T1051—2010中规定，在使用寿命期间内，通信用UPS的MTBF应不小于2×10^4h），所以还可能发生由于UPS本身的故障而中断供电的现象。采用冗余UPS系统，可使供电的可靠性得到很大提高。

（1）双机串联热备份工作方式

UPS双机供电有串联和并联两种方式。图1.35所示为UPS双机串联热备份工作方式，将热备份的UPS输出电压连接到主机UPS的旁路输入端。UPS主机正常工作时承担全部负载功率，当UPS主机发生故障时自动切换到旁路状态，UPS备机通过UPS主机的旁路通道继续为负载供电。市电异常时，UPS处于电池放电的工作状态，由于UPS主机承担全部负载功率，所以其蓄电池先放电到终止电压；然后自动切换到旁路工作状态，由备用UPS继续为负载供电，直到备机的蓄电池放电终了。UPS主机与备机、备机与市电应锁相同步。UPS中的静态开关是影响供电系统可靠性的重要部件，静态开关一旦发生故障，则主、备用UPS均无法为负载供电。

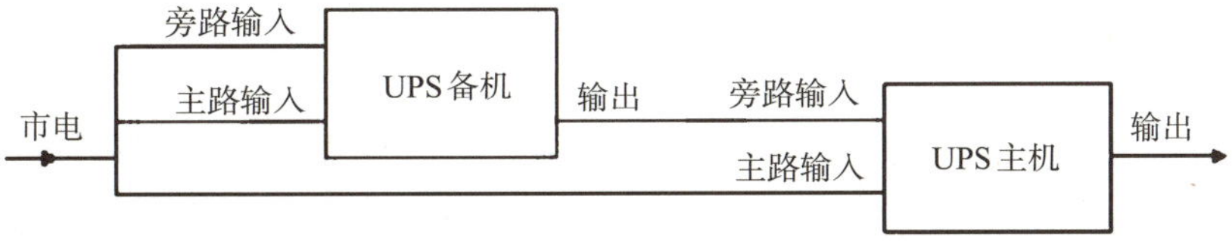

图1.35 UPS双机串联热备份工作方式

（2）并联冗余供电工作方式

图1.36所示为UPS双机并联冗余供电工作方式。用于双机并联的UPS必须具有并机功能，两台UPS中的并机控制电路通过并机信号线连接起来，使两台UPS输出电压的频率、相位和幅度保持一致，输出电流均衡。这种并联主要是为了提高UPS供电系统的可靠性，而不是用于供电系统扩容，所以负载的总容量不应超过其中一台UPS的额定输出容量。当其中一台UPS发生故障时，可由另一台UPS来承担全部负载电流。这种两台并联冗余供电的UPS，由于其输出容量低于额定容量的50%，所以它们经常在较低的效率下运行。

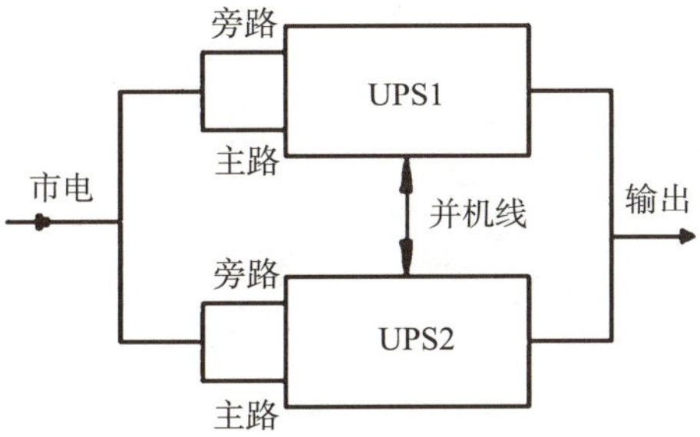

图1.36 UPS双机并联冗余供电

具有并机功能的UPS，可允许4～8台同型号的UPS并联运用（不同机型可以并联的台数有区别）。多台UPS并联的“N+1”供电系统，其能量转换效率和设备利用率都高于两台UPS并联供电系统。例如，对一个480kVA的负载系统，可采用每台额定容量为200kVA的4台UPS并联供电。此时具有“3+1”的冗余度，即3台UPS可满足全部用电需要并有适当余量，4台UPS中如有1台发生故障，不会影响对负载的正常供电；供电系统正常运行时，每台UPS承担120kVA的负荷，设备利用率为60%。这种“3+1”并联冗余度与“1+1”并联冗余度的供电系统相比，显然具有较高的运行经济性。在实际应用中，由于“N+1”并联冗余系统当N值较大时故障率较高，因此并联的UPS单机台数不宜过多，一般以不超过4台（即N≤3）为宜。

在并联冗余UPS系统中，当某个单机发生故障时，该单机的静态开关自动将该机退出系统，系统中并联的其余单机继续给负载供电；当出现系统过载时，负载通过集中的静态开关或各单机分散的静态开关被转换为由市电旁路供电。

（3）双母线供电系统

在实际运行中，不仅要保证UPS输出端的电源可靠性，更重要的是保证负载输入端的电源可靠性。基于这种考虑，出现了分布冗余UPS，即双母线UPS供电系统（又称双总线UPS供电系统），其目的是将电源系统的冗余扩展到每一个负载设备。

双母线UPS供电系统如图1.37所示。UPS_1、UPS_2是两个独立的UPS系统，每个系统既可以采用并联冗余UPS系统，也可以采用单机UPS系统。负载母线同步电路（又称负载同步控制器）LBS用来使两个独立的UPS系统在任何时间都保持同步。两个独立的UPS系统（两个负载母线）都能为全部负载供电：正常时，分别承担一半负载电流；当其中一个UPS系统出现故障时，另一个UPS系统自动承担起全部负载电流。因此，故障UPS可以脱离负载进行维修。

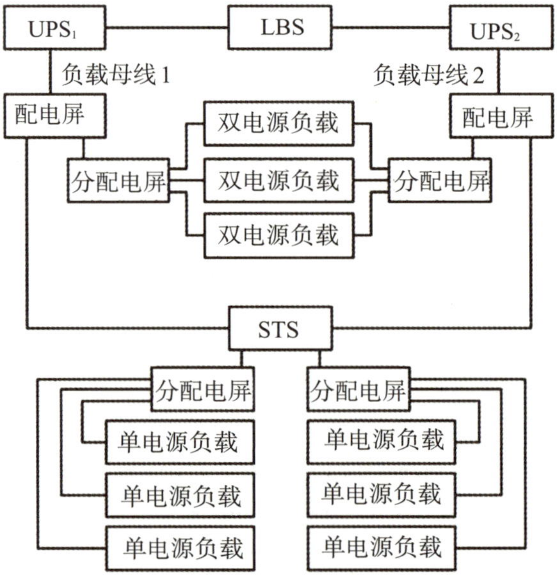

图1.37　双母线UPS供电系统

UPS_1和UPS_2经各自的输出配电屏为双电源负载和单电源负载供电。双电源负载设备有两路电源输入端，任何一路输入电源正常，负载设备就能正常工作。单电源负载设备则通过静态转换开关STS和分配电屏来保证输入电源不间断：每个分配电屏在正常情况下由一个UPS系统供电，当这个UPS系统出现故障或需要维修时，STS将该分配电屏平滑地切换为由另一个UPS系统供电。

6. 通信用双变换UPS的电气性能指标

我国通信行业标准YD/T1095—2008《通信用不间断电源——UPS》对通信用双变换UPS的电气性能要求，如表1.20所示。

表1.20　通信用双变换UPS电气性能

序号	指标项目	技术要求			备注
		Ⅰ	Ⅱ	Ⅲ	
1	输入电压可变范围	165～275V	176～264V	187～242V	相电压
		285～475V	304～456V	323～418V	线电压
2	输入功率因数	≥0.95	≥0.90	——	
3	输入电流谐波成分	＜5%	＜15%	——	2～39次谐波
4	输入频率变化范围	50Hz±4%			
5	频率跟踪范围	50Hz±4%可调			
6	频率跟踪速率	（0.5～2）Hz/s			
7	输出电压稳压精度	±1%	±2%	±3%	
8	输出频率	（50±0.5）Hz			电池逆变方式
9	输出波形失真度	≤2%	≤3%	≤5%	电阻性负载
		≤4%	≤6%	≤8%	非线性负载
10	输出电压不平衡度	≤5%			
11	动态电压瞬变范围	±5%			
12	电压瞬变恢复时间	≤20ms	≤40ms	≤60ms	
13	输出电压相位偏差	≤2°			平衡额定电阻性负载
14	市电与电池转换时间	0ms			
15	旁路逆变转换时间	＜1ms	＜2ms	＜4ms	＞3kVA
		＜1ms	＜4ms	＜8ms	≤3kVA
16	效率	≤10kVA　≥82%	＞10kVA　≥90%		额定输出功率
		≥60kVA　≥88%			50%额定输出功率
17	输出有功功率	≥额定容量（kVA）×0.7（kW/kVA）			
18	输出电流峰值系数	≥3			
19	过载能力（125%）	≥10min	≥1min	≥30s	
20	音频噪声	＜55dB（A）	＜65dB（A）	＜70dB（A）	400kVA及以上除外
21	并机负载电流不均衡度	≤5%			对有并机功能的UPS

除了表1.20中的要求外，通信用UPS还应具有输出短路保护、输出过载保护、机内过温保护、电池电压低保护、输出过、欠压保护和抗雷击浪涌等保护功能，并能声光告警；具备RS232或RS485/RS422、IP、USB标准通信接口，具有遥测、遥信和对蓄电池组的智能管理功能。YD/T1095—2008对上述功能以及绝缘电阻、绝缘强度和对地漏电流等，都有明确的具体要求。UPS的金属外壳应可靠地保护接地。UPS的电磁兼容性，应符合我国国家标准GB7260.2—2009《不间断电源设备（UPS）第2部分：电磁兼容性（EMC）要求》的规定。

1.5.8 教学策略

图1.21 教学策略

典型工作任务名称	UPS的巡检维护与操作	适用年级	教学时间/学时
教学目标	1.具备规范完成UPS的日常巡检能力 2.具备规范操作UPS能力	×××年级	第×学期2学时
教学资源	多媒体、教材、教学课件、视频资料、UPS实训基地等		
参考教学方法	讲授法、参观教学法、互动式教学法、现场教学法、演示法		
参考资料、学习资源	教材、教学课件、相关标准、专业网站		

思考与练习

1. 画出UPS的基本组成方框图，说明各部分的作用。

2. 简述双变换UPS的基本工作原理。

3. 简述UPS工作模式转换步骤。

4. 回顾“UPS的巡检维护与操作”工作任务教学中运用过的教学方法，分析讨论本部分最优教学方法，并研讨采用理实一体化教学场地和实验条件配备。

5. 观看以前“UPS的巡检维护与操作”工作任务训练视频，从中发现、研讨操作的不足、失误或错误，归纳为典型案例。

学习情境二　接地与防雷系统运行和维护操作

学习情境及知识地图

1　学习情境概述

本学习情境主要聚焦接地与防雷系统的巡检维护，主要从接地系统及防雷系统等方面设置典型工作任务，各典型工作任务侧重于维护项目、维护内容、主要指标测试及规范操作等方面取舍教学内容，学生通过学习与实践，掌握接地与防雷系统的巡检维护的方法、内容及规范等。

2　学习情境知识地图

本次学习情景的知识地图如图2.1所示。

◆ 巡检维护

（1）巡检维护项目

包括：安全检查、室内接地装置检查、室外接地装置检查、接地电阻测量及分析、防雷单元检查。

（2）巡检维护周期

定期维护：月维护、季维护、半年维护、年维护。

不定期维护：突发故障时的维护。

◆ 维护资料收集与归档

包括：月度维护记录表、季度维护记录表、半年度维护记录表、年度维护记录表、故障分析处理记录表。

◆ 常用维护技能

（1）指标测量类技能：接地电阻测量。

（2）规范操作类技能：防雷单元更换。

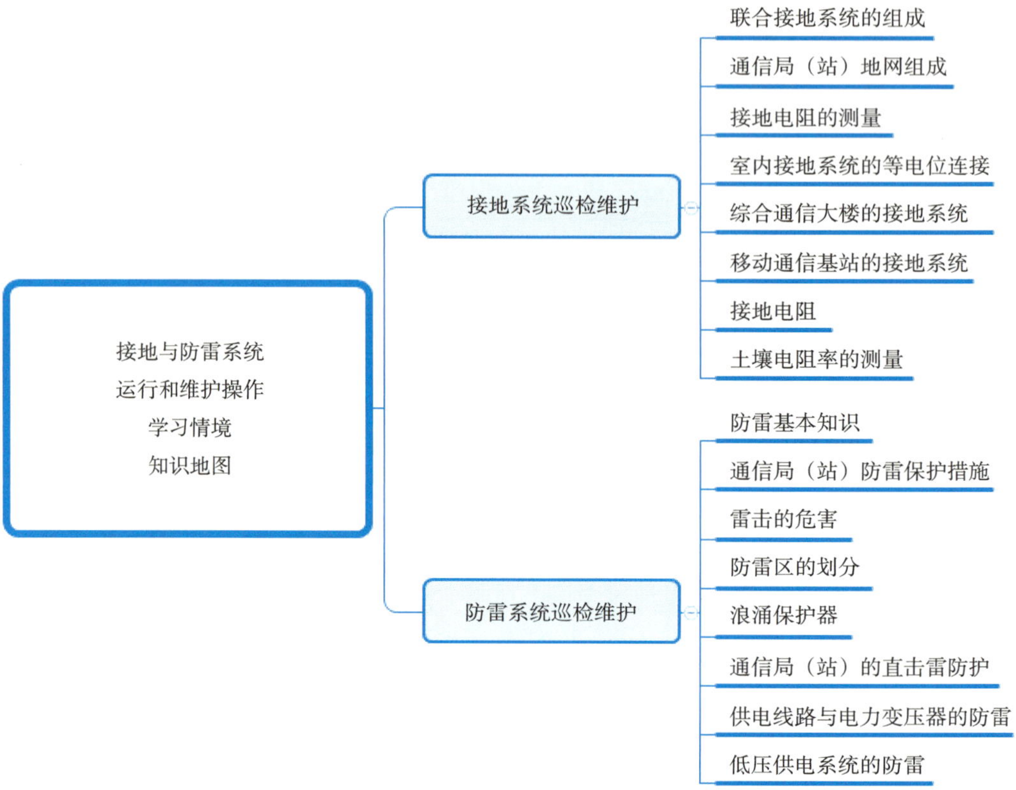

图 2.1　接地与防雷系统系统运行和维护操作知识结构图

学习任务分析

表 2.1　主要学习任务列表

序号	任务名称	主要学习内容	建议学时	学习成果
1	接地系统巡检维护	根据通信行业相关维护标准及维护规程规定，接地系统巡检维护主要涉及室内、外接地系统巡检维护，包括日常定期的检查及测试等	4学时	熟悉接地系统巡检维护项目、内容，能够测量接地电阻并分析处理
2	防雷系统巡检维护	根据通信行业相关维护标准及维护规程规定，防雷系统巡检维护主要涉及防雷箱、防雷器、防雷空开的巡检维护，包括日常定期检查及更换等	4学时	熟悉防雷系统巡检维护项目、内容，能够判断防雷单元好坏并规范更换

典型工作任务2.1 接地系统巡检维护

2.1.1 任务描述

接地系统是通信局（站）电源系统不可缺少的组成部分之一，所谓“接地”就是为了保证通信质量或确保人身与设备安全的目的，将电气设备或通信设备的接地端子通过接地装置，与大地作良好的电气连接。

目前通信局（站）均采用联合接地。联合接地方式是交、直流工作接地、保护接地以及建筑物防雷接地等共同合用一组接地系统的接地方式。联合接地系统由接地网（由一组或多组接地体在地下相互连接构成）、接地引入线、接地汇集线和接地线四部分组成。接地系统的巡检维护涉及接地引入线、接地汇集线和接地线等维护，包括日常定期的清洁、检查及测试等。

根据通信行业的维护规定，接地系统的维护分月度维护、半年维护和年度维护，在实际教学过程中可根据不同的实际情况，安排不同任务。

2.1.2 任务分析

根据我国通信行业相关标准以及各大通信运营企业的“电源、空调维护规程”，防雷接地系统维护周期表中规定的接地系统日常维护主要项目有以下几点。

1. 检查各类设备地线是否按标准要求与机房相应接地汇流排进行连接。

2. 检查接地引入线与接地总汇流排的连接、不同接地汇流排之间的地线连接以及各类设备地线在设备端及接地汇流排处的连接是否可靠。

3. 检查接地汇流排上各类地线的标识是否清楚、准确；确保新增加设备地线的连接符合标准要求。

4. 测量接地系统工频接地电阻并判断是否符合标准。

2.1.3 必备知识

1. 联合接地系统的组成

联合接地系统由接地网、接地引入线、接地汇集线（包括接地汇流排）和接地线组成。

2. 通信局（站）地网组成

综合通信大楼（包括通信综合楼、交换局、传输局和大型数据中心等）地网由围绕建筑物的环形接地体、建筑物基础地网及变压器地网相互焊接连通组成。

移动通信基站的主地网是由机房地网、铁塔地网和变压器地网组成的一个周边封闭的环形地网。

3. 接地电阻的测量

通信局（站）的接地电阻或地网面积，应符合YD5098—2005《通信局（站）防雷与接地工程设计规范》的要求。在实际维护中，维护人员应该定期测量通信局（站）的接地电阻，并分析判断所测接地电阻是否符合相关标准的规定。

2.1.4　技能训练

1. 接地电阻的测量（直线布极法）

采用直线布极法测量接地电阻时常用ZC-8型等接地电阻测试仪，其面板示意图如图2.2所示。

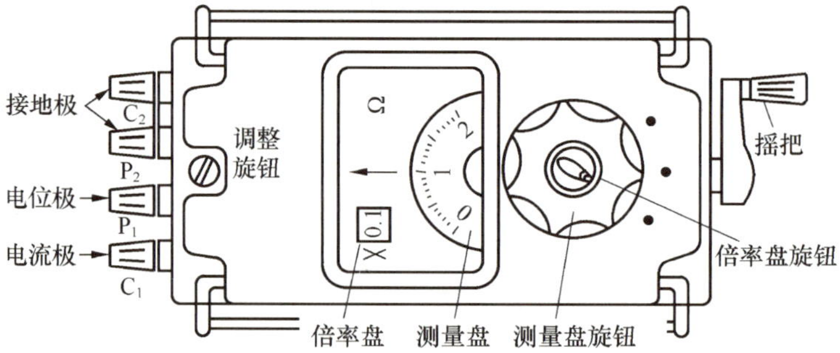

图2.2　接地电阻测试仪面板图

接线端钮：接地极（C_2、P_2）、电位极（P_1）、电流极（C_1）、用于连接相应的探测针。

调整旋钮：用于检流计指针调零。

倍率盘：显示测试倍率，×0.1、×1、×10。

测量标度盘：测试标度所测接地电阻阻值。

测量盘旋钮：测试时调节旋钮使检流计指针指于中心线。

倍率盘旋钮：调节测试倍率。

发电机摇把：手摇发电，为地阻仪提供测试电源。

使用接地电阻测试仪注意事项：

（1）二人操作；

（2）被测量电阻与辅助接地极所成直线不得与金属管道或邻近的架空线路平行；

（3）地阻仪不允许做开路试验；

（4）禁止在有雷电或被测物带电时进行测量；

（5）仪表携带、使用时须小心轻放，避免剧烈震动。

用ZC-8型接地电阻测试仪测量接地电阻的步骤如下。

（1）调零

水平放置接地电阻测试仪，检流计指针应该指向中心线，否则调节调整旋钮，使检流计指针指向中心线；然后将接线端子全部短路，慢摇摇把，调整测量标度盘，使指针返回零位，这时指针盘零线、表盘零线大体重合，则说明仪表是好的。

（2）接线

按图2.3示意图接线，所有连接线都必须采用绝缘导线。图中被测接地系统G与电位探测针P之间距离d_{GP}不小于20m，被测接地系统G与电流探测针C之间距离d_{GC}约为$2d_{GP}$，被测接地系统G与接地电阻测试仪之间的连线不大于5m，且G、P、C在一条直线上。钢质电压接地极棒和电流接地极棒均打入地下40cm，且不应晃动。

（3）摇测

①选择最大倍率，慢慢转动发电机摇把，同时旋转测量盘旋钮使检流计指针指向中心线。

②当检流计的指针接近平衡时，加快发电机摇把的转速，使其达到每分钟120转以上，调整测量盘旋钮使指针指于中心线上。

当测量盘的读数小于1时，应将选择较小倍率，再重新调整测量盘旋钮以得到正确读数。

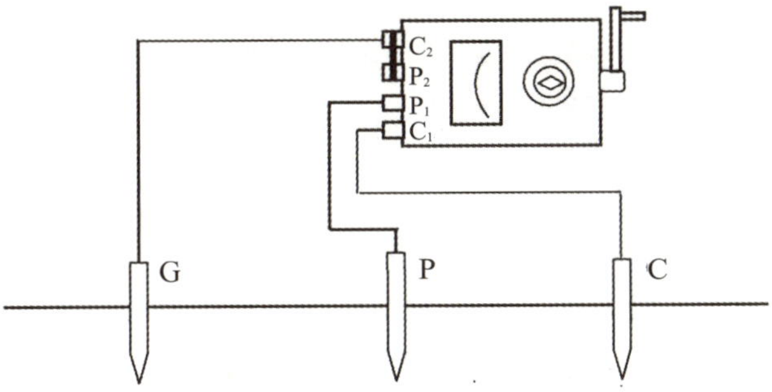

图2.3　测量接地电阻接线示意图

（4）读数

被测电阻值（Ω）=测量盘指数×倍率盘指数。

（5）数据记录与处理

记录所测接地电阻。如果所测接地电阻偏大，请分析原因并提出整改建议。

2. 接地电阻的测量（非接触测量三点测量法）

采用钳形接地电阻测试仪测量接地电阻时可选择三点测量法，如图2.21所示。图中所要测量的是接地系统A的接地电阻R_A，B和C分别是另外两个独立接地系统或两根辅助接地体（例如两个建筑物，其地网的接地电阻分别是未知的R_B和R_C）。测量步骤如下：

第一步，将A和B用一根导线连接起来，用钳形接地电阻测试仪测得第一个读数R_1。

第二步，将B和C用导线连接起来（撤去A、B间的连线），并用钳形接地电阻测试仪在B处或C处测得第二个读数R_2。

第三步，将C和A用导线连接起来（撤去B、C间的连线），再用钳形接地电阻测试仪在A处测得第三个读数R_3。

接地体A的接地电阻值为

$$R_A = \frac{R_1 + R_3 - R_2}{2} \tag{2.1}$$

同时计算出另两个参照接地系统的接地电阻值为

$$R_B=R_1-R_A \tag{2.2}$$

$$R_C=R_3-R_A \tag{2.3}$$

2.1.5　任务完成

1. 分组

以6～8人为一个学习小组，并确定各学习小组组长。然后由组长根据教学任务完成本小组组员工作职责分工如确定操作员、数据记录员、安全监督员等，并负责组织本小组完成本次学习任务。

2. 讨论

各学习小组围绕接地系统日常巡检维护项目展开讨论，并制订出相应的实施方案、具体操作步骤、安全注意事项等。

3. 审核

由指导老师对各学习小组制订的方案进行审核，主要审核各小组方案的完整性、可操作性及安全性等。

4. 实施

各小组根据指导老师审核后的方案完成本次实训任务，并将相关结果填入下列各表中。

表2.2　接地电阻测量记录表

序号	测试项目	测试用仪器、仪表	测试结果	是否正常	判断依据
1	测量指定接地系统的接地电阻（直线布极法）				
2	测量指定接地系统的接地电阻（三点测量法）				

表2.3　接地系统日常巡检维护记录表

序号	检查内容	检查结果	处理措施
1	检查各类设备地线与机房相应接地汇流排的连接是否符合相关标准		
2	检查接地引入线与接地总汇流排的连接、不同接地汇流排之间的地线连接以及各类设备地线在设备端及接地汇流排处的连接是否可靠		
3	检查接地汇流排上各类地线的标识是否清楚、准确		

2.1.6　教学评价

整个教学过程在教师的组织和协调中进行，可按照以下几个方面进行考核。

1. 过程考核

教师全程监督整个任务实施过程，观察每个学员在整个过程中各方面的表现，并做好记录。

1）操作的规范及熟练程度：主要考查学员对规范的熟练程度和工具的正确使用并按照正确的步骤完成任务。

2）掌握知识的灵活程度：主要考查学员能否举一反三，可以通过学员对类似问题采取的解决方案，提问，以及与学员的交流等几个方面来综合考虑。

3）学习态度：主要考查学员能否积极、主动，完成任务是否认真。

2. 结果考核

1）任务实施情况：主要考查学员是否能按照要求完成高压变配电设备的维护。

2）报告文件：任务实施后，应该提交报告文件，报告文件中主要考查能否提出每个人在这次任务中实实在在的收获。

3）组员互评：小组成员之间在共同完成任务的过程中，从协作能力及在小组中所发挥的作用两个方面互相评分。

评价指标参考见表2.4。通过对下表各项内容的考核，评定出学员的成绩。

表2.4　评价指标参考

评价指标 / 学员	过程考核（50%）			成果考核（30%）		组员互评（20%）	
	操作的规范及熟练程度（20%）	掌握知识的灵活程度（20%）	学习态度（10%）	任务实施情况（20%）	报告文件（10%）	小组协作能力（10%）	在小组中发挥的作用（10%）

2.1.7　知识链接与拓展

大地有导电性，并具有无限大的容电量，在吸收大量电荷后仍能保持电位不变，因此可以用来作为良好的参考电位。

为了确保人身与设备安全、保证通信质量，通信局（站）应有良好的接地装置。通信局（站）的接地，必须采用联合接地方式，并符合我国国家标准GB50689—2011《通信局（站）防雷与接地工程设计规范》和通信行业标准YD5098—2005《通信局（站）防雷与接地工程设计规范》、YD/T1429—2006《通信局（站）在用防雷系统的技术要求和检测方法》、YD/T5175—2009《通信局（站）防雷与接地工程验收规范》、YD/T2324—2011《无线基站防雷的技术要求和测试方法》等标准的相关要求。

1. 联合接地的定义与联合接地系统的组成

联合接地就是按均压、等电位原理，使通信局（站）内各建筑物的基础接地体和其他专设接地体相互连通形成一个共用地网，并将电气电子设备的工作接地、保护接地、逻辑接地、屏蔽体接地、防静电接地以及建筑物防雷接地等共用一组接地系统的接地方式。

联合接地系统由接地网、接地引入线、接地汇集线（包括接地汇流排）和接地线组成。通信局（站）联合接地示意图如图2.4所示。

设备接地的路径是：设备中的接地端→接地线→接地汇集线（包括接地汇流排）→接地引入线→接地网→大地。接地连接线不得使用铝材。

通信局（站）采用联合接地，把建筑物钢筋结构组成一个法拉第笼式均压体，同时实施等电位连接，从而较好地保障了工作人员和设备的安全，并对通信设备起到了一定的屏蔽作用。

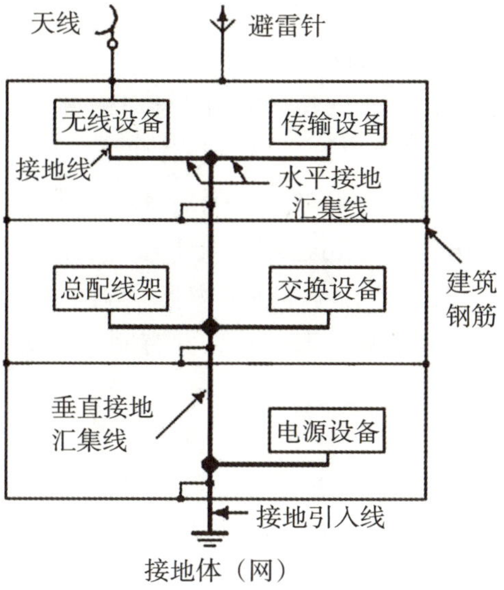

图2.4　通信局（站）联合接地示意图

（1）接地网

为达到与地连接的目的，一根或一组与土壤（大地）密切接触并提供与土壤（大地）之间的电气连接的导体，称为接地体。接地网由一组或多组接地体在地下相互连通构成，为电气电子设备或金属结构提供基准电位和对地泄放电流的通道。接地网简称地网。

通信局（站）应围绕机房建筑物散水点外埋设环形接地体（包括水平接地体和垂直接地体），将环形接地体与建筑物基础地网多点焊接连通，从而构成机房接地网。

接地体埋深宜不小于0.7m（接地体上端距地面的距离）。在严寒地区，接地体应埋设在冻土层以下。在土壤较薄的石山或碎石多岩地区可根据具体情况决定接地体埋深，在雨水冲刷下接地体不应暴露于地表。

垂直接地体宜采用长度不小于2.5m（特殊情况下可根据埋设地网的土质及地理情况决定垂直接地体的长度）的热镀锌钢材、铜材、铜包钢或其他新型接地体。通常采用长度为2.5m的不小于50mm×50mm×5mm热镀锌角钢，或直径不小于50mm、壁厚不小于3.5mm的热镀锌钢管。垂直接地体的间距宜不小于其长度的2倍，当敷设地方受到限制时，间距可适当减小，但一般不小于垂直接地体的长度（当接地体的间距太小时，入地电流的流散相互受到排挤，反而影响接地效果）。垂直接地体的具体数量可以根据地网大小、地理环境情况来确定。地网四角的连接处应埋设垂直接地体。

水平接地体通常采用热镀锌扁钢（或铜材），扁钢规格不小于40 mm×4mm。水平接地体的间距宜不小于5m，当敷设地方受限时其间距可适当减小。

当接地体采用热镀锌圆钢、铜包钢、镀铜钢棒以及镀铜圆钢时，其直径不应小于10mm。镀铜钢棒和镀铜圆钢的镀层厚度不应小于0.254mm。

接地体之间的所有连接，必须使用焊接。焊点均应做防腐处理（浇灌在混凝土中的除外），一般采用在焊点处涂抹沥青的方法防腐。为了便于焊接，水平接地体扁钢的宽边应与地面垂直，垂直接地体角钢的侧面应与扁钢平行。接地体搭接处的焊接长度，扁钢应为其宽边的2倍（三面焊接），采用圆钢时应为其直径的10倍（双面焊接）。

接地体应避开污水排放口和土壤腐蚀性强的区段。难以避开时，其接地体截面应适当增大，镀层不宜小于86μm；也可选用混凝土包封电极或其他新型材料。

建筑物周围设置的环形接地体，应与建筑物基础地网每隔5～10m相互做一次连接。

地网宜在不同方向上至少设两个测试点，并有明显的测试点标志，以便测量接地电阻。

（2）接地引入线

接地网与接地总汇集线（或总汇流排）之间相连的导电体称为接地引入线。

接地引入线的长度不宜超过30m，材料宜采用40mm×4mm或50mm×5mm的热镀锌扁钢。

接地引入线应避免从作为雷电引下线的柱子附近引入，不宜从铁塔塔脚附近引入，不宜与暖气管同沟布放。

接地引入线与接地体的连接必须采用焊接。接地引入线在地下应做三层防腐处理：先涂沥青，然后绕一层麻布，再涂沥青；其出土部位应有防机械损伤和绝缘防腐的措施。

（3）接地汇集线

接地汇集线是指作为接地导体的条状铜排（或热镀锌扁钢等），在通信局（站）内通常作为接地系统的主干（母线），可以敷设成环形或线形。不同金属的连接点应防止电化学腐蚀。

接地汇集线的截面积应根据最大故障电流和材料的机械强度来确定，一般应采用截面积不小于160mm²的铜排，高层建筑物的垂直接地主干线应采用截面积不小于300mm²的铜排。

接地汇流排是接地汇集线的一种形态，是与接地母线相连，作为各类接地线连接端子的矩形铜排。

（4）接地线

各类设备的接地端与接地汇集线（或接地汇流排）之间的连接导线，称为接地线。对通信局（站）的接地线有以下要求。

①接地线应采用多股铜芯绝缘导线布放（不准使用裸导线布放），线芯的截面积应根据最大故障电流和机械强度选择。

②一般设备（或机架）的保护接地线，应使用截面积不小于16mm²的多股铜线；当相线截面积S大于35mm²时，保护地线截面积应不小于$S/2$。环境监控系统等小型设备的接地线，应采用截面积不小于4mm²的多股铜线连接到本机架的汇流排，然后用

16mm²的多股铜线连接到接地汇集线或接地汇流排。跨楼层或同层布设距离较远的接地线，应采用截面积不小于70mm²的多股铜线。

③开关电源系统的直流工作接地线，应根据系统容量采用足够截面积的多股铜导线，单独从接地汇集线或接地汇流排上引入，见表2.5。

④严禁在接地线中加装开关或熔断器。

⑤接地线应尽量短、直，多余的线缆应切断，严禁盘绕。

⑥多股接地线与接地汇集线及设备连接时，必须加装接线端子（铜鼻），接线端子尺寸应与线径相吻合，压（焊）接牢固。接线端子与汇集线（或汇流排）应采用镀锌螺栓连接并加装平垫片和弹簧垫片，其接触部分应平整、紧固，无锈蚀、氧化，不同材料连接时应涂凡士林或黄油防锈。

⑦一般接地线宜采用外护套为黄绿相间的电缆，大截面积电缆应保证接地线与汇集线（或汇流排）的连接处有清晰的标识牌。

⑧光缆的金属加强芯和金属护层应在分线盒或光纤配线架（ODF）内可靠连通，并与机架绝缘后使用截面积不小于16mm²的多股铜线，引到本机房内第一级接地汇流排（或汇集线）上。

⑨室内的走线架及各类金属构件必须接地，各段走线架之间必须电气连通。走线架的接地线宜采用截面积不小于35mm²的铜导线；走线架（或金属槽道）连接处两端宜用16～35mm²铜导线做可靠连接，连接线宜短直，连接处要去除绝缘层。

⑩当机房设有防静电地板时，应在地板下围绕机房敷设闭合的环形接地线，作为地板金属支架的接地引线排，其材料为铜导线，截面积应不小于50mm²；从接地汇集线上引出不少于2根截面积为50～70mm²的铜质接地线，与引线排的南、北或东、西侧连通。

表2.5　直流工作接地线截面积选择表

直流电源系统容量/A	线芯最小截面积/mm²
系统容量≤300	35
300＜系统容量≤600	70
600＜系统容量≤1000	120
系统容量＞1000	240

2. 室内接地系统的等电位连接

将不同的电气装置、导电物体等，用接地导体或浪涌保护器（SPD）以某种方式连接起来，以减小雷电流在它们之间产生的电位差，称为等电位连接。

通信局（站）室内接地系统的等电位连接，有网状（M型）、星形（S型）和网状-星形混合型接地三种结构，如图2.5所示，其中，(a) 图为等电位连接的基本结构，(b) 图为等电位连接的组合方式。

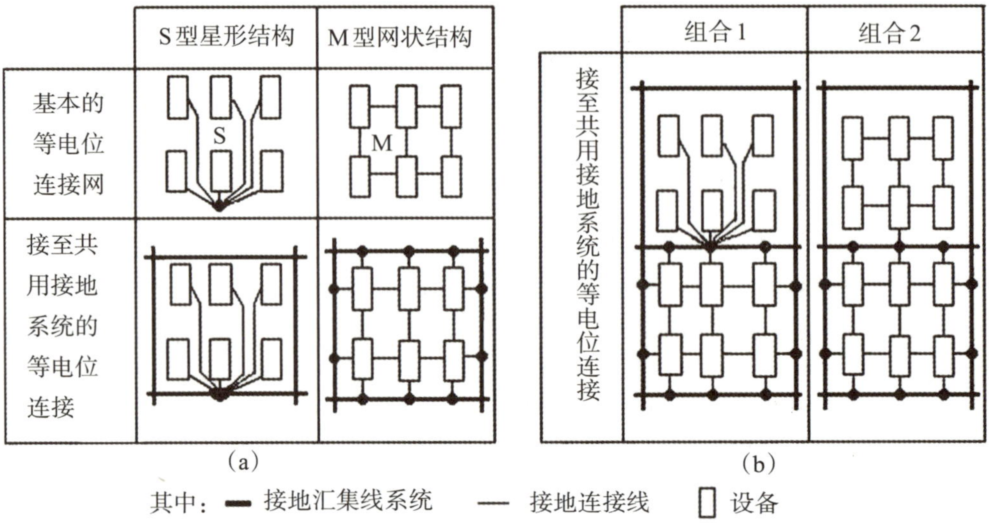

图2.5　等电位连接的基本结构和组合方式

(1) 网状接地结构（M型结构）

网状接地结构为多点接地。网状接地的主要优点：一是各种设备可从不同的方位就近接地，设备之间等电位效果较好；二是在高频时可获得一个低阻抗网络，对外界电磁场有一定的衰减作用；三是建筑物内的金属构件、电缆支架、槽架无须专门做绝缘处理，因此在通信局（站）内实施通信设备的安装施工较为容易。其缺点是异常电流的方向和路径很难确定，个别情况下可能会引入低频干扰。

网状接地结构一般适用于分布范围较大的系统，或设备之间、设备与外界的连接线较多，而且复杂的情况。

(2) 星形接地结构（S型结构）

星形接地结构为单点接地。星形接地容易解决通信系统间的低频干扰问题（在高频下较易引入干扰），因为这种接地方式减少了环流的干扰，使得干扰电流不能形成回路。由星形接地形式衍生出的树枝型接地结构，要求从地网只引出一根垂直的主干地线到各机房的分汇流排，再由分汇流排引至各列机架。当采用星形接地结构时，系统的所有金属组件除连接点外，应与公共连接网保持绝缘。星形接地结构的缺点是：当系统规模较大，设备间连接复杂时，等电位效果较差。

(3) 网状-星形混合型接地结构

网状-星形混合型接地采用了两类结构的优点。主体采用网状接地结构，减少了不同设备接地之间的电位差，方便就近接地；有些对低频干扰较为敏感的设备，则采用局部星形接地结构。这种等电位连接方法，方便灵活、接线简便，安全性和可靠性较高。

通信系统的等电位连接采用何种形式的接地结构，除考虑通信设备的分布和机房面积大小外，还应根据通信设备的抗扰度及设备内部的接地方式来选择。

3. 综合通信大楼的接地系统

(1) 综合通信大楼的接地网

综合通信大楼（包括通信综合楼、交换局、传输局和大型数据中心等）应采用联合接地方式，将围绕建筑物的环形接地体、建筑物基础地网及变压器地网相互焊接连通，共同组成联合地网。局内设有地面铁塔时，铁塔地网必须与联合地网在地下用水平接地体多点连通。

在局（站）内有多个建筑物时，应使用水平接地体将各建筑物的地网相互连通，形成封闭的环形结构。当距离较远或相互连接有困难时，可作为相互独立的局（站）分别处理。

综合通信大楼的地网如图2.6所示。

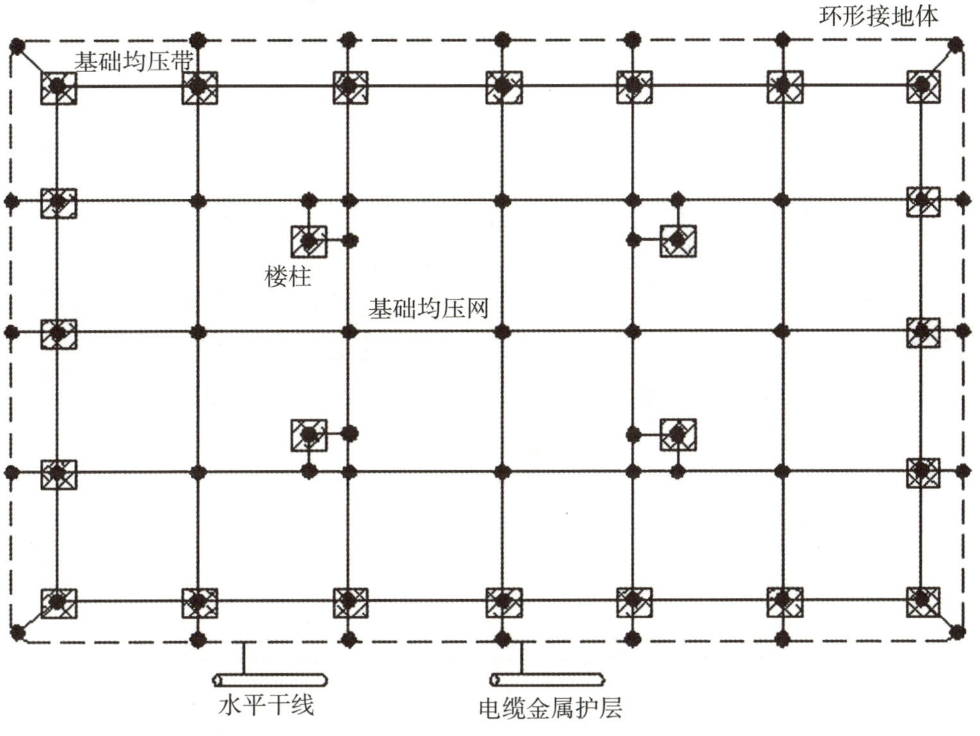

图2.6　综合通信大楼的地网示意图

(2) 综合通信大楼的接地引入线与接地汇集线

综合通信大楼的接地引入线和垂直接地主干线（VR）连接示意图如图2.7所示。从地网上引接多根接地引入线与底层环形汇集线连接。

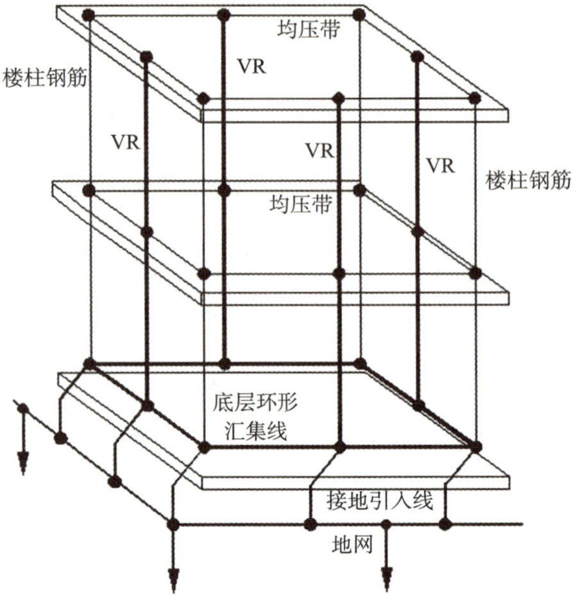

图 2.7　综合通信大楼的接地引入线和垂直接地主干线连接示意图

综合通信大楼的接地汇集线分为垂直接地主干线（VR）和水平接地汇集线两部分。垂直接地主干线垂直贯穿于通信局（站）建筑物各层，可设置一根或多根，其下端连接在建筑物底层的环形接地汇集线上，同时与建筑物各层钢筋或均压带连通，并就近与各楼层的水平接地汇集线（或楼层汇流排）连通。水平接地汇集线应根据通信设备的分布分层设置，各类通信设备的接地线应就近从水平接地汇集线（或局部汇流排）引入。

垂直接地主干线的数量可根据机房平面大小和竖井的数量确定。在高层建筑物内，垂直接地主干线至少应每隔一层与楼层均压带连通一次。

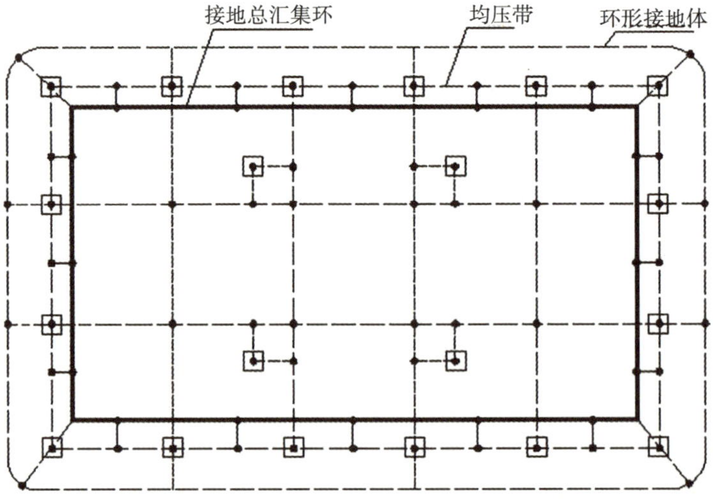

图 2.8　底层接地总汇集环与均压带的连接示意图

均压带是围绕建筑物形成一个回路的导体，它与建筑物雷电引下导体间互相连接并且使雷电流在各引下导体间分布比较均匀。

当建筑物横梁和楼柱的钢筋结构电气连接不可靠时，应在建筑物底层设置接地总汇集环，垂直接地主干线由接地总汇集环接地。接地总汇集环与建筑物均压带的连接方式如图2.8所示。接地总汇集环与建筑物均压带应每隔5～10m相互做一次连接。

（3）各楼层接地系统的两种连接形式

综合通信大楼内各楼层的接地系统，可根据建筑物的结构、楼层面积、楼层数量和通信设备情况，选用以下两种连接形式。

第一种连接形式

第一种连接形式为网状-星形混合型接地结构，各楼层（或机房）的等电位连接方式可参照图2.9执行。图中FEB为楼层汇流排，即建筑物内各楼层的第一级接地汇流排；LEB为局部等电位汇流排，即机房内作局部等电位连接的接地汇流排。

接地系统的第一种连接形式应符合以下要求。

①应使用多根垂直接地主干线（VR），垂直接地主干线与每层机房的水平接地汇集线连通；当建筑物的钢筋结构符合国家标准GB50057—2010《建筑物防雷设计规范》中“第二类防雷建筑物”利用建筑物钢筋作防雷装置的规定时，可不设垂直接地主干线，水平接地汇集线可直接利用机房内楼柱钢筋引出的预留接地端子多点接地。

②水平接地汇集线宜敷设成封闭的环形结构。

③水平接地汇集线应沿墙壁或走线架安装，并与垂直接地主干线连接，同时就近与室内楼柱预留接地端多点连通。

④根据机房内的设备布置情况，可在环形水平接地汇集线范围内，沿走线架增设水平接地汇集线形成适当的网格；水平接地汇集线上应预留连接孔（一般直径8mm）。

⑤机房通信设备应由水平接地汇集线就近接地。

⑥机房内使用星形接地的子系统，其局部汇流排（LEB）应连接到楼层汇流排（FEB）或就近与水平接地汇集线连通。LEB与FEB之间的连接线，在距离较短时，可采用截面积为16mm²的多股铜线；当距离较长时，其截面积应不小于35mm²。

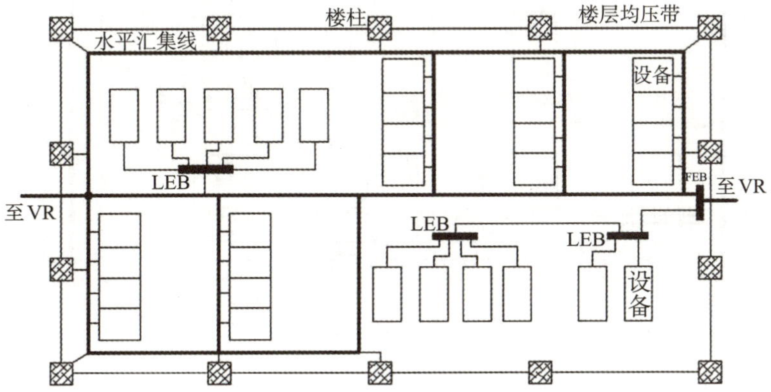

图2.9 综合通信楼内各楼层接地系统第一种连接形式示意图

第二种连接形式

第二种连接形式基本上是星形接地结构，各楼层的等电位连接方式可参照图2.10执行。图中MET为总接地汇流排，即单点接地的星形接地系统中，系统的第一级主汇流排；CEF为电缆入口设施，CEEB为电缆入口接地排。

机房采用星形等电位连接方式时，各楼层汇流排（FEB）应就近与垂直接地主干线（VR）连接。当使用多根垂直接地主干线时，每条VR应与楼层均压网相互连通。

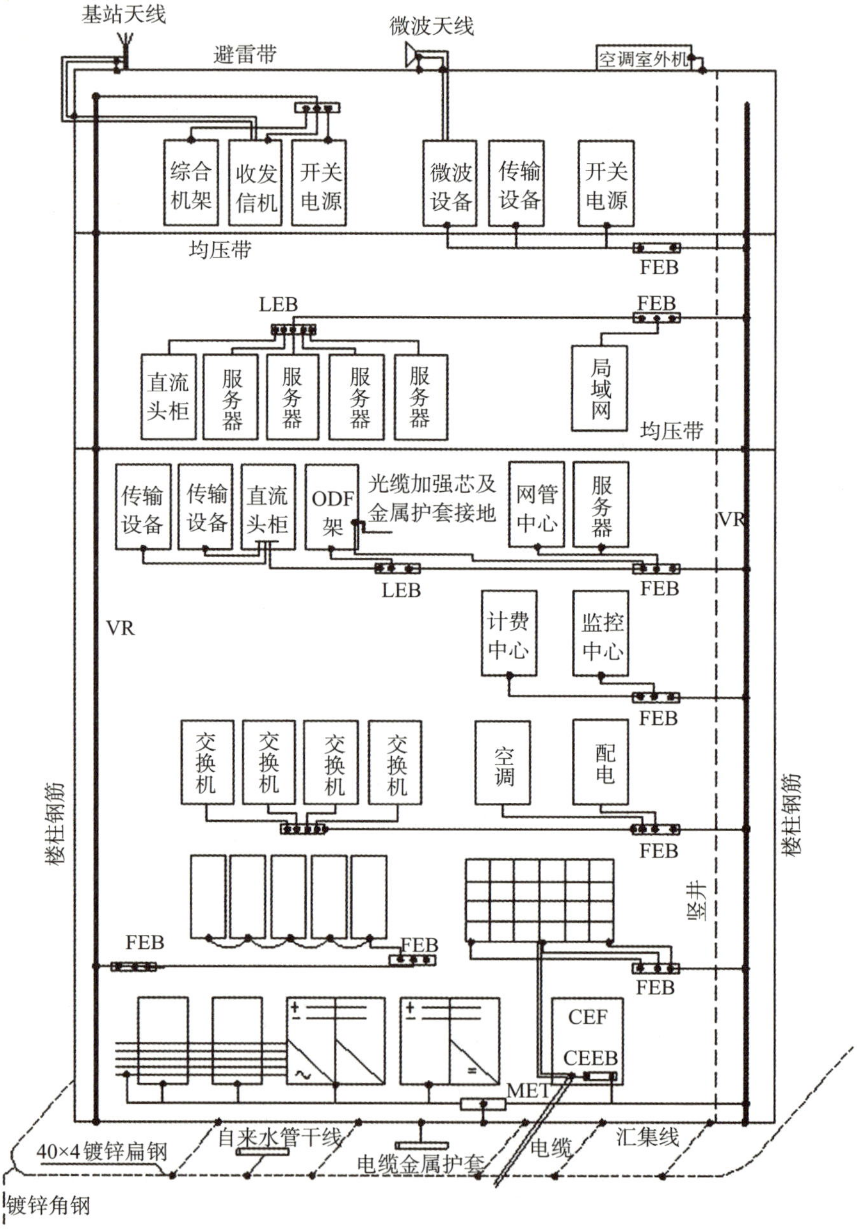

图2.10　综合通信楼内各楼层接地系统第二种连接形式示意图

4. 移动通信基站的接地系统

（1）基站地网的组成

移动通信基站的主地网是由机房地网、铁塔地网和变压器地网组成的一个周边封闭的环形地网，如图2.11所示。必要时增设辐射形等接地体。当电力变压器设置在机房内时，其地网可合用机房地网；当铁塔建于机房屋顶时，铁塔地网与机房地网合为一个地网。

①机房地网

机房地网由机房建筑基础接地体（含地桩）和外围环形接地体（包括水平接地体和垂直接地体）组成。环形接地体应沿机房建筑物散水点外敷设（距离建筑物地基1m以上），并与机房建筑物基础横竖梁内两根以上主钢筋焊接连通。机房建筑物基础有地桩时，应将各地桩主钢筋与环形接地体焊接连通。环形接地体每边长一般为10～20m。

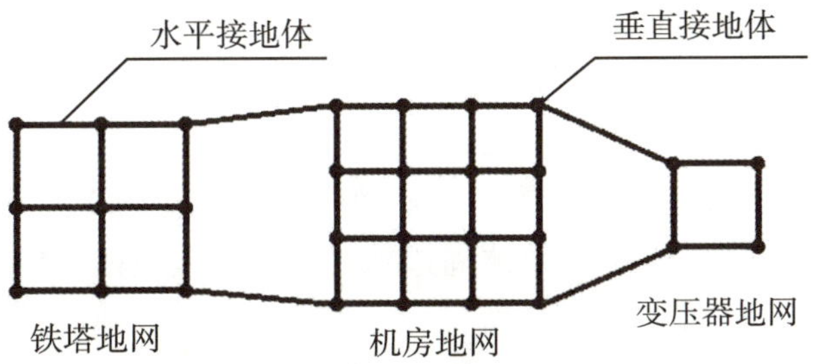

图2.11　移动通信基站主地网示意图

在土壤电阻率较高的地区，宜敷设多根辐射形接地体。辐射形接地体为水平接地体，长度宜为20～30m，其走向为联合地网向外辐射方向，在辐射形接地体终端附加垂直接地体。

②铁塔地网

角钢塔：基站使用角钢塔时，铁塔地网应采用40mm×4mm的热镀锌扁钢，将铁塔四个塔脚地基内的金属构件焊接连通。铁塔地网的网格尺寸可采用3m×3m或5m×5m。

角钢塔位于机房旁边时，应采用40mm×4mm的热镀锌扁钢，在地下将铁塔地网与机房外环形接地体焊接连通。铁塔地网与机房地网之间可每隔3～5m相互焊接连通一次，且连接点不应少于两点。

机房被包围在铁塔四脚内时，铁塔地网与机房的基础地网应联为一体，外设环形接地体应在铁塔地网外敷设，并与铁塔地网多点焊接连通。

钢管塔：基站使用钢管塔时，应从钢管塔基础处敷设不少于两根辐射形水平接地体，水平接地体应根据周围的地形环境，向远离机房的方向敷设。钢管塔的地网应和机房地网在两侧用水平接地体可靠连通。

③变压器地网

专用电力变压器设置在机房外时，通常由围绕变压器台敷设的闭合环形接地体

(包括水平接地体和垂直接地体)构成变压器地网。若变压器地网与机房地网的边缘相距不超过30m，应敷设不少于两根水平接地体将这两个地网焊接连通，当它们的边缘相距大于30m时，变压器地网宜独立设置，可以不与机房地网连通。

④接地电阻超过10Ω的应对措施

根据国家标准GB50065—2011《交流电气装置的接地设计规范》的附录A，面积大于100m²的闭合地网，其接地电阻简易计算公式为

$$R \approx \frac{0.5\rho}{\sqrt{S}} = \frac{0.28\rho}{r} \tag{2.4}$$

式中，R为工频接地电阻(Ω)，ρ为土壤电阻率(Ω·m)，S为地网面积(m²)，r为地网等效半径(m)。

由式(2.1.1)可知，闭合地网的接地电阻与地网面积的平方根成反比，扩大地网面积是减小接地电阻的有效措施。

移动通信基站所在地区土壤电阻率低于700Ω·m时，基站地网的工频接地电阻宜控制在10Ω以内。当地网的接地电阻值达不到要求时，可适当扩大地网的面积，即在地网外围增设1圈或2圈环形接地装置，使接地电阻不超过10Ω。环形接地装置由水平接地体和垂直接地体组成，水平接地体周边为封闭式，可根据地形、地理状况决定其形状，水平接地体与地网宜在同一平面上。环形接地装置与地网之间以及环形接地装置之间应每隔5m左右相互焊接连通一次。也可在铁塔四角设置辐射形接地体，其长度宜限制为10～30m。

当移动通信基站的土壤电阻率大于700Ω·m时，可不对基站的工频接地电阻予以限制，此时地网的等效半径应不小于20m，并在地网四角敷设20～30m的辐射形水平接地体，以利于分散雷电流。

⑤地网的网孔个数

在土壤电阻率一定的条件下，决定地网接地电阻大小的主要因素，是闭合地网的外环所围面积，而不是地网内接地体的网格数量。网格又称网孔。YD/T2324—2011附录C中介绍，美国《电磁兼容性设计手册》(AFSC-DH1-4)认为："从设计的经济效益方面考虑，地网应尽可能覆盖更大的面积以降低其接地电阻，而网孔数目不宜多于16个。"这与我国水利电力部门的试验结果是相符的，当接地网孔大于16个时，接地电阻值随网孔数目增加而减小得很慢。因此，从优化设计的角度考虑，地网的网孔数宜不超过16个。

(2)基站地网的形式

①铁塔建在机房旁的地网

机房、落地塔(包括角钢塔和钢管塔)、变压器的地网相互连通组成一个共用地网。当落地塔设有避雷针雷电引下线时，其引下线应接至落地塔地网远离机房一侧。机房内的接地引入线应接至机房环形接地体远离落地塔的一侧。

当大地电阻率较低时，仅采用周边封闭的共用地网即可。当大地电阻率较高并需引外接地时，宜将引外接地体埋在低电阻率区域或土壤潮湿区域，同时应注意引外接地处与基站地网边缘距离不宜超过30m。

大地电阻率较高、有引外接地时铁塔建在机房旁的地网示意如图2.12所示。若大地电阻率不高，则不需要引外接地；当大地电阻率较低时，辐射形接地体也不必敷设。

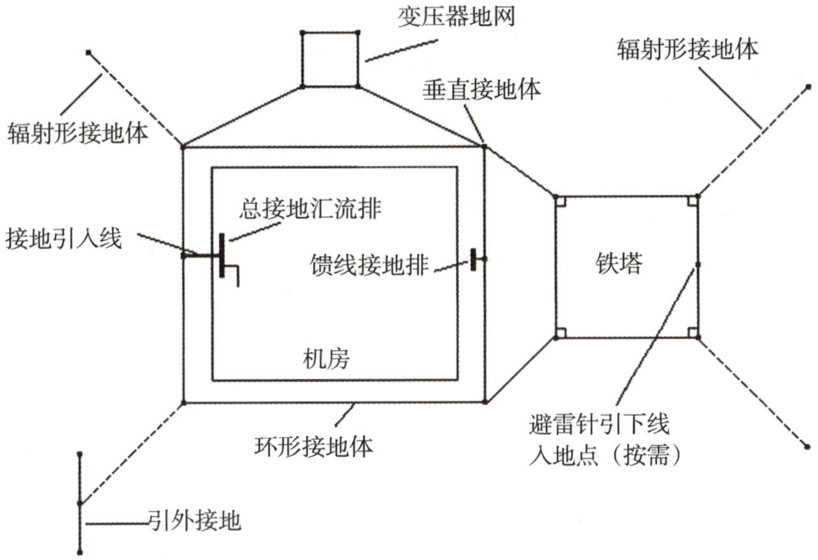

图2.12　大地电阻率较高、有引外接地时铁塔建在机房旁的地网示意图

②铁塔建在机房上的地网

当铁塔设在基站的屋顶时，铁塔四脚应与屋顶避雷带就近不少于两处焊接连通，机房铁塔应利用建筑物框架结构建筑四角柱内的钢筋作为雷电引下线。接地系统除利用建筑物基础接地体外，还应环绕机房设置环形接地体共同组成地网，并在地网四角设置辐射形接地体。

若设有专用的铁塔避雷针雷电引下线，该引下线应接至专设的避雷针接地体，避雷针接地体宜设在机房某侧环形接地体向外延伸约10m远处。

铁塔建在正方形机房上时，应在机房两对角线设辐射形水平接地体，并在其相交处焊接，机房内的接地引入线应从两对角线的水平接地体相交焊接处引接；馈线接地排的接地引入线应就近接至机房环形接地体上。其地网示意图如图2.13所示。

③铁塔四角包含机房的地网

铁塔四角包含机房是指基站机房建在铁塔四角塔脚之内，机房通常采用框架结构建筑。机房的基础接地体和铁塔地网应就近互连，并在铁塔四角外设环形接地体，三者共同组成共用地网，接地网的面积应不小于15m×15m。当大地电阻率大于700Ω·m时，应在原地网的基础上增设辐射形接地体，对变压器地网与机房地网相连的基站，辐射形接地体敷设可根据实际情况处理。

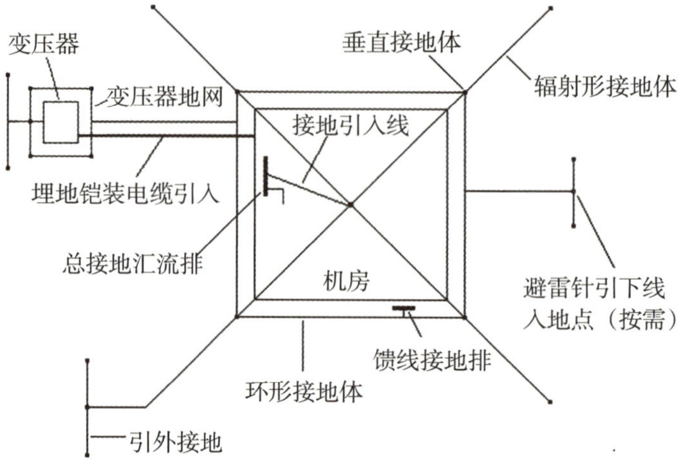

图2.13　铁塔建在机房上的地网示意图

（3）基站的接地引入线

移动通信基站接地引入线的材料为40mm×4mm的热镀锌扁钢，或截面积为95mm^{2}的多股铜缆。接地引入线一般应从机房地网环形接地体引到机房环形接地汇集线或总接地汇流排。

机房内环形接地汇集线或总接地汇流排的接地引入线和馈线接地排的接地引入线，在地网上的引接点应根据实际情况尽量相隔一定距离。

接地引入线与地网的连接点，宜避开避雷针、避雷带的雷电引下线与地网的连接点及铁塔塔脚，其间距应大于5m，条件允许时，宜取10～15m。

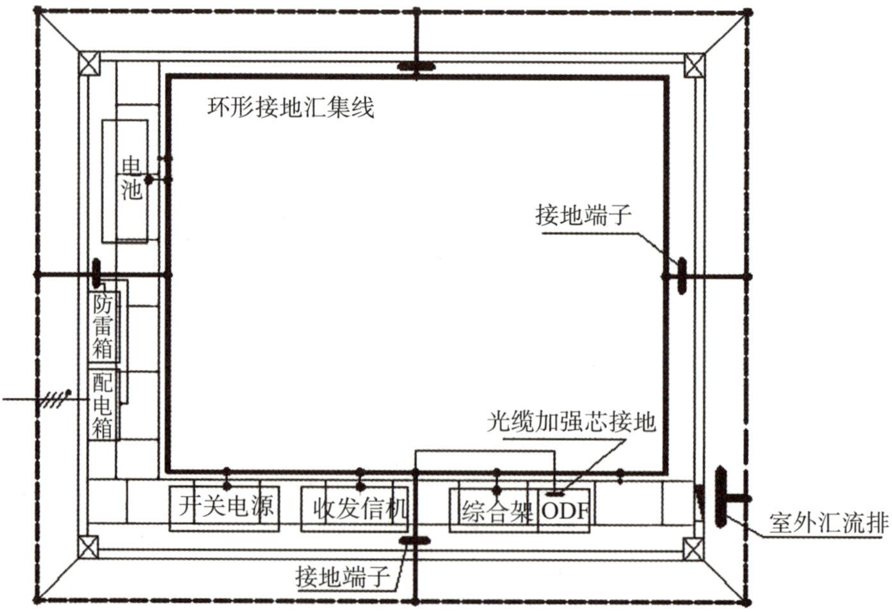

图2.14　基站环形接地汇集线与设备及地网连接示意图

（4）基站的接地汇集线及接地汇流排

①采用网状接地结构

移动通信基站当机房内的等电位连接采用网状接地结构时，应在机房内沿走线架或墙壁设置环形接地汇集线。环形接地汇集线的材料，YD5098—2005 中规定，应采用截面积不小于 $90mm^2$ 的铜材或 $160mm^2$ 的热镀锌扁钢；有的通信运营企业则在企业标准中规定，采用截面积不小于40mm×4mm的铜材。环形接地汇集线应多点就近与地网连通，站内设备由环形接地汇集线就近接地，连接方法如图2.14所示。

②采用星形接地结构

移动通信基站当机房内的等电位连接采用星形接地结构时，设置总接地汇流排，应采用不小于400mm×100mm×5mm的铜排，并预留相应的螺孔以便连接。基站的总接地汇流排宜沿墙体直接与接地引入线连接，接地引入线应与地网的接地体单点连接。

总接地汇流排应设在交流配电箱和电源第一级浪涌保护器（SPD）附近，开关电源以及其他设备的接地排母线均由总接地汇流排引接。如设备机架与总汇流排相距较远，可以采用两级汇流排，连接方法如图2.15所示。二级接地汇流排宜采用截面积不小于100mm×5mm的铜排，并应采用截面积不小于 $70mm^2$ 的多股铜缆与总接地汇流排直接连接。

机房采用星形接地方式，并使用两级接地汇流排时，第一级电源防雷箱、交流配电箱及光缆加强芯和金属护层的接地线，应从总接地汇流排接地；站内其他设备从第二级汇流排接地。

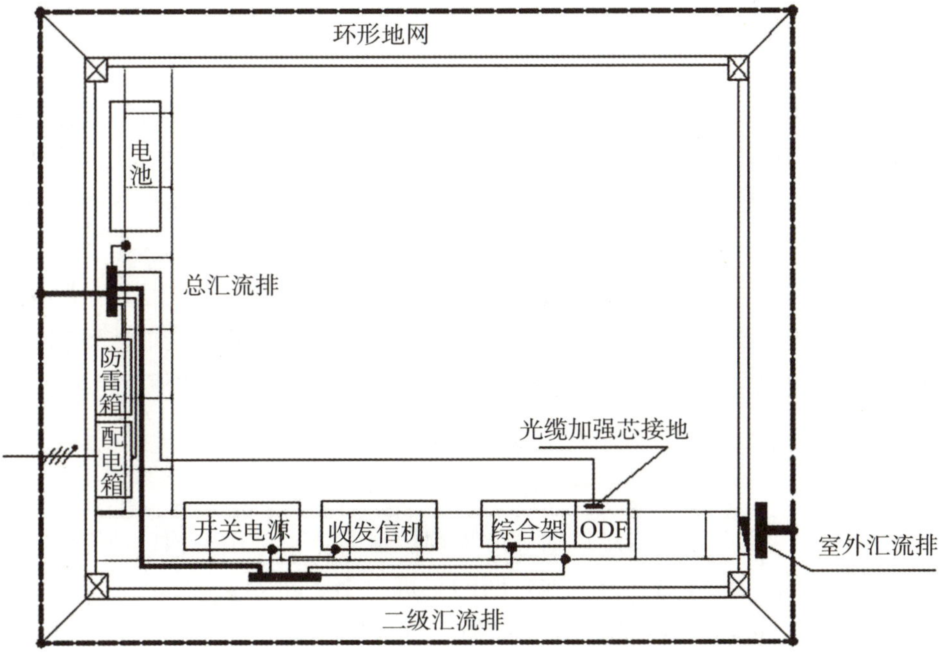

图2.15　基站星形接地时汇流排与设备及地网连接示意图

③馈线接地排

移动通信基站宜在机房馈线口的室外侧设置馈线接地排，作为馈线的接地点，此即室外汇流排。馈线接地排应采用截面积不小于40mm×4mm的铜排，并采用40mm×4mm的镀锌扁钢或不小于95mm²的多股铜导线就近与机房地网做可靠连接，其引接点不宜在铁塔一角。

5. 接地电阻

（1）通信局（站）的接地电阻要求

修订后的YD/T 1051—2010《通信局（站）电源系统总技术要求》，没有对通信局（站）的接地电阻提出要求（已废止的YD/T 1051—2000中列有暂定各类通信局站的接地电阻值）。通信局（站）的接地电阻或地网面积，应符合YD5098—2005《通信局（站）防雷与接地工程设计规范》的要求。

在YD5098—2005中没有对综合通信大楼的接地电阻提出明确要求，但按照该标准设计的联合地网，其接地电阻值基本上已经是该局可以获得的最低接地电阻。

在YD5098—2005中对移动通信基站的接地电阻要求，由原来的5Ω放宽到10Ω；对少数大地电阻率很高（大于700Ω·m）的基站不限制工频接地电阻值，而要求地网的等效半径达到雷电最大有效冲击半径（20m），并在地网四角敷设20～30m的辐射形水平接地体，同时提高电源第一级过电压保护和设备端口的保护水平。

对微波站的接地电阻要求，与移动通信基站基本相同。

小型有线通信局（站）的接地电阻一般不宜大于10Ω。

（2）接地电阻的定义

接地装置的接地电阻是接地体周围的土壤电阻、土壤和接地体之间的接触电阻、接地体本身的电阻以及接地引入线、接地汇集线、接地线电阻的总和。在这些电阻中，起决定性作用的是接地体周围的土壤电阻，其他各部分的电阻都比它小得多，在接地体与其周围的土壤接触紧密、接地系统中各部分连接可靠的条件下，接地体周围土壤电阻以外的各部分电阻通常都可以忽略不计。

一般来说，接地电阻是指工频接地电阻。工频接地电阻的定义是：工频电流流过接地装置时，接地体与远方大地之间的电阻。其数值（R_O）等于接地装置相对远方大地（零电位点）的电压（U_O）与通过接地体流入地中电流（I_d）的比值。用公式表示为

$$R_O=\frac{U_O}{I_d} \tag{2.5}$$

当冲击电流（雷电流）通过接地体向大地散流时，不采用工频接地电阻而是用冲击接地阻抗来衡量接地体与远方大地之间的阻抗大小。冲击接地阻抗定义为冲击电流流过接地装置时，接地装置对地电压的峰值与流入大地电流峰值的比值。

由于冲击电流可在土壤中形成强烈放电，使土壤的等效电阻率大为降低，因此冲

击接地阻抗一般小于工频接地电阻。但冲击电流的频率比工频高得多，对于长距离的伸长接地体来说，由于其电感效应，冲击接地阻抗可能大于工频接地电阻。

（3）工频接地电阻的测量方法

①三极测量法

三极测量法的测量原理如图2.16所示，在测量时要埋设两个辅助接地极，一个用来测量被测接地体或接地网（G）与零电位间的电压，称为电压极（P）；另一个用来构成流过被测接地体的电流回路，称为电流极（C）。

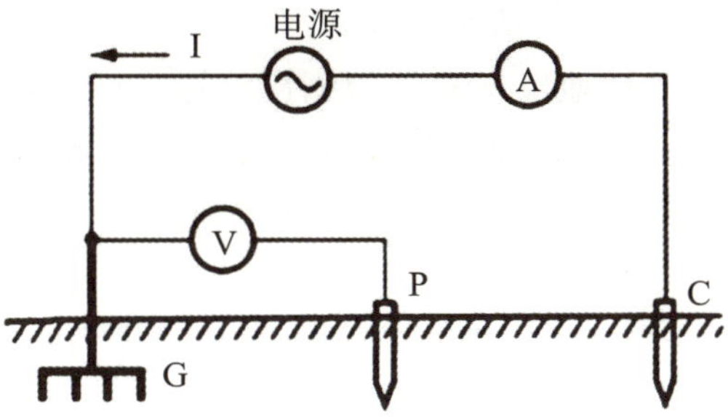

图2.16　三极测量法原理图

被测接地体或接地网和两个辅助接地极之间的相互位置与距离，对于测量结果有很大影响。常用的辅助接地极布极法，有直线布极法和三角形布极法两种。

直线布极

直线布极法就是地网边缘的中间位置与电压极和电流极在一条直线上，如图2.17所示。

电流极C与接地网G边缘之间的距离d_{GC}一般取接地网最大对角线长度D的4～5倍。电压极P到接地网边缘的距离d_{GP}约为电流极到接地网边缘距离d_{GC}的50%～60%；测量时，沿接地网和电流极的连线移动三次，每次移动距离为d_{GC}的5%左右，三次测得值接近即可。

若d_{GC}取值$4D$～$5D$有困难，在土壤电阻率较均匀的地区，d_{GC}可取值$2D$，d_{GP}取值D；在土壤电阻率不均匀的地区或城区，d_{GC}可取值$3D$，d_{GP}取值$1.7D$。

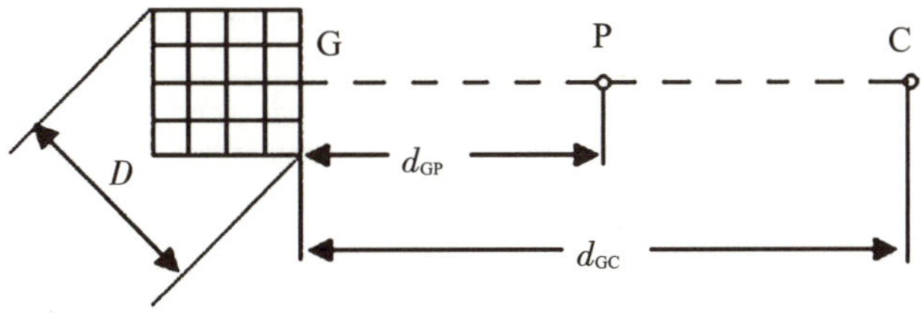

图2.17　直线布极法测接地电阻

此外，假如被测接地体G、电压极P和电流极C均为单极且G、P、C三点在一条直线上，则应GP间最小距离为20m，GC间最小距离为40m。

当向单极接地体注入电流时，其电流以半球形从接地体向周围土壤中扩散，由于半球形的球面积在离接地体越近的地方越小，越远的地方越大，因此离接地体越远的地方电阻越小，相应地电压降越小。实验证明，在离单极接地体20m远的地方，电位已趋于零。这个电位为零的地方，称为电气地。*GP*间用于测量被测接地体与零电位之间的电压，电压极P在土壤中应处于零电位，故*GP*间最小距离应有20m。

三角形布极法

电压极和电流极的三角形布极法如图2.18所示。一般取$d_1=d_2=d\geqslant 2D$，夹角$\theta=29°\approx 30°$；相应地电压极（P）与电流极（C）之间的距离为

$$AB=2d\sin 15°\approx 0.52d \tag{2.5}$$

测量接地电阻时，辅助接地极（通常为钢接地棒）应可靠接地；如果接地不良，甚至晃动而导致与土壤形成空气间隙，则可能造成较大的测量误差。测试仪表与接地电阻测试点及与辅助接地极之间的连线，应采用绝缘导线；如果用裸导线，容易造成多点接地而影响测试值。

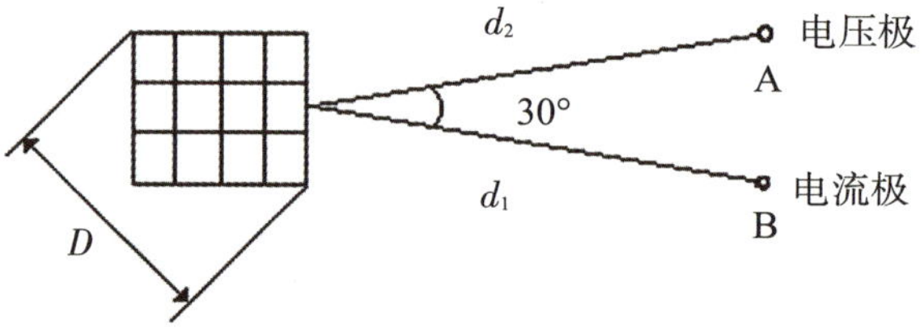

图2.18　三角形布极法测接地电阻

当被测接地网周围是混凝土地面，无法打入电流极和电压极时，可将两块平整的钢板（250mm×250mm）放在混凝土地面上，在钢板和混凝土地面间浇水，将电流极和电压极的测试线夹在钢板上，这样测得的结果和将接地极棒打入地下基本相同。

测量接地电阻的仪表应具有大于20dB以上的抗干扰能力；仪表内测量信号的频率应在25～1000Hz，以免产生土壤极化现象或频率高所引起的测量误差。

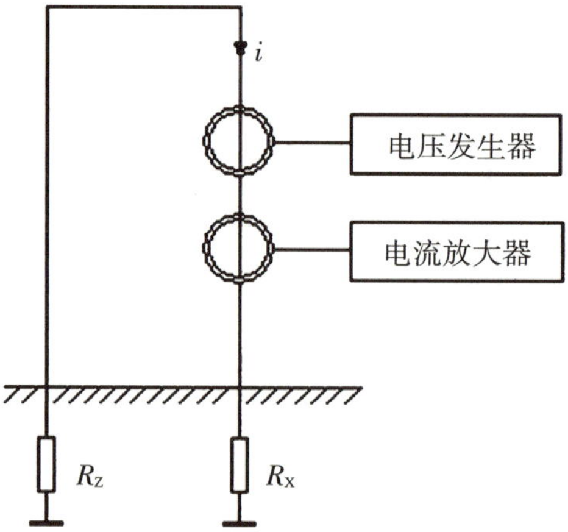

图2.19　非接触法测量原理图

②非接触测量法

采用钳形接地电阻测试仪测量接地电阻，属于非接触测量法，又称在线测量法。其测量原理如图2.19所示。图中R_X为被测接地电阻。测量时也需要辅助接地极，其接地电阻为R_Z，辅助接地极用以构成测量时电流的闭合回路。测试仪通过电压钳口在接地连接线上产生特定频率的感应电压，电流钳口感应接地连接线上与电压钳口同频率的电流，自动计算被测接地回路的总电阻值。当$R_Z<<R_X$时，可近似认为回路总电阻就是被测接地电阻。电压钳口与电流钳口应平行。

非接触测量法可以非常方便地测量多点接地系统中某一接地体的接地电阻。多点接地系统如高低压架空避雷线接地、通信电缆接地，由于它们通过架空地线或通信电缆的屏蔽层连接，因此不需要另接辅助接地极，所有其他电杆的接地电阻并联后的等效电阻成为R_Z，从工程角度有理由认为$R_Z\approx0$。这样，所测的回路电阻就是被测电杆接地体的接地电阻R_X。见图2.20。

顺便指出，如果采用三极测量法来测量多点接地系统中某一接地体的接地电阻，则测量前必须将该接地体与接地系统中的其他部分断开。

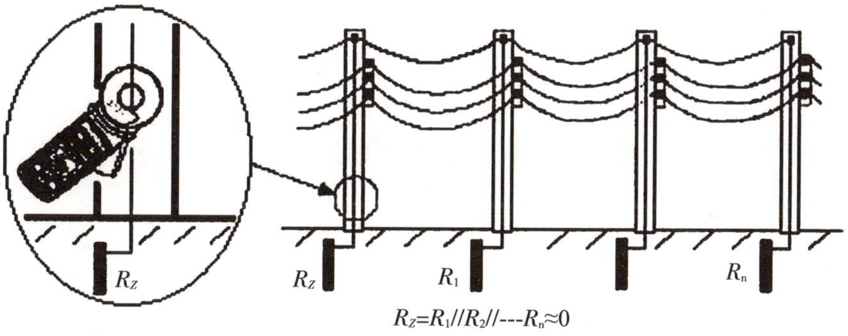

图2.20　用钳形地阻仪测多点接地系统（架空避雷线接地）中某一接地体的接地电阻

非接触测量法由其测量原理所决定，只能测量回路电阻，对于单独的接地体或接地网，如果不接辅助接地极，就无法测出接地电阻。但对接地网而言，又很难找到一个接地电阻值比地网接地电阻还小得多的辅助接地极。这时若被测接地系统附近有两个独立的接地系统，则可利用它们来进行测试。

如图2.21所示，所要测量的是接地系统A的接地电阻R_A，如果能找到另外两个独立接地系统B和C（例如两个建筑物，其地网的接地电阻分别是未知的R_B和R_C,），那么，第一步，可将A和B用一根导线连接起来，用钳形接地电阻测试仪测得第一个读数R_1。

第二步，将B和C用导线连接起来（撤去A、B间的连线），并用钳形接地电阻测试仪在B处或C处测得第二个读数R_2。

第三步，将C和A用导线连接起来（撤去B、C间的连线），再用钳形接地电阻测试仪在A处测得第三个读数R_3。

上面每一步所测得的读数都是两个接地电阻的串联值。这样，就可以很容易地计算出每一个接地装置的接地电阻。

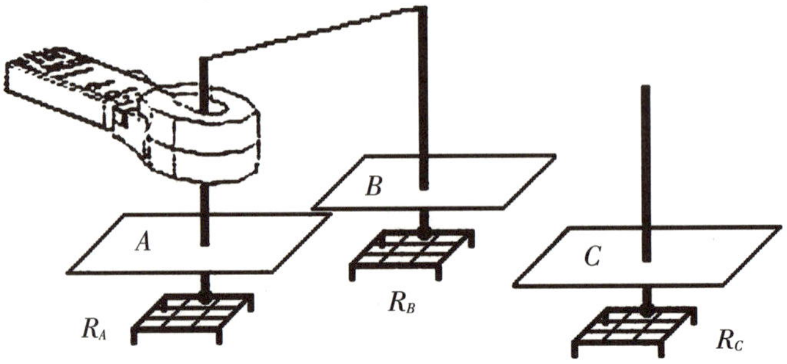

图2.21　利用附近接地系统测接地电阻示意图

由于

$$R_1=R_A+R_B \tag{2.6}$$

$$R_2=R_B+R_C \tag{2.7}$$

$$R_3=R_C+R_A \tag{2.8}$$

因此接地体A的接地电阻值为

$$R_A=\frac{R_1+R_3-R_2}{2} \tag{2.9}$$

同时也可以计算出另两个参照接地系统的接地电阻值

$$R_B=R_1-R_A \tag{2.10}$$

$$R_C=R_3-R_A \tag{2.11}$$

每年应定期对通信局（站）的工频接地电阻值进行测试，并作记录，主要考查接地电阻值的变化情况。移动通信基站宜在干季、雷雨季各测一次。接地电阻不宜在雨天或雨后测量，以免测量结果不准确。

6. 土壤电阻率的测量

(1) 土壤电阻率的含义及参考值

实验证明，导体电阻R的大小与其长度l成正比，与其横截面积s成反比，用公式表示为

$$R=\rho\frac{l}{S} \tag{2.12}$$

故电阻率

$$\rho=R\frac{S}{l} \tag{2.13}$$

式中，电阻R的单位为Ω，若S的单位为m^2，l的单位为m，则电阻率ρ的单位为Ω·m；若S的单位为cm^2，l的单位为cm，则电阻率ρ的单位为Ω·cm。1Ω·m=100Ω·cm。

土壤电阻率是表征土壤导电性能的参数，它的值等于体积为$1m^3$的正方体土壤相

对两面之间的电阻，常用单位是Ω·m。

土壤电阻率的影响因素有土壤类型、含水量、含盐量、温度、土壤紧密程度等土壤的化学和物理性质。土壤含水量高、含盐量高、土壤紧密时，土壤电阻率低。

土壤电阻率的参考值见表2.6。

表2.6　土壤电阻率的参考值

类别	名称	电阻率近似值/Ω·m	不同情况下电阻率的变化范围/Ω·m		
			较湿时（一般地区、多雨区）	较干时（少雨区、沙漠区）	地下水含盐碱时
土	陶黏土	10	5 ~ 20	10 ~ 100	3 ~ 10
	泥炭、泥灰岩、沼泽地	20	10 ~ 30	50 ~ 300	3 ~ 30
	捣碎的木炭	40			
	黑土、园田土、陶土	50	30 ~ 100	50 ~ 300	10 ~ 30
	白垩土、黏土	60			
	砂质黏土	100	30 ~ 300	80 ~ 1000	10 ~ 80
	黄土	200	100 ~ 200	250	30
	含砂黏土、沙土	300	100 ~ 1000	1000以上	30 ~ 100
	河滩中的砂		300		
	煤		350		
	多石土壤	400			
	上层红色风化黏土、下层红色页岩	500（30%湿度）			
	表层土夹石、下层砾石	600（15%湿度）			
砂	砂、沙砾	1000	250 ~ 1000	1000 ~ 2500	
	砂层深度大于10m、地下水较深的草原	1000			
	地面黏土深度不大于1.5m、底层多岩石				
岩石	砾石、碎石	5000			
	多岩山地	5000			
	花岗岩	200 000			
混凝土	在水中	40 ~ 55			
	在湿土中	100 ~ 200			
	在干土中	500 ~ 1300			
	在干燥的大气中	12 000 ~ 18 000			
矿	金属矿石	0.01 ~ 1			

(2）土壤电阻率的测量方法

土壤电阻率的测量方法有多种，通信局（站）常用四点法，如图2.22所示。

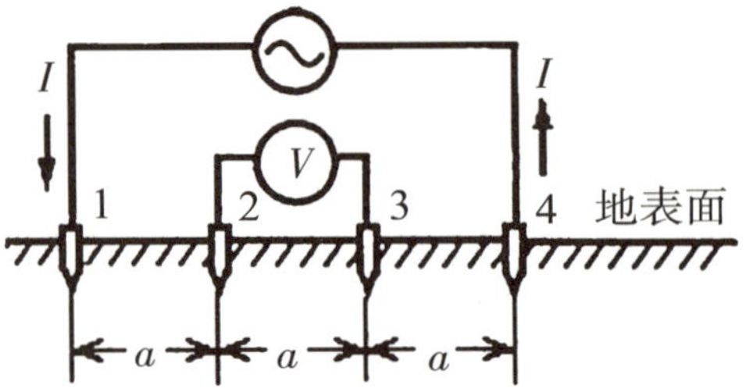

图2.22　四点法测土壤电阻率

将测试电极1、2、3、4埋入被测土壤呈一字排列，埋入深度均为b，直线间隔均为a。外侧的1、4极为电流极（如ZC-8型接地电阻测试仪的C_2、C_1极），用于通过入地的测试电流I；内侧的2、3极为电压极（如ZC-8型接地电阻测试仪的P_2^*、P_1极），用于测量两极间的电位差V。从测试仪器上可读出被测土壤电阻R，所测土壤电阻率为

$$\rho_0 = 4\pi aR / (1 + \frac{2a}{\sqrt{a^2 + 4b^2}} - \frac{a}{\sqrt{a^2 + b^2}}) \tag{2.14}$$

式中，R是所测电阻；a是电极间距；b是电极入地深度。

当测试电极入地深度b不超过$0.1a$时，可假定$b=0$，则所测土壤电阻率的计算公式可简化为

$$\rho_0=2\pi aR \tag{2.15}$$

土壤电阻率的测量应在干燥季节或天气晴朗多日后进行。土壤电阻率会随季节气候而变化，为了保证工频接地电阻在任何季节里都能符合要求，作为接地装置设计、施工和维护管理重要依据的土壤电阻率数据，应当是通信局（站）所在地土壤电阻率的最大值。因此，最终确定的土壤电阻率ρ应按下式进行季节修正

$$\rho=\psi\rho_0 \tag{2.16}$$

式中，ρ_0是所测土壤电阻率；ψ是季节修正系数，见表2.7。

表2.7　根据土壤性质决定的季节修正系数

土壤性质	深度/m	ψ_1	ψ_2	ψ_3
黏土	0.5 ~ 0.8	3	2	1.5
粘土	0.8 ~ 3	2	1.5	1.4
陶土	0 ~ 2	2.4	1.36	1.2
沙砾盖以陶土	0 ~ 2	1.8	1.2	1.1
园地	0 ~ 3		1.32	1.2
黄沙	0 ~ 2	2.4	1.56	1.2

续表

土壤性质	深度/m	ψ_1	ψ_2	ψ_3
杂以黄沙的沙砾	0～2	1.5	1.3	1.2
泥炭	0～2	1.4	1.1	1.0
石灰石	0～2	2.5	1.51	1.2

注：ψ_1——在测量前数天下过较长时间的雨时选用；
ψ_2——在测量时土壤具有中等含水量时选用；
ψ_3——在测量时，可能为全年最高电阻，即土壤干燥或测量前降雨不大时选用。

采用四点法测量土壤电阻率时，应注意以下事项。

①测试电极应选用钢质接地棒，且不应使用螺纹杆。在多岩石的土壤地带，宜将接地棒按与铅垂方向成一定角度斜向打入，倾斜的接地棒应躲开石头的顶部。

②为避免地下埋设的金属物对测量造成干扰，在了解地下金属物位置的情况下，可将接地棒排列方向与地下金属物（管道）走向呈垂直状态。

③不要在雨后土壤较湿时进行测量。

2.1.8　教学策略

表 2.8　教学策略

典型工作任务名称	接地系统巡检维护	适用年级	教学时间/学时
教学目标	1.具备正确读取、记录接地系统运行数据并按照要求完成资料归档能力 2.具备规范测量接地电阻及数据分析处理能力 3.具备接地系统巡检维护并能对实际情况分析处理能力	×××年级	第×学期4学时
教学资源	多媒体、教材、教学课件、视频资料、移动通信基站实训基地等		
参考教学方法	讲授法、参观教学法、互动式教学法、现场教学法、演示法		
参考资料、学习资源	教材、教学课件、相关标准、专业网站		

思考与练习

1. 什么叫联合接地方式？联合接地系统由哪几部分组成？

2. 什么叫等电位连接？通信局（站）室内接地系统的等电位连接有哪几种结构？

3. 移动通信基站的主地网是怎样组成的？

4. 简述用直线布极法测量工频接地电阻步骤。

5. 回顾“接地系统巡检维护”工作任务教学中运用过的教学方法，分析讨论本部分最优教学方法，并研讨采用理实一体化教学场地和实验条件配备。

6. 观看以前“接地系统巡检维护”工作任务训练视频，从中发现、研讨操作的不足、失误或错误，归纳为典型案例。

典型工作任务2.2　防雷系统巡检维护

2.2.1　任务描述

通信局（站）必须有完善的防雷系统，具备可靠的过压和雷击防护功能；通信局（站）的防雷系统由接闪器（避雷针等）、雷电流引下线、接地网、等电位连接、各级浪涌保护器（SPD）等组成。防雷系统的巡检维护涉及浪涌保护器、雷电流引下线等维护，包括日常定期的清洁、检查及测试等。

根据通信行业的维护规定，防雷系统的维护分月度维护、半年维护和年度维护，在实际教学过程中可根据不同的实际情况，安排不同任务。

2.2.2　任务分析

根据我国通信相关行业标准以及各大通信运营企业的“电源、空调维护规程”，防雷接地系统维护周期表中规定的防雷系统日常维护主要项目有以下三项。

1. 检查避雷针、避雷带、避雷网、泄流引下线等的腐蚀情况及机械损伤，包括因雷击放电所造成的损伤及连接部位松动等情况。

2. 检查防雷设备失效指示和防雷空气开关（或保险丝）状态，防雷模块是否有明显发热。

3. 检查防雷设备的引接线及接地线是否连接牢固可靠。

2.2.3　必备知识

1. 防雷基本知识

雷电危害主要有直击雷、感应雷、雷电过电压侵入三种来源，常用波前时间、半峰值时间描述模拟雷电流（电压）。

在通信局（站），SPD常用于各类通信系统对雷电和操作过电压的防护，SPD有“4+0”和“3+1”两种连接方式。

2. 通信局站防雷保护措施

通信局（站）应采用系统的综合防雷措施，包括直击雷防护、联合接地、等电位连接、电磁屏蔽、雷电分流和雷电过电压保护等，并且应该遵循分区保护和多级保护原则及等电位原理等。

2.2.4　技能训练

1. 防雷单元好坏判断

模块式限压型SPD显示窗为绿色时，表示SPD正常；若显示窗变为红色，则说明

SPD已失效，需要及时更换。

在通信电源系统中，常用到防雷盒（箱），在防雷盒（箱）的面板上常有指示灯，在防雷盒（箱）有电时，如果防雷盒（箱）面板的指示灯全亮，表示防雷盒（箱）正常；否则表示防雷盒（箱）异常，需要及时更换。

2. 防雷器的更换

维护人员在巡检时，如果发现SPD失效，应按照下列规范步骤更换。

（1）关断防雷空开。

（2）拔出失效的SPD。

（3）插入正常的SPD。

（4）闭合防雷空开。

（5）核实监控单元无防雷告警。

2.2.5　任务完成

1. 分组

以6～8人为一个学习小组，并确定各学习小组组长。然后由组长根据教学任务完成本小组组员工作职责分工如确定操作员、数据记录员、安全监督员等，并负责组织本小组完成本次学习任务。

2. 讨论

各学习小组围绕防雷系统日常巡检维护项目展开讨论，并制订出相应的实施方案、具体操作步骤、安全注意事项等。

3. 审核

由指导老师对各学习小组制订的方案进行审核，主要审核各小组方案的完整性、可操作性及安全性等。

4. 实施

各小组根据指导老师审核后的方案完成本次实训任务，并将相关结果填入下列各表中。

表2.9　防雷系统日常巡检维护记录表

序号	检查内容	检查结果	处理措施
1	检查避雷针、避雷带、避雷网、泄流引下线等是否腐蚀及机械损伤		
2	检查防雷设备失效指示和防雷空气开关（或保险丝）状态，防雷模块是否有明显发热		
3	检查防雷设备的引接线及接地线是否连接牢固可靠		

2.2.6 教学评价

整个教学过程在教师的组织和协调中进行，可按照以下几个方面进行考核。

1. 过程考核

教师全程监督整个任务实施过程，观察每个学员在整个过程中各方面的表现，并做好记录。

1）操作的规范及熟练程度：主要考查学员对规范的熟练程度和工具的正确使用并按照正确的步骤完成任务。

2）掌握知识的灵活程度：主要考查学员能否举一反三，可以通过学员对类似问题采取的解决方案提问，以及与学员的交流等几个方面来综合考虑。

3）学习态度：主要考查学员能否积极、主动，完成任务是否认真。

2. 结果考核

1）任务实施情况：主要考查学员是否能按照要求完成高压变配电设备的维护。

2）报告文件：任务实施后，应该提交报告文件，报告文件中主要考查能否提出每个人在这次任务中实实在在的收获。

3）组员互评：小组成员之间在共同完成任务的过程中，从协作能力及在小组中所发挥的作用两个方面互相评分。

评价指标参考见表2.10。通过对下表各项内容的考核，评定出学员的成绩。

表2.10 评价指标参考

评价指标 / 学员	过程考核（50%）			成果考核（30%）		组员互评（20%）	
	操作的规范及熟练程度（20%）	掌握知识的灵活程度（20%）	学习态度（10%）	任务实施情况（20%）	报告文件（10%）	小组协作能力（10%）	在小组中发挥的作用（10%）

2.2.7 知识链接与拓展

1. 雷击的危害

雷云对大地及地面物体的放电现象称为雷击。雷击的危害主要有三方面：直击雷、感应雷和雷电过电压侵入。

（1）直击雷

直击雷是直接击在建筑物或防雷装置上的闪电。

大气中带电的雷云直接对没有防雷设施的建筑物或其他物体放电时，强大的雷电流通过这些物体入地，会产生破坏性很大的热效应和机械效应，可导致建筑物或其他物体损坏和人畜死亡。

通信局（站）的建筑物遭受直击雷时，雷电流通过接闪器、雷电引下线和接地体入地泄放，导致地电位升高，如果没有良好的等电位连接等防护措施，可能产生地电位反击损坏设备的现象。

（2）感应雷

感应雷是雷云放电时对电气线路或设备产生静电感应或电磁感应所引起的感应雷电流与过电压。

通信局（站）大部分的雷击为感应雷击。在导线中产生的感应雷电流比直击雷电流小很多，一般幅值在20kA以内。

（3）雷电过电压侵入

因特定的雷电放电，在系统中一定位置上出现的瞬态过电压，称为雷电过电压。

通信系统的外引线在距离通信局（站）稍远的地方遭到雷击，部分雷电过电压将沿这些外引线进入机房设备中，形成雷电过电压侵入。

2. 描述雷电的参数

（1）模拟雷电冲击电流波

雷电流一般指雷电流脉冲的幅值，它决定雷灾的危害程度。雷电流幅值的变化范围很大，其典型值为18kA，变化范围约为2～300kA。

模拟雷电冲击电流波如图2.23所示。视在原点O_1是指通过波前上C点（电流峰值的10%处）和B点（电流峰值的90%处）做一直线与横轴相交之点；时间T指电流波上C、B两点间的时间间隔；波前时间T_1指由视在原点O_1到E点（1.25T）的时间间隔；半峰值时间T_2指由视在原点O_1到电流峰值，然后再下降到峰值一半处的时间间隔。

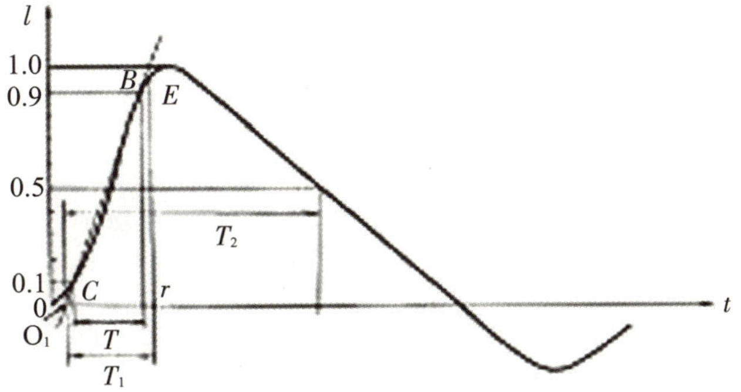

图2.23　模拟雷电冲击电流波

根据国际电工委员会（IEC）标准，采用模拟雷电冲击电流波的“波前时间T_1/半峰值时间T_2”来表示雷电流的特性，10/350μs电流波形作为直击雷的模拟雷电流波形，8/20μs电流波形作为感应雷的模拟雷电流波形。10/350μs波形的电荷量约为8/20μs

波形电荷量的20倍。

（2）模拟雷电冲击电压波

模拟雷电冲击电压波如图2.24所示。视在原点O_1是指通过波前上A点（电压峰值的30%处）和B点（电压峰值的90%处）作一直线与横轴相交之点；时间T指电压波上A、B两点间的时间间隔；波前时间T_1指由视在原点O_1到D点（1.67T）的时间间隔；半峰值时间T_2指由视在原点O_1到电压峰值，然后再下降到峰值一半处的时间间隔。

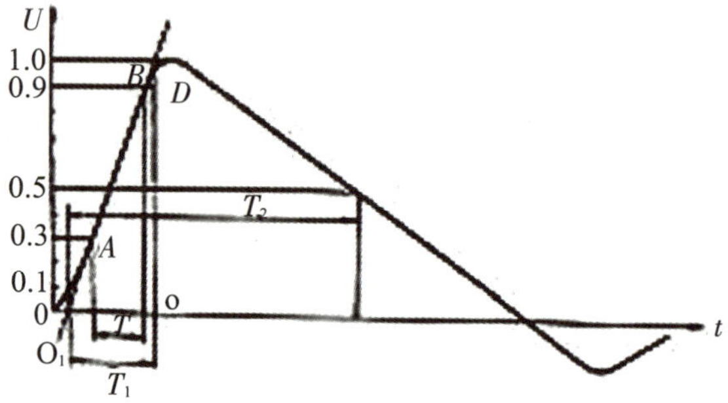

图2.24　模拟雷电冲击电压波

根据IEC标准，采用模拟雷电冲击电压波的“波前时间T_1/半峰值时间T_2”来表示雷电压的特性。一般采用1.2/50μs或10/700μs模拟雷击电压波形。

（3）雷暴日

年平均雷暴日是衡量一个地区雷电活动频繁程度的一个参数。在一天中可以听到一次或一次以上雷声，就称为一个雷暴日。雷暴日通常用“d”表示。在不同年份观测到的雷暴日变化较大，一般取多年的平均值，即为年平均雷暴日。

（4）雷电活动区

根据年平均雷暴日的多少，雷电活动区分为少雷区、中雷区、多雷区和强雷区。年平均雷暴日不超过25天的地区称为少雷区，26～40天的地区称为中雷区，41～90天的地区称为多雷区，超过90天的地区称为强雷区。

3. 防雷区的划分

通信电源系统的防雷保护，采用分区保护和多级保护措施。

根据国际电工委员会（IEC）标准IEC1312—1《雷电电磁脉冲的防护》第一部分的一般原则，应将一个易遭雷击的区域，按照通信局（站）建筑物内外，通信机房及被保护设备所处环境的不同，由外到内把被保护区域划分为不同的防雷区（LPZ），以确定各部分空间区域不同的雷电电磁脉冲严重程度和相应的防护对策。

防雷区划分的一般原则如图2.25所示，按以下规定分区。

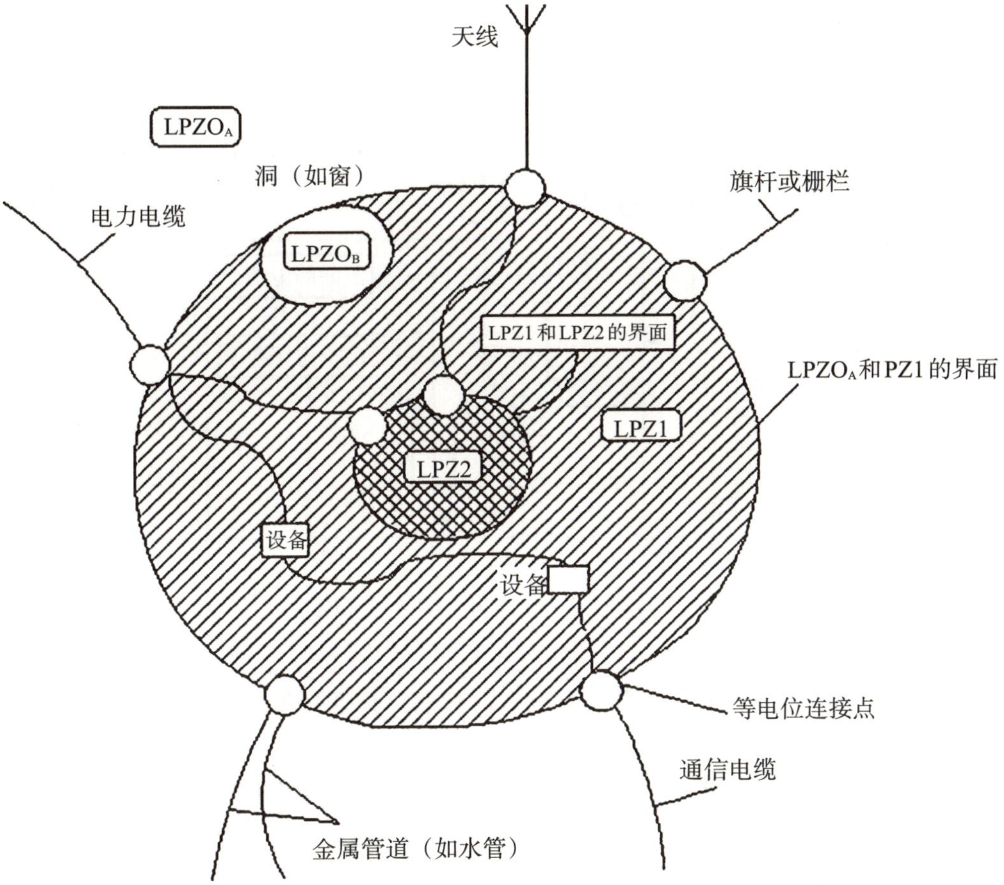

图2.25　将一个需要保护的空间划分为不同防雷区的原则

$LPZ0_A$区：本区内的各物体都可能遭受直接雷击和导走全部雷电流，本区的雷电电磁场没有衰减。

$LPZ0_B$区：本区内的各物体在接闪器保护范围内，不可能遭受直接雷击，但本区内的雷电电磁场的量级与$LPZ0_A$区一样。

LPZ1区：本区内的各物体因在建筑物内，不可能遭受直接雷击，流经各导体的雷电流比$LPZ0_B$区更小，本区内的雷电电磁场可能衰减，这取决于屏蔽措施。

后续防雷区LPZ2等：当需要进一步减小雷电流和雷电电磁场时，应引入后续防雷区，并按照需要保护的系统所要求的环境选择后续防雷区的要求条件。

通信局（站）划分防雷区，确定了浪涌保护器多级保护的原则。建筑物外的设备为A级保护，0区与1区的交界处为B级保护，1区与2区的交界处为C级保护，2区内重要设备前端为D级保护。综合通信局（站）电源系统防雷与接地示意图如图2.26所示。图中A、B、C、D为交流电源浪涌保护器，E为直流电源浪涌保护器。

安装在建筑物外的电源用SPD，应能疏导10/350μs的模拟雷电冲击电流；安装在建筑物内的电源用SPD，应能疏导8/20μs的模拟雷电冲击电流。

IEC的防雷理念是系统的综合防雷——联合接地，等电位连接，屏蔽，合理布线，直击雷防护以及协同配合的多级SPD保护。

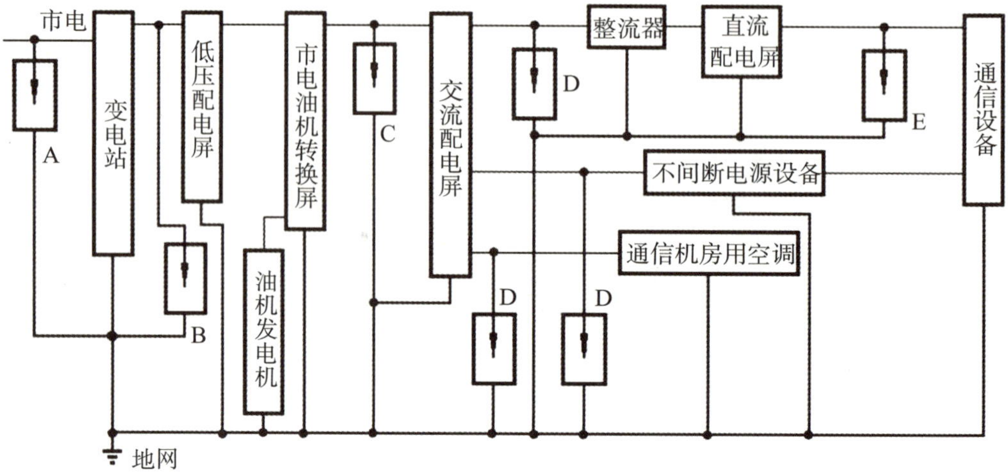

图2.26　综合通信局（站）电源系统防雷与接地示意图

4. 浪涌保护器

浪涌保护器又称为电涌保护器，也称为防雷器，是通过抑制瞬态过电压以及旁路浪涌电流来保护设备的装置，它至少含有一个非线性元件。

在通信局（站），SPD用于各类通信系统对雷电和操作过电压的防护。

（1）SPD分类

①开关型（间隙型）浪涌保护器

开关型（间隙型）浪涌保护器是无浪涌时呈高阻状态，对浪涌响应时突变为低阻的一种SPD。常用器件有气体放电管、放电间隙等。

气体放电管的结构是在陶瓷或玻璃（多为陶瓷）管内安装电极，电极之间充有惰性气体，如氩或氖。器件平时阻抗很高，当外加电压达到击穿电压时，气体放电，变为低阻，在弧光放电状态管压降可低至10～30V，浪涌电压消失后电弧熄灭。气体放电管的缺点，一是击穿电压值与浪涌电压的上升率有关，二是浪涌电压消失后，如果工作电压较大，可能存在后续电流。气体放电管常在低压三相交流电源防雷的“3+1”保护模式中用作零线（N）与保护地线（PE）间的SPD。

注：低压三相交流电源防雷的“3+1”保护模式如图2.27所示，模块有4个单元，其中3个连在相线L1、L2、L3对零线“N”，一个单元连接在零线（N）与保护地线（PE）间。

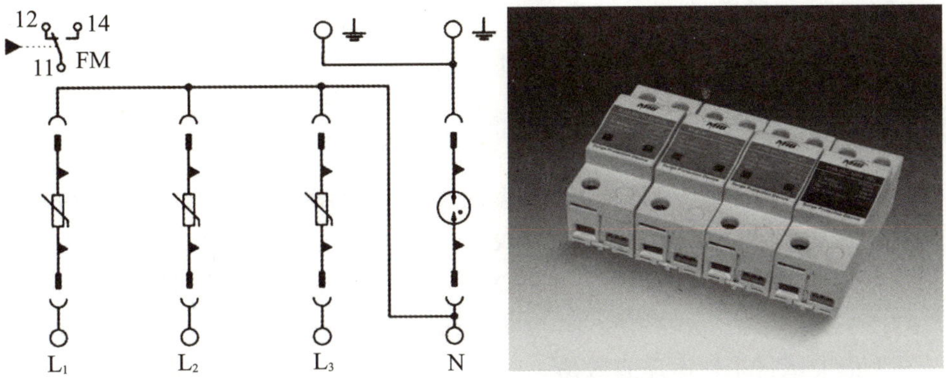

图2.27　低压三相交流电源防雷的“3+1”保护模式原理图和SPD保护模块照片

②限压型浪涌保护器

限压型浪涌保护器是无浪涌时呈高阻状态，但随着浪涌的增大，其阻抗不断降低的SPD。常用器件有氧化锌压敏电阻、瞬态抑制二极管等。

压敏电阻（MOV）是一种以氧化锌（ZnO）为主要成分的金属氧化物半导体过电压抑制器件，是典型的限压型浪涌保护器。

压敏电阻的伏安特性正负对称，其图形符号与伏安特性曲线如图2.28所示。当压敏电阻两端的电压小于标称导通电压时，电流很小（μA数量级），呈现近似开路状态；当所加电压大于标称导通电压时，压敏电阻击穿导通，呈低阻状态，它能泄放大量的雷电流，对过电压起到抑制作用。过电压消失后，压敏电阻立即恢复到原来的高阻状态。

压敏电阻具有非线性特性好、通流容量大、常态泄漏电流小、残压水平低、动作响应快（一般为几十纳秒）和无后续电流等优点。氧化锌压敏电阻目前已被广泛应用于电气电子设备的雷电防护，是通信电源设备中采用的主要防雷器件。其缺点是长期运行后会老化，使标称导通电压降低。

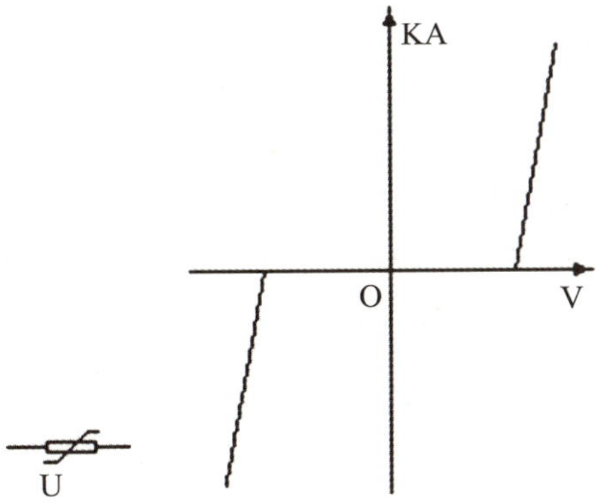

（a）图形符号　　（b）伏安特性

图2.28　压敏电阻的图形符号与伏安特性曲线

③混合型浪涌保护器

混合型浪涌保护器是由开关型和限压型器件混合组成的SPD。

（2）SPD的参数

①标称导通电压

在施加恒定1mA直流电流情况下，氧化锌压敏电阻的启动电压，称为标称导通电压，又称为压敏电压，常用U_n或U_{1mA}来表示。

用于低压交流供电系统的限压型SPD，其标称导通电压U_n宜按下式选取

$$U_n=2.2U \tag{2.17}$$

式中，U为最大运行工作电压有效值。

相线对地（或视具体情况对零线）也可采用标称导通电压600V的限压型SPD。

②标称放电电流I_n

标称放电电流I_n是表明SPD通流能力的指标，对应于8/20μs模拟雷电波的电流峰值。I_n的优选值系列为：2、3、5、10、15、20、25、30、40、50、60、80kA。

③最大通流容量I_{max}

最大通流容量（又称冲击通流容量）I_{max}是SPD不发生实质性破坏，每线（或单模块）能通过规定次数、规定波形（8/20μs）模拟雷电波的最大电流峰值。最大通流容量一般大于标称放电电流的2.5倍。

I_{max}的优选值系列为：5、10、15、20、30、40、50、60、80、100、120、150、200kA。

选择较大通流容量的SPD可以获得较长的使用寿命。例如，压敏电阻元件在同样的10kA模拟雷电流（8/20μs）下测试，通流容量为135kA的元件，其寿命为1000～2000次；而通流容量为40kA的元件，寿命仅为50次左右。

根据我国有关通信行业标准，SPD按冲击测试电流等级分类，分为T型（特高通流容量）、H型（高通流容量）、M型（中等通流容量）和L型（低通流容量）。限压型电源用SPD冲击测试电流等级分类见表2.11。

表2.11 限压型电源用SPD冲击测试电流等级分类

使用端口	冲击电流	SPD类型				
		T型（特高）	H型（高）	M型（中）		L型（低）
交流SPD	I_n（8/20μs）	≥60kA	≥40kA	≥25kA	≥15kA	≥5kA
	I_{max}（8/20μs）	≥150kA	≥100kA	≥60kA	≥40kA	≥15kA
直流SPD	I_n（8/20μs）	—	≥5kA	—		≥2kA
	I_{max}（8/20μs）	—	≥15kA	—		≥5kA

④SPD残压U_{res}

残压U_{res}是雷电电流通过SPD时，其端子间呈现的电压峰值。

⑤限制电压

限制电压是施加规定波形、幅值和次数的冲击时，在SPD端子间测得的残压的最大值。

电源用限压型SPD的限制电压，B级防雷SPD宜不大于2kV，C级防雷SPD宜不大于1.3kV，D级防雷SPD宜不大于1kV。

虽然SPD的残压量值可观，但它加在设备上的时间很短，因此一般不会造成设备损坏。IEC标准对不同设备的耐受脉冲电压要求与可以实现的SPD残压比较，见图2.29。

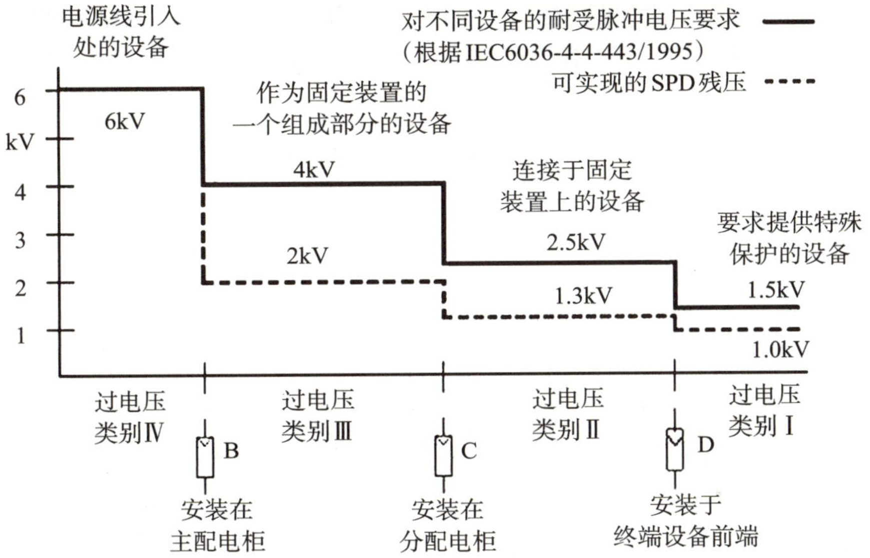

图2.29　对不同设备的耐受脉冲电压要求与可以实现的SPD残压比较

⑥最大持续运行电压U_c

最大持续运行电压U_c是SPD在运行中能持久耐受的最大直流电压或工频电压有效值。

U_c的优选值系列为：45、52、75、85、150、175、275、320、385、420、460、510、600V。

（3）SPD的使用要求

①通信局（站）使用的浪涌保护器必须经国家认可的第三方检测部门测试合格。

②通信局（站）的电源系统应采取适当、有效的雷电过电压分级保护措施。在使用分级保护时，各级浪涌保护器之间应保持必要的退耦距离或增设退耦器件，以确保各级浪涌保护器协调工作。氧化锌SPD与氧化锌SPD之间的退耦距离（电缆长度）应不小于5m。前后两级SPD之间如果导线长度太短，则导线的分布电感很小，当遇到雷击时，由于两级SPD间的导线对雷电流的阻抗（感抗）太小，有可能前级通流容量较大的SPD未发挥应有的泄放雷电流作用，而后级通流容量较小的SPD被烧坏。

③通信局（站）站低压三相交流电源SPD的连接方式，当采用TN-S供电系统时，既可使用四线对地连接方式，又称“4+0”保护模式，即相线和零线分别对地用限压型SPD保护；也可使用“3+1”连接方式，又称“3+1”保护模式，即三相分别对零线用限压型SPD保护，零线对地用气体放电管保护。当采用TT供电系统时，应使用“3+1”保护模式。两种保护模式SPD的连接如图2.30所示。

TT系统单相供电时，SPD应采用“1+1”连接方式，即相线对中性线用限压型SPD保护，中性线对地用气体放电管保护。

④为了防止电源SPD发生故障时影响通信系统的正常供电和引起火灾事故，在电源SPD的引接线上应串接保护空气开关（或保险丝）。保护空开（或保险丝）的标称电流不应大于前级供电线路空开（或保险丝）的1/1.6倍。保护空开应使用质量可靠、符合防雷要求的产品。

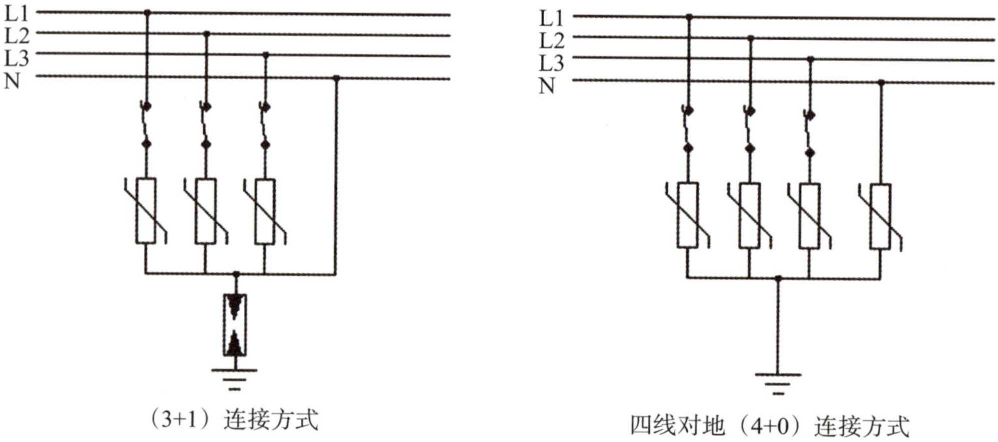

图2.30　低压三相交流电源浪涌保护器连接示意图

⑤电源第一级（B级）使用的箱式SPD应具有劣化指示、损坏告警、热熔保护、过流保护、保险跳闸告警、遥信等功能，并可根据实际需要选择雷电记数功能。

⑥电源第一级（B级）使用的模块式SPD应具有劣化指示、损坏告警、热熔保护、过流保护、遥信等功能，并可根据实际需要选择雷电记数功能。

模块式限压型SPD正常时显示窗为绿色；若显示窗变为红色，则说明已失效，应及时更换。

电源SPD串接的保护空开在通过较大雷电流后，可能会产生跳闸现象。虽然空气开关的跳闸不影响浪涌保护器对本次雷击的防护作用（雷电脉冲的持续时间远小于开关的动作时间），但开关跳闸后使SPD从供电线路中脱离，造成系统对后续雷击失去保护。这个问题对处于雷电活动较强地区的无人值守通信局站影响较大，因为无人值守，空开跳闸后不能立即发现和恢复。因此，多雷地区的无人值守局站，第一级交流浪涌保护器应具有遥信功能，并通过动力环境监控系统将其工作状态传回监控中心。值班人员发现SPD串接的空开跳闸后，应及时通知维护人员前往恢复。

⑦严禁将C级40kA模块型SPD进行并联组合作为80kA或120kA的SPD使用。其理由一是并联的各SPD模块启动电压难以完全一致，工作时将造成全部雷电流集中在先启动的模块上，引起器件损坏；二是模块式SPD的过流、过热保护机构不能并联使用。

⑧选用限压型SPD时，要关注SPD的标称导通电压、标称放电电流、最大通流容量、残压、限制电压等多个参数，进行合理选择。

⑨YD5098—2005等标准规定：间隙型或间隙组合型浪涌保护器不得在通信局（站）使用。

（4）电源SPD的安装

①根据YD/T1429—2006，电源用SPD的引接线及接地线截面积应符合表2.12的要求，材料为多股铜芯绝缘线。

表2.12　电源SPD引接线和接地线选择表

铜线截面积S/mm²			
配电电源线	≤35	50	≥70
SPD引接线	10	16	25
SPD接地线	≥16	25	≥35

②箱式SPD应安装在被保护设备附近的墙上或靠近被保护设备的其他地方，其电源引线和接地线长度均应小于1.5m。

③模块式SPD应尽量安装在被保护设备内，若无法在设备内安装，可将SPD安装在箱内。模块式SPD的电源引接线长度应小于1m，接地线长度应小于1.5m。

模块式SPD和空气开关一般固定在宽35mm的标准导轨上，再将导轨固定在设备内。

④交流电源SPD必须安装在设备的交流输入端。宜采用凯文接线方式连接。凯文接法与传统接法示意图如图2.31所示。

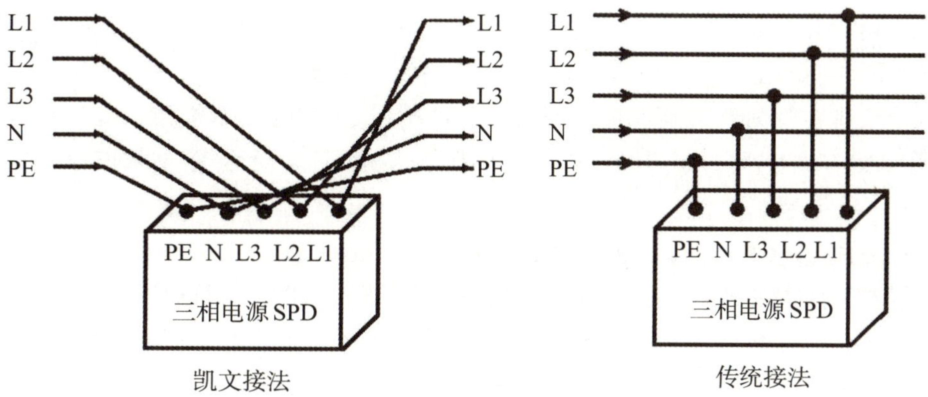

图2.31　凯文接法与传统接法示意图

⑤电源SPD的引接线和接地线应布放整齐，绑扎固定且松紧适中；走线应短直，不得盘绕，避免出现“V”形和“U”形弯，弯曲角度不得小于90°。

⑥SPD的引接线和接地线必须通过接线端子或铜鼻连接牢固，防止雷电流通过时产生的线芯收缩造成连接松动。铜鼻和缆芯连接时，应使用液压钳紧固或浸锡处理。

⑦SPD安装好后，应检查空开或熔断器与SPD的接线是否可靠，用手扯动确认接线可靠后将空开合上或接入熔丝。对箱式SPD还应查看其指示灯是否显示正常。

5. 通信局（站）防雷措施综述

通信局（站）应采用系统的综合防雷措施，包括直击雷防护、联合接地、等电位连接、电磁屏蔽、雷电分流和雷电过电压保护等，并且符合GB50689—2011、YD5098—2005、YD/T1429—2006、YD/T5175—2009和YD/T2324—2011等标准的要求。

通信局（站）的防雷装置包括外部防雷装置和内部防雷装置。外部防雷装置由接闪器（包括避雷针、避雷带、避雷网以及用做接闪的金属屋面和金属构件等）、雷电引下线（又称雷电流引下线）和接地装置组成，主要用于直击雷的防护。内部防雷装置由等电位连接系统、接地系统、屏蔽系统、浪涌保护器等组成，主要用于减小和防止雷电流产生的电磁危害。

6. 通信局（站）的直击雷防护

通信局（站）首先要防止直击雷的危害。到目前为止，世界上还没有一种方法或装置能阻止雷电的产生，采用金属材料接闪，引下雷电流并导入大地，是目前唯一有效的外部防雷方法。通信局（站）的天线、建筑物等都应在接闪器的保护范围之内。

（1）接闪器的保护范围

关于接闪器的保护范围，我国防雷规范已与国际接轨，采用IEC推荐的滚球法来确定。

滚球法是以h_r为半径的一个假想球体，沿需要防直击雷的部位滚动，当球体只触及接闪器（包括被利用作为接闪器的金属物），或只触及接闪器和地面（包括与大地接触并能承受雷击的金属物），而不触及需要保护的部位时，则该部分就得到接闪器的保护。根据不同的防雷类别，滚球半径h_r分别为30m、45m、60m。

以单支避雷针为例，其保护范围如图2.32所示，h为避雷针高度，h_r为滚球半径，图中所示为$h<h_r$的情形。当$h \leq h_r$时，用滚球法确定单支避雷针保护范围的方法如下。

①距地面h_r处做一平行于地面的平行线。

②以避雷针尖为圆心，h_r为半径，做弧线交于平行线的A、B两点。

③以A、B为圆心，h_r为半径作弧线，该弧线与避雷针尖相交并与地面相切。从此弧线起到地面止的部分（即球面达不到的阴影部分）就是保护范围，它是一个对称的锥体。

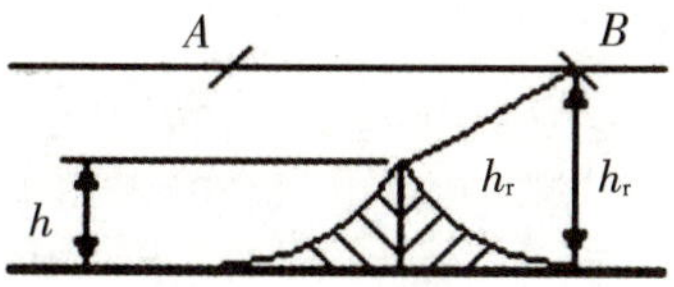

图2.32　单支避雷针的保护范围

单支避雷针当$h>h_r$时，半径为h_r的球与避雷针和地面相切，绕避雷针滚动一周所形成的阴影区，就是避雷针的保护范围。

（2）综合通信楼的建筑防雷

综合通信楼的建筑物防雷，除应满足GB50057—2010的规定外，还应符合以下要求。

①建筑物防雷装置中的雷电流引下线宜利用机房外围各房柱内的外侧主钢筋（不小于2根）。钢筋自身上、下连接点应采用搭接焊，其上端与楼顶避雷装置、下端与地网、中间与各楼层均压网焊接连通，形成法拉第笼式结构。楼顶设有塔楼或铁塔时，塔楼柱子和铁塔塔脚亦应按以上要求设雷电流引下线。

②楼高超过30m时，楼顶宜设暗装避雷网，房顶女儿墙应设避雷带，塔楼顶应设避雷针，且三者间应相互多点焊接连通。

③暗装避雷网、各均压网（含基础底层），可利用该层梁或楼板内的两根主钢筋按网格尺寸不大于10m×10m相互焊接成周边为封闭式的环形带；网格交叉点及钢筋自身连接处均应焊接牢靠。

（3）移动通信基站的直击雷防护

①移动通信基站天线安装在建筑物房顶时，如天线在建筑物避雷针保护范围内，不宜另外架设独立的避雷针。

②安装在建筑物房顶的基站天线，如不在建筑物避雷针保护范围内，应在抱杆（或增高架、铁塔）上安装避雷针，抱杆（或增高架、铁塔）应与楼顶避雷带或避雷网焊接连通。

③移动通信铁塔的避雷针应将移动通信机房和塔上通信设备置于保护范围内，可使用塔身做接地导体。当塔身金属构件电气连续性不可靠时，应使用40mm×4mm的热镀锌扁钢设置专门的铁塔避雷针雷电引下线。

④铁塔位于机房屋顶时，铁塔四脚应利用建筑物柱内的钢筋做雷电引下线，或与楼（房）顶避雷带就近不少于两处焊接连通。建筑物无钢筋结构做雷电引下线时，铁塔四脚应专设雷电引下线，并与环形接地体焊接连通。

⑤移动通信基站建在办公楼或大型公用建筑上时，铁塔（或增高架、抱杆）应与楼顶避雷带、避雷网或楼顶预留的接地端多点连接。机房的接地引入线可以从机房楼柱钢筋、楼顶避雷带或邻近的预留接地端引接。

⑥使用活动机房的移动通信基站，机房的金属框架必须就近做接地处理。

7. 供电线路与电力变压器的防雷

高压电力电缆进入通信局（站），埋地长度应大于200m；低压电力电缆进入通信局（站），埋地长度应大于15m（高压电力电缆已做埋地处理时，低压电缆的埋地长度可不做限制）。当埋地引入有困难时，应适当增加电源系统第一级过电压保护设备的防护等级。

具有金属护套的电缆进入局（站）时，应将金属护套接地。无金属外护套的电缆宜穿钢管埋地引入，钢管两端应做好接地处理。

由于地形原因，微波站和移动通信基站无法埋地敷设高压电力电缆时，宜在架空高压电力线路的上方架设避雷线（即架空地线），长度为300～500m。电力线应在避雷线的25°角保护范围内。避雷线（除终端杆外）宜每杆做一次接地。为确保安全，宜在避雷线终端杆的前一杆上加装一组氧化锌避雷器。

山区经常遭受直击雷侵入的低压架空电力线，可在架空电力线上方1m处同杆架设避雷线，避雷线宜使用直径8mm以上的钢绞线，其垂度应与电力线一致。避雷线除终端杆处外，应每杆（当线路较长时，可每隔3～5杆）做一次接地，其接地体宜设计成辐射形或环形。

电力变压器高压侧的三根相线，应分别就近对地加装交流无间隙氧化锌避雷器；电力变压器低压侧的三根相线应分别对地加装限压型浪涌保护器（根据不同情况，每线SPD的最大通流容量为60～120kA）；变压器的机壳、低压侧交流中性线以及与变压器连接的电缆金属铠装层，应就近接地——与变压器地网可靠连接。如图2.33所示（图中低压侧采用TN-S系统）。当变压器或高压避雷器频繁受到雷击损坏时，可要求电力部门将变压器高压侧的5kA配电避雷器更换为强雷电负载避雷器。

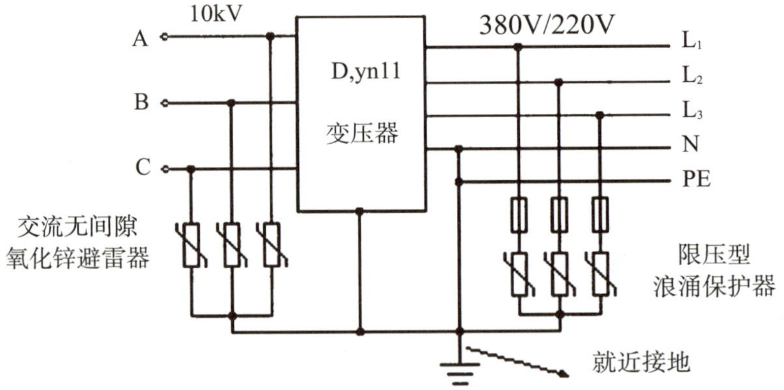

图2.33　电力变压器防雷

8. 低压供电系统的防雷

通信电源系统的防雷必须采用分级保护。

通信局（站）低压交流供电系统的第一级防雷为B级防雷，其SPD设置在总配电屏或总配电箱等输入端处，用以泄放雷电的大部分能量；第二级（次级）防雷为C级防雷，其SPD设置在楼层配电箱或开关电源系统交流配电部分等输入端处，用以泄放雷电的剩余能量；第三级（精细）防雷为D级防雷，其SPD设置在开关整流器以及UPS等输入端处，用以泄放雷电剩余的较小能量。直流供电的SPD设置在开关电源系统直流配电部分的输出侧或通信设备的直流电源输入端。

220/380V低压交流供电系统中相线对地或相线对零线的限压型SPD，最大持续运行电压 U_c 通常选取385V（或320V）。–48V直流电源SPD的标称导通电压应在65 ~ 90V。

（1）综合通信大楼的电源雷电过电压保护

①综合通信大楼交流供电系统的第一级SPD（I/B级），可根据实际情况选择在变压器低压侧或低压配电室电源入口处安装。

②交流次级保护SPD（II/C级），可以选择在后级配电室、楼层配电箱、机房交流配电柜或开关电源入口处安装。

③交流精细保护SPD（III/D级），可选择在控制、数据、网络机架的配电箱内安装或使用拖板式防雷插座。

④直流保护SPD可选择在直流配电柜、列头柜或用电设备端口处安装。

⑤直流集中供电或UPS集中供电的通信综合楼，在远端机房的第一级直流配电屏或UPS交流配电箱（柜）内，应分别安装SPD，集中供电的输出端也需安装SPD。

⑥向系统外供电的端口以及从外系统引入的电源端口必须安装SPD。

⑦综合通信大楼电源SPD的最大通流容量的选取应参照表2.13执行。

表2.13　综合通信大楼电源浪涌保护器的最大通流容量

环境因素　　气象因素			当地雷暴日/日每年		
			≤25	26 ~ 40	≥41
交流第一级	平原	有不利因素	60kA	100kA	
		无不利因素	60kA		
	丘陵	有不利因素	60kA	100kA	120kA
		无不利因素	60kA		
交流次级	—		40kA		
交流精细	—		10kA		
直流保护	—		15kA		

（2）移动通信基站的电源雷电过电压保护

移动通信基站电源SPD最大通流容量的选取应参照表2.14执行。

表2.14 移动通信基站电源浪涌保护器的最大通流容量

环境因素＼气象因素			雷暴日/日每年			安装位置
			≤25	26～40	≥41	
交流第一级	城区	有不利因素	60kA	80kA		交流配电箱
		无不利因素	60kA			
	郊区	有不利因素	80kA		100kA	
		无不利因素	60kA			
	山区	有不利因素	100kA	120kA		
		无不利因素	80kA			
交流二级	—		40kA			开关电源
直流保护	—		15kA			视具体情况

说明： 城区指市区内一般公共建筑物、专用机房；郊区包括城市中高层孤立建筑物的楼顶机房、城郊、居民房、水塘旁以及无专用配电变压器供电的基站；山区包括丘陵、公路旁、农民房、水田旁的易遭受雷击的机房。

（3）微波站的电源雷电过电压保护

微波站的电源雷电过电压保护应根据微波站内交流供电系统的实际情况，选择在变压器低压侧、低压配电室（柜）、机房配电柜、开关电源和传输列头柜等处安装SPD，做多级保护。微波站电源SPD的最大通流容量选取应参照表2.15执行。

表2.15 微波站电源浪涌保护器的最大通流容量

环境因素＼气象因素		当地雷暴日/日每年		
		≤25	26～40	≥41
交流第一级	市区综合楼内	80kA	100kA	
	高山站	100kA		≥120kA
交流次级	市区综合楼内	40kA		
	高山站	40～60kA		
交流精细	—	10kA		
直流保护	—	15kA		

（4）市话接入网点、模块局、光缆中继站和卫星地球站电源SPD最大通流容量的选取

市话接入网点、模块局、光缆中继站电源SPD最大通流容量的选取，应参照表2.16执行。

市区内卫星地球站电源SPD的最大通流容量应参照综合通信楼选取，位于郊外的卫星地球站则应参照微波站选取。

为了避免雷害、防止火灾、减少电磁干扰和便于维护，通信局（站）在室内工程施工时，交流电源线、直流电源线、射频线、地线、传输电缆、控制线等应分开敷

设，严禁互相缠绕或捆扎在同一线束内；同时，所有的接地线缆应避免与电源线、光缆等其他线缆近距离并排敷设。

表 2.16　市话接入网点、模块局、光缆中继站电源浪涌保护器的最大通流容量

环境因素 \ 气象因素			雷暴日/日每年			安装位置
			≤25	26～40	≥41	
交流第一级	城区	有不利因素	60kA		80kA	交流配电箱（柜）
		无不利因素	60kA			
	郊区	有不利因素	80kA		100kA	
		无不利因素	60kA			
	山区	有不利因素	80kA	100kA	120kA	
		无不利因素	80kA			
交流二级	—		40kA			开关电源
直流保护	—		15kA			视具体情况

2.2.8　教学策略

表 2.17　教学策略

典型工作任务名称	防雷系统巡检维护	适用年级	教学时间/学时
教学目标	1.具备正确读取、记录防雷系统运行数据并按照要求完成资料归档能力 2.具备判断SPD好坏及规范更换SPD能力 3.具备防雷系统巡检维护并能对实际情况分析处理能力	×××年级	第×学期4学时
教学资源	多媒体、教材、教学课件、视频资料、移动通信基站实训基地等		
参考教学方法	讲授法、参观教学法、互动式教学法、现场教学法、演示法		
参考资料、学习资源	教材、教学课件、相关标准、专业网站		

思考与练习

1. SPD有哪些类型？

2. 分别画出“4+0”和“3+1”保护模式SPD的连接电路图，并说明其应用场合。

3. 怎样直观判断SPD模块的好坏？

4. 引入机房的电力线缆，应怎样进行雷电防护？

5. 回顾“防雷系统巡检维护”工作任务教学中运用过的教学方法，分析讨论本部分最优教学方法，并研讨采用理实一体化教学场地和实验条件配备。

6. 观看以前“防雷系统巡检维护”工作任务训练视频，从中发现、研讨操作的不足、失误或错误，归纳为典型案例。

学习情境三　直流供电系统运行与维护操作

学习情境及知识地图

1　学习情境概述

本学习情境主要聚焦直流供电系统的巡检维护，主要从高频开关电源系统及通信用蓄电池组等方面设置典型工作任务，各典型工作任务侧重于维护项目、维护内容、主要指标测试及规范操作等方面取舍教学内容，学生通过学习与实践，掌握直流供电系统的巡检维护的方法、内容及规范等。

2　学习情境知识地图

本次学习情景的知识地图如图3.1所示。

◆ 巡检维护

（1）巡检维护项目：安全检查、设备及器件清洁、设备运行状态检查、器件工作状态检查、主要技术指标测试及分析。

（2）巡检维护周期

定期维护：月维护、季维护、半年维护、年维护。

不定期维护：突发故障时的维护。

◆ 维护资料收集与归档：月度维护记录表、季度维护记录表、半年度维护记录表、年度维护记录表、故障分析处理记录表。

◆ 常用维护技能

（1）指标测量类技能：温升测量、高频开关电源系统均流指标测量、蓄电池组均衡性指标蓄电池组放电测试、蓄电池内阻（电导）测量、全程放电回路压降测量。

（2）规范操作类技能：监控单元运行信息查询、监控单元告警信息查询、监控单元参数设置、监控单元控制操作、整流器规范更换。

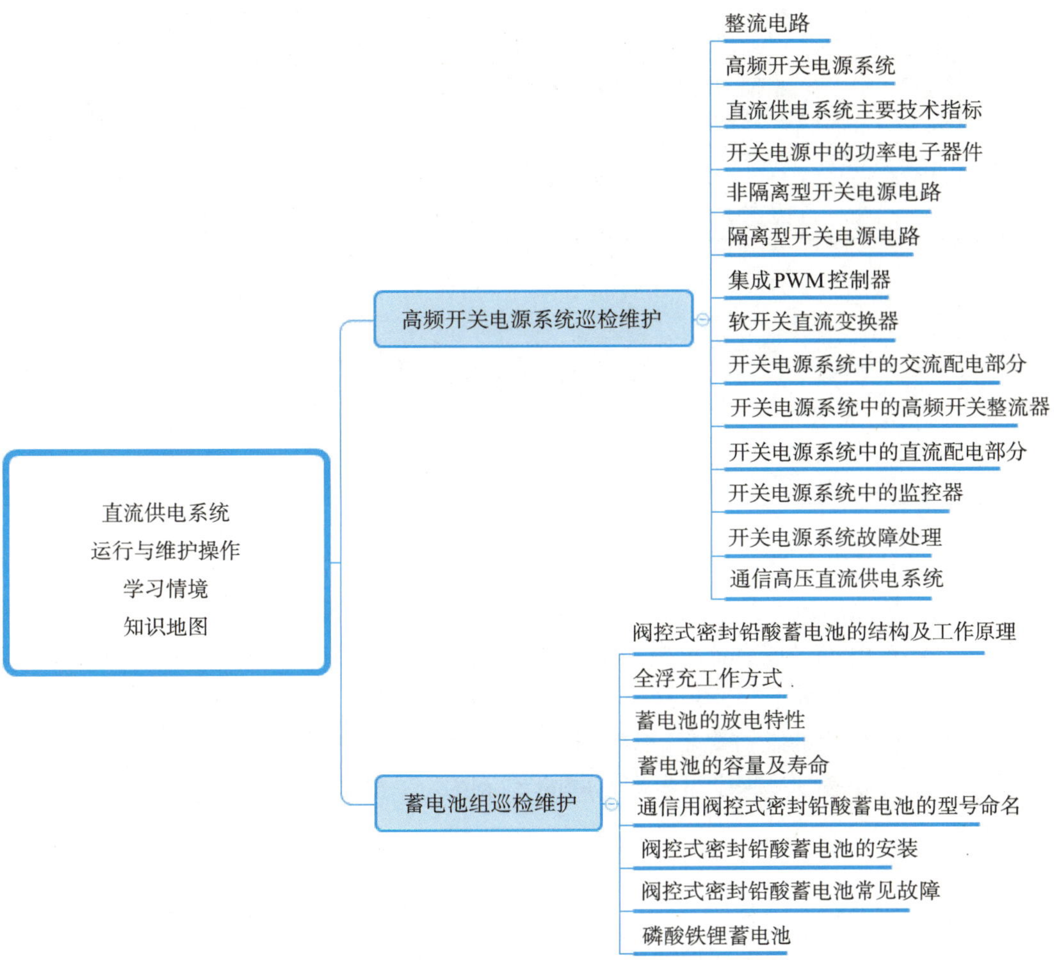

图 3.1 交流供电系统运行维护与操作知识结构图

学习任务分析

表 3.1 主要学习任务列表

序号	任务名称	主要学习内容	建议学时	学习成果
1	高频开关电源系统巡检维护	根据通信行业相关维护标准及维护规程规定，高频开关电源系统巡检维护主要涉及交流配电、直流配电、整流器等的巡检维护，包括日常定期的清洁、检查、测试及监控单元操作等	8学时	熟悉高频开关电源系统巡检维护项目、内容，能够测试主要技术指标并分析处理，能够通过监控单元查询相关信息、设置相关参数及实现相关控制等

续表

序号	任务名称	主要学习内容	建议学时	学习成果
2	蓄电池组巡检维护	根据通信行业相关维护标准及维护规程规定，蓄电池组巡检维护主要涉及VRLA蓄电池的巡检维护，包括日常定期的清洁、检查及测试等	10学时	熟悉VRLA蓄电池的巡检维护项目、内容，能够测试主要技术指标并分析处理

典型工作任务3.1　高频开关电源系统巡检维护

3.1.1　任务描述

通信局（站）的直流供电系统由高频开关电源系统（简称开关电源）、蓄电池组和相关的馈电线路组成。其中高频开关电源系统是由交流配电屏（或交流配电单元）、整流器、直流配电屏（或直流配电单元）和监控器组成的成套设备。本次任务主要涉及高频开关电源系统的维护，包括日常定期的清洁、检查、测试及监控单元操作等。

根据通信行业的维护规定，高频开关电源系统的维护分月度维护、半年维护和年度维护，在实际教学过程中可根据不同的实际情况，安排不同任务。

3.1.2　任务分析

根据我国通信行业标准YD/T1970.3《通信局（站）电源系统维护技术要求第3部分：直流系统》以及各大通信运营企业的“电源、空调维护规程”，直流系统维护周期表中规定的日常维护主要项目有以下内容。

1. 清洁设备、风扇、过滤网等，确保无积尘、散热性能良好。

2. 检查各整流器风扇运转是否正常。

3. 检查各开关、继电器、熔断器以及各接触元器件是否正常工作，容量是否匹配（包括交、直流配电部分）；接线端子的接触是否良好。

4. 检查防雷设备是否正常。

5. 检查整流器各告警点等参数设置是否正确，有无变更，检查各种手动或自动连续可调功能是否正常，测试必要的保护与告警功能（如系统直流输出限流等）。

6. 检查蓄电池管理功能：检查系统自动均、浮充转换功能，检查均、浮充电压，均充限流值，均充周期及持续时间，温度补偿系数等各项参数，校对均、浮充电压设定值，电池保护电压，均浮充转换电流等。

7. 检查整流器的负载均分性能。

8. 检查整流器N+1冗余备份。

9. 检查两路交流电源输入的电气或机械联锁装置是否正常。

10. 检查各机架保护接地是否牢固可靠。

11. 测量直流熔断器和蓄电池连接条的压降或温升有无异常。

12. 测量直流配电部分放电回路电压降和供电回路全程电压降是否正常。

13. 测量系统的输入和输出电压、电流、输入功率因数、输入电流谐波成分、输出杂音电压等参数。

通信局（站）内直流供电系统的维护与操作由于涉及带电测量等，完成任务的重点是安全生产。必须遵守下列规定：

（1）在对直流供电系统带电维护与操作时，所用的金属工具必须进行绝缘处理，如将扳手的手柄绑扎绝缘带等；

（2）维护与操作时不得佩戴手表等金属饰品。

3.1.3　必备知识

1. 整流电路

整流电路的作用是将交流电源电压变成单方向的直流电压。在通信用高频开关整流器的主回路中，常采用无工频变压器单相桥式整流电路或无工频变压器三相桥式整流电路。

2. 高频开关电源系统

通信用高频开关电源系统由交流配电部分、整流器、直流配电部分和监控器（又称监控模块、监控单元或控制器）组成。

开关电源系统中的交流配电部分，输入220/380V低压交流电，将其分配给各整流模块以及其他负荷，同时对低压交流供电进行通断控制、检测、告警和保护，并装设浪涌保护器（SPD）进行防雷保护。

开关型整流器的英文名称是Switching Mode Rectifier，缩写为SMR。通信用高频开关整流器一般为模块化结构，若干整流模块并联运行（输出端并联），自动均流。

开关电源系统中的直流配电部分连接整流器的输出端、蓄电池组和负载，构成整流器与蓄电池组并联向负载（通信设备等）供电的浮充供电系统，并对直流供电进行分配、控制、检测、告警和保护。小容量高频开关电源系统的直流配电单元具备一次下电和二次下电功能。

开关电源系统中的监控器又称监控模块、监控单元或控制器，对开关电源系统的交流配电、整流器、直流配电及蓄电池组进行实时检测、控制管理和故障告警；并使开关电源能够远程监控，实现少人或无人值守。

3. 直流供电系统主要技术指标

直流供电系统主要技术指标有均流指标、全程放电回路压降、杂音电压等，在实际维护中，维护人员应该按照相关标准规定定期测量，并分析处理。

3.1.4 技能训练

1. 高频开关电源系统寻迹

智能高频开关电源系统交、直流配电单元结构示意图如图3.2（a）、（b）所示，结合智能高频开关电源设备，观察其结构并完成以下内容。

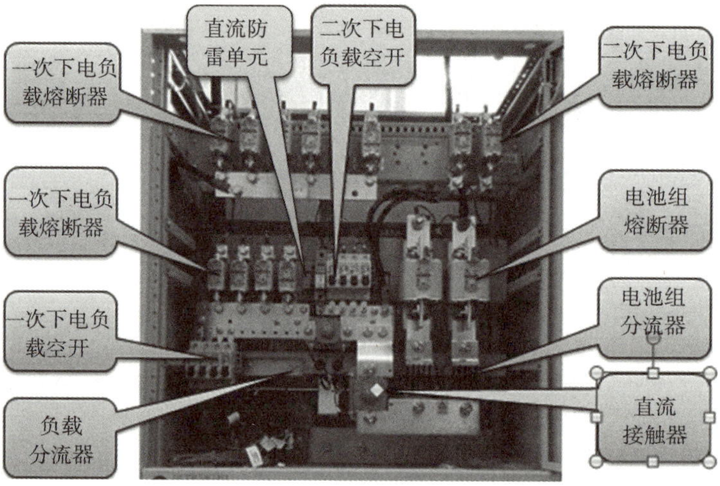

（a）直流配电单元

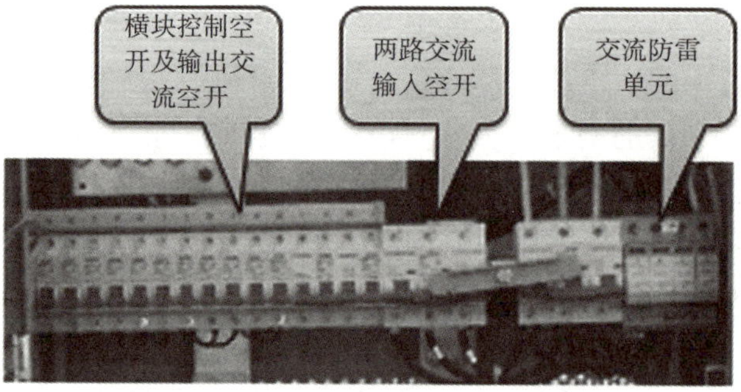

（b）交流配电单元

图3.2　交、直流配电单元结构示意图

（1）结合设备，熟悉交流配电单元主电路及直流配电单元主电路信号流向，讲解且画出交流配电单元主电路及直流配电单元主电路原理图。

（2）熟悉交、直流配电重要器件：空气开关、防雷器、分流器、直流接触器、熔断器等器件，并简述其功能及其好坏判断方法。

2. 监控单元参数设置（以中兴ZXDU68—T601系统的监控单元参数设置为例）

中兴ZXDU68—T601系统的监控单元的菜单结构如图3.3所示。

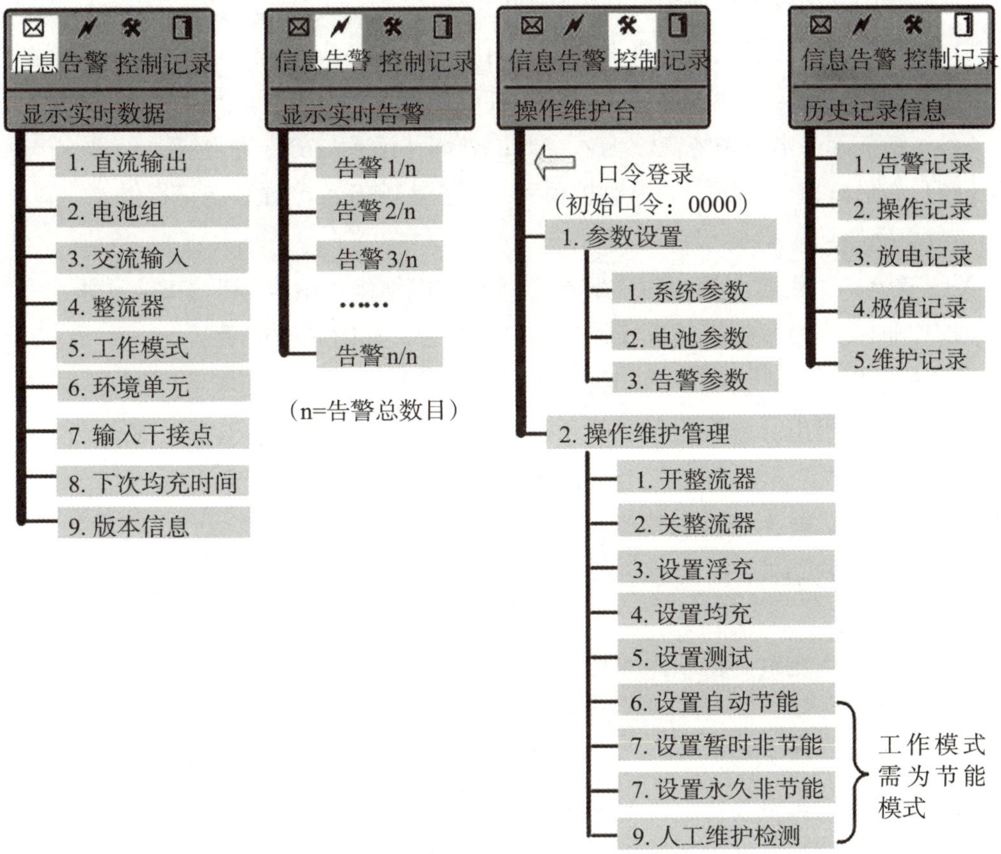

图3.3　中兴ZXDU68—T601系统的监控单元菜单结构示意图

熟悉监控单元菜单结构并完成以下操作。

（1）查询并记录电池工作状态。

（2）查询并记录系统工作模式、电压及电流。

（3）查询并记录交流输入电压。

（4）查询并记录当前告警内容。

（5）修改电池参数，将电池组数改为2组，电池容量改为500Ah。

（6）将系统均充电压改为56.8V，再重新改回电池厂家设定值。

（7）将系统浮充电压改为54.8V，再重新改回电池厂家设定值。

（8）设置一次下电电压为48V，二次下电电压44V。

（9）设置均充周期为180天，充电限流值设置为$0.1C_{10}$(A)。

（10）利用电池测试功能对蓄电池组进行核对性放电。

（11）控制电源系统工作在均充状态，然后再返回浮充工作状态。

（12）用监控模块对1#整流模块进行开机、关机操作。

（13）查询并记录各模块的工作电压和电流。

（14）拔掉一个压敏电阻，查询并记录当前告警内容。

（15）断开一个整流模块的输入空开，查询并记录当前告警内容。

（16）断开开关电源系统交流输入空开，查询并记录当前告警内容。

（17）如果监控单元坏，取出监控单元，是否影响开关电源系统正常供电。

3. 放电回路压降测试

关闭整流器，由蓄电池组对负载放电，当蓄电池组放电电压平稳时，用同一个数字万用表选取适当量程的直流电压挡进行以下测量，同时做好记录。

①测量蓄电池组正、负极两端的电压U_1。

②测量直流配电屏或直流配电单元蓄电池组接入端的电压U_2。

③测量直流配电屏或直流配电单元输出端（负载端）的电压U_3。

④测量用电设备上直流电源输入端的电压U_4。

根据以上测量结果，计算直流放电回路全程压降为

$$\Delta U_Q=U_1-U_4 \tag{3.1}$$

直流配电屏内放电回路压降为

$$\Delta U_P=U_2-U_3 \tag{3.2}$$

4. 输出杂音电压测试

（1）测量电话衡重杂音电压和宽频杂音电压

用QZY-11型杂音测试仪测量，测试接线如图3.70所示。

1）QZY-11型杂音测试仪的面板说明

QZY-11型杂音测试仪面板布局如图3.4所示，主要有量程转换开关、平衡/不平衡调节开关、时间常数选择开关、阻抗选择开关、频段选择开关、表头及输入接口等。

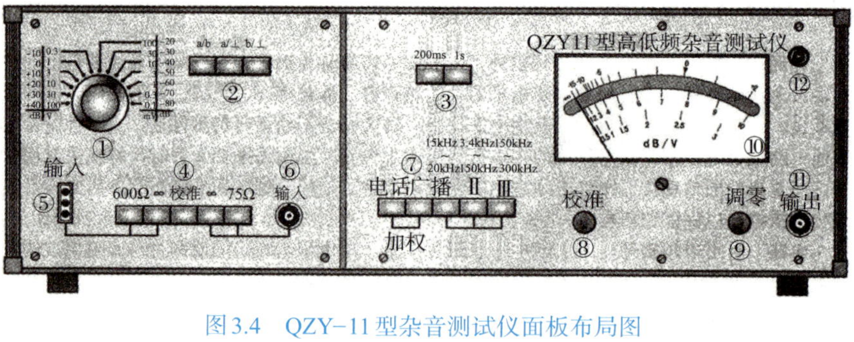

图3.4　QZY-11型杂音测试仪面板布局图

面板各部分的功能如下。

①量程转换开关。调节测量电平（电压）的量程。

②平衡／不平衡输入调节。测量衡重杂音电压和宽频杂音电压时选择平衡输入（a/b），a/⊥和b/⊥在不平衡测量时使用。

③时间常数开关。一般置200ms，当出现表头指针因干扰电压强烈而波动时可转至1s位置。

④阻抗开关。测量衡重杂音时输入阻抗选择600Ω挡，测量宽频杂音时选择75Ω挡，仪表校准时选择校准挡。

⑤平衡输入口。测量衡重杂音时从该输入口输入被测信号。

⑥同轴输入口。测量宽频杂音时从该输入口输入被测信号。

⑦频段开关。测量电话衡重杂音电压时选择电话加权；测量宽频杂音电压时要求分别测量频段Ⅱ（3.4～150kHz）和频段Ⅲ（150kHz～300MHz）两挡的杂音电压。

⑧校准电位器。在校准挡位时，调节校准电位器使表针指示0dB。

⑨调零电位器。在无输入信号条件下，调节调零电位器使表针指示仪表左侧的零电压。

⑩表头。结合量程转换开关，从表头上读出被测杂音电压。

⑪输出插口。可接入耳机监听或接入示波器进行杂波分析。

⑫电源指示灯。电源开关位于背面。

2）QZY-11型杂音测试仪的调零和自校准

QZY-11型杂音测试仪在测量之前需要对仪表进行调零和自校准，步骤如下。

（i）接通电源，预热约20分钟。

（ii）仪表调零：电平转换开关①调至+40dB（尽量减少外界输入的信号干扰），频段开关⑦选择Ⅱ频段(3.4～150kHz）挡，阻抗开关④选择75Ω挡，调节调零电位器⑨，使表针指示最左边的零电压。

（iii）仪表自校准：阻抗开关④选择校准挡，调节校准电位器⑧，使表头指示0dB。

注意：每改变一次测试项目或测试频段，都必须在测量前重复以上自校准步骤，以减少测量误差。

3）电话衡重杂音电压的测量步骤

（i）电平量程开关①调至+40dB（防止打表针）。

（ii）平衡/不平衡开关②选择平衡a/b。

（iii）时间常数开关③选择200ms。

（iv）阻抗开关④选择600Ω。

（v）频段开关⑦选择电话加权。

（vi）测试信号送入平衡输入插口⑤。

（vii）调节电平量程开关①直到表头指示出清晰读数。因为被测信号中有直流电压，故须串入不小于10μF/100V的无极性隔直电容器。

(viii) 被测电压值的确定：以电压表示，可通过表头按各个量程直接读出。例如选择10mV/-40dB挡，则表头刻度按0～10曲线指示读出杂音电压值。当被测信号需要以电平表示时，其电平值等于电平量程开关①的读数与表头读数的和。

记录浮充供电时在直流配电单元输出端测得的电话衡重杂音电压值。

4) 宽频杂音电压的测量步骤

(i) 电平量程开关①调至+10dB(3V)。

(ii) 平衡/不平衡开关②选择平衡a/b。

(iii) 时间常数开关③选择200ms。

(iv) 阻抗开关④选择75Ω。

(v) 频段开关⑦分别选择Ⅱ频段（3.4～150kHz）和Ⅲ频段（150kHz～30MHz）。

(vi) 测试信号送入同轴输入插座⑤，将同轴线的线芯接入被测电源的非接地端，外圈屏蔽线接入被测电源的直流工作接地端。因为被测信号中有直流电压，故须串入不小于10μF/100V的无极性隔直电容器。

(vii) 调节电平量程开关①直到表头指示出清晰读数。

测试结束后关闭仪器：调回电平量程开关①至+40dB，拆线，关闭电源。

记录浮充供电时在直流配电单元输出端测得的宽频杂音电压值。

(2) 测量峰-峰值杂音电压

用示波器（20MHz）测量，测试接线如图3.71所示。正确操作示波器，记录浮充供电时在直流配电单元输出端测得的峰-峰值杂音电压。

3.1.5 任务完成

1. 分组

以6～8人为一个学习小组，并确定各学习小组组长。然后由组长根据教学任务完成本小组组员工作职责分工如确定操作员、数据记录员、安全监督员等，并负责组织本小组完成本次学习任务。

2. 讨论

各学习小组围绕直流系统日常巡检维护项目展开讨论，并制订出相应的实施方案、具体操作步骤、安全注意事项等。

3. 审核

由指导老师对各学习小组制订的方案进行审核，主要审核各小组方案的完整性、可操作性及安全性等。

4. 实施

各小组根据指导老师审核后的方案完成本次实训任务，并将相关结果填入下列各表中。

表 3.2　直流系统测量记录表

序号	测试项目	测试用仪器、仪表	测试结果	是否正常	判断依据
1	测量直流空开的压降或温升				
2	测量直流熔断器的压降或温升				
3	测量直流配电部分放电回路电压降和供电回路全程电压降				
4	测量开关电源输入的电压、电流				
5	测量开关电源输出的电压、电流				

表 3.3　直流系统日常巡检维护记录表

序号	检查内容	检查结果	处理措施
1	检查设备、风扇、过滤网等有无积尘		
2	检查各整流器风扇运转是否正常		
3	检查各开关、熔断器以及各接触元器件是否正常工作，容量是否匹配（包括交、直流配电部分）；接线端子的接触是否良好		
4	检查防雷设备是否正常		
5	检查蓄电池管理功能：检查系统自动均、浮充转换功能，检查均、浮充电压，均充限流值，均充周期及持续时间，温度补偿系数等各项参数，校对均、浮充电压设定值，电池保护电压，均浮充转换电流等		
6	检查整流器的负载均分性能		
7	检查整流器N+1冗余备份		
8	检查两路交流电源输入的电气或机械联锁装置是否正常		
9	检查各机架保护接地是否牢固可靠		

3.1.6　教学评价

整个教学过程在教师的组织和协调中进行，可按照以下几个方面进行考核。

1. 过程考核

教师全程监督整个任务实施过程，观察每个学员在整个过程中各方面的表现，并做好记录。

1）操作的规范及熟练程度：主要考查学员对规范的熟练程度和工具的正确使用并按照正确的步骤完成任务。

2）掌握知识的灵活程度：主要考查学员能否举一反三，可以通过学员对类似问题采取的解决方案提问，以及与学员的交流等几个方面来综合考虑。

3）学习态度：主要考查学员能否积极、主动，完成任务是否认真。

2. 结果考核

1）任务实施情况：主要考查学员是否能按照要求完成高压变配电设备的维护。

2）报告文件：任务实施后，应该提交报告文件，报告文件中主要考查能否提出每个人在这次任务中实实在在的收获。

3）组员互评：小组成员之间在共同完成任务的过程中，从协作能力及在小组中所发挥的作用两个方面互相评分。

评价指标参考见表3.4。通过对下表各项内容的考核，评定出学员的成绩。

表3.4 评价指标参考

评价指标 / 学员	过程考核（50%）			成果考核（30%）		组员互评（20%）	
	操作的规范及熟练程度（20%）	掌握知识的灵活程度（20%）	学习态度（10%）	任务实施情况（20%）	报告文件（10%）	小组协作能力（10%）	在小组中发挥的作用（10%）

3.1.7 知识链接与拓展

3.1.7.1 整流电路

把交流电源电压变成单方向直流电压的电路，称为整流电路。在通信用高频开关整流器的主回路中，输入单相交流电的整流器都采用无工频变压器单相桥式整流电路，输入三相交流电的整流器则采用无工频变压器三相桥式整流电路。

1. 单相桥式整流电路

（1）工作原理

单相桥式整流电路由4个整流二极管组成。电阻性负载的单相桥式整流电路如图3.5所示。

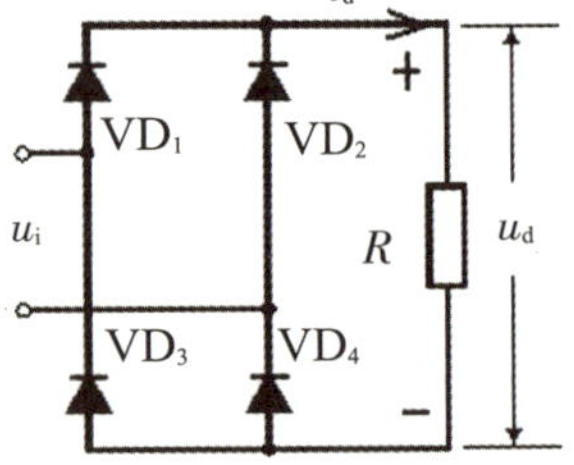

图3.5 单相桥式整流电路

当输入交流电源电压的极性为上端正下端负时，整流二极管VD_1、VD_4导通。这时VD_1、VD_4上的压降很小，在理想情况下，可视为两根导线。电流从输入电源上端经VD_1、R、VD_4回到输入电源下端，负载R上得到一个半波整流电压。

当电源电压的极性变为下端正上端负时，整流二极管VD_2、VD_3导通。电流流过VD_2、R、VD_3形成回路，负载R上得到与前半周极性相同的又一个半波整流电压。

设整流电路输入电源电压为正弦波交流电压$u_i=\sqrt{2}\,U\sin\omega t$，电阻性负载时输出电压瞬时值$u_d$为单方向的正弦波绝对值，$u_d$与$u_i$的绝对值相等，波形图如图3.6所示。

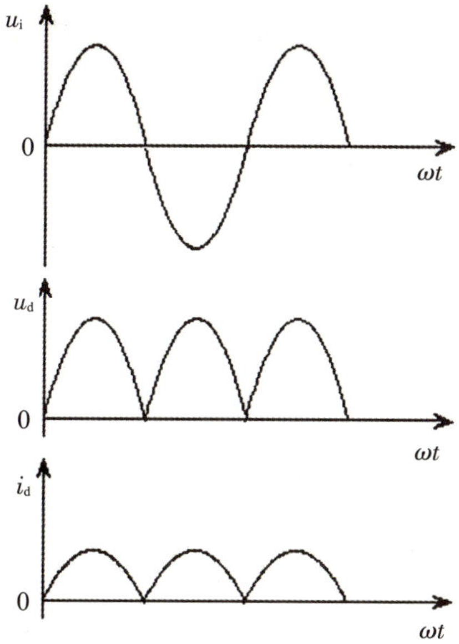

图3.6　电阻性负载的单相桥式整流电路波形图

（2）输出直流电压、电流

电阻性负载时输出直流电压（u_d的平均值）为

$$U_d=\frac{1}{\pi}\int_0^{\pi}\sqrt{2}U\sin\omega t d(\omega t)=\frac{2\sqrt{2}}{\pi}U=0.9U \tag{3.3}$$

式中，U是整流桥输入交流电压的有效值。

流过负载的直流电流（i_d的平均值）为

$$I_d=\frac{0.9U}{R} \tag{3.4}$$

（3）整流元件参数的计算

在单相桥式整流电路中，负载电流是由两组整流二极管（VD_1、VD_4和VD_2、VD_3）轮流导通供给的，流过每个整流二极管的平均电流I_{VD}等于负载电流的一半。即

$$I_{VD}=\frac{1}{2}I_d \tag{3.5}$$

当二极管VD_1、VD_4导通时，忽略二极管的正向压降，VD_2、VD_3两只二极管承受的反向电压都等于输入电源电压。当二极管VD_2、VD_3导通时，VD_1、VD_4承受的反向电压也是如此。所以，单相桥式整流电路整流二极管承受的最大反向电压U_{Rmax}等于输入电源电压的振幅值

$$U_{R\max}=\sqrt{2}U \tag{3.6}$$

当整流电路的负载为电容性负载时（负载电阻R与大电容C并联），只有当输入电压的瞬时值大于电容两端电压时二极管才导通，所以输入电流只有在输入电压瞬时值大于电容两端电压时才存在，输入电流变为脉冲状；在电容量C足够大的条件下［单相桥式整流电路$C \geqslant$（3～5）×0.01/R］，输出电压u_d波形平滑，输出直流电压通常可按U_d=1.2U估算。这种电容滤波电路仅适用于小功率场合。

输入单相交流电的通信用高频开关整流器，在主回路输入侧无工频变压器单相桥式整流电路的后面，都要接有源功率因数校正电路，这时整流电路相当于接电阻性负载。

2. 三相桥式整流电路

（1）电阻性负载

电阻性负载的三相桥式整流电路如图3.7（a）所示。整流桥臂可分为两组，其中VD_1、VD_2、VD_3阴极接在一起，称为共阴极组，VD_4、VD_5、VD_6阳极接在一起，称为共阳极组。电路的波形图如图3.8所示。

根据优先导通原理，对于共阴极组，阳极电位最高的二极管导通，而共阳极组则阴极电位最低的二极管导通，其他二极管均承受反向电压而截止。

在ωt_1～ωt_2期间，A相电压u_a最高，B相电压u_b最低，所以对应二极管VD_1和VD_5导通。忽略VD_1和VD_5的正向压降，输出电压u_d（瞬时值）等于线电压u_{ab}。

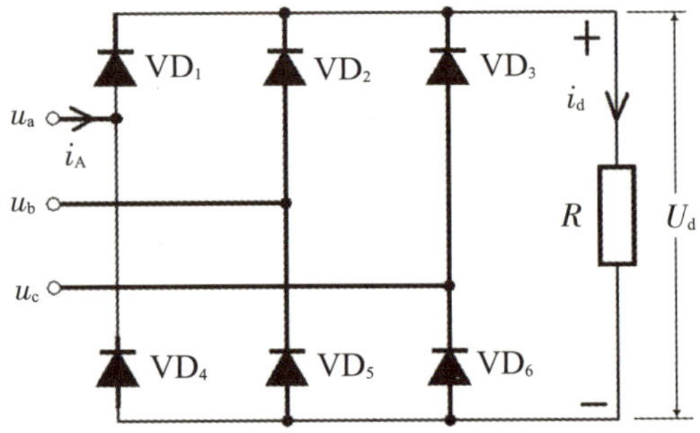

（a）电阻性负载电路图

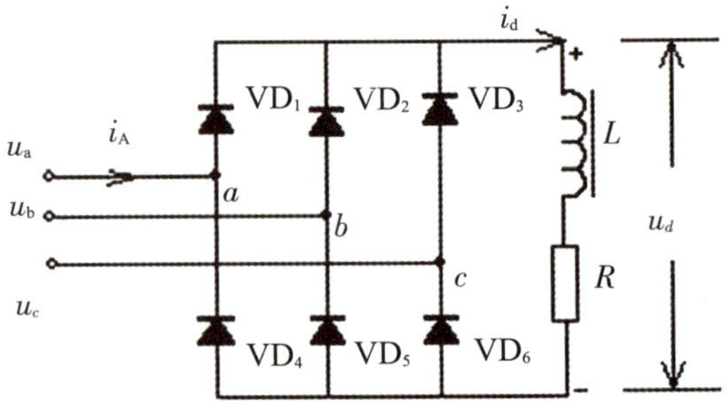

（b）电感性负载电路图

图3.7　三相桥式整流电路电路图

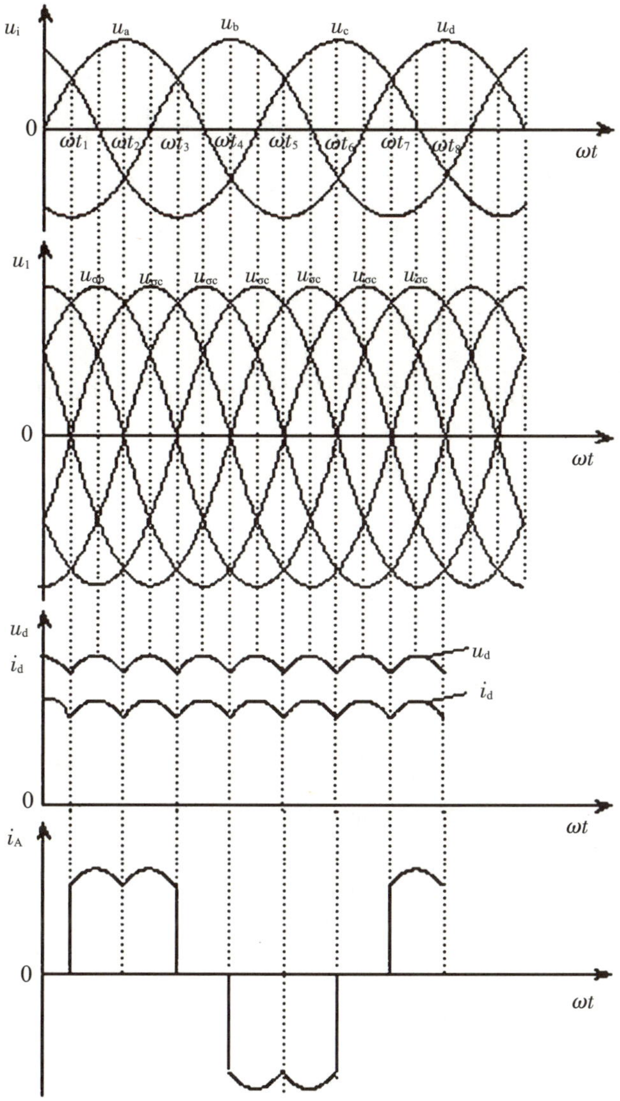

图3.8　三相桥式整流电路（电阻性负载）波形图

在$\omega t_2 \sim \omega t_3$期间，A相电压$u_a$仍为最高，C相电压$u_c$变为最低，所以对应二极管$VD_1$和$VD_6$导通。忽略$VD_1$和$VD_6$的正向压降，输出电压$u_d$等于线电压$u_{ac}$。

在$\omega t_3 \sim \omega t_4$期间，B相电压$u_b$变为最高，C相电压$u_c$仍为最低，所以对应二极管VD2和VD6导通，输出电压u_d等于u_{bc}。

在$\omega t_4 \sim \omega t_5$期间，B相电压$u_b$仍为最高，A相电压$u_a$变为最低，所以对应二极管$VD_2$和$VD_4$导通，输出电压$u_d$等于$u_{ba}$。

以此类推，在$\omega t_5 \sim \omega t_6$期间，二极管$VD_3$和$VD_4$导通，$u_d=u_{ca}$；在$\omega t_6 \sim \omega t_7$期间，二极管$VD_3$和$VD_5$导通，$u_d=u_{cb}$。

在交流电源的一个周期内，每个二极管导通120°，输出电压出现6个波头，脉动较小。

输出直流电压（u_d的平均值）为

$$U_d = \frac{3}{\pi}\int_{-\frac{\pi}{6}}^{\frac{\pi}{6}} \sqrt{2}U_l \cos\omega t d(\omega t) = \frac{3\sqrt{2}U_l}{\pi} = 1.35U_l \tag{3.7}$$

式中，U_l是交流线电压有效值。

输出直流电流为

$$I_d = \frac{U_d}{R} \tag{3.8}$$

每一个二极管都导通120°，即1/3周期，故整流二极管的平均电流为

$$I_{VD} = \frac{1}{3}I_d \tag{3.9}$$

整流二极管承受的最大反向电压为线电压的振幅值

$$U_{R\max} = \sqrt{2}U_l \tag{3.10}$$

（2）电感性负载

电感性负载的三相桥式整流电路如图3.7（b）所示，大电感L与负载电阻R串联。这种电路的输出电压（u_d）波形及输出直流电压、输出直流电流等计算公式均与电阻性负载时一样。

当电感足够大，即$\omega L>$R时（ω为u_d中所含最低次谐波的角频率，$\omega=2\pi F$，$F=$300Hz），输出电流i_d波形相当平滑，因此负载电阻R上的电压波形相当平滑；理想情况i_d波形为一条水平线，相应地，流过整流元件的电流为矩形波，输入电流为交变方波。

波形图如图3.9所示。因为电感两端平均电压为零（忽略线圈电阻的压降），所以R上的直流电压等于U_d。

输出直流功率为

$$P_d=U_dI_d \tag{3.11}$$

输入有功功率P_i在理想情况下（无损耗）与输出直流功率相等，即

$$P_i=P_d \tag{3.12}$$

每相交流输入电流有效值为

$$I = \sqrt{\frac{120}{180}}I_d = \sqrt{\frac{2}{3}}I_d = 0.817I_d \tag{3.13}$$

输入视在功率为

$$S_i = \sqrt{3}U_l I \tag{3.14}$$

可见电感性负载的三相桥式整流电路在理想情况下，功率因数为

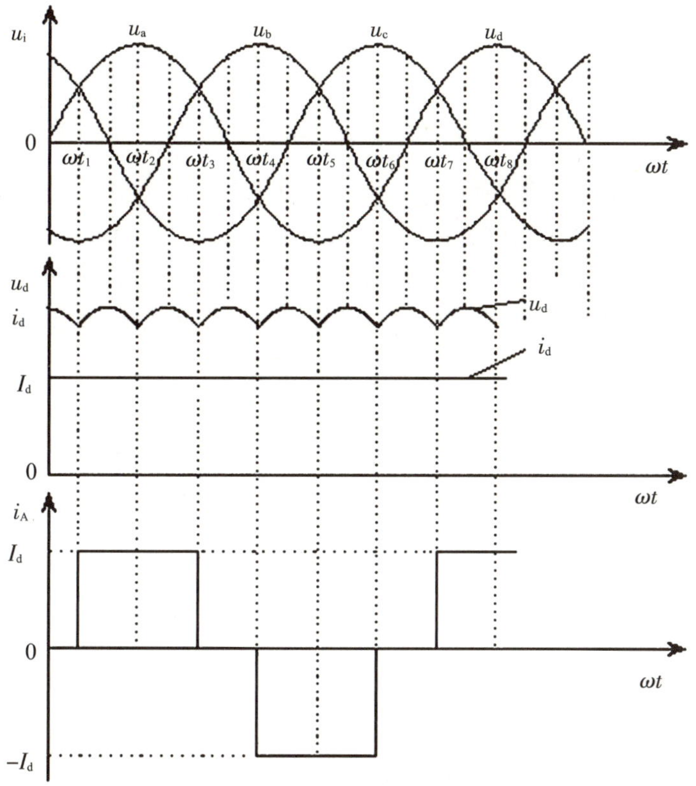

图3.9 三相桥式整流电路（电感性负载）波形图

$$\lambda = \frac{P_i}{S_i} = \frac{U_d I_d}{\sqrt{3}U_l I} = \frac{3}{\pi} = 0.955 \tag{3.15}$$

输入三相交流电的通信用开关整流器，大多采用无源功率因数校正，这时无工频变压器三相桥式整流电路相当于接电感性负载。

3.1.7.2 开关电源中的功率电子器件

1. 概述

非隔离型开关电源中的续流二极管，隔离型开关电源中的输出整流二极管，都是在高频（20kHz以上）条件下工作的功率二极管。由于工作频率高，它们不能采用普通硅整流二极管，而必须采用快恢复二极管（FRD）、超快恢复二极管（UFRD）或肖特基二极管（SBD）等开关速度快的功率开关二极管。

高频开关电源中的功率开关晶体管是可控的开关器件：当加上控制信号（脉冲）时，功率开关管导通，流过大电流，但压降很小，相当于开关接通；当控制信号为零时，功率开关管截止，流过很小的漏电流，但承受的电压高，相当于开关断开。开关频率高，在20kHz以上；开关功率较大，而且电路中存在电容和电感，在开关瞬间可能会产生很大的瞬间电流、电压。用作功率开关管的晶体管，其性能必须适应使用上的这些特点，对它的要求是：能够流过大电流、承受高电压，有较快的开关速度和较低的功率损耗等。

开关电源中使用的功率开关管有三大类：双极型功率晶体管（BJT）、VMOS场效应晶体管（VMOSFET）和绝缘栅双极晶体管（IGBT或称IGT）。通信用高频开关电源中功率开关管主要采用VMOSFET和IGBT。

VMOSFET和IGBT等功率开关晶体管以及功率开关二极管等功率器件，都应配置适当的散热器，并采用合理的冷却方式和安装方法，以获得良好的散热效果，限制器件的温升。

2. VMOS场效应晶体管

场效应晶体管（Field Effect Transistor，FET），又称单极型晶体管，因为它导通时只有一种极性的载流子参与导电。场效应晶体管用栅极（G）电场控制漏极（D）和源极（S）之间的沟道电导，从而控制漏极电流（i_D），在直流状态下栅极几乎没有电流，因此它是电压控制型器件。

场效应晶体管导电沟道中载流子是电子时，称为N沟道；导电沟道中载流子是空穴时，称为P沟道。

绝缘栅场效应晶体管的栅极与半导体材料相互绝缘，所以具有极高的输入电阻，可达$10^{15}\Omega$。目前应用最广的是MOS场效应晶体管（MOSFET），即金属（Metal）–氧化物（Oxide）–半导体（Semiconductor）场效应晶体管，它的栅极由金属构成，绝缘层由二氧化硅（SiO_2）构成，导电沟道由半导体（硅）构成。

MOS场效应管不仅分为N沟道和P沟道，而且在每种当中，因沟道产生的条件不同又分为增强型和耗尽型。增强型MOS场效应管在零栅压（$U_{GS}=0$）时不导电，耗尽型MOS场效应管在零栅压时导电。

VMOS场效应晶体管（VMOSFET）是垂直导电型MOS场效应晶体管（Vertical MOSFET）的简称。它是功率场效应晶体管，与一般MOS管不同之处是源极与漏极分别处在上下两个端面上，电流不再沿表面水平方向流动，而是漏极和源极间电流的流向垂直于芯片表面。其结构充分地利用了硅片面积，改善了散热特性，降低了导通电阻，为获得大电流容量提供了条件，并使器件具有较高的耐压能力。

开关电源中使用的VMOS场效应晶体管，不论N沟道或P沟道，一般为增强型，其图形符号及工作电压极性和电流方向如图3.10所示。VMOS场效应管大多数是N沟道，这是因为相同的沟道尺寸N沟道管比P沟道管导通电阻R_{on}小。

由器件的结构所决定，VMOS场效应晶体管在源极与漏极之间有一个寄生二极管（又称本体二极管），它与VMOS场效应管形成了一个不可分割的整体，其等效电路如图3.11所示。这个寄生二极管的电压和电流定额与VMOS场效应管本身的值相同，但它开关速度较慢。

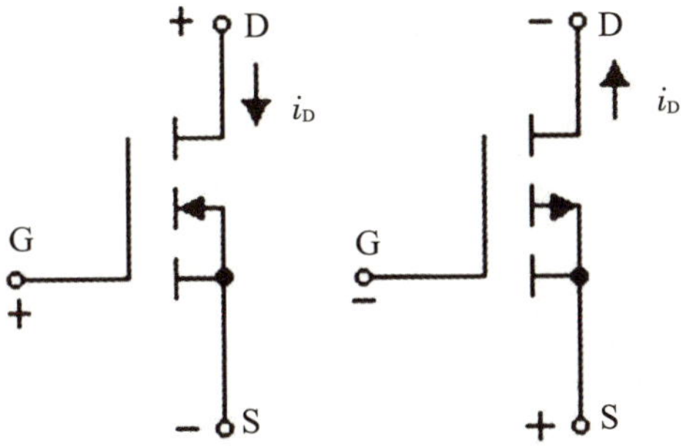

（a）N沟道　　（b）P沟道

图3.10　VMOSFET的图形符号

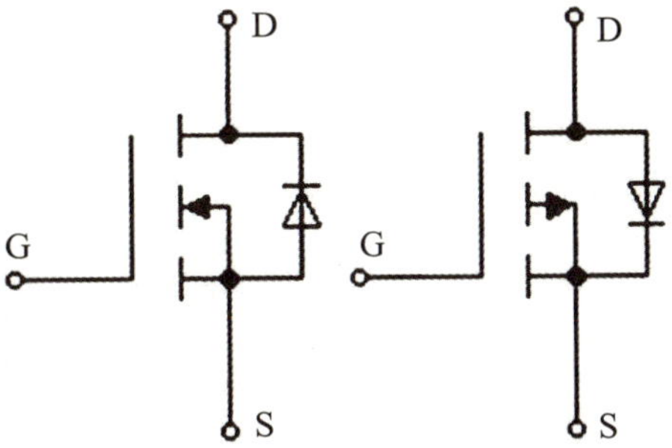

（a）N沟道　　（b）P沟道

图3.11　VMOSFET的寄生二极管

VMOS场效应晶体管当栅极与源极间的电压大于“开启电压”$V_{GS(th)}$时，漏极D与源极S之间导通。增强型N沟道VMOS场效应管的$V_{GS(th)}$一般在2～4V之间。在开关应用中，为使VMOS场效应管导通时漏–源间电压降较小（通态电阻R_{on}小），以减小通态损耗，通常驱动电压U_{GS}约为10～15V。在需要漏–源间可靠截止时，U_{GS}须小于1V或略呈负值。允许最大栅–源电压为±20V。

VMOS场效应晶体管具有驱动功率小、开关速度快、无二次击穿、安全工作区大、适宜并联运用等显著优点，很多性能指标优于双极型功率晶体管，所以在开关电源等领域得到了广泛应用。其主要缺点是：除低压大电流器件外，通态电阻R_{on}较大，因此导通压降较大，相应地导通损耗较大。

VMOS场效应晶体管输入电阻很高，应注意防止栅极静电击穿。使用时，可在栅极与源极间并联1～100kΩ的静态放电电阻。此外，为了防止产生寄生振荡，可在栅极电路中串联4.7～100Ω电阻（选用的阻值随器件额定电流增大而减小）。

3. 绝缘栅双极晶体管（IGBT）

门极绝缘双极晶体管又称绝缘门极晶体管，简称IGBT（Insulated Gate Bipolar Transistor）或IGT（Insulated Gate Transistor），人们往往习惯性地称为绝缘栅双极晶体管，或绝缘栅晶体管，它是一种VMOS场效应晶体管和双极型晶体管的复合器件。增强型N沟道IGBT的简化等效电路如图3.12所示，图中VMOS场效应晶体管为增强型N沟道管，双极型晶体管为PNP晶体管，R_{dr}是PNP晶体管基极和VMOS场效应管漏极之间的扩展电阻。这种结构相当于一个增强型N沟道VMOS场效应晶体管驱动PNP晶体管，其图形符号及工作电压极性和电流方向如图3.13所示，图（a）为习惯用图形符号，图（b）为国家标准图形符号。G为门极，习惯上常称栅极，C为集电极，E为发射极。

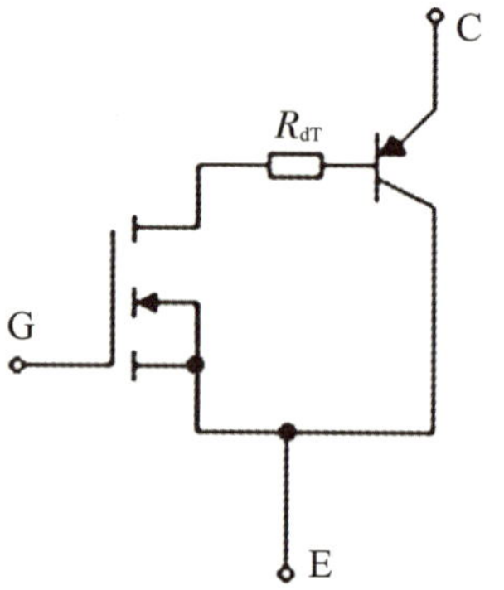

图3.12　IGBT的简化等效电路

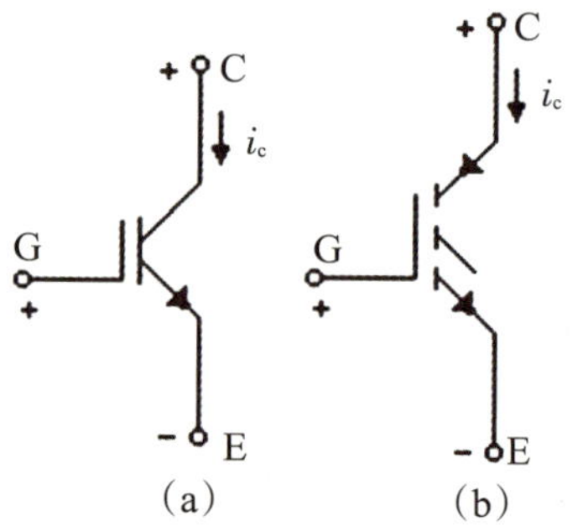

图3.13　增强型N沟道IGBT的图形符号及电压极性和电流方向

IGBT具有以下特点。

①IGBT从输入端看，类似于VMOS场效应管，是电压控制型器件，具有输入阻抗高、驱动电流小、驱动电路简单等优点。IGBT的导通和关断由栅极电压来控制，当栅–射电压（即栅极–发射极电压）U_{GE}大于开启电压$V_{GE(th)}$时IGBT导通，当栅–射电压小于开启电压时IGBT截止，IGBT的开启电压一般为3～6V。在开关应用中，使IGBT导通的栅–射电压通常取15V，以保证集–射间导通压降小；关断IGBT时，为使器件可靠截止，最好在栅–射间加负偏压，通常取–5～–12V。

②IGBT从输出端看，类似于双极型晶体管，导通压降小，饱和压降一般在2～4V之间，故导通损耗小。此外，IGBT能够做得比VMOS场效应管耐压更高，电流容量更大。

③IGBT的开关速度在VMOS场效应管与双极型晶体管之间。IGBT关断时间较长，由于简化等效电路中PNP晶体管存储电荷的影响，关断时电流下降存在拖尾现象，关断特性如图3.14所示。其拖尾时间根据不同的IGBT种类而不同。一般高速IGBT拖尾时间在0.4～0.8μs，低速IGBT拖尾时间则达到1μs甚至更长。电流拖尾现象使IGBT的关断损耗比VMOS场效应管大。它一般适用于工作频率50kHz以下的开关电源。国际整流器公司（IR）制造的一种WARP快速系列IGBT，开关频率可达150kHz，额定电压为600V，额定电流为5～50A。

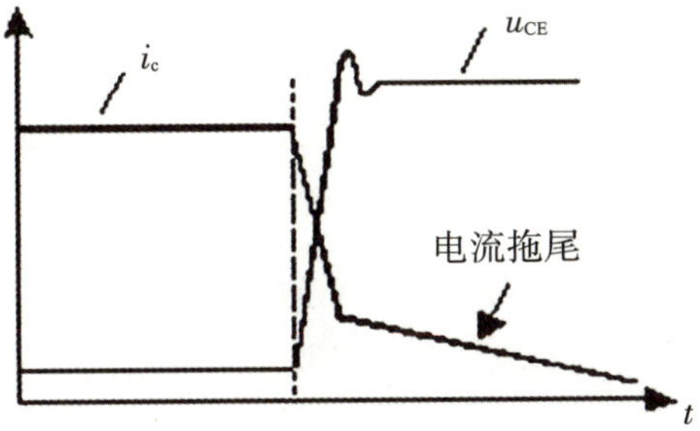

图3.14　IGBT的关断特性

此外，如果将IGBT及其辅助器件与驱动和保护电路集成在一起，则构成智能功率模块（IPM：Intelligent Power Module），目前已有各种型号的IPM产品。

在IGBT模块内，IGBT集电极—发射极间通常接有反并联二极管。

3.1.7.3　非隔离型开关电源电路

高频开关电源（简称开关电源）是指功率晶体管工作在高频开关状态的直流稳压电源，其开关频率在20kHz以上。随着技术的进步，目前开关频率可达几百千赫，甚至几兆赫。

开关电源本质上是直流（DC/DC）变换器，其分类方法有多种，按激励功率开关晶体管的方式来分，可分为自激型和他激型，在通信用开关电源中一般为他激型（功率开关管的导通和截止由外加驱动脉冲控制）；按控制方式来分，可分为脉宽调制（PWM）、脉频调制（PFM）和混合调制（即脉冲宽度和脉冲频率同时改变），通信用开关电源一般采用脉宽调制；按功率开关电路结构形式来分，可分为非隔离型（主电路中无高频变压器）、隔离型（主电路中有高频变压器）以及具有软开关特性的谐振型等类型。

非隔离型开关电源又称非隔离型直流变换器，还可称为斩波型开关电源，主要有降压式、升压式和反相式三种基本电路结构。

非隔离型开关电源的基本特征是：用功率开关晶体管把输入直流电压变成脉冲电压（直流斩波），再通过储能电感、续流二极管和输出滤波电容等元件的作用，在输出端得到所需平滑直流电压，输入与输出之间没有隔离变压器。

在分析电路工作原理时，为了便于抓住主要矛盾掌握基本原理，简化公式推导，将功率开关晶体管和二极管都视为理想器件：可以瞬间地导通或截止，导通时压降为零，截止时漏电流为零；将电感和电容都视为理想元件：电感工作在线性区且漏感和线圈电阻都忽略不计，电容的等效串联电阻和等效串联电感都为零。

各种开关电源电路都存在电感电流连续模式（CCM：Continuous Conduction Mode）和电感电流不连续模式（DCM：Discontinuous Conduction Mode，）两种工作模式，本书着重讲述电感电流连续模式。

为了便于理解和掌握开关电源的电路工作原理，首先来回顾电感和电容的特性。

1. 电感和电容的特性

（1）电感的特性

电感元件是实际电感线圈的理想化模型。电感$L=\psi/i=N\varphi/i$，它在数值上等于单位电流产生的磁链（式中，i为流过电感线圈的电流，ψ为磁链，N为线圈匝数，φ为磁通，$\psi=N\varphi$）。电感的单位为亨（H），1H=1Wb/A，常用的较小单位有mH（毫亨）和μH（微亨）。

电感对电流的变化有抗拒作用。根据电磁感应定律，当流过电感的电流变化时，电感两端会产生自感电势$e_L=-Ldi/dt$来反抗电流变化，电感两端的电压为$u_L=Ldi/dt$。由该式可知，因为实际电路中的电压u_L总是有限值，所以di/dt也必然是有限值，于是可以得出一个重要结论：电感中的电流不能突变。

见图3.15（a），当流过电感的电流i上升时，e_L与i方向相反（电势的方向是由负指向正，而电压的方向是由正指向负，故u_L与i方向相同），电感中储能，所储存的能量为$W_L=i^2L/2$；在电流i下降时，e_L与i方向相同（u_L与i方向相反），电感中的储能释放。

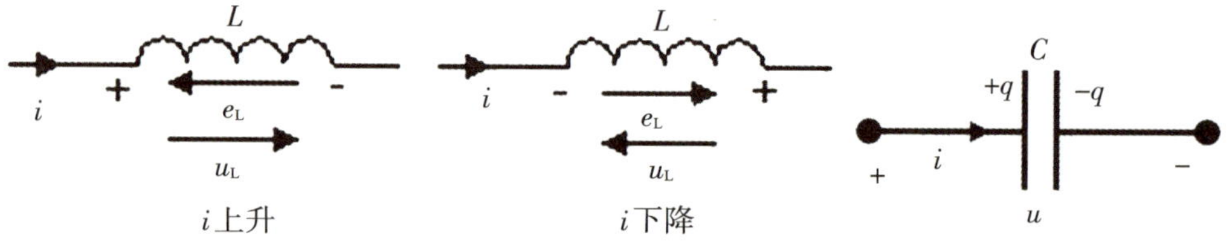

（a）电感元件　　（b）电容元件

图3.15　电感与电容元件

（2）电容的特性

电容元件是实际电容器的理想化模型。电容$C=q/u$，它在数值上等于单位电压作用下极板上所聚集的电荷量（式中，q为电荷量，u为电容两端电压）。电容的单位为F（法），1F=1C/V，因为这个单位太大，通常采用μF（微法）和pF（皮法）做电容的单位（$1\mu F=10^{-6}F$，$1pF=10^{-12}F$）。

众所周知，电容不能通过直流电流，能起隔直作用。当电容两端的电压u发生变化时，它聚集的电荷q也随之发生变化，电路中便出现了电流i，$i=dq/dt=Cdu/dt$。由该式可知，因为实际电路中的电流i总是有限值，所以du/dt也必然是有限值，于是可以得出又一个重要结论：电容两端的电压不能突变。

见图3.15（b），电容充电时，u上升，du/dt为正值，电流方向与图中i的正方向一致；此时电容储能，所储存的能量为$W_C=Cu^2/2$。电容放电时，u下降，du/dt为负值，电流方向与图中i的正方向相反，此时电容释放储能。

2. 降压（Buck）式直流变换器

（1）工作原理

降压式直流变换器（简称降压变换器）的电路图如图3.16所示，它由功率开关管VT（图中为N沟道增强型VMOS场效应晶体管）、储能电感L、续流二极管VD、输出滤波电容C_o以及控制电路组成，R_L为负载电阻。输入直流电源电压为U_I，输出电压瞬时值为u_o，输出直流电压（即瞬时输出电压u_o的平均值）用U_O表示，输出直流电流$I_O=U_O/R_L$。

功率开关管VT的导通与截止受控制电路输出的驱动脉冲控制。参看图3.16，当控制电路有脉冲输出时，VT导通，续流二极管VD反偏截止，VT的漏极电流i_D通过储能电感L向负载R_L供电；此时L中的电流逐渐上升，在L两端产生左端正右端负的自感电势抗拒电流上升，L将电能转化为磁能储存起来。经过t_{on}时间后，控制电路无脉冲输出，使VT截止，但L中的电流不能突变，这时L两端产生右端正左端负的自感电势抗拒电流下降，使VD正向偏置而导通，于是L中的电流经VD构成回路，其电流值逐渐下降，L中储存的磁能转化为电能释放出来供给负载R_L。经过t_{off}时间后，控制电路输出脉冲又使VT导通，重复上述过程。滤波电容C_o是为了降低输出电压u_o的脉动而加入的。续流二极管VD是必不可少的元件，倘若无此二极管，电路不仅不能正常工作，而且在VT由导通变为截止时，L两端将产生很高的自感电势而使功率开关管击穿损坏。

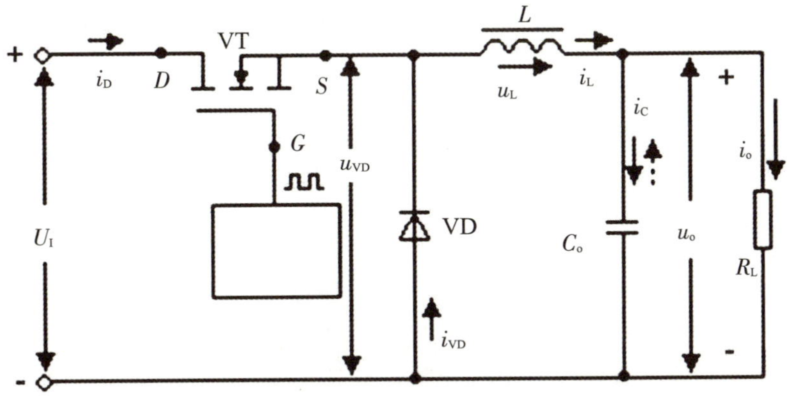

图3.16　降压变换器电路图

在L足够大的条件下，降压变换器工作于电感电流（i_L）连续模式，假设C_o也足够大，则波形图如图3.17所示。下面我们把电路图和波形图紧密联系起来具体分析电路工作情况。

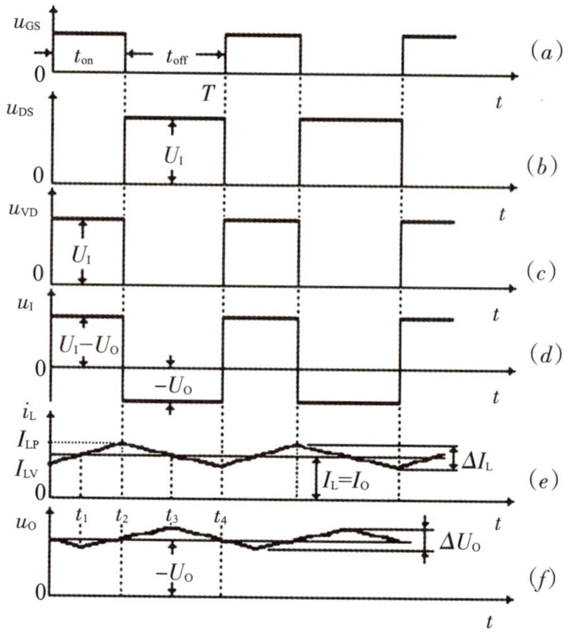

图3.17　降压变换器波形图

控制电路输出的驱动脉冲宽度为t_{on}，无脉冲的持续时间为t_{off}，开关周期$T=t_{on}+t_{off}$。栅极–源极间驱动脉冲u_{GS}的波形如图3.17（a）所示；功率开关管漏极–源极间电压u_{DS}和续流二极管阴极–阳极两端电压u_{VD}的波形分别如图3.17（b）、（c）所示。在t_{on}期间，VT导通，$u_{DS}=0$，VD截止，$u_{VD}=U_I$；在t_{off}期间，VT截止而VD导通，$u_{VD}=0$，$u_{DS}=U_I$。

t_{on}期间L两端电压为

$$u_L=L\frac{di_L}{dt}=U_I-U_O \tag{3.16}$$

其极性是左端正右端负。符合使用要求的开关电源在稳态情况下u_o波形应相当平滑，即$u_o\approx U_O$，因此上式可以近似地写成

$$u_L=L\frac{di_L}{dt}=U_I-U_O \tag{3.17}$$

由上式求出t_{on}期间L中的电流i_L为

$$i_L=\int\frac{U_I-U_O}{L}dt=\frac{U_I-U_O}{L}t+I_{LV} \tag{3.18}$$

此时$u_L=U_I-U_O$为恒定值，i_L与u_L方向相同。从上式可以看出，i_L按线性规律上升，其上升斜率为（U_I-U_O）/L。i_L按此斜率从最小值I_{LV}（初始值）上升到最大值I_{LP}。

L中的电流最大值为

$$I_{LP}=\frac{U_I-U_O}{L}t_{on}+I_{LV} \tag{3.19}$$

L中储存的能量为

$$W = \frac{1}{2} I_{LP}^2 L \tag{3.20}$$

t_{off}期间L两端电压为

$$u_L = L\frac{di_L}{dt} = -U_O \tag{3.21}$$

其极性是右端正左端负，与正方向相反。

由上式求出t_{off}期间L中的电流i_L为

$$i_L = -\int \frac{U_O}{L} dt = I_{LP} - \frac{U_O}{L} t \tag{3.22}$$

此时i_L与u_L方向相反。从上式可以看出，这时i_L按线性规律下降，其下降斜率为$-U_O/L$。i_L按此斜率由最大值I_{LP}降低到最小值I_{LV}。

L中的电流最小值为

$$I_{LV} = I_{LP} - \frac{U_O}{L} t_{off} \tag{3.23}$$

通过以上定量分析可以得到一个重要的概念：在一段时间内电感两端有一恒定电压时，电感中的电流i_L必然按线性规律变化，其斜率为电压值与电感量之比。当电流与电压实际方向相同时，i_L按线性规律上升；当电流与电压实际方向相反时，i_L按线性规律下降。

在VT周期性地导通、截止过程中，L中的电流增量（即t_{on}期间i_L的增加量和t_{off}期间i_L的减小量）为

$$\Delta I_L = I_{LP} - I_{LV} = \frac{U_I - U_O}{L} t_{on} = \frac{U_O}{L} t_{off} \tag{3.24}$$

如上所述，u_L和i_L的波形分别如图3.17（d）、（e）所示。从图3.16可以看出，储能电感中的电流i_L等于流过负载的输出电流i_o与滤波电容充放电电流i_{co}的代数和。由于电容不能通过直流电流，其电流平均值为零，因此储能电感的电流平均值I_L与输出直流电流I_O（即i_o的平均值）相等。即

$$I_L = \frac{I_{LP} + I_{LV}}{2} = I_O \tag{3.25}$$

输出电压瞬时值u_o也就是滤波电容C_o两端的电压瞬时值，它实际上是脉动的，当C_o充电时u_o升高，在C_o放电时u_o降低。滤波电容的电流瞬时值为

$$i_{co} = i_L - i_o \tag{3.26}$$

其中输出电流瞬时值

$$i_o = \frac{u_o}{R_L} \tag{3.27}$$

符合使用要求的开关电源虽然输出电压u_o有脉动，但u_o与其平均值U_O很接近，即$u_o \approx U_O$，于是$i_o \approx I_O$。因此

$$i_{co} \approx i_L - I_O \tag{3.28}$$

当$i_L > I_O$时，$i_{co} > 0$（i_{co}为正值），C_o充电，u_o升高；当$i_L < I_O$时，$i_{co} < 0$（i_{co}为负值），C_o放电，u_o降低。u_o的波形如图3.17（f）所示（为了便于看请u_o的变化规律，图中u_o的脉动幅度有所夸张，实际上u_o的脉动幅度应很小）。

假设电路已经稳定工作，下面来观察u_o的具体变化规律：在开始观察的t=0时刻，TV受控由截止变导通，但此刻$i_L = I_{LV} < I_O$，因此C_o继续放电，使u_o下降；到$t = t_1$时，i_L上升到$i_L = I_O$，C_o停止放电，u_o下降到了最小值；此后$i_L > I_O$，C_o开始充电，使u_o上升；在$t = t_2$时，TV受控由导通变截止，然而此刻$i_L = I_{LP} > I_O$，故C_o继续充电，u_o继续上升；到$t = t_3$时，i_L下降到$i_L = I_O$，C_o停止充电，u_o上升到了最大值；此后$i_L < I_O$，C_o开始放电，使u_o下降；在$t = t4$时又重复t=0时的情况。输出脉动电压（即纹波电压）的峰-峰值用ΔU_O表示。

（2）输出直流电压U_O

电感两端直流电压为零（忽略线圈电阻），即电压平均值为零，因此在一个开关周期中u_L波形的正向面积必然与负向面积相等。由图3.17（d）可得

$$(U_I - U_O)\, t_{on} = U_O t_{off} \tag{3.29}$$

由上式得到降压变换器在电感电流连续模式时，输出直流电压U_O与输入直流电压U_I的关系式为

$$U_O = \frac{t_{on}}{T} U_I = DU_I \tag{3.30}$$

式中，t_{on}为功率开关管导通时间；t_{off}为功率开关管截止时间；T为功率开关管开关周期

$$T = t_{on} + t_{off} \tag{3.31}$$

D为开关接通时间占空比，简称占空比

$$D = \frac{t_{on}}{T} \tag{3.32}$$

由式（3.30）可知，改变占空比D，输出直流电压U_O也就随之改变。因此，当输入电压或负载变化时，可以通过闭环负反馈控制回路自动调节占空比D来使输出直流电压U_O保持稳定。这种方法称为“时间比率控制”。

改变占空比的方法有下列三种。

①保持开关频率f不变（即开关周期T不变，T=1/f），改变t_{on}，称为脉冲宽度调制（PWM：Pulse Width Modulation），这种方法应用得最多。

②保持t_{on}不变而改变f，称为脉冲频率调制（PFM：Pulse Frequency Modulation）。

③既改变t_{on}，也改变f，称为脉冲宽度频率混合调制。

从式（3.30）还可以看出，由于占空比D始终小于1，必然$U_O<U_I$，所以图3.16所示电路称为降压式直流变换器或降压式开关电源。

（3）优缺点

降压变换器的优点：

①当L足够大而使电感电流连续时，不论功率开关管导通或截止，负载电流都流经储能电感，因此输出电压脉动较小，并且带负载能力强；

②对功率开关管和续流二极管的耐压要求较低，它们承受的最大电压为输入最高电源电压。

降压变换器的缺点：

①当功率开关管截止时，输入电流为零，因此输入电流不连续，是脉冲电流，这对输入电源不利，加重了输入滤波的任务；

②功率开关管和负载是串联的，如果功率开关管击穿短路，负载两端电压便升高到输入电压U_I，可能使负载因承受过电压而损坏。

3. 升压（Boost）式直流变换器

（1）工作原理

升压式直流变换器(简称升压变换器)的电路图如图3.18所示。当控制电路有驱动脉冲输出时(t_{on}期间),功率开关管VT导通,输入直流电压U_I几乎全部加在储能电感L两端,其极性为左端正右端负,续流二极管VD反偏截止,电流i_L从电源正端经L和VT流回电源负端,i_L按线性规律上升,L将电能转化为磁能储存起来。经过t_{on}时间后,控制电路无脉冲输出(t_{off}期间),使VT截止,L两端自感电势的极性变为右端正左端负,使VD导通,L释放储能,i_L按线性规律下降;这时U_I和L上的电压u_L迭加起来,经VD向负载R_L供电,同时对滤波电容C_o充电。经过t_{off}时间后,VT又受控导通,VD截止,L储能,已充电的C_o向负载R_L放电。经t_{on}时间后,VT受控截止,重复上述过程。开关周期$T=t_{on}+t_{off}$。

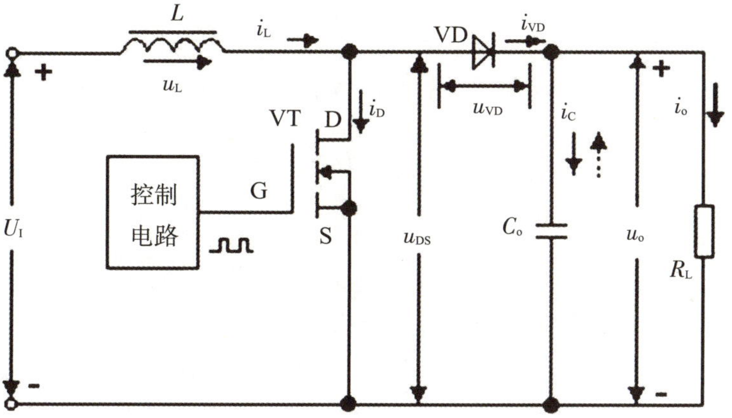

图3.18　升压变换器电路图

假设L足够大而使电路工作于电感电流连续模式，C_o也足够大，则升压变换器的波形图如图3.19所示。图中u_{GS}为VT栅极–源极间的驱动脉冲；在t_{on}期间，VT漏极–源极间电压u_{DS}=0，VD阴极—阳极两端电压$u_{VD}=u_o\approx U_O$，L两端电压$u_L=U_I$（极性左端正右端负）；在t_{off}期间，u_{VD}=0，$u_{DS}=u_o\approx U_O$，$u_L=-(u_o-U_I)\approx-(U_O-U_I)$（极性右端正左端负，与正方向相反）；$u_o$为输出电压瞬时值，$t_{on}$期间$C_o$放电故$u_o$有所下降，$t_{off}$期间$C_o$充电故$u_o$有所上升（为便于说明问题，图中$u_o$脉动幅度有所夸张，实际上$u_o$脉动很小）。

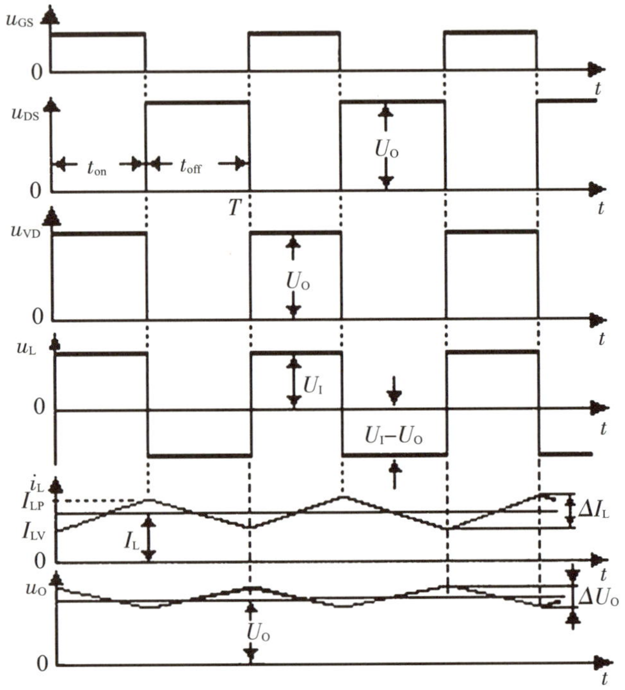

图3.19　升压变换器波形图

(2)输出直流电压U_O

电感两端直流电压为零(忽略线圈电阻),即电压平均值为零。据此利用u_L波形图，可求得升压变换器电感电流连续模式的输出直流电压(即u_o的平均值)为

$$U_O=\frac{T}{t_{off}}U_I=\frac{U_I}{1-D} \tag{3.33}$$

式中,D为占空比,$D=t_{on}/T$。

由于$t_{off}<T$，$0<D<1$，因此输出直流电压U_O始终大于输入直流电压U_I，这就是升压式直流变换器或升压式开关电源名称的由来。

需要指出，在升压变换器中，储能电感L的电流平均值I_L大于输出直流电流I_O。这时与降压变换器不同，L中的电流就是升压变换器的输入电流。忽略电路中的损耗，输出直流功率应与输入直流功率相等，即

$$U_O I_O = U_I I_L \tag{3.34}$$

因此

$$I_L = \frac{U_O}{U_I} I_O = \frac{I_O}{1-D} \tag{3.35}$$

（3）优缺点

升压变换器的优点：

①输入电流（即i_L）是连续的，不是脉冲电流，因此对电源影响较小，输入滤波器的任务较轻；

②输出电压总是高于输入电压，当功率开关管被击穿短路时，不会出现输出电压过高而损坏负载的现象。

升压变换器的缺点：

输出侧的电流（指流经VD的i_{VD}）不连续，是脉冲电流，从而加重了输出滤波的任务。

4. 反相（Buck-Boost即降压—升压）式直流变换器

（1）工作原理

反相式直流变换器（简称反相变换器）的电路图如图3.20所示。与降压变换器相比，电路结构的不同点是储能电感L和续流二极管VD对调了位置。

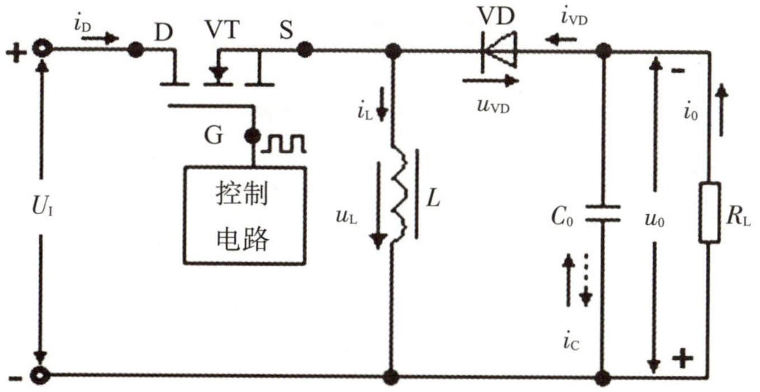

图3.20　反相变换器电路图

当控制电路有驱动脉冲输出时（t_{on}期间），功率开关管VT导通，输入直流电压U_I几乎全部加在储能电感L两端，其极性为上端正下端负，续流二极管VD反偏截止，电流从电源正端经VT和L流回电源负端，i_L按线性规律上升，L将电能转化为磁能储存起来。经过t_{on}时间后，控制电路无脉冲输出（t_{off}期间），使VT截止，L两端自感电势的极性变为下端正上端负，使VD导通，L所储存的磁能转化为电能释放出来，向负载R_L供电，并同时对滤波电容C_o充电，i_L按线性规律下降。经过t_{off}时间后，VT又受控导通，VD截止，L储能，已充电的C_o向负载R_L放电。经t_{on}时间后，VT受控截止，重复上述过程。开关周期$T=t_{on}+t_{off}$。由以上讨论可知，这种电路输出直流电压U_O的极性和输入直流电压U_I的极性是相反的，故称为反相式直流变换器或反相式开关电源。

假设L足够大而使电路工作于电感电流连续模式，C_o也足够大，则反相变换器的波形图如图3.21所示。在t_{on}期间，$u_{DS}=0$，L两端电压$u_L=U_I$（极性上端正下端负），VD阴极–阳极间电压$u_{VD}=U_I+u_o\approx U_I+U_O$；在$t_{off}$期间，$u_{VD}=0$，$u_L=-u_o\approx -U_O$（极性下端正上端负，与正方向相反），$u_{DS}=U_I+u_o\approx U_I+U_O$。

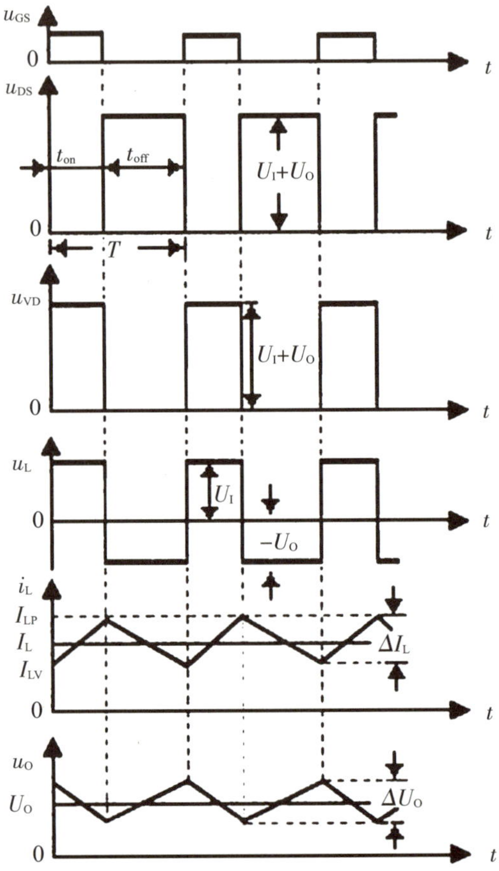

图3.21　反相变换器波形图

L中的电流平均值为I_L。根据电荷守恒定律，当电路处于稳态时，储能电感L在t_{off}期间所释放的电荷总量，等于负载R_L在一个周期（T）内所获得的电荷总量。即

$$I_L t_{off} = I_O T \tag{3.36}$$

$$\therefore I_L = \frac{T}{t_{off}} I_O = \frac{I_O}{1-D} \tag{3.37}$$

可见在反相变换器中，$I_L > I_O$。

输出电压瞬时值u_o等于滤波电容C_o两端的电压瞬时值。在VT导通、VD截止时（t_{on}期间），C_o放电，u_o有所下降；在VT截止、VD导通时（t_{off}期间），C_o充电，u_o有所

上升。因此，u_o波形如图3.21中所示（图中u_o脉动幅度有所夸张）。

（2）输出直流电压U_O

利用u_L波形图求得反相变换器电感电流连续模式的输出直流电压为

$$U_O = \frac{t_{on}}{t_{off}}U_I = \frac{D}{1-D}U_I \tag{3.38}$$

式中，D为占空比，$D=t_{on}/T$。

从式（3.38）可知：

当$t_{on}<t_{off}$时，$D<0.5$，$U_O<U_I$，电路属于降压式；

当$t_{on}=t_{off}$时，$D=0.5$，$U_O=U_I$；

当$t_{on}>t_{off}$时，$D>0.5$，$U_O>U_I$，电路属于升压式。

由此可见，这种电路的占空比D若能从小于0.5变到大于0.5，输出直流电压U_O就能由低于输入直流电压U_I变为高于输入直流电压U_I，所以反相式直流变换器又称为降压-升压式直流变换器，使用起来灵活方便。

（3）优缺点

反相变换器的优点：

①既可以降压，也可以升压；

②当功率开关管被击穿短路时，不会出现输出电压过高而损坏负载的现象。

反相变换器的缺点：

①在续流二极管截止期间，负载电流全靠滤波电容C_o放电来提供，因此带负载能力较差，稳压精度亦较差。这种电路输入电流（指VT的i_D）与输出侧的电流（指流经VD的i_{VD}）都是脉冲电流，从而加重了输入滤波和输出滤波的任务。

②功率开关管或续流二极管截止时，承受的电压较高，都等于U_I+U_O，因此对器件的耐压要求较高。

3.1.7.4　隔离型开关电源电路

隔离型开关电源又称隔离型直流变换器，按其电路结构的不同，可分为单端反激式、单端正激式、推挽式、全桥式和半桥式。

隔离型开关电源的基本工作过程是：输入直流电压，先通过功率开关管的通断把直流电压逆变为占空比可调的高频交变方波电压加在变压器初级绕组上，然后经过变压器变压、高频整流和滤波，输出所需直流电压。在这类开关电源中均有高频变压器，可以实现输出侧与输入侧之间的电气隔离。高频变压器的磁芯，通常采用铁氧体或铁基纳米晶合金（超微晶合金）。

1. 单端反激（Flyback）式直流变换器

（1）工作原理

单端反激式直流变换器（简称单端反激变换器）又称为单端反激式开关电源，电路图如图3.22（a）所示，简化电路如图3.22（b）所示。这种变换器由功率开关管VT、高频变压器T、整流二极管VD、输出滤波电容C_o、负载电阻R_L以及控制电路组成。变压器初级绕组为N_p、次级绕组为N_s，其同名端如图中所示，当VT导通时，VD截止。在这种电路中，变压器既起变压作用，又起储能电感的作用。所以，人们又把这种电路称为电感储能式变换器。

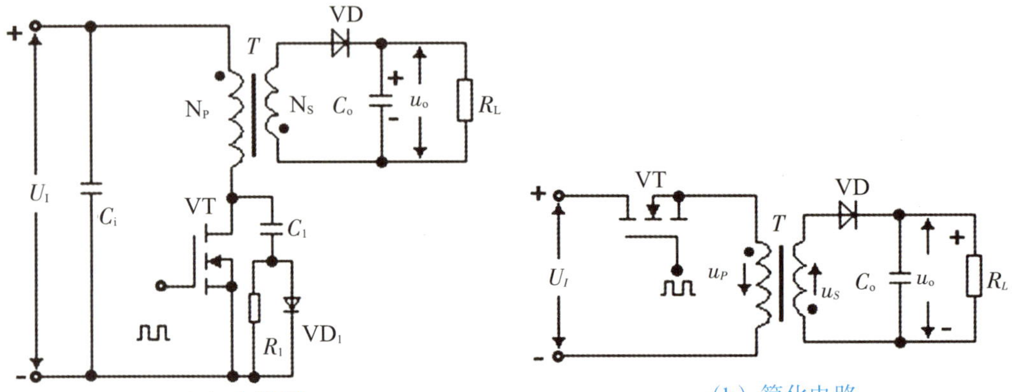

（a）电路图　　（b）简化电路

图3.22　单端反激变换器电路图

功率开关管VT的导通与截止由加于栅极−源极间的驱动脉冲电压（u_{GS}）控制，开关工作周期$T=t_{on}+t_{off}$。

t_{on}期间：

VT受控导通，忽略VT的压降，可近似认为输入直流电压U_I全部加在变压器初级绕组两端。变压器初级电压$u_p=U_I$，变压器次级电压为

$$u_s = \frac{u_p}{n} = \frac{U_I}{n} \tag{3.39}$$

式中，$n = \frac{u_p}{u_s} = \frac{N_p}{N_s}$，为变压器的变比，即变压器初、次级匝数比。

参看图3.22，此时变压器初级绕组的电压极性为上端正下端负，次级绕组的电压极性由同名端决定，为下端正上端负，故VD反向偏置而截止，次级绕组中无电流通过。由于变压器初级电压为

$$u_p = N_p\frac{d\varphi}{dt} = L_p\frac{di_p}{dt} = U_I \tag{3.40}$$

因此变压器初级绕组的电流（即VT的漏极电流）为

$$i_p = \int\frac{U_I}{L_p}dt = \frac{U_I}{L_p}t + I_{p0} \tag{3.41}$$

式中，L_p为变压器初级励磁电感；I_{p0}为初级绕组的初始电流。

由上式可知，在t_{on}期间i_p按线性规律上升，L_p储能。变压器初级绕组中的电流最大值I_{pm}出现在VT导通结束的$t=t_{on}$时刻，其值为

$$I_{pm}=\frac{U_I}{L_p}t_{on}+I_{p0} \tag{3.42}$$

L_P中的储能为

$$W_P=\frac{1}{2}I_{pm}^2L_p \tag{3.43}$$

该能量储存在变压器的励磁电感中，即储存在磁芯和气隙的磁场中。

t_{off}期间：

VT受控截止，变压器初级电感L_p产生感应电势反抗电流减小，使变压器初、次级电压反向（初级绕组电压极性变为下端正上端负，而次级绕组电压极性变为上端正下端负），于是VD正向偏置而导通，储存在磁场中的能量释放出来，对滤波电容C_o充电，并对负载R_L供电，输出电压等于C_o两端电压。假设电路已处于稳态，C_o足够大，使输出电压瞬时值u_o近似等于平均值——输出直流电压U_O，忽略VD的正向压降，则VD导通期间（t_{VD}）变压器次级电压为

$$u_s=N_s\frac{d\varphi}{dt}=L_s\frac{di_s}{dt}=-U_O \tag{3.44}$$

式中，L_s为变压器次级电感，它是变压器初级励磁电感折算到次级的量。这时变压器次级电压绝对值为U_O，上式中的负号表示电压方向与次级电压正方向（下端正上端负）相反。

由上式可解得变压器次级绕组中的电流为

$$i_s=I_{sm}-\frac{U_O}{L_s}t \tag{3.45}$$

当$t=0$时，$i_s=I_{sm}$。I_{sm}为变压器次级电流最大值，它出现在VT由导通变为截止的时刻，即VD由截止变为导通的时刻。由于变压器的磁势$\sum iN$不能突变，因此

$$I_{sm}=nI_{pm} \tag{3.46}$$

式中，n是变压器的变比。

设T为全耦合变压器，则储能为

$$\frac{1}{2}I_{pm}^2L_p=\frac{1}{2}I_{sm}^2L_s \tag{3.47}$$

用上式求得变压器次级电感L_s与变压器初级电感L_p的关系为

$$L_s=\frac{L_p}{n^2} \tag{3.48}$$

由i_s的解析式可知，在t_{off}期间，i_s按线性规律下降，其下降速率取决于U_O/L_s。L_s小

则i_s下降快，L_s大则i_s下降慢，而L_s与L_p值是密切关联的。在单端反激变换器中，变压器初级的临界电感值为L_{pc}，对应地变压器次级临界电感值为L_{sc}（$L_{sc}=L_{pc}/n^2$）。在$L_p<L_{pc}$（$L_s<L_{sc}$）和$L_p>L_{pc}$（$L_s>L_{sc}$）时，电路的波形图分别如图3.23（a）、（b）所示。

当$L_s<L_{sc}$时，如图3.23（a）所示，i_s下降较快，VT受控截止尚未结束，变压器的电感储能便释放完毕，变压器初、次级电压均变为零，使VD截止。VD的导通时间$t_{VD}<t_{off}$，变压器次级电流最小值$I_{s\min}=0$，相应地变压器初级初始电流$I_{p0}=0$。从VD开始导通到它截止的t_{VD}期间，变压器次级电压$u_s=-U_O$，初级电压$u_p=nu_s=-nU_O$，VT的漏-源电压$u_{DS}=U_I+nU_O$。VD截止后到t_{off}结束期间，$u_s=0$，$u_p=0$，$u_{DS}=U_I$。

当$L_s>L_{sc}$时，如图3.23（b）所示，i_s下降较慢。在t_{off}期末，即VT截止结束时，i_s尚未下降到零，i_s的最小值

$$I_{s\min}=I_{sm}-\frac{U_O}{L_s}t_{off}>0$$

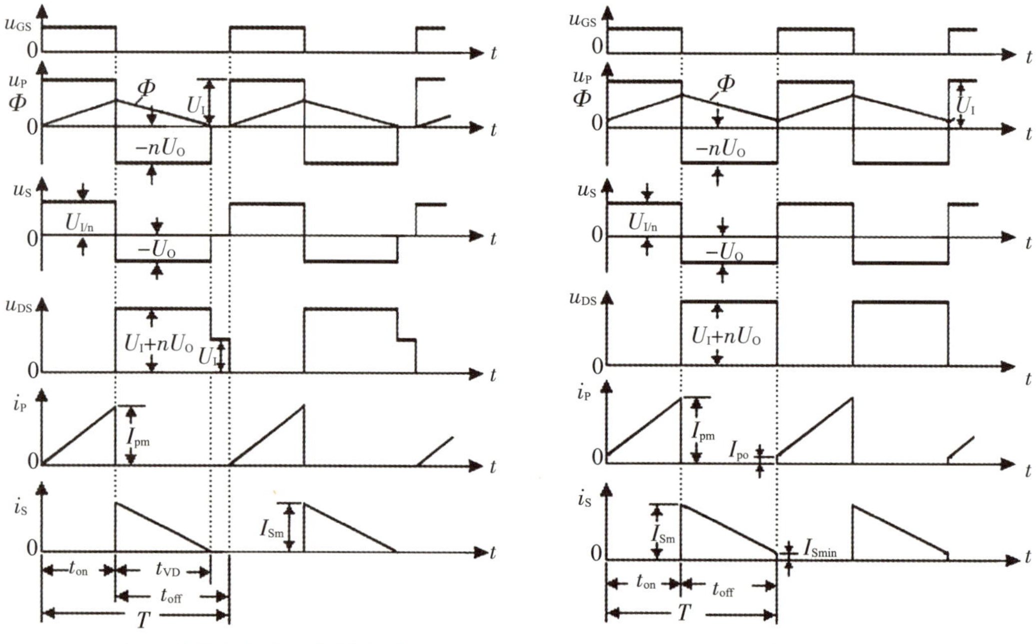

（a）励磁电感小于临界电感　　（b）励磁电感大于临界电感

图3.23　单端反激变换器波形图

但此刻VT再次受控导通，变压器初、次级电压反向，使VD加上反向电压而截止，另一个开关周期开始。因变压器的磁势$\sum iN$不能突变，故在VD截止、变压器次级电流由$I_{s\min}$突变为零的同时，变压器初级电流由零突变为初始电流

$$I_{p0}=\frac{I_{s\min}}{n} \tag{3.49}$$

显然，当$L_s>L_{sc}$时，$t_{VD}=t_{off}$，在整个t_{off}期间，$u_s=-U_O$，$u_p=-nU_O$，$u_{DS}=U_I+nU_O$。

当变压器电感为临界电感时（$L_p=L_{pc}$、$L_s=L_{sc}$），恰好在t_{off}结束的时刻i_s下降到零，相应地$I_{p0}=0$。也就是说，这时磁化电流（t_{on}期间的i_p和t_{off}期间的i_s）恰好连续而不间断。

t_{off}期间结束，又转入t_{on}期间。在t_{on}期间靠C_o放电供给负载电流。

由于这种变换器当功率开关管VT导通时，整流二极管VD截止，电源不直接向负载传送能量，而由变压器储能，当VT变为截止时，VD导通，储存在变压器磁场中的能量释放出来供给负载R_L和输出滤波电容C_o，因此称为反激式变换器。

图3.22（a）中，C_i用于输入滤波；C_1、R_1、VD_1为关断缓冲电路，用于对功率开关管进行保护，并吸收高频变压器漏感释放储能所引起的尖峰电压。

在VT由导通变为截止时，电容C_1经二极管VD_1充电，C_1的充电终了电压为$U_{C1}=U_I+nU_O$。由于电容电压不能突变，VT的漏-源电压被C_1两端电压钳制而有个上升过程，因此不会出现漏-源电压与漏极电流同时为最大值的情况，从而减小了瞬时尖峰功耗。C_1储存的能量为$C_1U^2_{C1}/2$。当VT由截止变为导通时，C_1经VT和R_1放电，其放电电流受R_1限制，电容C_1储存的能量大部分消耗在电阻R_1上。由此可见，在加入关断缓冲电路后，VT关断时的功率损耗，一部分从VT转移至缓冲电路中，VT承受的电压上升率和关断损耗下降，从而受到保护。但是，总的功耗并未减少。

此外，当VT由导通变为截止时，高频变压器漏感中储存的能量，也经VD_1向C_1充电，使漏感的di/dt值减小，因而变压器漏感释放储能所引起的尖峰电压受到一定抑制。

（2）变压器的磁通

由于变压器初级电压

$$u_p = N_p \frac{d\varphi}{dt} \tag{3.50}$$

因此变压器磁芯中的磁通为

$$\Phi = \int \frac{u_p}{N_p} dt \tag{3.51}$$

在VT导通的t_{on}期间

$$u_p = U_I \tag{3.52}$$

故

$$\Phi = \frac{U_I}{N_p} t + \Phi_0 \tag{3.53}$$

式中，Φ_0为磁通初始值。

由此可见，在t_{on}期间，Φ按线性规律上升，最大磁通为

$$\Phi_{\mathrm{m}}=\frac{U_{\mathrm{I}}}{N_{\mathrm{p}}}t_{\mathrm{on}}+\Phi_0 \tag{3.54}$$

磁通增量为正增量

$$\Delta\Phi_{(+)}=\frac{U_{\mathrm{I}}}{N_{\mathrm{p}}}\Delta t=\frac{U_{\mathrm{I}}}{N_{\mathrm{p}}}t_{on} \tag{3.55}$$

在VD导通的t_{VD}期间

$$u_{\mathrm{p}}=-nU_{\mathrm{O}} \tag{3.56}$$

可求得此期间

$$\Phi=\Phi_{\mathrm{m}}-\frac{nU_{\mathrm{O}}}{N_{\mathrm{p}}}t \tag{3.57}$$

Φ按线性规律下降，磁通增量为负增量

$$\Delta\Phi_{(-)}=-\frac{nU_{\mathrm{O}}}{N_{\mathrm{p}}}\Delta t=-\frac{nU_{\mathrm{O}}}{N_{\mathrm{p}}}t_{\mathrm{VD}} \tag{3.58}$$

在稳态情况下，一周期内磁通的正增量$\Delta\Phi_{(+)}$必须与负增量的绝对值$|\Delta\Phi_{(-)}|$相等，称为磁通的复位。磁通复位是单端变换器必须遵循的一个原则。在单端变换器中，磁通Φ只工作在磁滞回线的一侧（第一象限），假如每个开关周期结束时Φ没有回到周期开始时的值，则Φ将随周期的重复而渐次增加，导致磁芯饱和，于是VT导通时磁化电流很大（即漏极电流i_{D}很大），造成功率开关管损坏。因此，每个开关周期结束时的磁通必须回复到原来的起始值，这就是磁通复位的原则。

（3）输出直流电压U_{O}

①磁化电流连续模式

当$L_{\mathrm{p}}\geqslant L_{\mathrm{pc}}$（$L_{\mathrm{s}}\geqslant L_{\mathrm{sc}}$）时，磁化电流连续。

忽略变压器线圈电阻，变压器上应直流电压为零，即变压器初级电压u_{p}（或次级电压u_{s}）的平均值应为零。也就是说，波形图上u_{p}波形在t_{on}期间与时间t轴所包络的正向面积，应和它在t_{off}期间与时间t轴所包络的负向面积相等。由图3.23（b）中的u_{p}波形图可得

$$U_{\mathrm{I}}t_{\mathrm{on}}=nU_{\mathrm{O}}t_{\mathrm{off}} \tag{3.59}$$

因此，单端反激变换器磁化电流连续模式的输出直流电压为

$$U_{\mathrm{O}}=\frac{U_{\mathrm{I}}t_{\mathrm{on}}}{nt_{\mathrm{off}}}=\frac{DU_{\mathrm{I}}}{n(1-D)} \tag{3.60}$$

式中，$D=\frac{t_{\mathrm{on}}}{T}$，为占空比；$n=\frac{N_{\mathrm{p}}}{N_{\mathrm{s}}}$，为变压器的变比。

这时输出直流电压取决于占空比D、变压器的变比n和输入直流电压U_I，同负载轻重几乎无关。

②磁化电流不连续模式

当$L_p<L_{pc}$（$L_s<L_{sc}$）时，磁化电流不连续。整流二极管VD的导通时间$t_{VD}<t_{off}$，因此需要用与上面不同的方法来求得U_O值。

已知功率开关管VT导通期间变压器电感中储存的能量为

$$W_p = \frac{1}{2}I_{pm}^2 L_p \tag{3.61}$$

在$L_p<L_{pc}$时，初始电流$I_{p0}=0$，故

$$I_{pm} = \frac{U_I}{L_p}t_{on} \tag{3.62}$$

因此

$$W_p = \frac{U_I^2 t_{on}^2}{2L_p} \tag{3.63}$$

其功率为

$$P = \frac{W_p}{T} = \frac{U_I^2 t_{on}^2}{2L_p T} \tag{3.64}$$

负载功率为

$$P_O = \frac{U_O^2}{R_L} \tag{3.65}$$

理想情况下，效率为100%，变压器在功率开关管导通期间所储存的能量，全部转化为供给负载的能量。即

$$P=P_O$$

由此求得单端反激变换器磁化电流不连续模式的输出直流电压为

$$U_O = U_I t_{on}\sqrt{\frac{R_L}{2L_p T}} \tag{3.66}$$

可见在励磁电感小于临界电感的条件下，如果U_I、t_{on}、T和L_P不变，输出直流电压U_O随负载电阻R_L增大而增大，当负载开路（$R_L\to\infty$）时，U_O将会升得很高；功率开关管在截止时，$u_{DS}=U_I+nU_O$也将很高，可能击穿损坏。因此，应注意反激变换器不要让负载开路。在输出滤波电容C_o两端并联一只大约流过1%额定输出电流的泄放电阻（死负载），使单端反激式直流变换器实际上不会空载，可以防止产生过电压。闭环时（接通负反馈自动控制），如果电路的稳压性能良好，在负载电阻R_L增大时，占空比D会自动调小，即t_{on}减小，从而使U_O保持稳定。

（4）性能特点

①利用高频变压器初、次级绕组间电气绝缘的特点，当输入直流电压U_I是由交流电网电压直接整流滤波获得时，可以方便地实现输出端和电网之间的电气隔离。

②能方便地实现多路输出。只需在变压器上多绕几组次级绕组，相应地多用几只整流二极管和滤波电容，就能获得不同极性、不同电压值的多路直流输出电压。

③保持占空比D在最佳范围内的情况下，可适当选择变压器的变比n，使开关电源满足对输入电压变化范围的要求。

例：某单端反激变换器应用在无工频变压器开关整流器中做辅助电源，用交流电源电压直接整流滤波获得输入直流电压U_I，交流电压变化范围为143～297V，要求占空比D的变化范围在0.2～0.4，验证能否实现输出电压U_O=15V保持不变。

解：由式（3.60）可得

$$U_I = \frac{n(1-D)}{D}U_O$$

设变压器的变比$n=N_P/N_S=6$，并将$D=0.2$及$D=0.4$分别代入上式，得

$$U_{I(max)} = \frac{6\times(1-0.2)}{0.2}\times 15 = 360V$$

$$U_{I(min)} = \frac{6\times(1-0.4)}{0.4}\times 15 = 135V$$

单相桥式整流电容滤波电路，其输出直流电压U_I与输入交流电压有效值U_{AC}之间的关系式为

$$U_I=1.2U_{AC}$$

故：$U_{AC(max)} = \frac{U_{I(max)}}{1.2} = \frac{360}{1.2} = 300V$

$$U_{AC(min)} = \frac{U_{I(min)}}{1.2} = \frac{135}{1.2} = 113V$$

由此可见，选变比$n=6$，在$D=0.2$～0.4，交流电压有效值在113～300V变化，可以保持输出直流电压U_O=15V不变，所以交流电源电压变化范围143～297V完全能够满足U_O=15V不变的要求。

以上①～③是各种隔离型开关电源电路共有的优点，以后不再重述。

④单端反激变换器抗扰性强。由于VT导通时VD截止，VT截止时VD导通，能量传递经过磁的转换，因此通过电网窜入的电磁骚扰不能直接进入负载。

⑤单端反激变换器功率开关管在截止期间承受的电压较高。

当$L_p \geqslant L_{pc}$（$L_s \geqslant L_{sc}$）时，功率开关管VT截止期间的漏–源电压为

$$U_{DS}=U_I+nU_O=\frac{U_I}{1-D} \tag{3.67}$$

占空比D越大，功率开关管截止期间的U_{DS}就越高。在无工频变压器开关电源中，由于我国交流市电电压U_{AC}为220V，因此整流滤波后的直流电压U_I=（1.2～1.4）U_{AC}，约300V，若占空比D=0.5，则$U_{DS}=2U_I\approx 600$V；假如D=0.9，则$U_{DS}\approx 3000$V。考虑到目前功率开关管大多耐压在1000V以下，在设计无工频变压器开关电源中的单端反激变换器时，通常选取占空比$D<0.5$。

⑥单端反激变换器在隔离型直流变换器中结构最简单，但只能由变压器励磁电感中的储能来供给负载，故主要适用于输出功率较小的场合，常在开关整流器中用作辅助电源。

⑦单端变换器的变压器，磁通Φ只工作在磁滞回线的一侧，即第一象限。为防止磁芯饱和，使励磁电感在整个周期中基本不变，应在磁路中加气隙。反激变换器的气隙较大，杂散磁场较强，需要加强屏蔽措施，以减小电磁骚扰。

2. 单端正激（Forward）式直流变换器

单端正激式直流变换器（简称单端正激变换器）又称为单端正激式开关电源。既可采用单个晶体管，也可采用双晶体管。

双晶体管单端正激变换器的电路图如图3.24所示。功率开关管VT_1和VT_2受控同时导通或截止，但两个栅极驱动电路必须绝缘。高频变压器T初级绕组N_p、次级绕组N_s的同名端如图中所示。当储能电感L的电感量足够大而使电感电流（i_L）连续时，电路的波形图如图3.25所示。

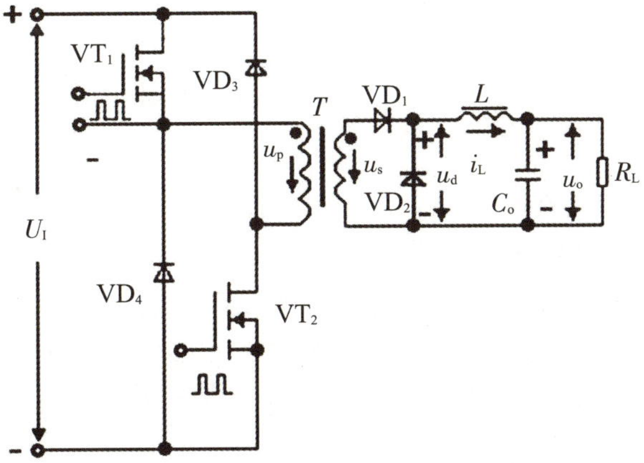

图3.24　双晶体管单端正激变换器电路图

在t_{on}期间，VT_1和VT_2导通，变压器初、次级绕组电压极性均为上端正下端负，$u_p=U_I$，$u_s=U_I/n$，整流二极管VD_1导通，电源向负载传送能量；同时高频变压器中励磁电感L_p储能，储能电感L也储能；变压器初级绕组电流$i_p=i_L/n+i_j\approx I_o/n+i_j$($i_j=U_I\,t/L_p$，是变压器的磁化电流，按线性规律上升，其最大值为$I_{jm}$)。在$t_{off}$期间，$VT_1$和$VT_2$截止，

VD_1承受反压也截止，续流二极管VD_2导通，L中的储能释放出来供给负载。输出滤波电容C_o用于降低输出电压的脉动。

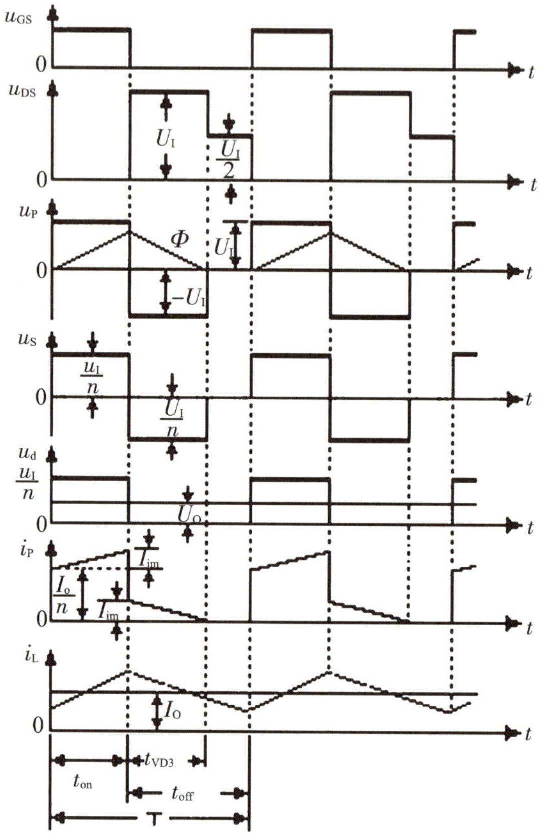

图3.25　双晶体管单端正激变换器波形图

由于这种变换器在功率开关管导通的同时电源向负载传送能量，因此称为正激式变换器。

VD_3和VD_4用于实现磁通复位，并起钳位作用。在t_{on}期间它们承受反压（其值为U_I）而截止；当VT_1和VT_2受控由导通变为截止时，变压器初、次级绕组电压极性均变为下端正上端负，VD_3和VD_4正向偏置而导通，变压器励磁电感L_p中的储能经VD_3和VD_4回送给电源。忽略VD_3和VD_4的正向压降，在变压器励磁电感储能释放过程中，$u_p=-U_I$（负号表示电压极性与规定正方向相反），VT_1和VT_2的漏–源极间电压$u_{DS}=U_I$，变压器初级绕组N_p中的电流i_p按线性规律下降

$$i_p = I_{jm} - \frac{U_I}{L_p}t = \frac{U_I}{L_p}(t_{on} - t) \tag{3.68}$$

在上式中，当VT_1和VT_2刚由导通变为截止时，$t=0$，$i_p=I_{jm}=\frac{U_I}{L_p}t_{on}$；当变压器励磁

电感储能释放完毕时，$i_p=0$，对应地$t=t_{VD3}=t_{on}$，即VD_3和VD_4的导通持续时间t_{VD3}在量值上等于t_{on}。为了保证磁通复位，必须$t_{off}\geqslant t_{VD3}=t_{on}$，也就是说，必须占空比$D\leqslant 0.5$。在$t_{VD3}$结束至$t_{off}$期末这段时间，变压器励磁电感的储能已经释放完毕而$VT_1$和$VT_2$尚未受控导通，变压器初、次级绕组的电压均为零，$VT_1$和$VT_2$的$u_{DS}=U_I/2$。

在单端正激变换器中，变压器励磁电感的储能不用于供给负载，故磁化电流应相当小（$I_{jm}<<I_O/n$），变压器磁芯中的气隙也就较小。

从图3.24看出，由于L上的直流电压为零，因此输出直流电压U_O等于u_d的平均值。利用u_d波形图可求得单端正激变换器电感电流（i_L）连续模式的输出直流电压为

$$U_O=\frac{DU_I}{n} \tag{3.69}$$

式中，$D=\frac{t_{on}}{T}$，为占空比，必须$D\leqslant 0.5$；$n=\frac{N_p}{N_s}$，为变压器的变比。

如前所述，单端正激变换器中的整流二极管VD_1，在功率开关管导通时导通，功率开关管截止时截止。若把整流二极管VD_1看成输出回路中的功率开关，把高频变压器次级绕组电压$u_s=U_I/n$看成输出回路的输入电压，则单端正激变换器的输出回路不仅在电路形式上和降压变换器的主回路一样，而且工作原理也相同。

采用单个晶体管的单端正激变换器如图3.26所示。图中N_F是变压器中的去磁绕组，通常这个绕组和初级绕组的匝数相等，即$N_F=N_P$，并且保持紧耦合，它和储能反馈二极管VD_3用以实现磁通复位（VD_3在VT由导通变截止后导通），N_F和VD_3绝不可少。这种电路的U_O仍用式（3.69）计算，同样必须满足$D\leqslant 0.5$；但当功率开关管VT截止时，在VD_3导通期间，漏–源极间电压$U_{DS}=2U_I$；VD_3截止后，$U_{DS}=U_I$。

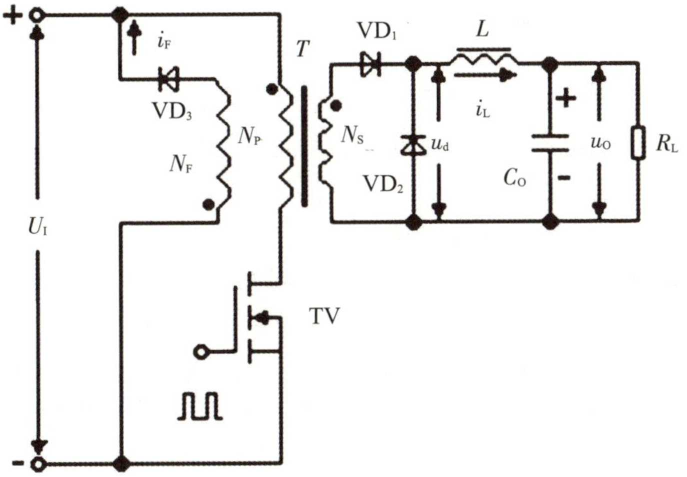

图3.26　单晶体管单端正激变换器电路图

在实际应用中，单端正激变换器采用双晶体管电路的比较多。

单端正激变换器具有类似降压变换器的输出电压脉动小、带负载能力强等优点。但高频变压器磁芯仅工作在磁滞回线的第一象限，其利用率较低。

3. 推挽（Push-Pull）式直流变换器

单端直流变换器不论是正激式还是反激式，其共同的缺点是高频变压器的磁芯只工作于磁滞回线的一侧（第一象限），磁芯的利用率较低，且磁芯易于饱和。双端直流变换器的磁芯是在磁滞回线的一、三象限工作，因此磁芯的利用率高。双端直流变换器有推挽式、全桥式和半桥式三种，先讨论推挽式。

（1）工作原理

推挽式直流变换器（简称推挽变换器）又称推挽式开关电源，电路图如图3.27所示。VT_1和VT_2为特性一致、受驱动脉冲控制而轮流工作的功率开关管，每管每次导通的时间小于0.5周期；T为高频变压器，初级绕组$N_{p1}=N_{p2}=N_p$，次级绕组$N_{s1}=N_{s2}=N_s$；VD_1和VD_2为整流二极管，L为储能电感，C_o为输出滤波电容。电路是对称的。

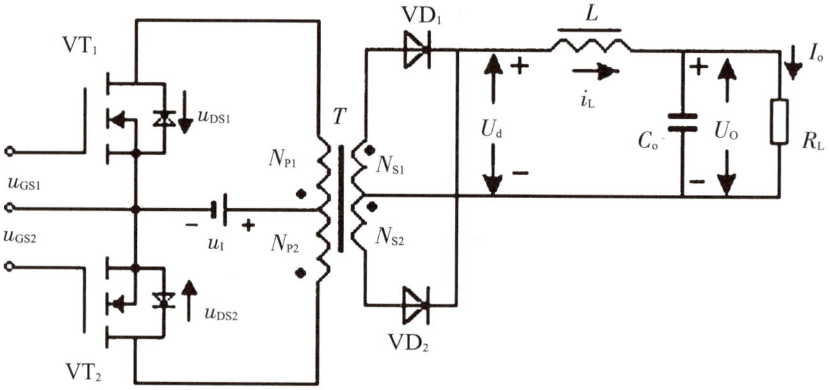

图3.27　推挽变换器电路图

假设功率开关管和整流二极管都为理想器件，L和C_o均为理想元件，高频变压器为全耦合变压器，储能电感L的电感量足够大而使电路工作于电感电流（i_L）连续模式，则波形图如图3.28所示。

VT_1栅极—源极间的驱动脉冲电压为u_{GS1}，VT_2栅极—源极间的驱动脉冲电压为u_{GS2}，彼此相差半周期，其脉冲宽度$t_{on1}=t_{on2}=t_{on}$。电路稳定工作后，工作过程及原理如下。

①VT_1导通、VT_2截止

在t_{on1}期间，VT_1受控导通，VT_2截止。输入直流电压U_I经VT_1加到变压器初级N_{p1}绕组两端，VT_1的D、S极间电压$u_{DS1}=0$，N_{p1}上的电压$u_{p1}=U_I$，极性是下端正上端负。因$N_{p1}=N_{p2}$，故N_{p2}上的电压$u_{p2}=u_{p1}$，u_{p2}的极性由同名端判定，也是下端正上端负。即变压器初级电压为

$$u_p=u_{p1}=u_{p2}=L_p\frac{di_j}{dt}=N_p\frac{d\varphi}{dt}=U_I \tag{3.70}$$

这时VT_2的D、S极间电压$u_{DS2}=2U_I$，即截止管承受两倍的电源电压。

变压器次级绕组N_{s1}上的电压为u_{s1}，N_{s2}上的电压为u_{s2}。变压器次级电压为

$$u_s = u_{s1} = u_{s2} = \frac{N_s}{N_p}u_p = \frac{U_I}{n} \tag{3.71}$$

式中，$n=N_p/N_s$，为变压器的变比，即初、次级匝数比。

由同名端判定，此时u_{s1}和u_{s2}的极性都是上端正下端负，因此整流二极管VD_1导通，VD_2截止，它承受的反向电压为$2U_I/n$。储能电感L两端电压$u_L= U_I/n -U_O$，极性是左端正右端负，流过L的电流i_L（同时也是N_{s1}绕组的电流i_{s1}）按线性规律上升，L储能。与此同时，电源向负载传送能量。

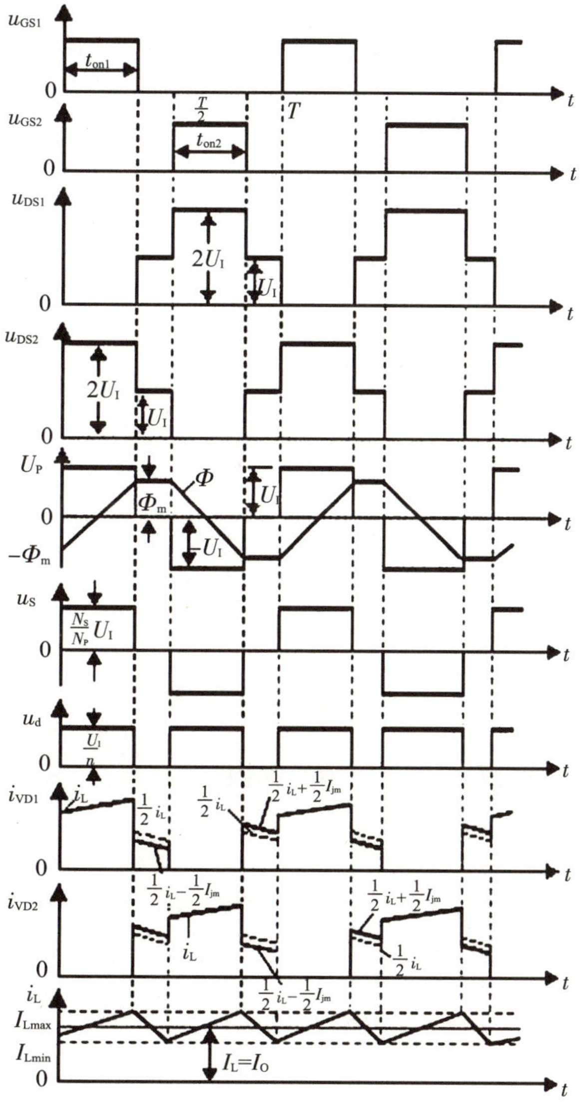

图3.28　推挽变换器波形图

t_{on1}期间变压器中磁通Φ按线性规律上升，由$-\Phi_m$升至$+\Phi_m$，在$t_{on1}/2$处过零点。当t_{on1}结束时，N_{p1}绕组中的磁化电流升至最大值I_{jm}。

②VT_1和VT_2均截止

在t_{on1}结束到t_{on2}开始之前，VT_1和VT_2均截止。当$t=t_{on1}$时，VT_1由导通变为截止，N_{p1}绕组中的电流由$i_{p1}=i_{s1}'+I_{jm}$变为零（其中i_{s1}'是负载电流分量，即变压器次级电流i_{s1}折算到初级的电流值，$i_{s1}'=i_LN_s/N_p$，变压器初级磁化电流的最大值I_{jm}通常在折算到初级的额定负载电流的10%以下）。只要磁化电流最大值小于负载电流分量，则从t_{on1}结束到t_{on2}开始前，变压器中励磁磁势（安匝）不变，使磁通保持Φ_m不变，即$d\Phi/dt=0$，于是变压器各绕组的电压都为零。VT_1和VT_2承受的电压均为电源电压，即$u_{DS1}=u_{DS2}=U_I$。

在此期间，储能电感L向负载释放储能，i_L按线性规律下降，u_L的极性变为右端正左端负，整流二极管VD_1和VD_2都正向偏置而导通，同时起续流二极管的作用，这时$u_L=-U_O$。流过VD_1的电流（即N_{S1}中的电流）为

$$i_{VD1}=i_{s1}=\frac{i_L}{2}-\frac{I'_{jm}}{2} \tag{3.72}$$

流过VD_2的电流（即N_{S2}中的电流）为

$$i_{VD2}=i_{s2}=\frac{i_L}{2}+\frac{I'_{jm}}{2} \tag{3.73}$$

变压器的磁势为

$$\sum i_sN_s=(i_{s2}-i_{s1})N_s=I'_{jm}N_s \tag{3.74}$$

在电感电流连续模式，该磁势与$t=t_{on1}$时变压器初级励磁磁势相等，即

$$I'_{jm}N_s=I_{jm}N_p \tag{3.75}$$

可得变压器次级磁化电流最大值

$$I'_{jm}=\frac{N_p}{N_s}I_{jm}=nI_{jm} \tag{3.76}$$

由变压器的结构原理可知，在此期间要磁通保持Φ_m不变，必须是$i_{VD2}>i_{VD1}$，并且二者之差等于I_{jm}'。而i_{VD1}与i_{VD2}之和等于i_L。

③VT_2导通、VT_1截止

在t_{on2}期间，VT_2受控导通，VT_1仍然截止。输入电压U_I经VT_2加到变压器初级N_{p2}绕组两端，变压器初级电压极性为上端正下端负，与t_{on1}期间的极性相反

$$u_p=u_{p2}=u_{p1}=L_p\frac{di_j}{dt}=N_p\frac{d\varphi}{dt}=-U_I \tag{3.77}$$

此时$u_{DS2}=0$，而$u_{DS1}=2U_I$；变压器次级电压为

$$u_s = u_{s2} = u_{s1} = -\frac{U_I}{n} \tag{3.78}$$

其极性是下端正上端负，因此整流二极管VD_2导通，VD_1截止，它承受的反向电压为$2U_I/n$；$u_L = U_I/n - U_O$，极性又变为左端正右端负，i_L（同时也是N_{S2}绕组的电流i_{s2}）按线性规律上升，L储能，同时电源向负载传送能量。

t_{on2}期间，变压器中磁通Φ按线性规律下降，由$+\Phi_m$降至$-\Phi_m$，在$t_{on2}/2$处过零点。当t_{on2}结束时，N_{p2}绕组中的励磁电流为$-I_{jm}$。

④VT_2和VT_1均截止

在t_{on2}结束至下一个周期t_{on1}开始之前，VT_2和VT_1均截止。在t_{on2}结束的瞬间，VT_2由导通变为截止，N_{p2}绕组中的电流由$i_{p2}=-(i_{s2}'+I_{jm})$变为零。若磁化电流最大值小于负载电流分量，则从t_{on2}结束到下个周期开始前，变压器励磁磁势维持不变，使磁通保持$-\Phi_m$不变，因此变压器各绕组电压都为零，$u_{DS1}=u_{DS2}=U_I$。

在此期间，L对负载释放储能，VD_1和VD_2都导通，其电流为

$$i_{VD1} = i_{s1} = \frac{i_L}{2} + \frac{I'_{jm}}{2} \tag{3.79}$$

$$i_{VD2} = i_{s2} = \frac{i_L}{2} - \frac{I'_{jm}}{2} \tag{3.80}$$

此时变压器的磁势为

$$\sum i_s N_s = (i_{s2} - i_{s1})N_s = -I'_{jm}N_s \tag{3.81}$$

它与t_{on2}结束瞬间的变压器初级励磁磁势相等，即

$$-I'_{jm}N_s = -I_{jm}N_p \tag{3.82}$$

这种电路每周期都按上述四个过程工作，不断循环。滤波前的输出电压瞬时值为u_d，忽略整流二极管的正向压降，在t_{on1}和t_{on2}期间，$u_d=U_I/n$，其余时间$u_d=0$。

需要指出，图3.28是理想波形图，实际有关电压、电流波形如图3.29所示。在开关的暂态过程中，当功率开关管开通时，由于变压器次级在整流二极管反向恢复时间内所造成的短路，漏极电流将出现尖峰；在功率开关管关断时，尽管当负载电流较大时变压器中励磁磁势不变，使主磁通保持Φ_m或$-\Phi_m$不变，但高频变压器的漏磁通下降，漏感仍将释放它的储能，在变压器绕组上，相应地在功率开关管漏—源稳态截止电压上，会出现电压尖峰，经衰减振荡变为终值。

（2）防止“共同导通”

功率开关管有个动态参数叫“存储时间”t_s。对双极型晶体管而言，它是指消散晶体管饱和导通时储存于集电结两侧的过量电荷所需要的时间；对VMOS场效应晶体管而言，则是对应于栅极电容存储电荷的消散过程。由于存储时间的存在，在驱动脉冲结束后，晶体管要延迟一段时间才开始关断，使晶体管的导通持续时间大于驱动脉冲

宽度t_{on}。若晶体管导通持续时间超过工作周期的一半，则该晶体管尚未关断而另一个晶体管已经得到驱动脉冲而导通，一对晶体管将在一段时间里共同导通，使变压器合成磁通为零而相当于短路，这时晶体管电流大、电压高、耗散功率很大，将会烧坏。

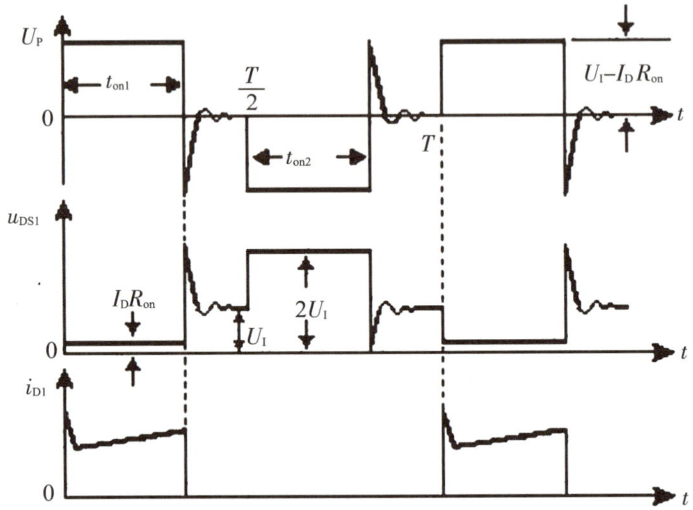

图3.29　推挽变换器实际电压、电流波形

在推挽式等双端直流变换器中，为了防止“共同导通”，要求功率开关管的存储时间t_s尽可能地小；同时，必须限制驱动脉冲的最大宽度，以保证轮换导通的晶体管在开关工作中有共同截止的时间。驱动脉冲宽度在半个周期中达不到的区域称为“死区”。在提供驱动脉冲的控制电路中，必须设置适当宽度的“死区”——驱动脉冲的死区时间要大于功率开关管的“关断时间”：t_s+t_f（其中t_f是漏极电流下降沿从幅值的90%下降到幅值的10%所需时间），并有一定的余量。正因为如此，图3.27中VT_1和VT_2每管每次导通的时间小于0.5周期。

（3）输出直流电压U_O

见图3.28，每个功率开关管的工作周期为T，然而输出回路中滤波前方波脉冲电压u_d的重复周期为$T/2$。输出直流电压U_O等于u_d的平均值，由u_d波形图求得推挽变换器电感电流（i_L）连续模式的输出直流电压为

$$U_O=\frac{\frac{U_I}{n}t_{on}}{\frac{T}{2}} \tag{3.83}$$

每个功率开关管的导通占空比为

$$D=\frac{t_{on}}{T} \tag{3.84}$$

滤波前输出方波脉冲电压的占空比为

$$D_O=\frac{t_{on}}{\frac{T}{2}}=\frac{2t_{on}}{T}=2D \tag{3.85}$$

$$\therefore U_O=\frac{D_O U_I}{n}=\frac{2DU_I}{n} \tag{3.86}$$

U_O的大小通过改变占空比来调节。为了防止“共同导通”，必须$D<0.5$、$D_O<1$。输出直流电流$I_O=\frac{U_O}{R_L}$，与i_L的平均值相等。

（4）优缺点

推挽变换器的优点：

①同单端直流变换器比较，变压器磁芯利用率高，输出功率较大，输出纹波电压较小；

②两只功率开关管的源极是连在一起的，两组栅极驱动电路有公共端而无须绝缘，因此驱动电路较简单。

推挽变换器的缺点：

①高频变压器每一初级绕组仅在半周期以内工作，故变压器绕组利用率低；

②功率开关管截止时承受2倍电源电压，因此对功率开关管的耐压要求高；

③存在“单向偏磁”问题，可能导致功率开关管损坏。

尽管选用功率开关管时两管是配对的，但在整个工作温度范围内，两管的导通压降、存储时间等不可能完全一样，这将造成变压器初级电压正负半周波形不对称。例如，两管导通压降不同将引起正负半周波形幅度不对称，两管存储时间不同将引起正负半周波形宽度不对称。只要变压器的正负半周电压波形稍有不对称（即正负半周“伏·秒”积绝对值不相等），磁芯中便产生“单向偏磁”，形成直流磁通。虽然开始时直流磁通不大，但经过若干周期后，就可能使磁芯进入饱和。一旦磁芯饱和，则变压器励磁电感减至很小，从而使功率开关管承受很大的电流、电压，耗散功率增大，管温升高，最终导致功率开关管损坏。

解决单向偏磁问题较为简便的措施，一是采用电流型PWM集成控制器使两管电流峰值自动均衡；二是在变压器磁芯的磁路中加适当气隙，用以防止磁芯饱和。

推挽式直流变换器用一对功率开关管就能获得较大的输出功率，适宜在输入电源电压较低的情况下应用。

4. 全桥（Full-Bridge）式直流变换器

（1）工作原理

全桥式直流变换器（简称全桥变换器）又称全桥式开关电源，电路图如图3.30所示。特性一致的功率开关管VT_1、VT_2、VT_3和VT_4组成桥的四臂，高频变压器T的初级绕组接在它们中间。对角线桥臂上的一对功率开关管VT_1、VT_4或VT_2、VT_3，受栅极驱动脉冲电压的控制而同时导通或截止，驱动脉冲应有死区，每一对功率开关管的导通时间小于0.5周期；VT_1、VT_4和VT_2、VT_3轮流通断，彼此间隔半周期。图中C为耦合电容，它能阻隔直流分量，用以防止变压器产生单向偏磁，提高电路的抗不平衡能力（采用电流型PWM集成控制器时可以不接C）。$VD_1 \sim VD_4$对应为$VT_1 \sim VT_4$的寄生二极管。变压器次级输出回路的接法同推挽式直流变换器完全一样。理想情况下电感电流连续模式的波形图如图3.31所示。

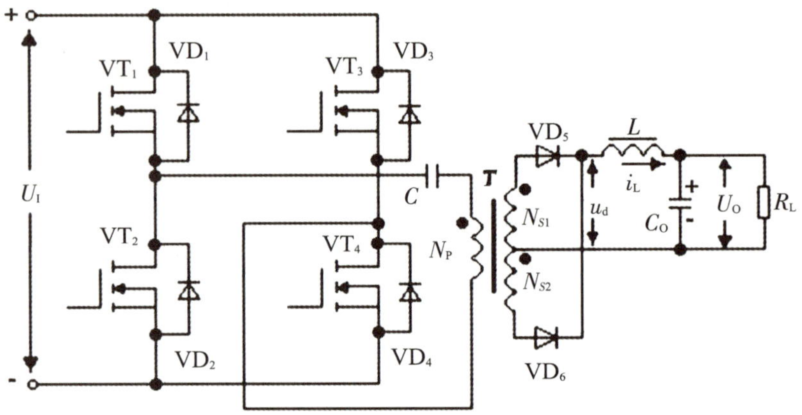

图3.30　全桥变换器电路图

在t_{on1}期间，VT_1和VT_4受控同时导通，VT_2和VT_3截止。电流回路为：$U_{I(+)} \to VT_1 \to C \to N_p \to VT_4 \to U_{I(-)}$。忽略$VT_1$、$VT_4$的压降以及$C$上的压降，变压器初级绕组电压$u_p=U_I$，其极性是上端正下端负。$VT_2$和$VT_3$的D、S极间电压分别等于$U_I$。变压器磁通$\Phi$由$-\Phi_m$上升至$+\Phi_m$，在$t_{on1}/2$处过零点。变压器次级电压的极性由同名端决定，亦上端正下端负，此时整流二极管VD_5导通、VD_6反偏截止，储能电感L储能。

从t_{on1}结束到t_{on2}开始前，$VT_1 \sim VT_4$都截止，$u_p=0$，每个功率开关管的D、S极间电压都为$U_I/2$。这时L释放储能，VD_5和VD_6都导通，同时起续流作用；$\sum i_s N_s=I_{jm}N_p$，维持变压器中磁势不变，使磁通保持Φ_m不变。

在t_{on2}期间，VT_2和VT_3受控同时导通，VT_1和VT_4截止。电流回路为：$U_{I(+)} \to VT_3 \to N_p \to C \to VT_2 \to U_{I(-)}$。忽略$VT_2$、$VT_3$的压降以及$C$的压降，$u_P=-U_I$，其极性是下端正上端负。$VT_1$和$VT_4$的D、S极间电压分别等于$U_I$。变压器磁通$\Phi$由$+\Phi_m$下降至$-\Phi_m$，在$t_{on2}/2$处过零点。在变压器次级回路中，$VD_6$导通，$VD_5$反偏截止，$L$又储能。

从t_{on2}结束到下个周期t_{on1}开始前，$VT_1 \sim VT_4$都截止，$u_p=0$，每个功率开关管的D、S极间电压都为$U_I/2$。这时L释放储能，VD_5和VD_6都导通，同时起续流作用；$\sum i_s N_s=-I_{jm}N_p$，维持变压器中磁势不变，使磁通保持$-\Phi_m$不变。

$t_{on1}=t_{on2}=t_{on}$，在变压器初级绕组上形成正负半周对称的方波脉冲电压，它传递到次级，经VD_5、VD_6整流后得到滤波前的输出电压u_d，忽略整流二极管的正向压降，在t_{on1}和t_{on2}期间$u_d=U_I/n$，其余时间$u_d=0$。u_d经L和C_o滤波，向负载供给平滑的直流电。

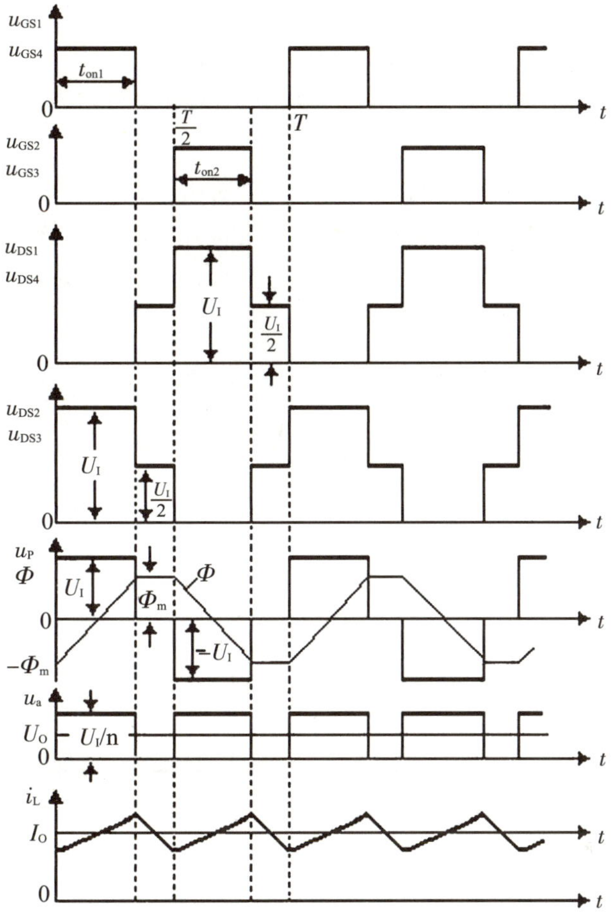

图3.31　全桥变换器波形图

图3.30中与功率开关管反并联的寄生二极管$VD_1 \sim VD_4$，在换向时起钳位作用：为高频变压器提供能量反馈通路、抑制尖峰电压。例如，当VT_1、VT_4由导通变截止时，尽管高频变压器的主磁通保持不变，但变压器的漏磁通下降，漏感释放储能，在N_p绕组上产生与VT_1、VT_4导通时极性相反的感应电压，这个下端正上端负的感应电压，使VD_3和VD_2导通，电流回路为：N_p（下）$\rightarrow VD_3 \rightarrow U_{I(+)} \rightarrow U_{I(-)} \rightarrow VD_2 \rightarrow C \rightarrow N_p$（上），漏感储能回送给电源，$u_p$被钳制为$-U_I$；这时$u_{DS2} \approx 0$，$u_{DS3} \approx 0$，$u_{DS1} \approx U_I$，$u_{DS4} \approx U_I$。当$VT_2$、$VT_3$由导通变截止时，高频变压器的漏感也要释放储能，在$N_p$绕组上产生与$VT_2$、$VT_3$导通时极性相反的感应电压，此上端正下端负的感应电压使VD_1和VD_4导通，电流回路为：N_p（上）$\rightarrow C \rightarrow VD_1 \rightarrow U_{I(+)} \rightarrow U_{I(-)} \rightarrow VD_4 \rightarrow N_p$（下），漏感储能又回送给电源，$u_p$被钳制为$U_I$；此时$u_{DS1} \approx 0$，$u_{DS4} \approx 0$，$u_{DS2} \approx U_I$，$u_{DS3} \approx U_I$。寄生二极管的导通持续时间，等于漏感放完储能所需时间，这个时间应很短。

此外，如果变换器突然失去负载，在$VT_1 \sim VT_4$都变为截止时，因变压器保持磁势不变的条件（变压器初级磁化电流最大值小于折算到初级的负载电流分量）已经丧失，变压器磁势下降，使主磁通下降，变压器初级绕组将产生与VT_1～VT_4都截止前极性相反的感应电压，这时VD_3、VD_2或VD_1、VD_4导通，把变压器励磁电感中的储能回送给电源，变压器初级绕组的感应电压和功率开关管承受的最大电压都被钳制为U_I值，从而保护了功率开关管。

电路中的有关实际电压、电流波形如图3.32所示。其中功率开关管关断时的电压尖峰，是变压器漏感释放储能造成的；功率开关管开通时的电流尖峰，是整流二极管反向恢复时间内在变压器次级形成短路电流而造成的；u_P波形顶部略倾斜，主要是受耦合电容C压降的影响。

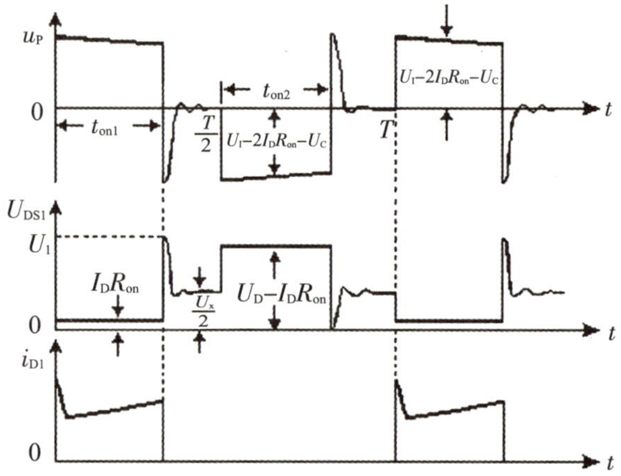

图3.32　全桥变换器实际电压、电流波形

（2）输出直流电压U_O

见图3.31，全桥变换器每对功率开关管的工作周期为T，而滤波前输出电压u_d的重复周期为$T/2$，输出直流电压U_O为u_d的平均值。U_O与U_I的关系同推挽变换器一样，即电感电流连续模式的输出直流电压为

$$U_O = \frac{D_O U_I}{n} = \frac{2DU_I}{n} \tag{3.87}$$

为防止两对功率开关管“共同导通”，占空比的变化范围必须限制为$D<0.5$、$D_O<1$。

（3）优缺点

全桥变换器的优点：

①变压器利用率高，输出功率大，输出纹波电压较小；

②对功率开关管的耐压要求较低，比推挽电路低一半。

全桥变换器的缺点：

①要用四个功率开关管；

②需要四组彼此绝缘的栅极驱动电路，驱动电路复杂。

全桥式直流变换器适宜在输入电源电压高、要求输出功率大的情况下应用。

5. 半桥（Half-Bridge）式直流变换器

（1）工作原理

半桥式直流变换器（简称半桥变换器）又称半桥式开关电源，电路图如图3.33所示。四个桥臂中两个桥臂采用特性相同的功率开关管VT_1、VT_2，故称为半桥；另外两个桥臂是电容量和耐压都相同的电容器C_1、C_2，它们起分压等作用，其电容量应足够大。

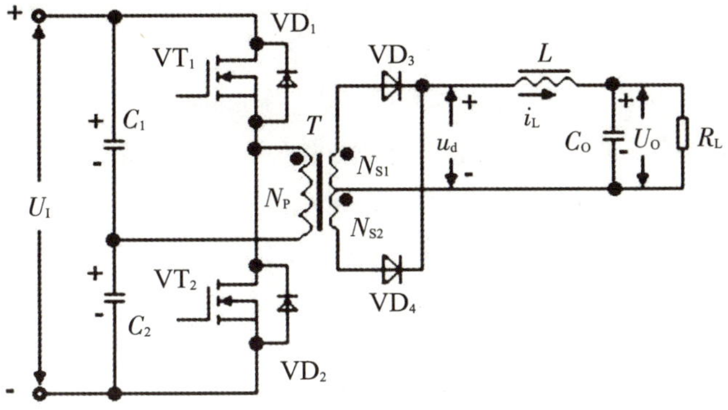

图3.33　半桥变换器电路图

当VT_1和VT_2尚未开始工作时，电容C_1和C_2被充电，它们的端电压均等于电源电压的一半，即

$$U_{C1}=U_{C2}=\frac{U_I}{2} \tag{3.88}$$

VT_1和VT_2受栅极驱动脉冲电压的控制而轮流导通，驱动脉冲应有死区，每个功率开关管的导通时间小于0.5周期。理想情况下电感电流连续模式的波形图如图3.34所示。

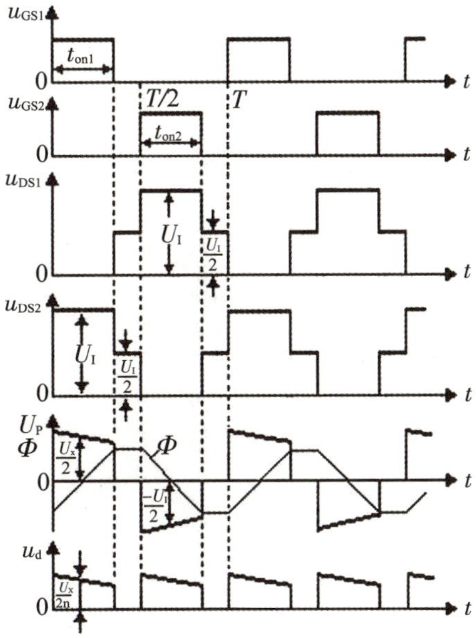

图3.34　半桥变换器波形图

t_{on1}期间，VT_1受控导通，VT_2截止。电流回路为

$$U_{I(+)} \to VT_1 \to N_p \to C_2 \to U_{I(-)}$$

$$C_{1(+)} \to VT_1 \to N_p \to C_{1(-)}$$

这时C_1放电，C_2充电；U_{C1}逐渐下降，U_{C2}逐渐上升，保持$U_{C1}+U_{C2}=U_I$。C_1两端电压U_{C1}经VT_1加到高频变压器T的初级绕组N_p上，忽略VT_1的压降，变压器初级电压为

$$u_p = U_{C1} \approx \frac{U_I}{2}$$

其极性是上端正下端负。VT_2的D、S极间电压$u_{DS2}=U_I$。

t_{on2}期间，VT_2受控导通，VT_1截止。电流回路为

$$U_{I(+)} \to C_1 \to N_p \to VT_2 \to U_{I(-)}$$

$$C_{2(+)} \to N_p \to VT_2 \to C_{2(-)}$$

此时C_2放电，C_1充电；U_{C2}逐渐下降，U_{C1}逐渐上升，保持$U_{C1}+U_{C2}=U_I$。C_2两端电压U_{C2}经VT_2加到N_p上，忽略VT_2的压降，变压器初级电压为

$$u_p = -U_{C2} \approx -\frac{U_I}{2} \tag{3.90}$$

其极性是下端正上端负。VT_1的D、S极间电压$u_{DS1}=U_I$。

由于C_1或C_2在放电过程中端电压逐渐下降，因此u_p波形的顶部略呈倾斜状。当电路对称时，U_{C1}与U_{C2}的平均值为$U_I/2$。

当VT_1和VT_2都截止时，只要变压器初级磁化电流最大值小于折算到初级的负载电流分量，则$u_p=0$，$u_{DS1}=u_{DS2}=U_I/2$。

$t_{on1}=t_{on2}=t_{on}$，在变压器初级绕组上形成正负半周对称的方波脉冲电压。次级绕组$N_{s1}=N_{s2}=N_s$，每个次级绕组的电压为

$$u_s = \frac{N_s}{N_p} u_p = \frac{u_p}{n} \tag{3.91}$$

其极性根据同名端来判定。t_{on1}期间

$$u_s = \frac{U_I}{2n} \tag{3.92}$$

t_{on2}期间

$$u_s = -\frac{U_I}{2n} \tag{3.93}$$

次级绕组电压经VD_3、VD_4整流后得u_d，忽略整流二极管的正向压降，在t_{on1}和t_{on2}期间，$u_d = \dfrac{U_I}{2n}$，其余时间$u_d=0$。

变压器次级输出回路的工作情形，除u_s的幅值变为$U_I/2n$外，同推挽式以及全桥式

直流变换器一样。

半桥变换器自身具有一定的抗不平衡的能力。例如，若VT_1和VT_2的存储时间t_s不同，$t_{s1}>t_{s2}$而使VT_1比VT_2的导通时间长，则电容C_1的放电时间比C_2的放电时间长，C_1放电时两端的平均电压将比C_2放电时两端的平均电压低。因此，在VT_1导通的正半周，N_p绕组两端的电压幅值较低而持续时间较长；在VT_2导通的负半周，N_p绕组两端的电压幅值较高而持续时间较短。这样可使u_p正负半周的"伏·秒"积相等而不产生单向偏磁现象。由于半桥变换器自身具有一定的抗不平衡能力，因此可以不接与变压器初级绕组串联的耦合电容。有的半桥变换器仍接耦合电容，是为了进一步提高电路的抗不平衡能力，更好地防止因电路不对称（例如两个功率开关管的特性差异）而造成变压器磁芯饱和。

图3.33中的VD_1、VD_2分别为VT_1、VT_2的寄生二极管，它们在换向时起钳位作用：为高频变压器提供能量反馈通路，抑制尖峰电压。当VT_1由导通变截止时，高频变压器的漏感释放储能，在N_p绕组上产生与VT_1导通时极性相反的感应电压，这个下端正上端负的感应电压使VD_2导通，漏感储能给C_2充电并回送电源，电流回路为

$$N_p（下）\rightarrow C_2\rightarrow VD_2\rightarrow N_p（上）$$

$$N_p（下）\rightarrow C_1\rightarrow U_{I(+)}\rightarrow U_{I(-)}\rightarrow VD_2\rightarrow N_p（上）$$

这时$u_p=-U_{C2}\approx -U_I/2$，$u_{DS2}\approx 0$，$u_{DS1}\approx U_I$。

当VT_2由导通变截止时，高频变压器的漏感也要释放储能，在N_p绕组上产生与VT_2导通时极性相反的感应电压，该上端正下端负的感应电压使VD_1导通，漏感储能给C_1充电并回送电源，电流回路为

$$N_p（上）\rightarrow VD_1\rightarrow C_1\rightarrow N_p（下）$$

$$N_p（上）\rightarrow VD_1\rightarrow U_{I(+)}\rightarrow U_{I(-)}\rightarrow C_2\rightarrow N_p（下）$$

此时$u_p=U_{C1}\approx U_I/2$，$u_{DS1}\approx 0$，$u_{DS2}\approx U_I$。

VD_1或VD_2的导通持续时间，等于漏感放完储能所需时间。

电路中的有关实际电压、电流波形如图3.35所示。

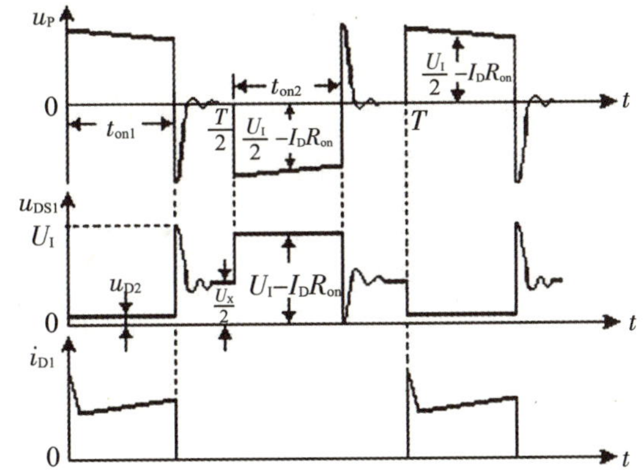

图3.35　半桥变换器实际电压、电流波形

（2）输出直流电压U_O

输出直流电压U_O为滤波前输出方波脉冲电压u_d的平均值，据图3.34中所示u_d波形，可以求得半桥变换器电感电流连续模式的输出直流电压为

$$U_O = \frac{D_O U_I}{2n} = \frac{DU_I}{n} \tag{3.94}$$

式中，$n=N_p/N_s$，是变压器的变比；$D=t_{on}/T$，是每个功率开关管的导通占空比；$D_O=2D$，是滤波前输出方波脉冲电压的占空比。

为了防止“共同导通”，必须$D<0.5$、$D_O<1$。

（3）优缺点

半桥变换器的优点：

①抗不平衡能力强；

②同推挽式电路比，变压器利用率高，对功率开关管的耐压要求低（低一半）；

③同全桥式电路比，少用两只功率开关管，相应地驱动电路也较为简单。

半桥变换器的缺点：

①同推挽式电路比，驱动电路较复杂，两组栅极驱动电路必须绝缘；

②同全桥式及推挽式电路比，获得相同的输出功率，功率开关管的电流要大一倍，若功率开关管的电流相同，则输出功率少一半。

半桥式直流变换器适宜在输入电源电压高、输出中等功率的情况下应用。

3.1.7.5 集成PWM控制器

1. 概述

脉宽调制（PWM）控制电路是开关电源的重要组成部分，其作用是产生PWM信号，向功率开关管或它的驱动电路提供前后沿陡峭、占空比可变、工作频率不变的矩形脉冲列。对于单端开关电源，只需提供一组矩形脉冲列；而对于双端开关电源（推挽、全桥和半桥变换器），则需提供相位相差180°、对称并且有死区时间的两组矩形脉冲列。

对PWM控制电路的基本要求是：

①满足开关电源输出电压稳定度及动态品质的要求；

②与主回路配合，使开关电源具有规定的输出电压值及其调节范围；

③能实现开关电源的软启动；

④能实现开关电源的过流、过压保护。

传统的PWM控制电路普遍采用属于模拟控制技术的单片集成PWM控制器，其型号较多，通常分为电压型控制器和电流型控制器两类，电流型控制又分为峰值电流模式控制和平均电流模式控制。

电压型PWM集成控制器只有电压反馈控制，可以满足开关电源稳定输出电压等

要求。

电流型PWM集成控制器不仅有电压反馈控制，还增加了电感电流反馈控制，控制电路为双环控制，具有电压外环和电流内环，从而使开关电源系统具有快速的瞬态响应及高度的稳定性，有很高的稳压精度，可实现逐周限流，并具有良好的并联运行能力。

在数字化控制技术不断发展的基础上，数字化开关电源有了较快发展。所谓数字化开关电源，就是开关电源的控制电路数字化——采用数字信号处理器（DSP：Digital Signal Processor）或微处理器（MCU：Micro Control Unit）来进行开关电源的PWM控制和保护。美国德州仪器公司（TI）以及其他厂商生产的DSP芯片（如TI推出的TMS320系列等），已经在通信用开关电源中得到应用。数字化控制的性能优于模拟控制，随着DSP的价格下降，通信用开关电源产品很快就会实现全数字化控制。

2. 电压型控制器举例

美国硅通用公司制造的SG1525A系列PWM集成控制器适用于驱动N沟道VMOSFET或NPN型晶体管，属于电压型控制器。该系列包括SG1525A、SG2525A和SG3525A，它们的工作原理和结构完全相同，不同的是使用环境条件有差别。SG1525A是Ⅰ类军品，可用于环境温度−55℃～+125℃；SG2525A是Ⅱ类工业品，可用于环境温度−25℃～+85℃；SG3525A是Ⅲ类民品，适用于环境温度0℃～+70℃。国产相应型号为CW1525A、CW2525A和CW3525A。

这种芯片有16个引脚，内部结构框图如图3.36所示。电路由以下几部分组成：基准电压源、振荡器、误差放大器、PWM比较器及锁存器、触发器、欠压锁定、输出级、软启动及关闭电路。

①基准电压源

基准电压源是一个典型的三端稳压器，有温度补偿。它由15脚输入电源电压U_{CC1}，输出5.1V±1%，既作为内部电路的电源，又由16脚向外供给基准参考电压U_{REF}，可向外输出不超过50mA的电流，并设有过流保护电路。

②振荡器

振荡器（OSC）由一个回差比较器、一个恒流源及电容充放电电路组成，其外部连接如图3.37所示。在5脚即C_T上产生锯齿波电压，如图3.38所示，锯齿波的峰点和谷点电平分别为U_H=3.3V和U_L=0.9V。内部一恒流源给电容C_T充电，恒流源对C_T的充电电流值由R_T的阻值决定，锯齿波的上升边对应于C_T的充电，充电时间t_1取决于R_TC_T；锯齿波的下降边对应于C_T经R_D放电，放电时间t_2取决于R_DC_T。锯齿波频率按下式计算

$$f=\frac{1}{t_1+t_2}=\frac{1}{C_T(0.7R_T+3R_D)} \tag{3.95}$$

锯齿波振荡频率主要由外接电容C_T、电阻R_T决定，一般取C_T为0.001～0.1μF，R_T为2～150kΩ，其振荡频率最低为120Hz，最高可达400kHz。电源电压在8～35V范围

内变化时，频率稳定度达±1%；温度在允许的使用环境温度范围内变化时，频率稳定度为±3%。

振荡器输出对应于锯齿波下降边的时钟信号（矩形窄脉冲），并接至4脚，时钟脉冲宽度等于t_2。在后面可以看出，死区时间等于时钟脉冲宽度，因此改变R_D，就可改变死区的大小。R_D愈大，死区愈宽。R_D的阻值一般在0～500Ω。

振荡器还设有外同步输入端（3脚），在该端加低于振荡器频率的脉冲信号，可实现对振荡器的外同步。

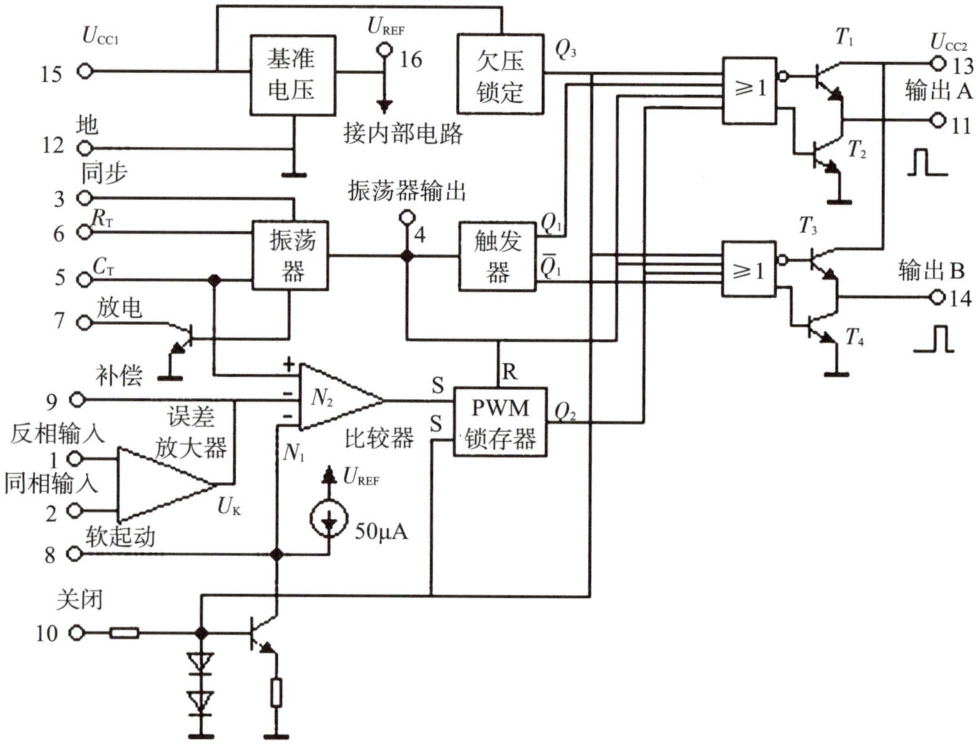

图3.36　SG1525A系列PWM集成控制器内部结构框图

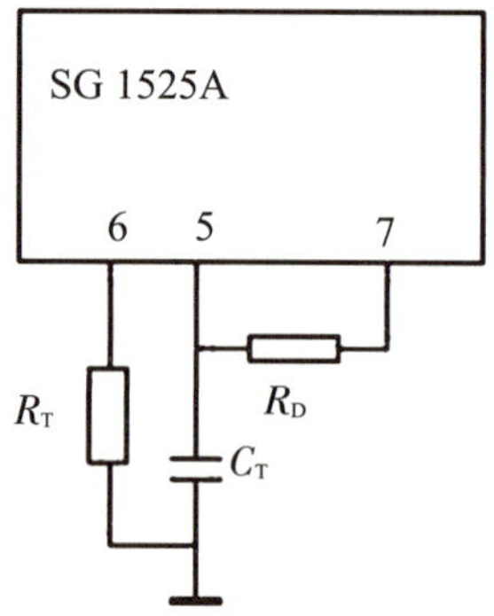

图3.37　振荡器的外部连接

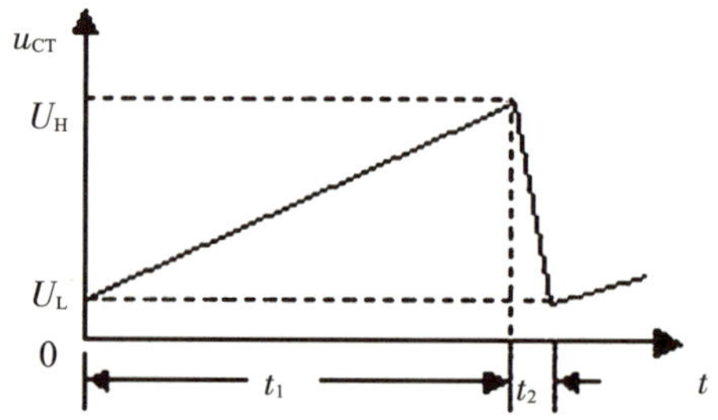

图3.38　锯齿波电压

③误差放大器

误差放大器（E/A）是一个两级差动放大器，直流开环增益为70dB左右。根据逻辑要求，取样电压U_y（或称反馈电压U_f）接至反相输入端1脚，基准电压接至同相输入端2脚，取样电压应略低于该基准电压。根据系统的动态、静态特性要求，在误差放大器输出端9脚和反相输入端1脚之间，应外加适当的RC负反馈元件，以补偿系统的幅频、相频特性，故9脚称为补偿端。

④PWM比较器(COMP)及锁存器(REG)

误差放大器的输出电压U_K加至PWM比较器的反相输入端N_2，振荡器产生的锯齿波加至它的同相输入端。当同相输入端的电压低于反相输入端时，比较器输出低电平；当同相输入端的电压高于反相输入端时，比较器输出高电平。因此，比较器输出脉冲信号。该脉冲送至PWM锁存器，以保证在锯齿波的一个周期内只输出一个PWM脉冲信号。

误差放大器输出信号U_K中可能存在尖峰或振荡，此信号与锯齿波信号比较时就可能出现多个交点，造成在锯齿波一个周期中比较器输出多个方波，这将破坏正常的脉宽调制作用。PWM锁存器是一个R–S触发器，输入端R为复位端、S为置位端。振荡器输出的时钟脉冲，加至锁存器的R端；比较器输出的脉冲，加至锁存器的S端。时钟脉冲的上升沿使锁存器置“0”，比较器输出的脉冲上升沿使锁存器置“1”。在置“0”后，只有S端的第一个置“1”脉冲才起作用，以后S端的状态变化不影响锁存器的输出。这样，在一个锯齿波周期内，即使比较器输出的信号有多个脉冲，锁存器的输出端Q_2也仅输出一个方波信号。

PWM比较器的另一反相输入端N_1（8脚），设有软启动及关闭PWM信号的功能。N_1与N_2两个反相输入端是电位低的那端起作用。通常在8脚与地之间外接一个几微法的电容以实现软启动。刚接通电源时，由于这个电容的电压原来为零且不能突变，故比较器的反相输入端N_1处于低电平，使比较器输出至S端为高电平，PWM锁存器的输出端Q_2亦为高电平，因此芯片无驱动脉冲输出。约50μA的恒流源对软启动电容充电，在充电过程中N_1端电压逐渐升高，使芯片输出的脉冲宽度逐渐由窄变宽。只有当该电容充电到使N_1端处于高电平时，由N_2端起作用，电路才投入正常运行。软启动电容的电容量越大，软启动时间越长。

⑤触发器

它由一个T触发器组成。其触发信号为振荡器输出的时钟脉冲，对应每个时钟脉冲上升沿，触发器被触发翻转一次；触发器输出端Q_1、$\bar{Q}_1$输出频率为锯齿波频率1/2的方波信号，分别送至输出级的两组门电路输入端，以实现PWM脉冲的分相。

⑥欠压锁定

15脚输入的电源电压U_{CC1}应在8～35V范围内，最大可达40V。当芯片的电源电压降低到$U_{CC1}\leqslant7.5V$时，“欠压锁定”输出端Q_3变为高电平，送至输出级门电路输入端，使芯片无驱动脉冲输出；与此同时，软启动电容放电。当U_{CC1}升至8V时，Q_3端才恢复为低电平，PWM集成控制器软启动后恢复正常工作。芯片内部设定了0.5V的回差电压，以避免“欠压锁定”在阈值处振荡。

⑦输出级

由13脚接入输出级的集电极电源U_{CC2}。输出级采用了图腾柱结构，这是该系列PWM集成控制器的最大优点之一。SG1525A系列有两组相同结构的输出级，图3.39所示为一组输出级。

图3.39中门电路上侧为“或非”门，下侧为“或”门。门电路有4个输入端，分别加入触发器的输出信号（Q_1或者$\bar{Q}_1$）、锁存器的输出信号（Q_2）、时钟信号（R）和欠压锁定信号（Q_3）。其输出端为P和P'。“或非”门的逻辑关系是“全低出高，有高出低”；“或”门的逻辑关系是“全低出低，有高出高”。当门电路各输入端的信号全部为低电平时，P为高电平，P'为低电平，使上晶体管导通，下晶体管截止，输出正脉冲电压，驱动功率开关管VT导通，提供VT栅极电容的充电电流。输出级最大驱动电流稳态为100mA，峰值可达500mA（推荐值400mA）。

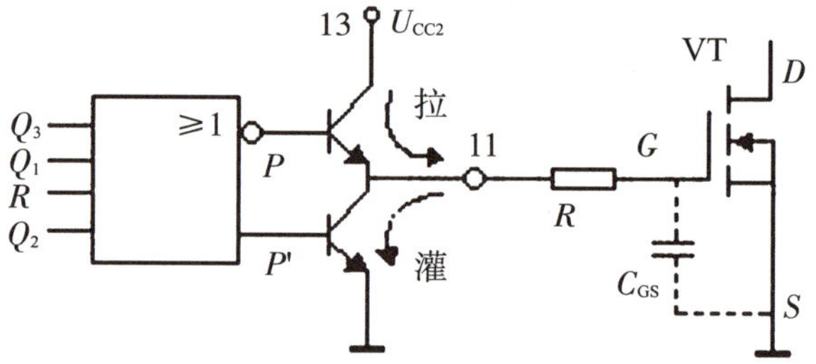

图3.39　一组输出级（图腾柱结构）

两晶体管组成图腾柱结构，使输出既可向负载提供电流（拉电流），又可吸收负载电流（灌电流），这对功率开关管VT关断有利。当门电路有一个输入端变为高电平时，P'为高电平，P为低电平，上晶体管截止而下晶体管导通，为VT提供了栅极电容低阻放电回路，从而加速VT关断。

正常工作时“欠压锁定”输出端Q_3为低电平，此时SG1525A系列PWM集成控制器的波形图如图3.40所示。从波形图可见，集成控制器输出脉冲U_A(U_B)的前沿对应于时钟脉冲（R）的后沿，U_A(U_B)的后沿对应于PWM锁存器输出脉冲（Q_2）的前沿，即锯齿波电压上升到比U_K略大的时刻（近似为锯齿波上升段与U_K的交点）。在时钟脉宽区间，必然有u_A=0、u_B=0，故为死区。比较器反相端输入电压U_K越大，则集成控制器输出脉冲U_A(U_B)的占空比D越大，反之就越小。

两组输出级输出的PWM脉冲相差180°，每组PWM脉冲占空比D的变化范围是0～0.49。

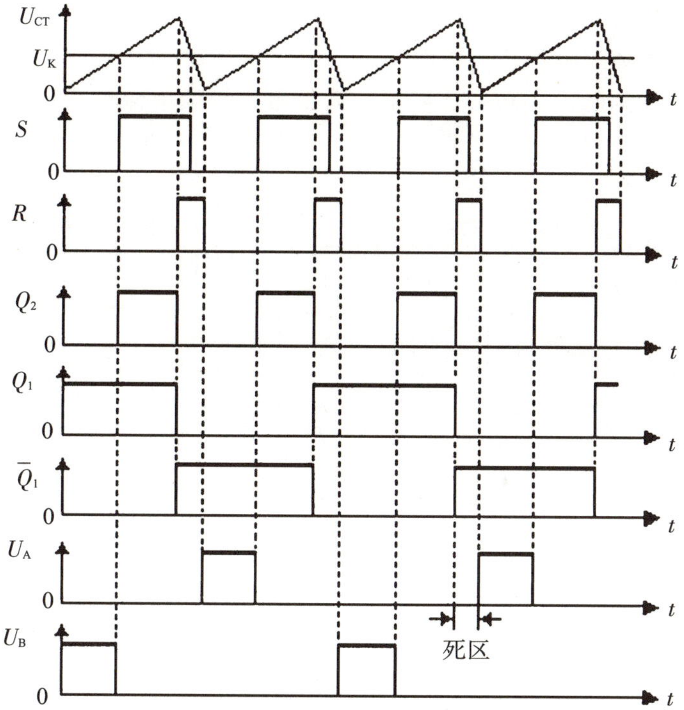

图3.40　SG1525A系列PWM集成控制器波形图

设开关电源的输出电压为U_O，取样电压为U_y，自动稳压原理可简述为

$$U_O\uparrow\rightarrow U_y\uparrow\rightarrow U_K\downarrow\rightarrow D\downarrow\rightarrow U_O\downarrow$$

⑧过流关闭

10脚为关闭端（又称关断端），该端能同时控制软启动电路和输出级。一般在10脚接入过流检测信号电压，这种芯片具有逐个脉冲电流限制和直流输出电流限制的功能。当关闭端的电压大于0.7V时，软启动电容开始放电，比较器N_1端电压降低，使芯片输出的脉冲宽度变窄，开始起限流作用。过流信号消失时，限流状态要保持到下一个时钟脉冲复位为止。当关闭端的电压大于1.5V时，将使PWM锁存器输出端Q_2为高电平，从而关闭芯片的输出，外接启动电容上的电荷也随即放掉；待过流关闭信号消失后，电路重新软启动，恢复正常工作。

过压或其他故障信号电压也可加至10脚，当出现过压或机内温度过高等故障时，关闭PWM集成控制器的输出。

辨别集成控制器引脚的方法是：以芯片的凹口为标记，从外壳顶部俯视（直插型引脚朝下），从标记左下角起，按逆时针方向，依次为1，2，3，…。16脚的芯片，与1脚相对的是16脚。

3. 电流型控制器举例

（1）电流型PWM控制器基本原理

电流型PWM控制原理如图3.41所示，这是采用峰值电流模式控制的电流型PWM控制器控制单端反激变换器的基本原理电路，其控制器的波形图如图3.42所示。

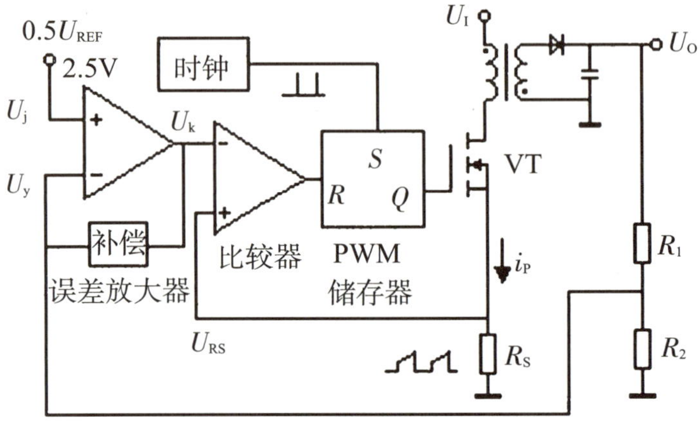

图3.41　电流型PWM控制原理

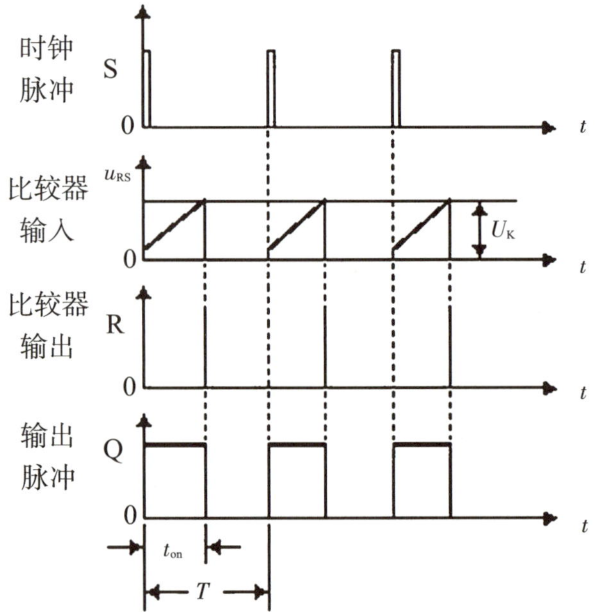

图3.42　电流型PWM控制器波形图

①锯齿波的来源

在峰值电流模式控制的电流型PWM控制器中，与误差放大器输出电压进行比较的锯齿波电压，不是由振荡器产生的锯齿波，而是电感电流取样获得的锯齿波，在图3.41所示电路中，就是功率开关管VT的电流即高频变压器初级电流i_p在小阻值取样电阻R_s上产生的峰值不大于1V的斜坡电压u_{Rs}（$u_{Rs}=i_pR_s$）。因为i_p（属于电感电流）在VT

导通期间是呈斜线上升的，所以u_{Rs}称为斜坡电压（又称斜波电压）。

②电流控制环

上述电流取样斜坡电压u_{Rs}加在比较器的同相输入端，误差放大器的输出电压U_K（不大于1V）加在比较器的反相输入端。两者相比较，当$u_{Rs} \leq U_K$时，比较器输出低电平；当$u_{Rs}>U_K$时，比较器输出高电平。比较器的输出接到PWM锁存器的复位端R。

时钟脉冲加到PWM锁存器的置位端S，它使锁存器置位，Q端（原码输出端）输出高电平，驱动功率开关管VT导通；VT导通后i_p按线性规律上升使u_{Rs}相应上升，当$u_{Rs}>U_K$时，锁存器R端为高电平而复位，Q端变为低电平，驱动脉冲结束，使VT截止，随即u_{Rs}变为零。由此可见，在每个开关周期，时钟脉冲上升沿确定PWM控制器输出脉冲的前沿，而斜坡电压u_{Rs}升至比U_K略大的时刻（近似为斜坡电压u_{Rs}与U_K的交点）为输出脉冲的后沿。也就是说，PWM控制器输出的驱动脉冲宽度，由VT的电流峰值决定。

这个控制环路称为电流控制环，因环路结构简单而成为内环。环路中无惯性元件，响应速度极快，能控制每个开关周期功率开关管的电流峰值，实现逐个脉冲限流（逐周限流）。

③稳压控制环

2.5V的基准电压（U_j）加在误差放大器的同相输入端，开关电源输出直流电压的取样电压（U_y）加在误差放大器的反相输入端，U_y略小于U_j；在误差放大器输出端与反相输入端之间接补偿网络。与普通的稳压控制环相同，在这里称为外环。

由于采用双环控制，电流内环和电压外环同时起作用，因此无论电源电压变化或负载轻重变化，输出电压都很稳定。此外，由于电流内环的响应速度很快，因此电压外环误差放大器抑制系统振荡的补偿电路可以简化，系统稳定性高。

开关稳压电源的输出电压值，可以通过改变输出电压取样电路的分压比或基准电压的大小来调整。从图3.41看出，输出电压U_O的取样电压为

$$U_y = \frac{R_2}{R_1 + R_2} U_O = n_f U_O \tag{3.96}$$

式中，n_f为输出电压取样电路的分压比

$$n_f = \frac{R_2}{R_1 + R_2} \tag{3.97}$$

由于误差放大器的增益足够大，因此正常工作时误差放大器反相输入端与同相输入端之间电压相差很小。在估算开关电源的输出电压时，可以认为送至误差放大器反相输入端的取样电压U_y近似等于误差放大器同相输入端的基准电压U_j，所以开关稳压电源的输出电压U_O，符合以下关系式

$$U_O = \frac{U_y}{n_f} \approx \frac{U_j}{n_f} \tag{3.98}$$

要使输出电压U_o稳定，基准电压U_j必须十分稳定。

（2）UC1842系列PWM集成控制器

美国UNITRODE公司（已被TI公司收购）制造的UC1842系列双列8脚芯片包括UC1842、UC2842和UC3842，它们电路和结构都相同，使用环境条件分别为-55～+125℃、-40℃～+85℃和0℃～+70℃，国产相应型号为CW1842、CW2842和CW3842。这是一种单端输出采用峰值电流模式控制的电流型PWM集成控制器，输出脉冲的最大占空比接近1，通常多用于单端反激变换器，输出功率限于100W以下。这种PWM集成控制器的主要优点是外接元件很少，接线简单，可靠性高，成本低。

UC1842系列PWM集成控制器的内部结构框图如图3.43所示。它由基准电压源、振荡器、误差放大器（E/A）、电流检测比较器、PWM锁存器、欠压锁定电路（UVLO）、门电路和输出级等部分组成。芯片电源电压正常时，波形图如图3.44所示。

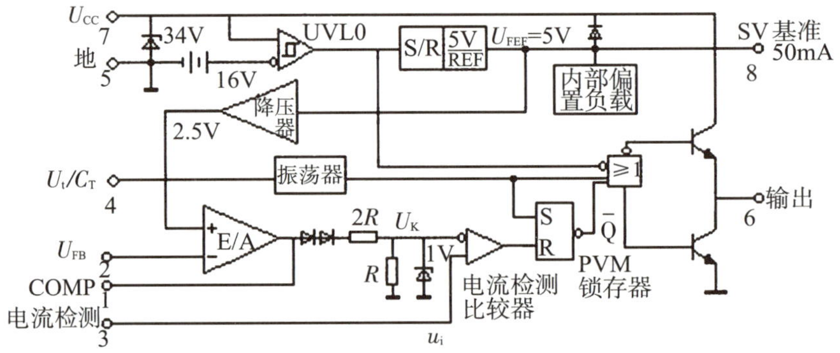

图3.43　UC1842系列PWM集成控制器内部结构框图

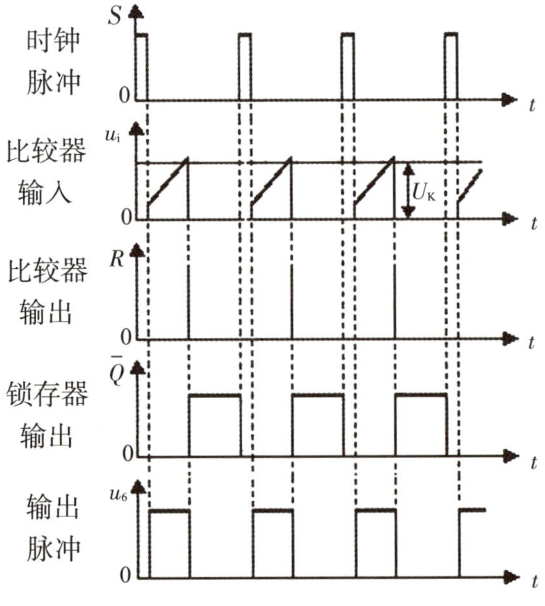

图3.44　UC1842系列PWM集成控制器波形图

①基准电压源

基准电压源产生5V基准电压，供芯片内部使用，并由8脚向外部提供稳定的5V电压，输出电流可达50mA。

②振荡器

时钟脉冲由振荡器产生。在芯片的4脚与8脚间接定时电阻R_T，4脚与5脚（地）间接定时电容C_T。8脚输出的5V基准电压经R_T向C_T充电，当C_T的电压升高到某一数值时，振荡器内部晶体管使C_T迅速放电。C_T两端产生锯齿波电压，C_T放电期间振荡器输出时钟脉冲。振荡频率近似为

$$f=\frac{1}{T}=\frac{1.75}{C_T R_T} \tag{3.99}$$

式中，T为振荡周期，即时钟脉冲周期。最高振荡频率可达500kHz（一般用在50kHz左右）。

③误差放大器和电流检测比较器

5V基准电压经芯片内部降压为稳定的2.5V，加在误差放大器（E/A）同相输入端；开关电源输出电压的取样电压（反馈电压）接至2脚，加在误差放大器反相输入端。误差放大器的输出端接至1脚（补偿端），1脚与2脚间应接负反馈元件。误差放大器的输出电压在芯片内减去两个二极管的正向压降（1.4V）后，再由2R和R分压得1/3电压，记为U_K，其最大值不大于1V，加在电流检测比较器的反相输入端。

电流检测（逐脉冲电流取样）信号电压u_i为斜坡电压，峰值应不大于1V，接至3脚，加在电流检测比较器的同相输入端。

当$u_i \leqslant U_K$时，比较器输出低电平；当u_i升高到略大于U_K时，比较器输出高电平。

电路中由开关电源的输出电压取样和误差放大器构成电压闭环，由逐脉冲电流取样和电流检测比较器构成电流闭环，从而实现双环控制。

④PWM锁存器

振荡器输出的时钟脉冲加在PWM锁存器的置位端S，时钟脉冲的上升沿使锁存器置位，锁存器$\bar{Q}$端（反码输出端）输出低电平。

电流检测比较器的输出接至PWM锁存器的复位端R，当u_i升高到略大于U_k时，R端得到正脉冲使锁存器复位，锁存器$\bar{Q}$端变为输出高电平。

⑤欠压锁定（UVLO）与过压保护

芯片的电源V_{CC}正端接7脚，负端接5脚（地），电源电压允许达到30V。

欠压锁定的开启阈值为16V、关闭阈值为10V，开启和关闭阈值有6V的回差。当V_{CC}低于关闭阈值时，欠压锁定回差比较器使芯片的输出级输出低电平，关闭PWM驱动信号；此时输出级的灌电流约1mA，可使被驱动的功率开关管维持关断状态。当V_{CC}升高到开启阈值时，欠压锁定回差比较器使芯片的输出级恢复正常工作。

在芯片的电源输入端，内部接有一个34V稳压二极管，当供电电源内阻较大时，

能把芯片的电源电压限制为不超过34V，对芯片起过压保护作用。但若供电电源内阻小（例如稳压电源供电），一旦输入电源电压超过34V，该稳压二极管将因电流过大而烧毁，整个芯片也就报废。可见34V稳压管起过压保护作用是有前提的。

⑥门电路及输出级

门电路输入3个信号：欠压锁定电路输出的逻辑反、振荡器产生的时钟脉冲、PWM锁存器$\bar{Q}$端的输出信号。门电路上侧为“或非”门，下侧为“或”门。

输出级为图腾柱结构。芯片电源电压正常时，欠压锁定回差比较器输出高电平，经逻辑反变为低电平。在此条件下，当振荡器和PWM锁存器$\bar{Q}$端都输出低电平时，“或非”门输出高电平，“或”门输出低电平，使输出级上晶体导通、下晶体管截止，芯片的输出端6脚输出高电平；当振荡器输出时钟脉冲或PWM锁存器$\bar{Q}$端输出高电平时，“或非”门输出低电平，“或”门输出高电平，使输出级上晶体管截止、下晶体管导通，6脚输出低电平。6脚的输出电压记为U_6，输出高电平电压约为13.5V，低电平电压约为0.1～1.5V（灌电流小则低电平电压小）；输出最大电流（最大拉、灌电流）持续值为±200mA，峰值为±1A。

从图3.44所示波形图可以看出，每个开关周期芯片输出的驱动脉冲前沿对应于时钟脉冲的后沿，驱动脉冲后沿则对应于PWM锁存器输出脉冲的前沿，即电流检测比较器输出高电平的时刻（近似为斜坡电压u_i与U_K的交点）。在时钟脉冲过后，受控功率开关管开始导通，通过逐脉冲电流取样电路获得斜坡电压u_i，当被取样的电流瞬时值上升到给定值时，u_i升至略大于U_K，使PWM锁存器复位而在$\bar{Q}$端输出高电平，于是驱动脉冲结束，被控功率开关管截止，相应地u_i变为零。正因为如此，电流检测比较器输出到PWM锁存器R端是一个很窄的脉冲。

从图3.44还可以看出，在时钟脉宽区间，6脚必然输出低电平，故输出脉冲的死区时间等于时钟脉冲宽度。死区时间t_d的大小由C_T值决定，计算式为

$$t_d=300C_T \tag{3.100}$$

式中，C_T的单位为μF，t_d的单位为μs。设计电路时应先根据所需死区时间确定C_T值，再根据开关频率和选定的C_T值确定R_T的阻值。

⑦使芯片输出端关闭的方法

将3脚电压升高到1V以上或者将1脚电压降低到1V以下，都会使电流检测比较器输出高电平，PWM锁存器复位，从而关闭输出，直到下一个时钟脉冲使锁存器复位为止。根据上述原理，可按使用要求设置相关电路来实现各种必要的保护。

单端输出电流型PWM集成控制器其他型号的产品中，UC1844系列与UC1842系列基本相同，区别是最大占空比不同。UC1844系列的输出频率为振荡频率的一半，输出脉冲的最大占空比接近0.5，一般常用于单端正激变换器，输出功率100W至2kW都可以。

美国UNITRODE公司制造的UC1846系列16脚芯片包括UC1846、UC2846和

UC3846，国产相应型号为CW1846、CW2846和CW3846，是一种双端输出采用峰值电流模式控制的电流型PWM集成控制器，适用于推挽式、全桥式和半桥式变换器等双端电路的控制。这里从略。

（3）UC1842系列芯片应用举例

UC1842系列PWM集成控制器的应用，举例如图3.45所示。这是用UC3842控制的25W单端反激型开关电源。

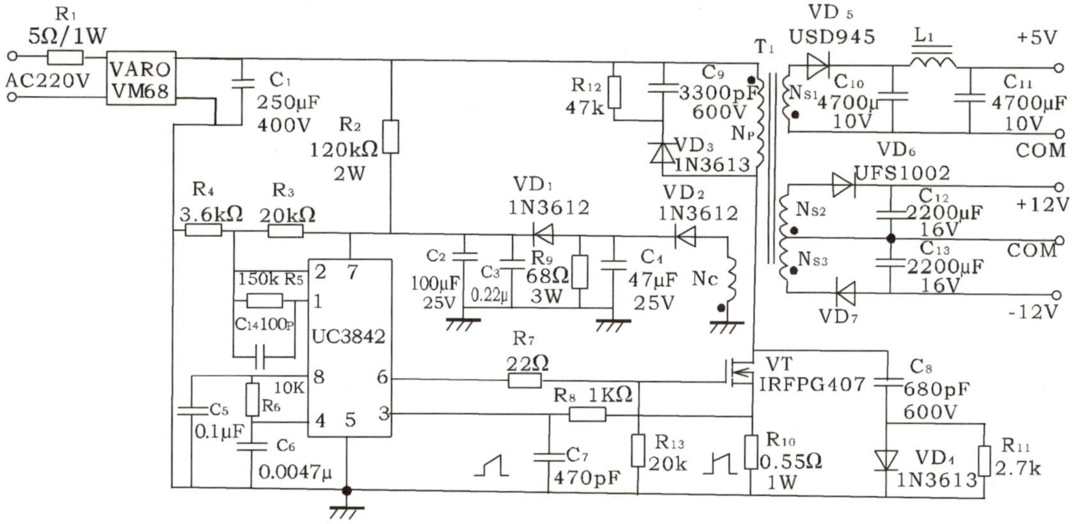

图3.45　用UC3842控制的25W单端反激型开关电源

交流输入电压经整流桥整流电容C_1滤波后变为直流电压，该电压经电阻R_2对电容C_2充电，当C_2两端电压上升到16V后，UC3842开始工作。电路正常运行后，高频变压器辅助绕组N_C及其整流滤波电路提供芯片的电源电压。同时该电压经R_3和R_4分压，在R_4上获得取样电压，从2脚送往误差放大器反相输入端。R_5与C_{14}并联，接在误差放大器输出端1脚与反相输入端2脚之间，构成负反馈，补偿系统的幅频相频特性。电流检测电路由逐脉冲电流取样电阻R_{10}以及滤波电路R_8和C_7组成，流过R_{10}的电流等于高频变压器初级电流，R_{10}两端产生斜坡电压，R_8和C_7可滤除功率开关管开通时的电流尖峰取样。

R_6和C_6确定振荡频率和死区时间，开关频率约40kHz。R_{12}、C_9、VD_3及R_{11}、C_8、VD_4组成浪涌吸收电路，用以保护功率开关管。

安全注意：图3.45所示电路由于采用无工频变压器桥式整流，电路中的浮地端对地也有高电位，因此高频变压器初级侧（包括N_C绕组回路）的所有部分均应防止人体接触。图中的浮地端是公共电位端，但不能接地。假如浮地端（即整流输出负端）接地，则整流桥输出负端通过接地线与交流零线相通，将使交流输入有半周期被整流桥中的一个桥臂短路，该整流桥臂将会烧毁。

3.1.7.6 软开关直流变换器

1. 硬开关脉宽调制直流变换器存在的主要问题及解决办法

在一般PWM直流变换器中，功率开关管在高电压下开通、大电流下关断，处于强迫开关过程，开关条件较为恶劣（开关应力大），因此称之为“硬开关”。这种开关电源电路结构较简单，输出波形良好，在较短时间内发展得很快，但是进一步提高效率以及提高工作频率使开关电源更小型轻量受到限制。

功率开关管的开通和关断实际上都需要一定的时间，在一般PWM直流变换器中，即使驱动电压波形为标准的矩形波，但功率开关管的电压、电流为梯形波，梯形波的斜边部分对应功率开关管的开关过程。功率开关管开通时电流上升、电压下降，关断时电流下降、电压上升，在开关过程中功率开关管产生了电流、电压波形重叠，其瞬时电流、电压的乘积为瞬时损耗功率p，如图3.46所示。开关频率愈高，开关损耗功率愈大。

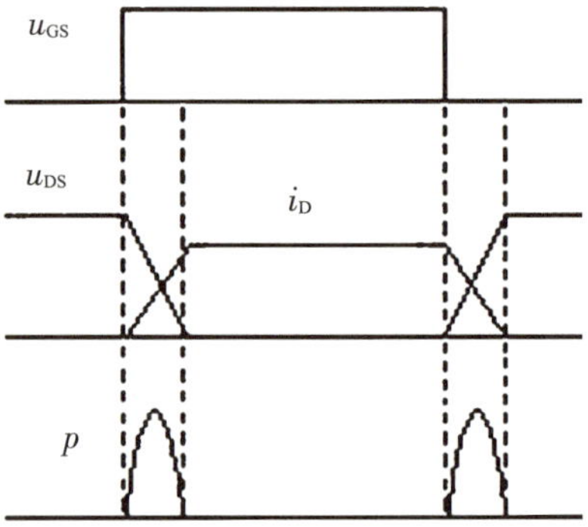

图3.46 开关过程中的损耗功率

此外，功率开关管（例如VMOSFET）的输出电容C_{oss}在器件开通前加有电压U_{DS}，其储能为$W_c=C_{oss}U^2_{DS}/2$，当功率开关管由截止变为导通时，输出电容对功率开关管放电，所储存的能量全部消耗在功率开关管内，其损耗功率为$P_c=fC_{oss}U^2_{DS}/2$。开关频率（f）愈高，这项损耗功率也愈大。

一般PWM直流变换器在功率开关管开关过程中，不仅存在开关损耗，而且电流、电压变化率大，导致了开关噪声的产生，形成电磁骚扰。

为了解决硬开关存在的上述问题，使开关电源能在高频下高效率地运行并减少开关噪声，国内外电力电子和电源科技界自20世纪70年代以来，不断地在研究开发高频软开关技术。

所谓“软开关”，是应用谐振原理，在开关电源主回路中接入谐振电感、谐振电容等元件，使功率开关管的电压波形或电流波形在某阶段变为部分正弦波，让功率开关管在开通前电压自然降为零，实现零电压开通，或者让功率开关管在关断前电流自然降为零，实现零电流关断，消除功率开关管开关过程中电流、电压波形的重叠，并降低它们的变化率，从而大幅度减小开关损耗和开关噪声，提高效率，降低电磁骚扰。

需要指出，这里所说的“谐振”，并非电源频率与LC回路本身的谐振频率相等时产生的串联谐振或并联谐振，而是由功率开关管的开通或关断所激发的LC回路的自由振荡。

功率开关管的输出电容以及高频变压器的漏感在一般PWM变换器中是不希望存在的寄生参数，但在软开关变换器中这些寄生参数可作为谐振电容或谐振电感的一部分加以利用。

通信用高频开关整流器中采用的软开关电路多为PWM边沿谐振变换器。这类变换器均采用开关频率恒定的PWM方式控制，谐振仅发生于开关过程的边沿，故称为PWM边沿谐振变换器。PWM控制方式开关频率恒定，有利于高频变压器和输出滤波电路的优化设计，因此非常适合于对输出杂音电压要求严格的通信用高频开关电源。

软开关PWM直流变换器有多种电路拓扑，下面举两例。

2. 零电压转换脉宽调制升压式直流变换器

零电压转换脉宽调制升压式直流变换器，简称ZVT-PWM升压变换器，其电路图和波形图如图3.47所示。该电路在升压变换器的基础上增设了一个辅助网络来实现主电路功率开关管VT_1零电压开通、续流二极管VD_1零电流关断。辅助网络的储能供给负载。辅助网络由谐振电容C_r、谐振电感L_r、辅助开关管VT_2和二极管VD_2组成。其中C_r包括了功率开关管VT_1的输出电容。在主开关管VT_1开通前，先开通辅助开关管VT_2使C_r、L_r谐振放电，待C_r上的电压（即主开关管的电压）放至零，才开通主开关管。

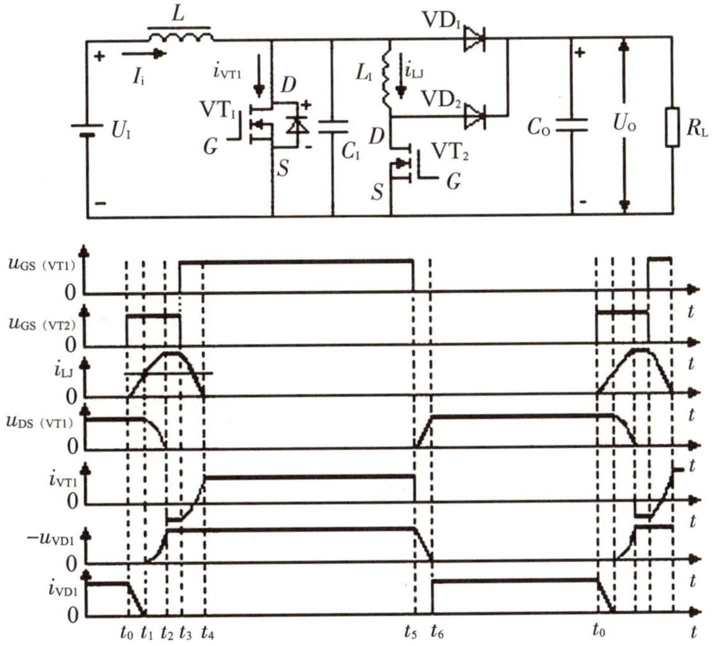

图3.47　ZVT-PWM升压变换器的电路图和波形图

下面分析电路在一个开关周期内各时段的工作情形，各时段的等效电路如图3.48所示。储能电感L中的电流虽然在VT_1导通期间上升、VT_1截止期间下降，但当L值足够大时在一个开关周期内变化幅度不大，因此将它近似为恒定电流，用恒流源I_i来代表。

①$t_0 \sim t_1$

t_0时刻之前，主开关管VT_1关断，L释放储能，VD_1导通，其电流$i_{VD1}=I_i$，C_r两端电压即$u_{DS(VT1)}=U_O$，等效电路如图3.48（g）所示。

t_0时刻驱动辅助开关管VT_2开通，使L_r两端电压为U_O，$t_0 \sim t_1$期间L_r中的电流i_{Lr}从零线性增长，于是VD_1的电流（$i_{VD1}=I_i-i_{Lr}$）线性减小，等效电路如图3.48（a）所示。在此期间L_r储能。

到t_1时刻，i_{Lr}达到I_i值，VD_1电流减小到零而实现软关断。$t_0 \sim t_1$的时间间隔为

$$T_{01}=\frac{I_i}{di_{Lr}/dt}=\frac{I_i}{U_O/L_r}=\frac{I_iL_r}{U_O} \tag{3.101}$$

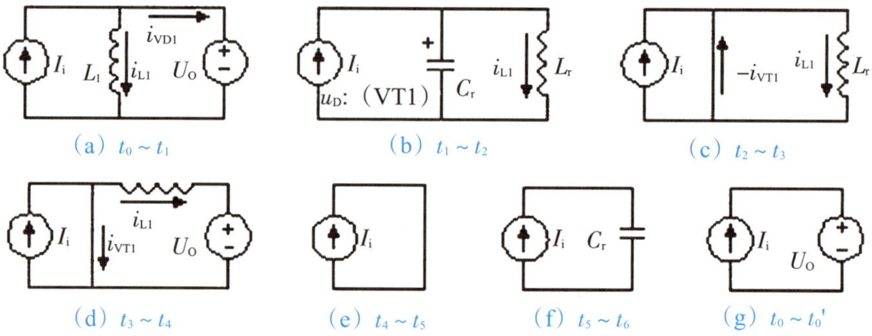

图3.48　ZVT-PWM升压变换器分时等效电路

②$t_1 \sim t_2$

t_1时刻VD_1软关断，VD_2正承受反压而截止，故从此刻起C_r对L_r谐振放电，C_r两端电压即$u_{DS(VT1)}$由U_O值按余弦规律下降，L_r中的电流i_{Lr}则在I_i的基础上按正弦规律上升，$t_1 \sim t_2$期间的等效电路如图3.48（b）所示。在此期间L_r继续储能，C_r中的储能向L_r中转移。C_r开始放电后，$u_{DS(VT1)}<U_O$，VD_1承受反压，其阴极—阳极间的电压$-u_{VD1}$从零上升。

到t_2时刻，C_r放电到电压为零，即$u_{DS(VT1)}=0$，i_{Lr}升到最大值，C_r中的储能全部转移到了L_r中；$-u_{VD1}$升高到等于U_O。

$t_1 \sim t_2$这段谐振时间为辅助电路谐振周期的1/4，即

$$T_{12}=\frac{\pi}{2}\sqrt{L_rC_r} \tag{3.102}$$

③$t_2 \sim t_3$

t_2时刻后VT_1的反并联二极管导通，i_{VT1}为负值，$u_{DS(VT1)}$近似为零。$t_2 \sim t_3$期间的等

效电路如图3.48（c）所示。由于L_r两端电压不变（近似为0V），因此L_r中的电流i_{Lr}保持最大值不变。在此期间L_r既不增加储能，也不释放储能。

t_3时刻给主开关管VT_1加上驱动脉冲，VT_1零电压开通，与此同时辅助开关管VT_2的驱动脉冲结束。

VT_2与VT_1驱动脉冲前沿之间的时间间隔（延时）T_D应满足

$$T_D \geqslant T_{01} + T_{12} = \frac{I_i L_r}{U_O} + \frac{\pi\sqrt{L_r C_r}}{2} \tag{3.103}$$

④$t_3 \sim t_4$

从t_3时刻VT_2关断起，L_r中产生下端正、上端负的感应电势抗拒i_{Lr}下降，使VD_2正向偏置而导通，L_r释放它在$t_0 \sim t_2$期间所储存的能量供负载利用。$t_3 \sim t_4$期间i_{Lr}由最大值按线性规律下降到零，i_{VT1}则从负值上升到等于I_i，等效电路如图3.48（d）所示。VD_2在t_4时刻由于i_{Lr}下降到零而软关断。

⑤$t_4 \sim t_5$

VT_1继续导通，辅助网络在此期间不起作用，等效电路图如图3.48（e）所示。L在VT_1导通期间储能。

⑥$t_5 \sim t_6$

t_5时刻VT_1驱动脉冲结束而关断，C_r开始由I_i线性充电并储能，到t_6时刻充电到$u_{DS(VT1)}=U_O$。$t_5 \sim t_6$期间等效电路如图3.48（f）所示。

⑦$t_6 \sim t_0'$

VT_1继续关断，L释放储能，VD_1导通，I_i对输出端供电。此期间等效电路如图3.48（g）所示。

t_0' 时刻VT_2再次开通，开始另一个开关周期。

这种电路开关损耗比硬开关PWM升压变换器小，因而效率更高；不足之处是辅助开关管为硬开关，其关断损耗较大。

ZVT-PWM升压变换器通常在单相高频开关整流器中用作有源功率因数校正电路，其控制电路可采用平均电流模式控制的UC3855A/B等专用集成控制器，也可采用DSP。

3. 移相控制全桥零电压开关脉宽调制直流变换器

移相控制全桥零电压开关脉宽调制直流变换器简称移相全桥ZVS-PWM变换器（或称移相FB-ZVS-PWM变换器）。开关频率恒定，通过对四个功率开关管驱动脉冲的移相控制来进行脉宽调制；利用谐振电感L_r、谐振电容C_r边沿谐振实现功率开关管零电压开通，功率开关管输出电容C_{oss}所储存的能量也不再消耗在功率开关管内。因此，不但减少了开关应力和开关噪声，而且基本消除了开通损耗，提高了电路效率，使开关频率可达100kHz以上。

(1) 电路结构

移相全桥ZVS-PWM变换器的电路图如图3.49所示。其电路结构与一般全桥PWM变换器的区别有以下两点。

①在变压器初级回路中串联了一个谐振电感L_r(分析时其电感量L_r包括了变压器的漏感L_l);在每个功率开关管的D、S极两端并联了谐振电容C_r,即$C_1 \sim C_4$,$C_1=C_2=C_3=C_4=C_r$(分析时其电容量包括了功率开关管的输出电容)。

②驱动方式不同。每一对角线两个桥臂的功率开关管不是同时导通、同时关断,而是其导通与关断彼此错开了一段时间,存在相移。驱动脉冲可由专用集成电路供给,例如UC3875、UC3879、UCC3895等,也可由DSP芯片经隔离驱动电路提供。

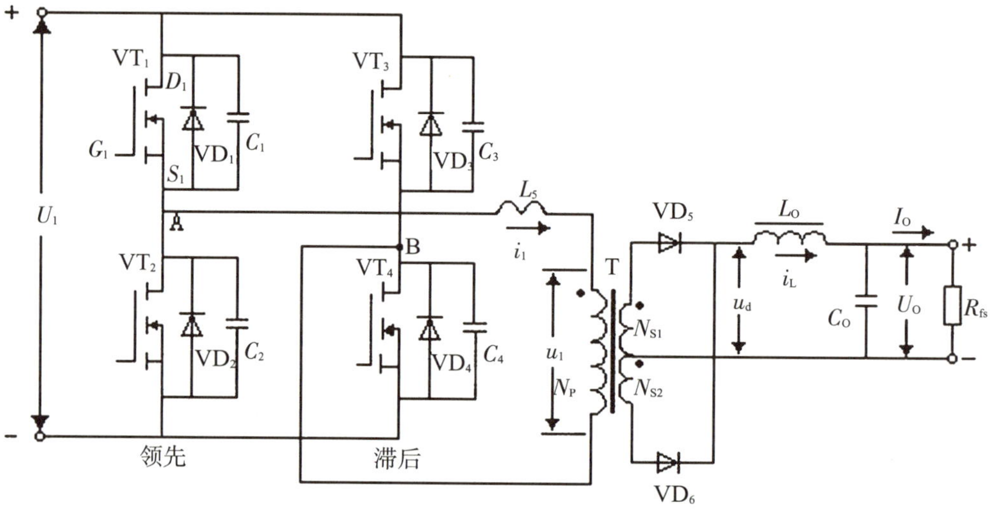

图3.49 移相FB-ZVS-PWM变换器电路图

电路图中的$VD_1 \sim VD_4$,是对应功率场效应晶体管$VT_1 \sim VT_4$中的寄生二极管。

假设电路处于电感电流连续模式(即输出滤波电感L_o中的电流i_L连续),忽略电子器件的导通压降及电路中的损耗,则电路工作波形如图3.50所示。

四个桥臂每管的驱动脉冲宽度固定,都略小于半周期,从一管关断到另一管开通之间有一定的死区。每一对角线的两个桥臂,先获得驱动脉冲的,称为领先桥臂(又称导前桥臂);后获得驱动脉冲的,称为滞后桥臂。由图3.50中的驱动电压($u_{GS1} \sim u_{GS4}$)波形可知,对角线功率开关管VT_1比VT_4驱动电压波形超前,VT_2比VT_3驱动电压波形超前,因此VT_1和VT_2为领先桥臂,VT_3和VT_4为滞后桥臂。加入驱动脉冲的先后顺序为:VT_1、VT_4、VT_2、VT_3,依此循环。除了死区时间外,其他任何时间都有两个功率开关管加有驱动脉冲,其顺序为:VT_1与VT_4,VT_4与VT_2,VT_2与VT_3,VT_3与VT_1,依此循环。在对角线功率开关管VT_1与VT_4同时导通或VT_2与VT_3同时导通时,变压器传输功率;而VT_4与VT_2同时导通或VT_3与VT_1同时导通时,全桥电路处于续流状态,变压器不传输功率。改变这两类导通的时间比例,即改变领先桥臂与滞后桥臂之间的移相期，就能改变变压器上交变方波脉冲电压的占空比，从而实现输出电压的调节。

在图3.50中，$t_2 \sim t_4$为VT_1与VT_4两桥臂的移相期，$t_7 \sim t_9$或$t_3 \sim t_5$为VT_2与VT_3两桥臂的移相期。

从电路图看出

$$u_{DS1}=u_{C1} \qquad u_{DS2}=u_{C2} \qquad u_{C1}+u_{C2}=U_I$$

$$u_{DS3}=u_{C3} \qquad u_{DS4}=u_{C4} \qquad u_{C3}+u_{C4}=U_I$$

桥臂中点电压为

$$u_{AB}=u_A-u_B=u_{C2}-u_{C4} \tag{3.104}$$

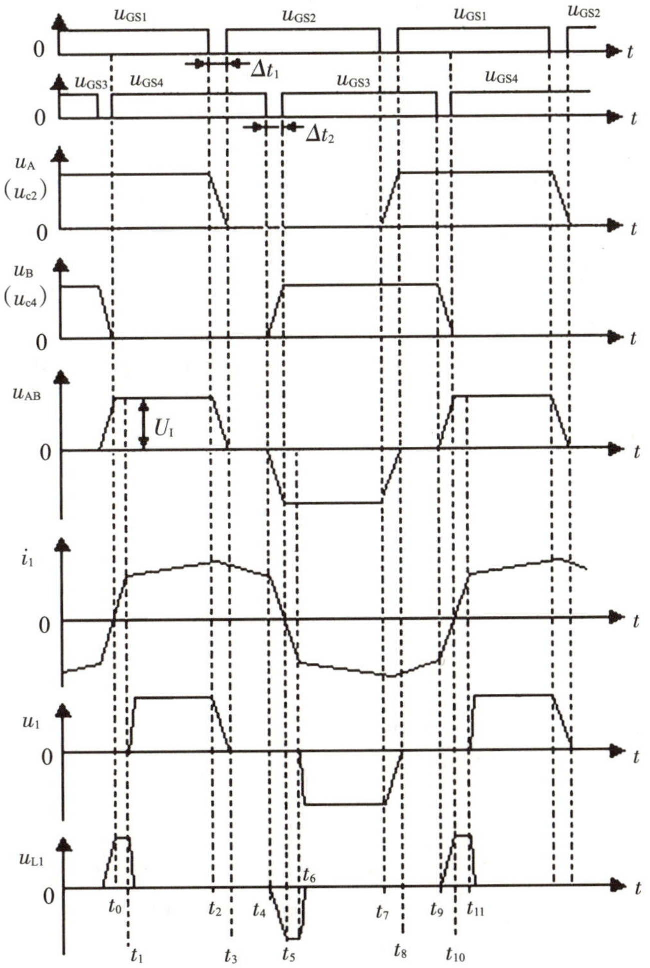

图3.50　移相FB-ZVS-PWM变换器波形图

（2）工作过程

设电路已稳定工作，下面简要地分析电路工作过程，参看图3.49和图3.50，把电路图和波形图联系起来讨论。

① $t_1 \sim t_2$——传输功率

VT_1与VT_4导通，变压器传输功率。

变压器初级电流i_1的回路为：$U_{I(+)} \rightarrow VT_1 \rightarrow L_r \rightarrow N_p \rightarrow VT_4 \rightarrow U_{I(-)}$。此时

$$u_{C1}=0，u_{C2}=U_I$$

$$u_{C3}=U_I u_{C4}=0$$

$$u_{AB}=u_{C2}-u_{C4}=U_I\ (A+、B-)$$

变压器初级电压u_1的极性是上端正下端负，变压器次级电压的极性由同名端决定，也是上端正下端负，整流二极管VD_5导通而VD_6截止，输出滤波电感L_o储能，L_o中的电流i_L逐渐上升；变压器初级电流i_1亦平缓上升，谐振电感L_r储能。

若忽略变压器的励磁电流，则$t_1 \sim t_2$期间$i_1 \approx i_L/n \approx I_O/n$（$n$为变压器的变比，$n=N_p/N_{s1}=N_p/N_{s2}=N_p/N_s$）。

② $t_2 \sim t_3$——第一个谐振过程，领先桥臂零电压开通

t_2时刻，领先桥臂VT_1因驱动脉冲结束而关断。

VT_1的关断激发谐振，由电容C_1、C_2、电感L_r以及L_o折算到变压器初级的电感量n^2L_o构成振荡回路。C_1充电而C_2放电，u_{C1}上升，u_{C2}下降，电流回路为——C_1充电：$U_{I(+)} \rightarrow C_1 \rightarrow L_r \rightarrow N_p \rightarrow VT_4 \rightarrow U_{I(-)}$；$C_2$放电：$C_{2(+)} \rightarrow L_r \rightarrow N_p \rightarrow VT_4 \rightarrow C_{2(-)}$。$C_1$与$C_2$的充放电电流之和等于$i_1$。

到VT_2加上驱动脉冲的t_3时刻（或t_3之前），C_1充完电而C_2放完电，此时

$$u_{C1}=U_I u_{C2}=0$$

$$u_{C3}=U_I u_{C4}=0$$

$$u_{AB}=0$$

因此，在$t_2 \sim t_3$期间，$u_{AB}=u_{C2}-u_{C4}=u_{C2}$，从$u_{AB}=U_I$逐渐下降到$u_{AB}=0$。

t_3时刻领先桥臂VT_2加上驱动脉冲，此时$u_{DS2}=u_{C2}=0$，因此VT_2在零电压下开通，开通损耗为零。

VT_1在关断过程中，由于C_1电压不能突变而限制了它的电压上升率du_{DS1}/dt，使该管在较小的电压下关断（接近于零电压关断），因此关断损耗小。同理，因为并联了谐振电容的缘故，其他功率开关管也都关断损耗小。

③ $t_3 \sim t_4$——续流状态

领先桥臂VT_2虽在t_3时刻加上了驱动脉冲，但还不能正向导通（没有正向导通回路），而是其反并联的寄生二极管VD_2处于导通状态：从C_2放完电开始，i_1通过VD_2续流。i_1的回路为：L_r（右）$\rightarrow N_p \rightarrow VT_4 \rightarrow VD_2 \rightarrow L_r$（左）。

从VD_2导通起，到VT_4关断的t_4时刻止，L_o和L_r释放储能，i_1逐渐下降。

从电路图不难看出，忽略VT_4和VD_2的导通压降，在$t_3 \sim t_4$期间（或从t_3之前C_2放完电VD_2开始导通，至t_4时刻），保持$u_{AB}=0$。

④ $t_4 \sim t_5$——第二个谐振过程，滞后桥臂零电压开通

t_4时刻，滞后桥臂VT_4因驱动脉冲结束而关断。VT_4关断激发第二个谐振过程，由L_r、C_3和C_4构成振荡回路，靠L_r释放储能，使C_4充电而C_3放电，u_{C3}下降，u_{C4}上升，电流回路为——C_4充电：L_r（右）（u_{Lr}的正端）$\rightarrow N_p \rightarrow C_4 \rightarrow VD_2 \rightarrow L_r$（左）（$u_{Lr}$的负端）；$C_3$放电：$C_{3\,(+)}$（上端）$\rightarrow U_{I\,(+)} \rightarrow U_{I\,(-)} \rightarrow VD_2 \rightarrow L_r \rightarrow N_p \rightarrow C_{3\,(-)}$（下端）。$C_4$与$C_3$的充放电电流之和等于$i_1$。由于$L_r$小，其储能少，因此$i_1$迅速减小。

到VT_3加上驱动脉冲的t_5时刻（或t_5之前），C_4充完电而C_3放完电，此时

$$u_{C3}=0 \quad u_{C4}=U_I$$

$$u_{C1}=U_I u_{C2}=0$$

$$u_{AB}=u_{C2}-u_{C4}=-U_I \text{（B+、A-）}$$

由此可见，在$t_4 \sim t_5$期间u_{AB}由$u_{AB}=0$逐渐变为$u_{AB}=-U_I$。

如果在t_5时刻之前C_4充完电而C_3放完电，则从此时起至i_1下降到零的时刻止，VD_3导通，i_1通过VD_2和VD_3续流。

t_5时刻滞后桥臂VT_3加上驱动脉冲，此时$u_{DS3}=u_{C3}=0$，因此VT_3在零电压下开通，开通损耗为零。

在$t_4 \sim t_5$期间，当$i_1 < i_L/n \approx I_O/n$时，由变压器中的磁势平衡原则所决定，$L_o$释放储能使整流二极管$VD_5$和$VD_6$同时导通，变压器中磁势不变，磁通不变，故变压器初、次级电压为零而相当于短路。

⑤$t_5 \sim t_6$——i_1反向增大，占空比丢失

t_5时刻滞后桥臂VT_3加上驱动脉冲（领先桥臂VT_2早已加上驱动脉冲）。从t_5时刻起，i_1在下降到零后开始反向增大，VT_3和VT_2导通，L_r开始储能。i_1的回路为：$U_{I\,(+)} \rightarrow VT_3 \rightarrow N_P \rightarrow L_r \rightarrow VT_2 \rightarrow U_{I\,(-)}$，$i_1$的方向与正方向相反。当$|i_1| < I_O/\mathrm{n}$时，依靠$L_o$释放储能仍然使$VD_5$和$VD_6$同时导通，变压器初、次级仍相当于短路。

到t_6时刻，$|i_1|$上升到$|i_1| \approx i_L/n \approx I_O/n$。由变压器中磁势平衡的原则所决定，此时$VD_5$截止，电流$i_L$全部转移到$VD_6$中，变压器相当于短路的状态结束，建立起反向电压，$L_o$开始储能。

从t_5时刻到t_6时刻前，虽然对角线功率开关管VT_2、VT_3同时导通，但变压器上的电压仍然为零，于是形成占空比丢失。

从t_6时刻起，到VT_2关断的t_7时刻止，变压器又传输功率；变压器初级电压u_1的极性是下端正上端负，与正方向相反。

$t_1 \sim t_6$是开关电源半个周期的时间；另半个周期$t_6 \sim t_{11}$，电路的工作过程与前半个周期完全对称。

在对角线的两个功率开关管都加上驱动脉冲时，除了出现占空比丢失现象的时间外，其他时间都可认为$u_1 \approx u_{AB}$，因为L_r小，而且这些时间di_1/dt小，故L_r上的压降很小，可以忽略不计。

占空比丢失现象总是发生在变压器开始传输功率之前，即总是出现在滞后桥臂开通后的一段时间。由于这种电路存在占空比丢失现象，为使输出电压U_O达到要求，必须适当降低变压器的变比n。

（3）领先桥臂与滞后桥臂实现零电压开通的条件

实现功率开关管的零电压开通，需要有足够的能量来使关断桥臂的并联电容充电到电压等于输入电源电压U_I，待开通桥臂的并联电容放电到电压为零。领先桥臂和滞后桥臂实现零电压开通的情况有所不同。

领先桥臂（如VT_2）实现零电压开通的能量是L_r和L_o中的储能，由于L_o大，储能多，因此容易实现零电压开通。而滞后桥臂（如VT_3）实现零电压开通的能量仅是L_r中的储能，其能量比前者小得多，所以滞后桥臂实现零电压开通比领先桥臂困难。

电感中的储能与通过它的电流的平方成正比。无论领先桥臂或滞后桥臂，能否实现零电压开通都同输出电流I_O的大小有关。

领先桥臂实现零电压开通的条件可表达为

$$I_O \geqslant \frac{2nU_I}{\pi}\sqrt{\frac{2C_r}{L_r}} \tag{3.105}$$

滞后桥臂实现零电压开通的条件可表达为

$$I_O \geqslant nU_I\sqrt{\frac{2C_r}{L_r}} \tag{3.106}$$

从式（3.105）和式（3.106）可以看出：输出电流I_O越大，越容易实现功率开关管零电压开通；滞后桥臂实现零电压开通比领先桥臂困难，当输出电流I_O满足滞后桥臂零电压开通的条件时，一定能够满足领先桥臂零电压开通的条件；在轻载时，I_O小，将使领先桥臂和滞后桥臂都不能实现零电压开通。

顺便指出，在电感电流不连续模式下（L_o不够大，L_o中的电流i_L不连续），VT_1～VT_4都不能实现零电压开通。

减小并联在功率开关管上的谐振电容C_r对零电压开通是有利的，但对限制电压上升率及抑制寄生振荡不利。

谐振电感L_r应适当取值。通常L_r值小；若L_r值较大，虽更有利于实现滞后桥臂零电压开通，但会使占空比丢失现象更严重。

（4）优缺点

移相全桥ZVS-PWM变换器的优点：

①能实现功率开关管零电压开关，零电压开通、接近于零电压关断，从而减小了开关损耗，提高了电路效率；

②元器件的电压、电流应力小；

③开关频率恒定，有利于高频变压器和输出滤波器的优化设计。

移相全桥ZVS-PWM变换器的缺点：

①滞后桥臂实现零电压开通比领先桥臂困难；

②存在占空比丢失现象，限制了开关频率的提高；

③电路中存在较大的环流，使导通损耗增大。

尽管移相全桥ZVS-PWM变换器存在一些缺点，但它的优点突出，因此获得了较广泛的应用。

3.1.7.7 通信用高频开关电源系统的组成

通信用高频开关电源系统由交流配电部分、整流器、直流配电部分和监控器（又称监控模块、监控单元或控制器）组成，方框图如图3.51所示。

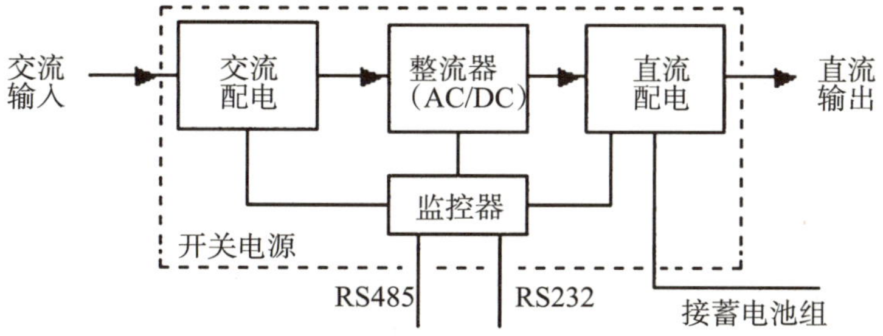

图3.51 高频开关电源系统组成框图

在大容量的高频开关电源系统中，有独立的交流配电屏、整流器机柜（插入整流模块）和独立的直流配电屏，监控器装设在直流配电屏或整流器机柜上。

在组合式高频开关电源设备中，包含交流配电单元、整流模块、直流配电单元和监控器。根据开关电源容量大小和使用要求的不同，其结构形态有机柜式、壁挂式和嵌入式，其中嵌入式开关电源可以嵌入19英寸机架。

3.1.7.8 开关电源系统中的交流配电部分

通信用高频开关电源系统中的交流配电部分，输入220/380V低压交流电，将其分配给各整流模块以及其他负荷，同时对低压交流供电进行通断控制、检测、告警和保护，并装设浪涌保护器（SPD）进行防雷保护。

交流配电部分除了主电路外，还有交流检测单元，用于检测输入交流三相电压、线电流（该项选用）、防雷器状态等，检测结果传送到开关电源系统中的监控器。

交流电源一般为TN-S系统，也可为TT系统。在这些供电制式中，零线与保护地线必须严格分开。机柜内零线汇集排应与机架绝缘，机架及机壳则应通过保护接地线可靠接地。

通常开关电源设备输入三相交流电，如果设备中配置的是单相供电的整流模块，在安装开通设备时，应注意尽可能使三相负荷平衡，设备的总零线电流应小于相线电流的30%。

电源线接入设备，应采用铜鼻子连接牢固。导线及连接头的温度，不应超过65℃。

若铝线与铜材料相连接，则必须使用铜铝过渡接头，以免铜、铝接触处由于电腐蚀作用产生较大的接触电阻，导致通电时连接处发热，甚至产生火灾。

交流配电部分的主电路中，电源端子间的相序排列应符合规定，如表3.5所示。

1. 输入两路电源手动转换的交流配电主电路举例

输入两路交流电源手动转换的交流配电主电路，举例如图3.52所示。接通交流输入1的断路器Q_1和接通交流输入2的断路器Q_2机械互锁，任何时刻只有一个断路器能够合闸。接入的交流电源经各输出分路的断路器为整流模块（$DZY_1 \sim DZY_n$）供给单相交流电，并经相关断路器为其他负载供给三相或单相交流电。三相负载应尽量配置平衡。

表3.5　交流配电设备主电路中电源端子间的相序排列要求

相别	垂直排列	水平排列	前后排列
L_1相（A相）	上	左	远
L_2相（B相）	中	中	中
L_3相（C相）	下	右	近
N线（中性线）	最下	最右	最近

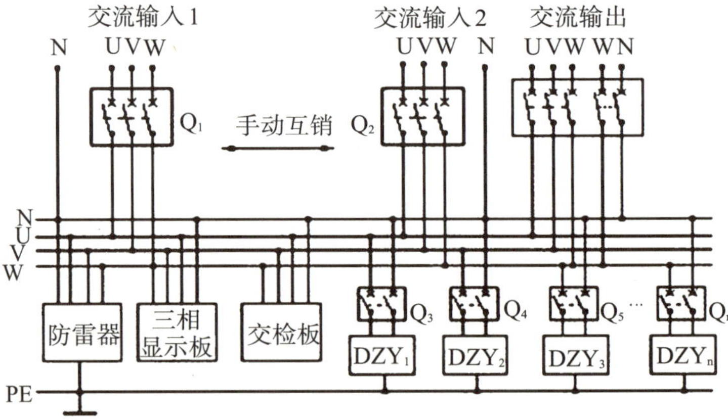

图3.52　输入两路交流电源手动转换的交流配电主电路举例

断路器（自动空气开关）既起开关作用，又起过流与短路保护作用：当负载电流过大或短路时，断路器自动跳闸，切断供电；故障排除后，需人工合闸。此外，对其他负载的供电也可经熔断器输出，熔断器起过流与短路保护作用：当负载电流过大或短路时，熔芯熔断，切断供电；故障排除后，换上同规格的熔芯恢复供电。交流熔断器的额定电流值应不大于最大负载电流的2倍。

设置在开关电源系统交流配电部分输入端的防雷器为C级防雷，举例如图3.53所示，图中SPD的连接采用“3+1”保护模式，在SPD的引接线上串联了保护空开。

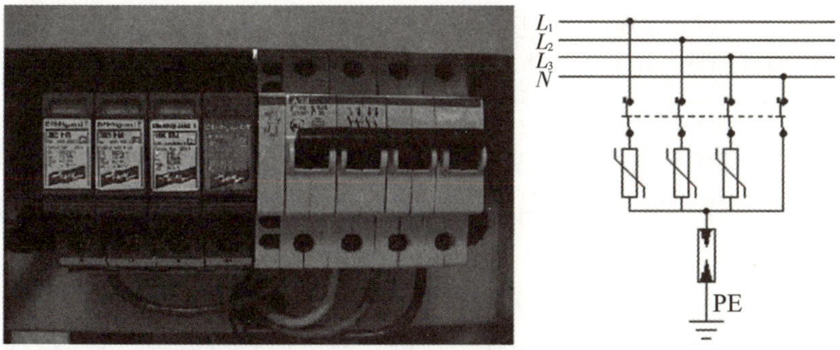

（a）SPD与保护空开实物照片　　（b）电路原理图（告警接点省略未画）

图3.53　C级防雷SPD及其保护空开举例（“3+1”保护模式）

2. 输入两路电源自动转换的交流配电主电路举例

输入两路交流电源自动转换的交流配电主电路，举例如图3.54所示。该图是某开关电源系统由继电器控制的交流输入Ⅰ/交流输入Ⅱ自动转换、交流输入Ⅰ优先供电的电路图。

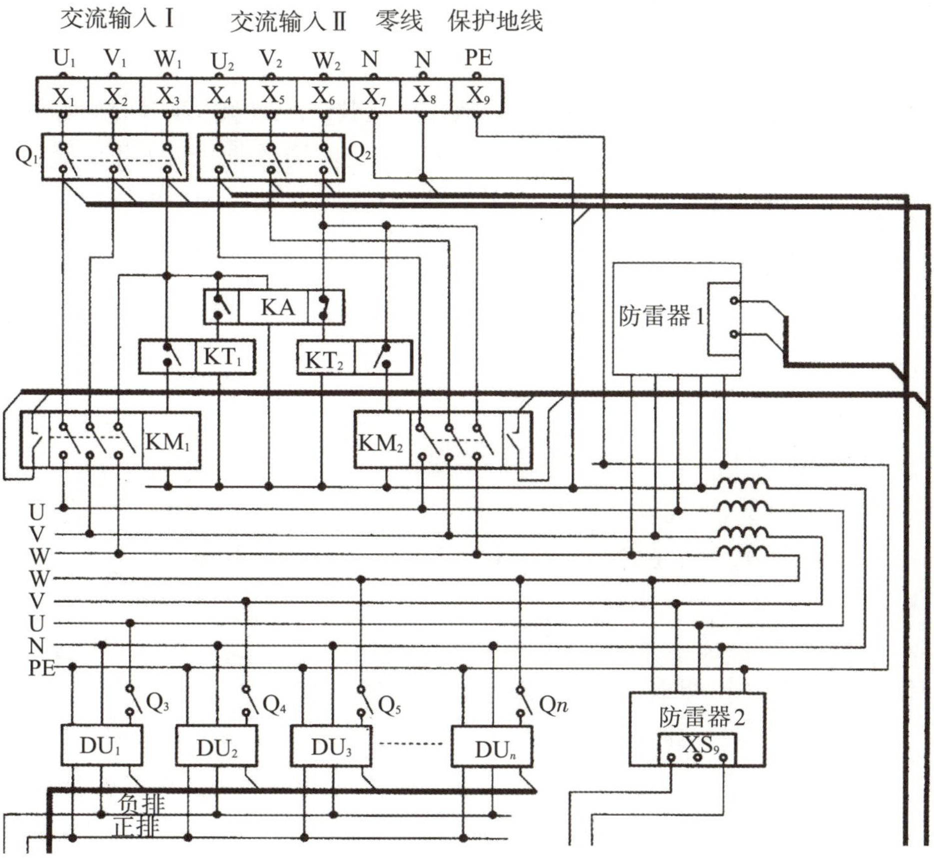

图3.54　输入两路交流电源自动转换供电方式电路举例

图中Q_1、Q_2分别为交流输入Ⅰ、交流输入Ⅱ的输入断路器，正常情况下均闭合。

KM_1、KM_2为交流接触器，其工作状态由交流检测单元检测。

KT_1、KT_2为延时吸合的时间继电器，分别控制交流接触器KM_1、KM_2的工作。产品出厂时延时时间设置为3～5s，用户可根据需要设置。

继电器KA为控制继电器，通过其动合（常开）、动断（常闭）型触点控制时间继电器KT_1、KT_2的工作，以实现交流输入Ⅰ/交流输入Ⅱ自动转换、交流输入Ⅰ优先的供电方式。

当交流输入Ⅰ有电时，继电器KA动作，其动合（常开）型触点（11、9）接通时间继电器KT_1工作线圈（7、2）的电源，延时后其延时动合触点（1、3）将220V交流电压送至交流接触器KM_1的工作线圈，交流接触器KM_1动作，将交流输入Ⅰ接入系统，为系统供电；此时，继电器KA的动断（常闭）型触点（1、4）断开时间继电器KT_2工作线圈（7、2）的供电，其常开触点（1、3）断开交流接触器KM_2工作线圈的电源，从而断开交流输入Ⅱ与系统的联系。

当交流输入Ⅰ停电时，继电器KA、时间继电器KT_1、交流接触器KM_1的工作线圈上均无电源；继电器KA的常闭触点（1、4）接通时间继电器KT_2工作线圈（7、2）的电源，延时后接通交流接触器KM_2工作线圈的电源，交流接触器KM_2将交流输入Ⅱ接入系统，为系统供电。

交流输入Ⅰ恢复供电后，控制继电器KA工作，其动断型触点断开时间继电器KT_2工作线圈的电源，KT_2停止工作，其常开触点断开交流接触器KM_2工作线圈的电源，从而强行切断交流输入Ⅱ的供电；同时KA的动合型触点接通时间继电器KT_1的工作线圈，延时后接通交流接触器KM_1工作线圈的电源，交流接触器KM_1工作后将交流输入Ⅰ接入系统。

图中DU_1～DU_n为整流模块。

3. 交流电压与电流的测量

（1）交流电压的测量

在高频开关电源设备中，输入交流电压的测量，是用小变压器将交流电源电压变为低压，再把交流低压变成直流低压，该直流电压和被测交流电源电压的有效值成正比，用电压表电路检测这个直流电压，“电压表”的读数（即液晶屏的显示）为被测交流电源电压的有效值。

（2）交流电流的测量

交流配电屏或交流配电单元中交流电流的测量，通常采用电流互感器，如图3.55所示。图中R为取样电阻，接在电流互感器次级线圈的两端。R两端的交流电流取样电压经过AC/DC转换，变为直流电压，该直流电压和被测交流电流的有效值成正比，用电压表电路检测这个直流电压，“电压表”的读数为被测交流电流的有效值。

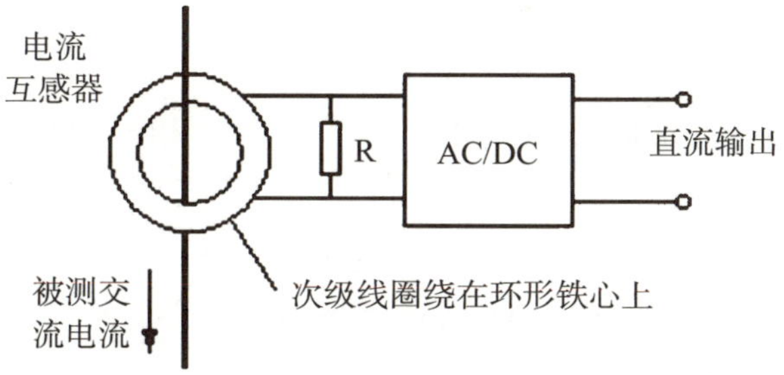

图3.55　用电流互感器测量交流电流

必须注意，电流互感器的次级绝不能开路。运行中的电流互感器次级开路是十分危险的——由于缺失了次级电流对磁通的抵消作用，铁心磁通大大增加，导致次级线圈电压很高，既带来电击的危险，又可能击穿绝缘；此时铁心将发出嗡嗡声，同时铁心发热，可能烧毁互感器。

3.1.7.9　开关电源系统中的高频开关整流器

1. 高频开关整流器的组成

开关型整流器的英文名称是Switching Mode Rectifier，缩写为SMR。通信用高频开关整流器一般为模块化结构，若干整流模块并联运行（输出端并联），自动均流。整流器（整流模块）的电路组成方框图通常如图3.56所示。

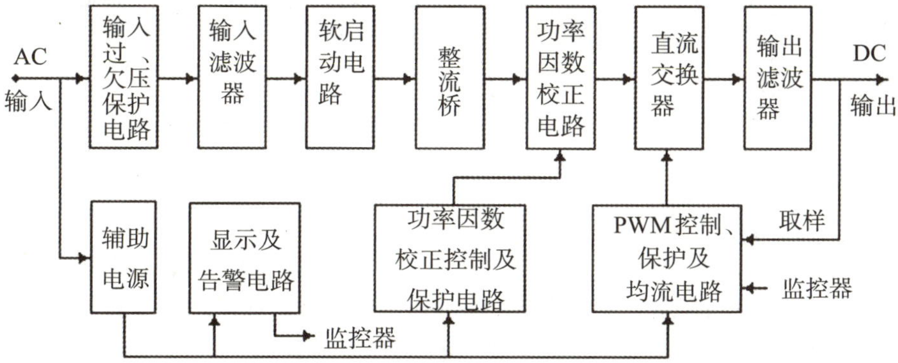

图3.56　通信用高频开关整流器电路组成方框图

（1）输入过、欠压保护电路

当交流输入电压高于允许输入电压范围的上限时，过压保护电路切断主电路的交流输入；当交流输入电压低于允许输入电压范围的下限时，欠压保护电路使有源功率因数校正电路和直流变换器都关闭。当电网电压正常时，整流器应能自动恢复工作。

我国通信行业标准YD/T731—2008《通信用高频开关整流器》规定，过压保护电压的设定应不小于额定值的115%（单相电压不小于253V、三相线电压不小于437V），欠压保护电压的设定应不大于额定值的80%（单相电压不大于176V、三相线电压不大于304V）。

实际上国内生产通信用高频开关电源设备的各主要厂家所提供的组合式开关电源，允许交流输入电压变化范围大多达额定值的±30%，即允许交流输入电压范围的上限为线电压494V、相电压286V，下限为线电压266V、相电压154V。有的允许输入下限电压更低，相电压可低至100V左右，不过此时整流模块的输出电流通常只能达到额定值的50%以下。

整流模块还应在交流电源输入处接限压型浪涌保护器进行防雷保护（D级防雷）。

（2）输入滤波器

输入滤波器用于滤除来自电网的电磁干扰、抗浪涌冲击，并抑制高频开关整流器对交流电网的反灌传导骚扰。通常采用具有共模电感的抗干扰滤波器。

（3）软启动电路

软启动电路又称缓启动电路，用以降低开机时的冲击电流，使高频开关整流器由于启动引起的输入冲击电流峰值不大于额定输入电压条件下最大稳态输入电流峰值的150%。软启动时间一般为3～10s。

软启动电路通常是在整流器输入回路中串联一只阻值适当、额定功率较大的电阻，启动时用它限流，启动完成后用继电器触点将它旁路。软启动电阻在整流器正常工作时不消耗功率。

（4）整流桥

一般采用无工频变压器单相或三相桥式整流电路，把输入交流电压变成单方向脉动直流电压。

（5）功率因数校正电路

功率因数校正电路用于减小高频开关整流器输入电流中的谐波成分，使整流器的输入电流波形接近正弦波并与输入电压同相，功率因数接近1；同时输出波形比较平滑的直流电压供给直流变换器。

输入单相交流电的整流模块，通常采用有源功率因数校正电路。其主电路一般为非隔离型升压式直流变换器，它受专用PWM集成控制器或数字信号处理器（DSP）控制，可使整流器的功率因数达0.99以上，并且起预稳压作用。它的输入电压为单相交流电压整流后的正弦波绝对值，输出约400V波形平滑的直流电压。

输入三相交流电的整流模块，目前大多采用无源功率因数校正电路，使整流器的功率因数达到0.92～0.94。此时不需要功率因数校正控制电路。

（6）直流（DC/DC）变换器

直流（DC/DC）变换器输入功率因数校正电路输出的直流电压（如400V），输出高频开关整流器的负载所需的稳定且波形十分平滑的直流电压。一般采用PWM方式控制。为使高频开关整流器的输出侧与电网隔离，必须采用隔离型直流变换器，以用软开关电路为好。

直流（DC/DC）变换器必须具有输出限流性能。

（7）输出滤波器

输出滤波器用于滤除高频开关整流器输出侧的尖峰和杂波等噪声电压，使整流器的输出电压能够满足各项杂音指标要求，对负载不产生电磁骚扰。

（8）PWM控制、保护及均流电路

由PWM集成控制器或DSP芯片及驱动电路输出驱动脉冲去控制直流变换器。高频开关整流器的输出电压值，除了本身可以控制外，主要由开关电源系统中的监控器来控制。YD/T731—2008中规定，整流器直流输出电压可调节范围为：−43.2 ~ −57.6V（−48V电源系统），21.6 ~ 28.8V（24V电源系统）。

根据机内检测的整流模块直流输出电压、电流和机内温度，在情况异常时由保护电路控制PWM控制器，实施输出过压、欠压和机内温度过高关机保护，以及输出限流与短路保护。

整流器直流输出过压关机保护在故障排除后，应能人工恢复工作；直流输出欠压和机内温度过高关机保护在故障排除后，应能自动恢复工作；限流范围应能达到额定输出电流的105% ~ 110%；直流输出短路保护在故障排除后，应能自动恢复工作。

并联运行的整流模块通过均流电路使彼此间输出电流自动均衡，偏差应不超过额定输出电流的±5%。

常用的均流方法有平均电流法和最大电流法（即民主均流法）两种。采用这样的方法，开关电源系统中各整流模块依靠自身的性能来完成均流任务，整流模块之间只需连接一根均流总线，此外不需要其他任何外部控制。

（9）辅助电源

辅助电源提供高频开关整流器中控制电路等部分的直流电源电压，通常采用单端反激变换器。

（10）显示及告警电路

整流模块可用数码管显示其输出电流、电压。

当各种保护电路动作时，整流模块用发光二极管等器件显示各种告警信号，同时将告警信号传送到开关电源系统中的监控器。

此外，采用风冷的整流模块，通常机内设有温控调速电路，使风扇在适宜的转速下工作，可以延长风扇的使用寿命。风扇应能安全方便地从模块中取出，便于维护。

2. 具有共模电感的抗干扰滤波器

抗干扰（EMI）滤波器由电感、电容组成，用于滤除噪声电压。噪声电压即干扰电压，包括尖峰电压、谐波电压和杂波电压，其频率较高。抗干扰滤波器在起抗干扰滤波作用的同时，必须能够顺利流过主电路的工作电流，工作电流在抗干扰滤波器上应不产生压降。

线路上两线之间的噪声电压称为差模噪声电压，两线共有的对地噪声电压称为共模噪声电压。电路中实际的噪声电压常是两者的合成。

在通信用高频开关整流器中，常用具有共模电感的抗干扰滤波器来做输入滤波器以及接在直流变换器后面的输出滤波器，其电路原理图如图3.57所示。

（1）工作原理

①输入侧向输出侧传递的共模噪声抑制

以A线为例，L_1与C_5组成LC低通滤波器，使A线上输入侧的共模噪声电压U_{in}传递到输出侧时被显著地衰减为U_{out}。低通滤波器对噪声（noise）的滤波系数为

$$q_n=\frac{U_{in}}{U_{out}}=\frac{\omega_n L-1/\omega_n C}{1/\omega_n C}=\omega_n^2 LC-1 \tag{3.107}$$

式中，ω_n为噪声电压的角频率，$\omega_n=2\pi f_n$（f_n为噪声频率）。滤波系数q_n越大，表明抑制噪声电压的效果越好。

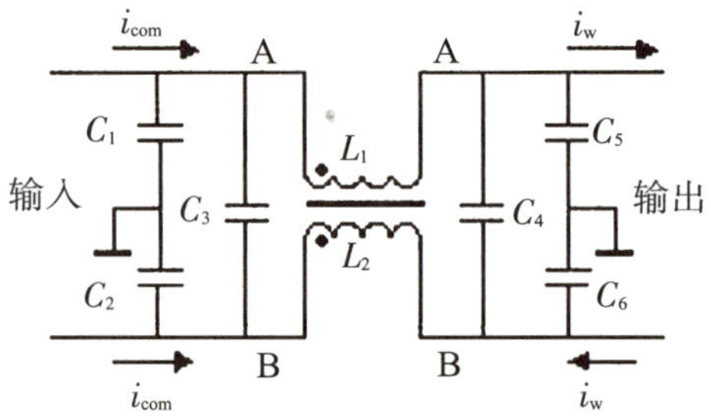

图3.57　具有共模电感的抗干扰滤波器

同理，L_2与C_6组成的低通滤波器能抑制B线上输入侧传递到输出侧的共模噪声电压。

②输出侧向输入侧传递的反灌共模噪声抑制

L_1与C_1能抑制A线上从输出侧反灌到输入侧的共模噪声电压；

L_2与C_2能抑制B线上从输出侧反灌到输入侧的共模噪声电压。

③接机壳电容的电容量限制

共模滤波电容C_1、C_2之间和C_5、C_6之间接机壳，机壳应接地。万一机壳未接地，为了保证人体触摸机壳时通过人体的入地电流不超过数毫安的安全值，$C_1=C_2$及$C_5=C_6$的电容量应较小，一般为2200PF～0.033μF。为了得到较大的滤波系数q_n，L_1和L_2应采用较大的电感量，例如1～50mH，共模电感的结构不难满足这个要求。

④对差模噪声的抑制

具有共模电感的抗干扰滤波器不仅能够抑制共模噪声电压，也可以抑制差模噪声电压。C_3和C_4为差模滤波电容。它们分别同L_1和L_2的漏感（如电感值为$0.05L_1$）组成低通滤波器。L_1和L_2的漏感与C_4能抑制从输入侧传递到输出侧的差模噪声电压；L_1和L_2的漏感与C_3可抑制从输出侧传递到输入侧的反灌差模噪声电压。由于漏感较小，为了得到较大的滤波系数q_n，可将C_3和C_4取为较大值，例如0.1～2μF。

对于输入滤波器，还可根据需要另加串联电感或加差模滤波级来加强对反灌差模

噪声电压的抑制。

（2）共模电感

共模电感为对称的两线圈电感，两线圈的绕法及对应端如图3.58所示。通常磁芯采用有较高导磁率的环形铁氧体，线圈匝数少，两线圈之间有足够的绝缘强度。

工作回路的电流i_w通过两线圈产生的两个磁动势i_wN大小相等、方向相反，合成磁势为零，因此不产生沿着磁芯闭合的工作磁通，仅通过周围空间有少量漏磁通，磁路中可不设气隙。可见对工作电流而言，每个线圈的电感都为零。

共模噪声电流i_{com}分别通过两线圈（例如都从同名端流入）所产生的磁动势相加，总磁势为$2Ni_{com}$，共同产生沿磁芯闭合的磁通，在忽略漏感时能产生两倍磁通。因此对共模噪声而言，两线圈的互感与自感使等效电感L_1和L_2都增大为自感的2倍。

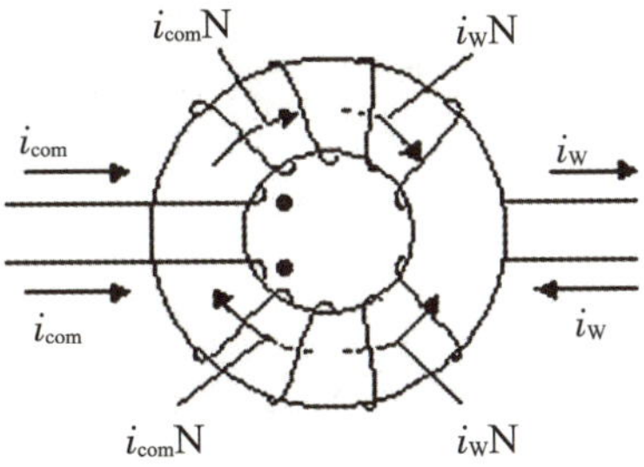

图3.58　共模电感

3. 功率因数校正电路

（1）功率因数的定义

功率因数（Power Factor，PF）的定义为有功功率与视在功率之比。整流器的功率因数为

$$\lambda = \frac{P}{S} = \frac{U_L I_1 \cos\varphi}{U_L I_R} = \gamma \cos\varphi \tag{3.108}$$

式中，P为输入有功功率；S为输入视在功率；U_L为电网电压有效值；I_R为输入电流有效值（输入电流可能不是正弦波形）；I_1为输入电流中的基波电流有效值；$\gamma=I_1/I_R$为输入电流基波因数，又称畸变因数或称失真功率因数；$\cos\varphi$为相移因数，即正弦基波电流与电网电压相位差的余弦，又称相移功率因数。

由式（3.108）可知，整流器的功率因数又可定义为基波因数与相移因数的乘积。

电流偏离正弦波的畸变程度，除了用基波因数衡量外，还常用总谐波畸变率（THD：Total Harmonic Distortion）来衡量。电流总谐波畸变率THD_i的定义为

$$THD_i = \frac{I_h}{I_1} = \frac{\sqrt{I_2^2 + I_3^2 + \cdots + I_n^2}}{I_1} \times 100\% \tag{3.109}$$

式中，I_h为各次谐波电流分量总的有效值；I_1为基波电流有效值。

输入电流基波因数（失真功率因数）与总谐波畸变率的关系为

$$\gamma = \frac{I_1}{I_R} = \frac{I_1}{\sqrt{I_1^2 + I_h^2}} = \frac{1}{\sqrt{1 + THD_i^2}} \tag{3.110}$$

由式（3.110）可知，若THD_i=5%，则γ=0.9988；如果$\cos\varphi$=1，那么此时$\lambda \approx 0.999$。

（2）功率因数校正的必要性

输入单相交流电的整流器在没有功率因数校正环节时，由交流输入电压直接整流电容滤波来得到开关电源的直流输入电压，其电路图和波形图如图3.59所示。

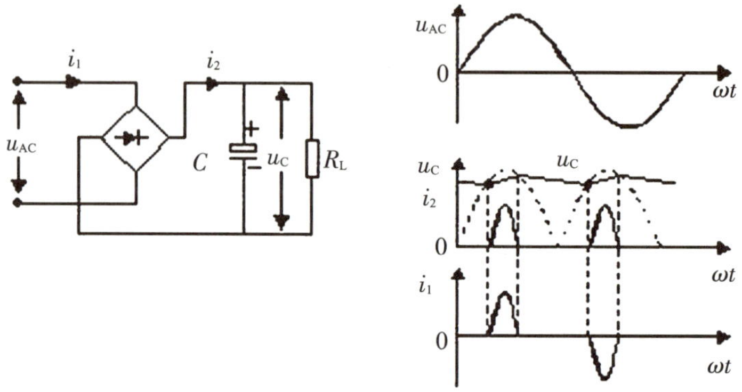

图3.59 单相桥式整流电容滤波的电路图与波形图

当$u_{AC}>u_C$时，整流元件才导通，i_2持续时间短、峰值大。于是产生下列问题。

①i_2的有效值与平均值之比大，要求整流元件的额定容量大。

②相应地i_1持续时间短、峰值大，i_1分解得出的正弦基波分量较小，且同u_{AC}有相位差，故功率因数λ较小，为0.6～0.7；同时谐波分量大，对电网造成干扰。

③三次谐波电流在电网中性线上叠加，可能使零线电流比相线电流大，零线可能发热损坏。

为解决上述问题，通信用高频开关整流器必须采用功率因数校正（Power Factor Correction，PFC）电路，使整流器的输入功率因数和输入谐波电流符合我国通信行业标准的相关要求。

按照YD/T731—2008的规定，在交流输入电压为额定值、直流输出电压为出厂整定值的条件下，整流器的输入功率因数应满足表3.6的要求，输入电流总谐波畸变率（3～39次谐波）应满足表3.7的要求。

表3.6 通信用整流器的输入功率因数指标

负载条件	Ⅰ类	Ⅱ类
输入功率因数（100%负载）	≥0.99	≥0.92
输入功率因数（50%负载）	≥0.98	≥0.90

表3.7　通信用整流器的输入电流总谐波畸变率（3～39次谐波）指标

负载条件	Ⅰ类	Ⅱ类
输入电流总谐波畸变率（100%负载）	≤5%	≤25%
输入电流总谐波畸变率（50%负载）	≤10%	≤28%

（3）无源功率因数校正电路

输入三相交流电的整流器目前大多采用无源功率因数校正电路，如图3.60所示。它实际上就是三相桥式整流电路连接由L_4、C组成的电感输入式平滑滤波器（整流电路的负载为电感性负载），并在电路的交流侧串接用于限制谐波电流的低频电感L_1、L_2和L_3。这样能以较小的电感总质量得到较好的无源功率因数校正效果，整流器的输入功率因数可达0.94。

交流侧的电流波形如图3.61所示，图中i_A表示A相电流。若滤波电感L_4的电感量很大（这时不接L_1～L_3），则每相电流近似为交变的矩形波，如图中虚线所示，整流器的功率因数理论上可达0.955；实际上为了避免设备的体积、质量过大，L_4以及L_1～L_3的电感量都较小，因此每相电流如图中实线所示，此时$\lambda<0.955$。L_1～L_4这4个电感的设计要兼顾电感的质量大小和功率因数要求，电感量的选择应以整流器的$\lambda \geqslant 0.92$为原则。

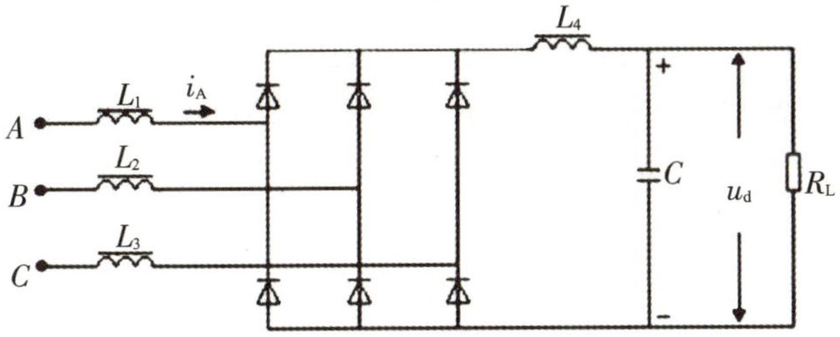

图3.60　三相输入无源功率因数校正电路

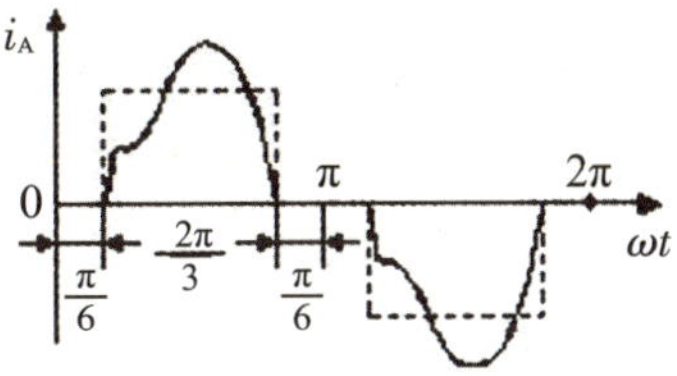

图3.61　A相电流波形

图3.60所示电路输出直流电压U_d=1.35U_1（U_1为交流线电压有效值），当U_1为380V时，U_d约为510V；当电网电压升高20%时，U_d达600V以上。为了减少后级直流变换器的输入电压，可用两个电容量相等的电容串联代替C，这时每只滤波电容上的直流电压为$U_d/2$，分别给两个串联的直流变换器做输入电压，这两个直流变换器在高频变压器次级直流输出侧再并联输出。

（4）有源功率因数校正电路基本原理

有源功率因数校正（APFC：Active Power Factor Correction）电路，目前多采用平均电流模式控制的PWM升压变换器，控制芯片有UC3854、UC3854A/B等（数字化控制则采用DSP芯片及隔离驱动电路来进行控制）。电路原理简图如图3.62所示。

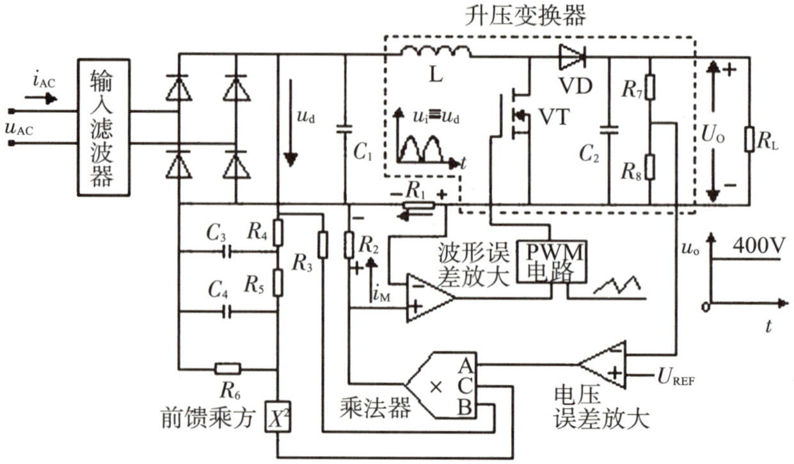

图3.62　有源功率因数校正电路原理简图

①电路的功能

其一，使整流器的输入电流基本上为正弦波，并与电网电压同相，实现额定负载时整流器的输入功率因数$\lambda \geqslant 0.99$、输入电流总谐波畸变率$THD_i \leqslant 5\%$；

其二，实现预稳压，即输出波形平滑且比较稳定的约400V直流电压。

②主电路

输入单相交流电压，通过无工频变压器桥式整流电路，变为正弦波绝对值的整流电压u_d(u_d=｜u_{AC}｜=U_m｜$\sin\omega t$｜)，它就是PWM升压变换器的输入电压u_i(u_i=u_d)。C_1的电容量较小，用于滤除高频干扰，不影响整流电路输出正弦波绝对值波形。

升压变换器由L、VT、VD和C_2组成。一般升压变换器的输入电源电压为平滑的直流电压，而现在输入电源电压是50Hz正弦波电压的绝对值。功率开关管VT的开关频率至少为20kHz（相应的开关周期为50μs），这就是说VT在交流电源每半个周期（10ms）内至少开关200次。为使功率因数校正电路的输出电压u_o波形平滑并较稳定，驱动脉冲的占空比D必须有规律地变化：当u_i的瞬时值较小时，D较大；当u_i的瞬时值较大时，D较小。输出直流电压U_O>U_m（U_m是交流电源电压的振幅值，有效值为220V时U_m为311V；U_O等于瞬时输出电压u_o的平均值，约为400V）。u_i、u_o和D的变化规律如图3.63所示。

用u_i=U_m｜$\sin\omega t$｜代替式（3.33）中的U_1，可求得这时D的具体变化规律为

$$D = 1 - \frac{U_m|\sin \omega t|}{U_O} \tag{3.111}$$

③控制原理

系统采用双环控制，即由稳压控制环路和输入电流波形控制环路来控制。每个环路都有基准、采样、误差放大等环节。两个控制环路通过乘法器联系在一起，由电流

波形误差放大器去控制脉宽调制电路，使功率开关管有适当的导通占空比，从而实现电路的功能。

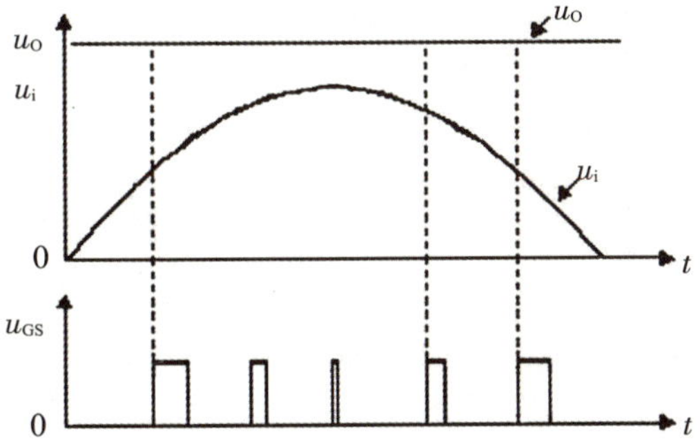

图3.63　APFC电路u_o与u_i的关系及占空比的变化规律

Ⅰ.输入电流波形控制环路（电流内环）

为了控制电流波形，需要波形基准。整流桥输出电压u_d为正弦波的绝对值，流经R_3的电流与u_d成正比，其电流波形与u_d波形相似，加到乘法器的B输入端，其输入量用B表示。乘法器的输出电流为

$$i_M=AB/C \tag{3.112}$$

式中，A、B、C分别为乘法器对应端子的输入量。

当A和C为常数时，i_M的波形与B相似，即与u_d相似。i_M在R_2上的电压降为

$$u_{R2}=i_MR_2=u_{Wref} \tag{3.113}$$

u_{Wref}即波形（Waveform）控制环路的基准电压，在自动控制理论中称为“给定”，其波形也是正弦波的绝对值。

输入电流i的取样电路是小阻值电阻（或分流器）R_1，电流取样电压为

$$u_{is}=iR_1 \tag{3.114}$$

取样电压与基准电压相比较得到的误差电压为

$$u_E=u_{Wref}-u_{is}=i_MR_2-iR_1 \tag{3.115}$$

在波形误差放大器增益足够大的条件下，可利用集成运放线性运用时的重要结论$U_{I+}\approx U_{I-}$，得知$u_E\approx 0$，即

$$i\approx i_MR_2/R_1 \tag{3.116}$$

由此可见，输入电流i的波形与乘法器输出电流i_M的波形相似，i与i_M之比等于R_2与R_1之比。

输入电流i的波形正比于i_M，也就正比于输入电压u_i，这说明该电路的等效负载是一个线性纯电阻，理论上$\lambda=1$。输入电流i的实际波形如图3.64中所示，在每一开关周期中，t_{on}期间i上升，t_{off}期间i下降，其高频脉动电流的平均值为正弦波绝对值。

经过电网侧输入滤波器将高频电流成分滤除，交流输入电流i_{AC}是与输入电压u_{AC}同相的正弦波，如图3.64中所示。

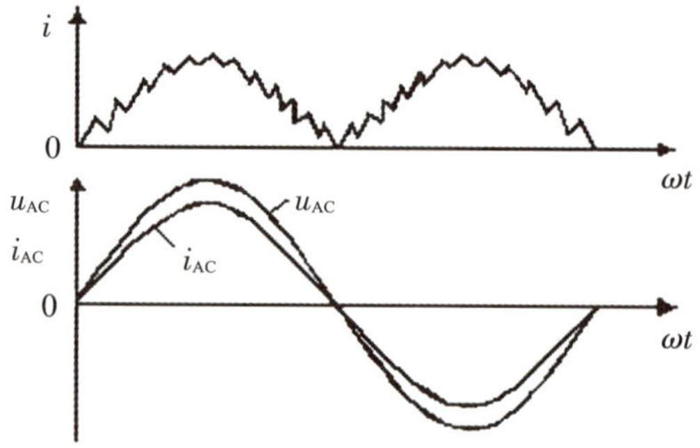

图3.64　平均电流控制型APFC电路的输入电流

Ⅱ.输出稳压控制环路（电压外环）

稳压控制环路的基准电压为U_{REF}，取样电压由取样分压电路R_7、R_8获取，电压误差放大器放大它们的差值。电流环使输入电流为正弦波，而电压环是使输出电压U_O稳定。

在本电路中，稳压环的调节作用必须以不影响输入电流波形控制环路的波形为原则，所以设置了乘法器。电压误差放大器输出的控制电压，输入乘法器的A端。如前所述，乘法器的输出量为$i_M=AB/C$，B是时间函数，波形为正弦波的绝对值，A及C在一个开关周期内可视为常数，故i_M也是正弦波绝对值的时间函数。当A及C的数值缓慢变化时，不影响i_M的波形。因此，稳压环的输出控制电压只是去控制波形环的基准电压（i_MR_2）大小，而不影响其波形。这样本稳压环路既能起到稳压作用，又不影响输入电流为正弦波。

Ⅲ.前馈乘方（即X^2）功能

为了更好地改善输出稳压性能和稳压动态响应，加设了电压前馈乘方功能。

由于波形基准的电流波形来源于整流桥输出电压（u_d），若不采取措施，当交流输入电压（u_{AC}）的有效值U变化时，波形基准电压的有效值随着变化，输入电流有效值I也随之变化，于是输入功率（平均值）

$$P=UI\propto U^2 \tag{3.117}$$

即输入功率随输入电压有效值的2次方变化，相应地输出功率也随之变化，导致输出电压的源效应变坏（源效应是指负载电阻一定时，电源电压变化引起的输出电压变化）。即使稳压环路起到一定的稳压调整作用，但稳压指标及动态特性都会变坏。

在图3.62中，u_d经R_4、C_3、R_5、C_4、R_6滤除交流成分并分压后，得到正比于整流桥输出电压有效值（U）的直流电压U_{ms}，经乘方电路（X^2），加至乘法器的C输入端。输入量C正比于U^2，即$C\propto U^2$，而输入量$B\propto U$，所以乘法器的输出电流为

$$i_M=\frac{AB}{C}\propto\frac{AU}{U^2}=\frac{A}{U} \tag{3.118}$$

i_M以及i的有效值将随输入电压有效值的增大而减小，故输入功率（平均值）为

$$P = UI \propto U\frac{1}{U} = \text{常数} \tag{3.119}$$

可见这时是恒功率输入（在负载不变的前提下），输入功率不随输入电压有效值的变化而变化，改善了源效应。由于前馈的调节速度快，可使动态响应改善。

4. 高频开关整流器主电路举例

图3.65所示为输入单相交流电的通信用高频开关整流器主电路举例，同时画出了控制电路的方框。对该图简要说明如下。

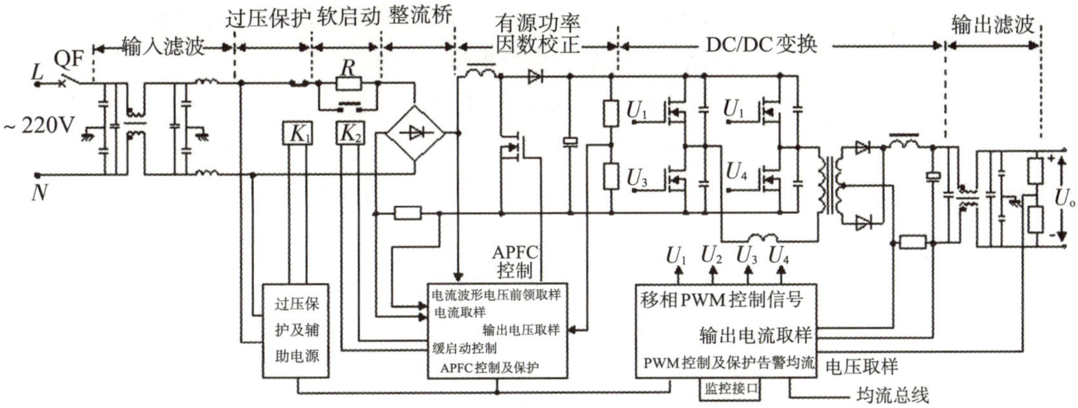

图3.65　单相输入的通信用高频开关整流器主电路举例

①图中QF为断路器（空气开关），用它控制整流器交流电源的通断；当输入交流电流过流时能自动断开，起过流和短路保护作用。

②输入滤波器除了采用具有共模电感的抗干扰滤波器外，还在两条输入线上各串联了一个高频电感，以便更好地滤除有源功率因数校正电路产生的反灌高频电流分量。

③输入过压保护由继电器K_1执行。平时K_1不动作，其动断触点接通；当交流输入电压高于允许输入电压范围的上限时，K_1动作，使动断触点断开，切断整流器主电路的交流输入。

④开机时用电阻R限制输入冲击电流，实现软启动。启动完成后K_2继电器动作，其动合触点闭合，将R旁路。

⑤有源功率因数校正电路为PWM升压式电路。

⑥DC/DC变换器为移相全桥ZVS-PWM变换器。

⑦输出滤波器采用了具有共模电感的抗干扰滤波器。

⑧输出侧的电压取样用于整流器自动稳压控制和输出过、欠压保护。

⑨输出侧的电流取样用于整流器输出限流保护以及均流控制。整流器的输出就是DC/DC变换器的输出，DC/DC变换器是一个负反馈自动调整系统，其输出大小由PWM集成控制器来控制，在电源电压变化或负载变化时能自动保持输出稳定。当PWM集成控制器中电压误差放大器输入的取样电压是反映整流器输出电压的变化时，自动调整稳定的对象为输出电压；如果取样电压是反映整流器输出电流的变化，那么

自动调整稳定的对象就成为输出电流。整流器正常工作时，输出电流取样电压小于输出电压的取样电压而不起作用，整流器运行于自动稳压状态；当整流器负载过重，输出电流上升到限流点时，输出电流取样电压大于输出电压的取样电压而取代它，于是整流器运行于自动稳流状态，从而限制输出电流的上升。

整流器的限流点应能在额定输出电流的20%～110%调整。

5. 均流电路

以自动稳压方式并联运行的整流器必须有均流措施，使其输出电流均衡。否则，由于各整流器的输出电压和等效内阻实际上不可能完全一致，其中有些整流器将会负载过重，从而影响系统的可靠性，甚至造成并联运行失败。

均流电路用来使并联运行的整流器输出电流自动均衡。实现均流的方法较多，其中均流效果好、在通信用高频开关电源中广泛采用的，主要是平均电流法均流和最大电流法均流。采用这两种方法，开关电源系统中各整流模块依靠自身的性能来完成均流任务，整流模块之间只需连接一根均流总线，此外不需要其他任何外部控制，减小了均流失败的因素。

（1）平均电流法自动均流

平均电流法自动均流的控制原理图如图3.66所示。各整流模块的电流放大器输出端通过一个电阻R接到一条公用的均流总线上，同时均流误差放大器的同相输入端也与均流总线连接（整流模块正常工作时继电器K动作，其动合触点闭合）。

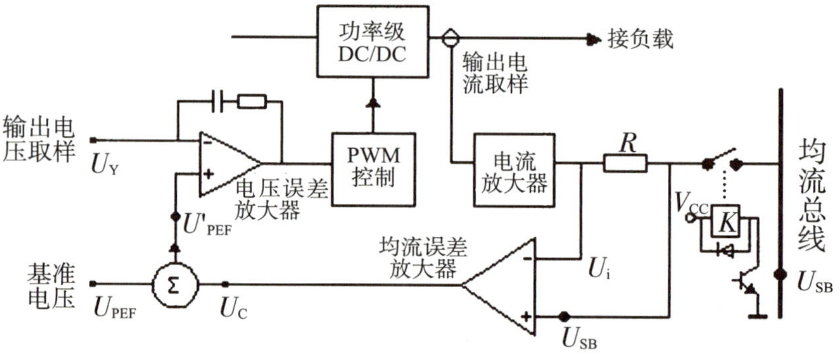

图3.66　平均电流法均流控制原理图

n个整流模块与均流总线连接如图3.67所示。利用该图来求均流总线上的电压U_{SB}。根据基尔霍夫电流定律，可得

$$\frac{U_{i1}-U_{SB}}{R}+\frac{U_{i2}-U_{SB}}{R}+\cdots+\frac{U_{in}-U_{SB}}{R}=0$$

因此，均流总线的电压为

$$U_{SB}=\frac{U_{i1}+U_{i2}+\cdots+U_{in}}{n} \tag{3.120}$$

式中，n为整流模块的个数；U_{i1}、$U_{i2}\cdots U_{in}$为各整流模块电流放大器的输出电压（即反

映各整流模块输出电流大小的信号电压）。

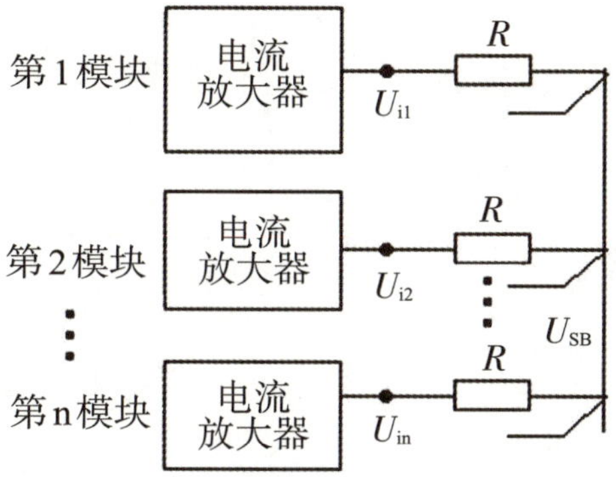

图3.67 n个模块接均流总线

由式（3.120）得知，平均电流法均流总线上的电压为各整流模块电流放大器输出电压的平均值。

对每个整流模块而言，若均流总线上的电压U_{SB}大于本模块电流放大器的输出电压U_i，则表明本模块的输出电流偏小，应调大；反之，若$U_{SB}<U_i$，则表明本模块的输出电流偏大，应调小。

各整流模块均流误差放大器的同相输入端接均流总线电压U_{SB}，反相输入端接本模块电流放大器输出电压U_i，其输出电压用U_c表示。电压误差放大器的实际基准电压$U'_{REF}=U_{REF}\pm U_c$。均流调节过程是：当$U_{SB}>U_i$时，均流误差放大器输出正电压，使电压误差放大器的实际基准电压U'_{REF}升高，于是模块输出电压升高，使其输出电流增大；当$U_{SB}<U_i$时，均流误差放大器输出负电压，使电压误差放大器的实际基准电压U'_{REF}降低，于是模块输出电压降低，使其输出电流减小。当$U_{SB}=U_i$（即R两端电压为零）时，表明已实现了均流，这时均流误差放大器的输出电压$U_c=0$，电压误差放大器的实际基准电压$U'_{REF}=U_{REF}$。

这种均流电路的均流精度比较高。但是，当某个整流模块出现故障无输出时，将使均流总线上的电压U_{SB}降低，于是各整流模块输出电压下调，甚至达其下限，结果造成系统故障。为了解决这个问题，在均流电路中接入继电器K。当整流模块正常工作时，控制晶体管导通使K动作，其动合触点闭合，接通均流总线；当整流模块不工作或故障停机时，晶体管截止，K释放，其动合触点断开，使该模块脱离均流系统。

（2）最大电流法自动均流

最大电流法自动均流的控制原理图如图3.68所示。各整流模块的电流放大器输出端通过一个隔离二极管VD接到均流总线上，均流误差放大器的同相输入端也与均流总线连接。该图与图3.66的区别是用二极管VD代替了电阻R，同时不必接继电器K。

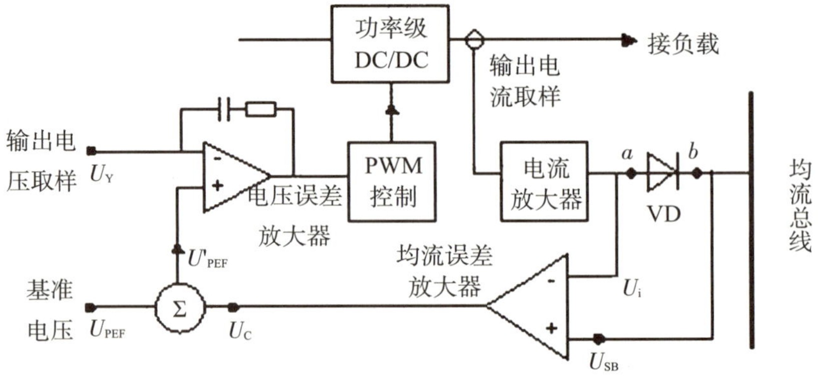

图3.68 最大电流法自动均流控制原理图

这是一种自动设定主模块和从模块的方法，在n个并联运行的模块中，输出电流最大的整流模块自动成为主模块，其他模块则为从模块。这种均流方法也称为“民主均流”法。

由于二极管的单向导电性，n个整流模块并联运行时，只有电流放大器输出电压最大的那个模块中的二极管才导通，因此均流总线上的电压U_{SB}近似等于主模块电流放大器的输出电压，其他从模块电流放大器的二极管均反偏截止。

从模块$U_i<U_{SB}$，均流误差放大器同相输入端的电压高于反相输入端的电压而输出正电压（$+U_c$），使电压误差放大器的实际基准电压U'_{REF}升高，于是模块的输出电压升高，使其输出电流增大，向主模块靠拢；从模块与主模块的电流差值越大，则$+U_c$越大，该从模块输出电压、电流的增加也就越大。这样就实现了自动均流。

由于二极管总有正向压降，因此均流会有误差，主模块比从模块输出电流大，从模块之间则均流较好。

为了减少主模块的均流误差，通常采用既有隔离作用又没有正向压降的单向缓冲器来代替二极管，即在图3.68的a、b两点间，接入图3.69所示电路来替换二极管VD。

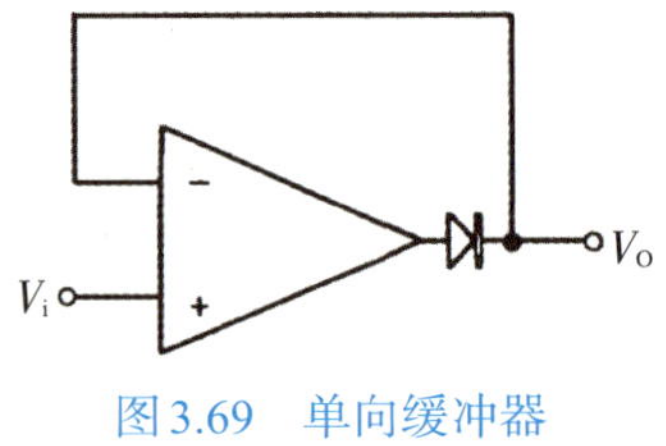

图3.69 单向缓冲器

最大电流法自动均流可靠性高，当某一个模块出现故障无输出时，不影响系统的正常运行。

需要指出，均流电路只能对整流模块的输出电压进行微调。要使并联运行的整流模块均流状况好，应在并联运行前先把每个整流模块的单机输出电压调整成一致（调内基准、外基准）。

6. 高频开关整流器的若干技术指标

（1）效率

整流器的效率是直流输出功率与交流输入有功功率之比的百分数。

YD/T731—2008规定，在交流输入电压为额定值、直流输出电压为出厂整定值的条件下，整流器的效率应满足表3.8的要求。

表3.8　通信用整流器的效率指标

整流模块额定输出功率/W	≥1500（-48V）	<1500（-48V）	≥1500（24V）	<1500（24V）
效率（100%负载）	≥90%	≥86%	≥88%	≥85%
效率（50%负载）	≥89%	≥85%	≥87%	≥84%

（2）负载效应（负载调整率）

负载效应是指交流输入电压为额定值，直流输出电流在额定值的5%～100%内变化，直流输出电压偏离整定值的变化率（直流输出电压在输出电流为额定值的50%时整定）。

YD/T 731—2008规定，整流器的负载效应应不超过直流输出电压整定值的±0.5%。

（3）源效应（电网调整率）

源效应是指直流输出电流为额定值，交流输入电压在额定值的85%～110%内变化，直流输出电压偏离整定值的变化率（直流输出电压在交流输入电压为额定值时整定）。

YD/T 731—2008规定，整流器的源效应应不超过直流输出电压整定值的±0.1%。

（4）稳压精度

稳压精度是指交流输入电压在额定值的85%～110%变化，负载电流在额定值的5%～100%内变化，直流输出电压偏离整定值的变化率。稳压精度（δ_V）的计算式为

$$\delta_V = \frac{U - U_O}{U_O} \times 100\% \tag{3.121}$$

式中，U代表所测直流输出电压偏离整定值出现的最大值及最小值；U_O为直流输出电压整定值，在输入额定电压、输出50%额定电流时整定。

YD/T 731—2008规定，整流器的δ_V应不超过直流输出电压整定值的±0.6%。

（5）均分负载（均流）性能

多台同型号的整流器应能并机工作。YD/T 731—2008规定，交流输入电压为额定值，在单机50%～100%额定输出电流范围内，整流器均分负载的不平衡值应不超过直流输出电流额定值的±5%。

各台整流器的均分负载不平衡度按下列公式计算

$$\delta_I = (K_I - K) \times 100\%$$

$$\delta_2 = (K_2 - K) \times 100\%$$
$$\vdots$$
$$\delta_n = (K_n - K) \times 100\% \tag{3.122}$$

式中，$K_1=I_1/I_H$，$K_2=I_2/I_H$，…，$K_n=I_n/I_H$，$K=\Sigma I/nI_H$；I_1、I_2、…、I_n为各台被测整流器的输出电流；I_H为各台被测整流器的额定输出电流；ΣI为n台被测整流器的输出电流总和；nI_H为n台被测整流器的额定输出电流总和。

（6）宽频杂音电压

宽频杂音电压是指整流器直流输出电压中一定频宽内交流分量的方均根值（一定频宽内交流分量总的有效值）。即

$$U_{宽} = \sqrt{U_1^2 + U_2^2 + \cdots + U_n^2} \tag{3.123}$$

YD/T 731—2008规定，整流器的交流输入电压为额定值、直流输出电压为出厂整定值、负载电流分别为100%和50%额定值时，宽频杂音电压在3.4 ~ 150kHz频带内应不大于50mV，在0.15 ~ 30MHz频带内应不大于20mV。

（7）电话衡重杂音电压

电话衡重杂音电压是指整流器直流输出电压中的交流分量通过国际电信联盟（ITU）规定的电话衡重网络（A）后测得的杂音电压值。即模拟人耳接收情况、等效为800Hz的杂音电压，它等于各交流分量衡重杂音电压的方均根值。

$$U_{衡} = \sqrt{(C_1U_1)^2 + (C_2U_2)^2 + \cdots + (C_nU_n)^2} \tag{3.124}$$

式中，C_1、C_2、…、C_n为各交流分量的衡重系数；U_1、U_2、…、U_n为各交流分量的有效值。

YD/T 731—2008规定，整流器的交流输入电压为额定值、直流输出电压为出厂整定值、负载电流分别为100%和50%额定值时，电话衡重杂音电压应不大于2mV。

宽频杂音电压和电话衡重杂音电压用杂音计（如QZY-11型高低频杂音测试仪）测量，测试接线图如图3.70所示。测试回路应串入不小于10μF的隔直电容器。在电磁干扰严重的环境下测试时，测试线两端应并联0.1μF的无极性电容器。

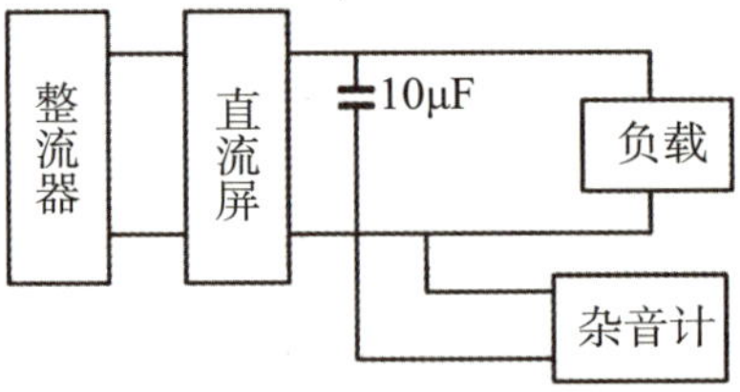

图3.70　宽频杂音电压和电话衡重杂音电压测试接线图

（8）峰—峰值杂音电压

峰—峰值杂音电压是指整流器直流输出电压中在0 ~ 20MHz频带内交流分量的峰—峰间电压值。

YD/T 731—2008规定，整流器的交流输入电压为额定值、直流输出电压为出厂整定值、负载电流分别为100%和50%额定值时，峰—峰值杂音电压应不大于200mV。

峰—峰值杂音电压用示波器（20MHz）测量，测试接线图如图3.71所示。在直流配电屏输出端并联一只0.1μF无极性电容器，电容器两端用绞线平衡接入示波器探头。示波器应与市电隔离，其机壳应悬浮。适当选择示波器的水平扫描速度，使被测杂音电压波形清晰稳定，读取示波器所显示的最大峰—峰值电压。

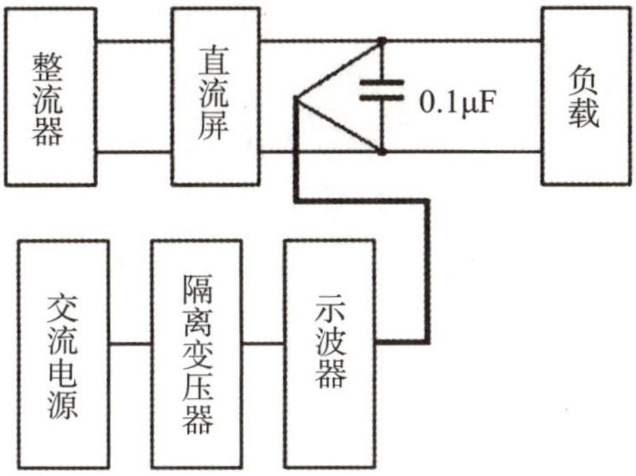

图3.71　峰—峰值杂音电压测试接线图

（9）离散频率杂音电压

离散频率杂音电压是指整流器直流输出电压中在规定频带内单个频率的杂音电压。

YD/T 731—2008规定，整流器的交流输入电压为额定值、直流输出电压为出厂整定值、负载电流分别为100%和50%额定值时，离散频率杂音电压在3.4～150kHz频带内应不大于5mV，在150～200kHz频带内应不大于3mV，在200～500kHz频带内应不大于2mV，在0.5～30MHz频带内应不大于1mV。

离散频率杂音电压采用30MHz选频表或频谱分析仪测量，读取各频段最大测量值；测试回路应串联一只0.1μF/100V无极性电容器阻隔直流。

上述几项杂音电压，每项都要分别在负载电流为100%额定值和50%额定值时测量，两次测得的结果必须都符合要求。

3.1.7.10　开关电源系统中的直流配电部分

开关电源系统中的直流配电部分连接整流器的输出端、蓄电池组和负载，构成整流器与蓄电池组并联向负载（通信设备等）供电的浮充供电系统，并对直流供电进行分配、控制、检测、告警和保护。

直流配电部分应具有能接入2组蓄电池的装置；各输出分路经单极空开或熔断器为负载供电。直流电路常用的单极空开、熔断器的规格及容量系列为——1～63A/1P、80～100A/1P断路器：1、3、6、10、16、20、25、32、40、50、63、80、100A；1～160A（NT00系列）熔断器：4、6、10、16、20、25、32、35、40、50、63、80、100、125、160A；125～400A（NT2）熔断器：125、160、200、224、250、300、

315、355、400A；315～630A（NT3）熔断器：315、355、400、425、500、630A。各输出分路的直流熔断器额定电流值，应不大于最大负载电流的2倍。

直流配电部分除了主电路外，还有直流检测单元，用于检测输出直流电压、负载电流、蓄电池组电流、蓄电池支路熔断器状态、各输出分路熔断器或断路器状态（是否熔断或跳闸）等，检测结果传送到开关电源系统中的监控器。

1. 直流配电主电路举例

以具有二次下电功能（又称低电压二级切断功能）的直流配电为例，直流配电部分的主电路如图3.72所示。

在交流停电时间较长的地方，为了既防止蓄电池过放电而受到损害，又使重要负载获得较长的蓄电池供电时间，可以把直流负载按其重要性分成重要和相对次要两类，在直流配电输出回路中分别用两个直流接触器的主触点来控制其通断。平时两个直流接触器的主触点都闭合（接通）。在蓄电池组放电过程中，当蓄电池组端电压下降到第一次下电的电压值时，第一次下电的直流接触器KM_1主触点断开，切断相对次要的负载（如移动通信基站中的BTS等）。从这时起，蓄电池组只对重要负载（如移动通信基站中的传输设备等）供电，放电电流减小，故放电时间可以延长。当蓄电池组端电压下降到放电终止电压时，第二次下电的直流接触器KM_2主触点断开，重要负载也被切断。

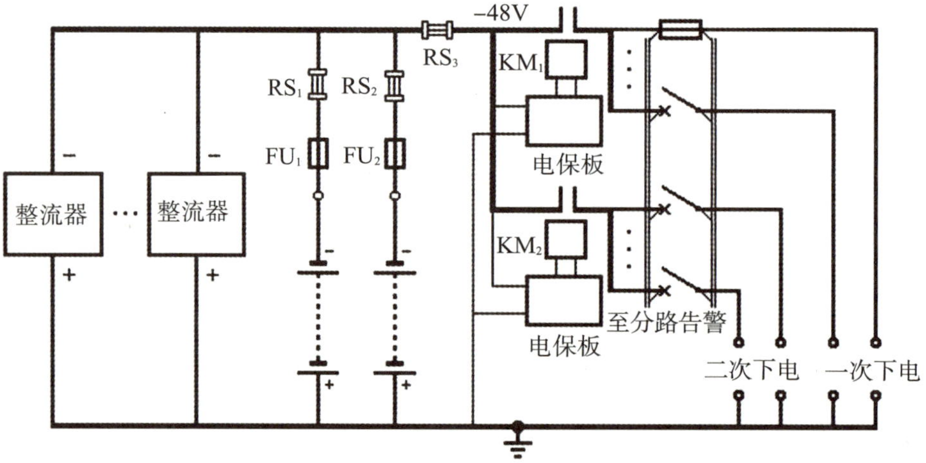

图3.72 具有二次下电功能的直流配电原理图

在图3.72中，RS_1、RS_2为蓄电池支路的分流器，用以检测对应蓄电池组的充、放电电流；FU_1、FU_2为蓄电池支路的熔断器，用于对应蓄电池组的短路保护；RS_3为测量总负载电流的分流器。

图中直流接触器KM_1和KM_2采用动合型主触点：直流电源电压正常时，接触器线圈通电而动作，使主触点闭合；当直流电源电压低至下电电压值时，接触器线圈断电，主触点断开。

两次下电的两个直流接触器由两个电池保护电路板分别控制，第一次下电和第二次下电的电压值均可调整，其整定参考值见表3.6。由于蓄电池组在显著减少负载电流或停止放电后端电压会有所回升，为避免这种时候直流接触器主触点又闭合，而接通负载后蓄电池组端电压下降，直流接触器主触点又断开，造成直流接触器在下电电压值附近来回动作而抖动，因此电池保护板上的控制电路应有适当的回差电压，如表3.9中所示。

交流电源恢复后，整流器投入工作，直流电源电压逐渐达正常范围（如浮充电压-53.5V或均充电压-56.4V），两个直流接触器的主触点先后闭合，从而恢复对负载供电。以图3.72所示电路和表3.6中的数据为例，当直流电源电压的绝对值升至49.2V时，KM_2通电动作，其主触点闭合，恢复对重要负载的供电；当直流电源电压的绝对值升至52V时，KM_1通电动作，其主触点闭合，对负载的供电全部恢复。

表3.9 一、二次下电及回差电压参考值

系统电压	第一次下电电压	第二次下电电压	回差电压
-48V	-46V	-43.2V	约6V
+24V	+23V	+21.6V	约3V

在具有二次下电功能的直流配电电路中，也可采用动断型直流接触器及其相应的电池保护电路板。其工作原理是：直流电源电压正常时接触器线圈不加电，主触点闭合；当直流电源电压低至下电电压值时，接触器线圈通电而动作，使主触点断开。

采用动断型直流接触器的优点是直流电源电压正常时（大多数时间）接触器不耗电；缺点是蓄电池组在放电至下电电压后，仍要为接触器线圈供电（每个直流接触器耗电约0.2 ~ 0.4A），对防止蓄电池过放电不利。

需要指出，干线及重要局（站）不应采用低电压电池切断保护功能。因此这类局（站）不应使用具有二次下电功能的直流配电装置，即在图3.72所示电路中应去掉直流接触器，RS_3的右端用汇流排直接连通各输出分路的熔断器和空开。此类局（站）必须配置备用发电机组，在市电停电后能够保证交流供电。

YD/T1058—2007《通信用高频开关电源系统》等标准规定，直流配电部分放电回路（即开关电源系统内从连接蓄电池组的两端到各直流输出分路两端）电压降，应不大于500mV（额定电流条件下，环境温度为20℃时）。

直流电源母线的颜色，应正极为棕色（或红色），负极为蓝色。

2. 分流器与霍尔器件

直流配电屏或直流配电单元中直流电流的测量，采用分流器或霍尔器件。

（1）分流器

分流器通常为四端钮结构，其电路符号如图3.73（a）所示，利用分流器测量电流的接线方法如图3.73（b）所示。电流端A、B与被测电路串联，电位端A'、B'与电压表（在开关电源中为数字电压表电路）并联，R_f为分流器电阻，R_o为电压表内阻，$R_f<<R_o$。

当在A、B两端通入被测电流I时，A、B两端的电压$U_{AB}=IR_{AB}\approx IR_f$。分流器是大功率的精密电阻，即$R_f$为常数，$U_{AB}$正比于$I$的变化，因此通过测量分流器上的电压就可换算出被测电流的大小，这时电压表的读数（即液晶屏的显示）为被测电流值。

开关电源设备中使用的分流器，有额定电流1000A、750A、500A、300A、150A等规格，通过额定电流时压降为75mV。

分流器电位端（A'、B'）的接线螺丝应拧紧，以免接触电阻大造成电流指示偏小。

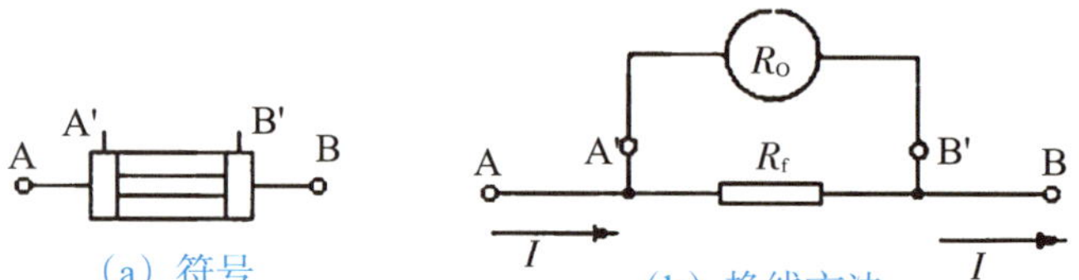

（a）符号　（b）换线方法

图3.73　分流器

（2）霍尔器件

霍尔器件（又称为霍尔电流传感器）是利用霍尔效应制成的器件。它是一种磁电转换器，可以产生从直流到几百千赫兹的各种波形的电流检测信号，误差很小。

霍尔器件的基本原理如图3.74所示，当半导体矩形薄片（霍尔元件）处于磁感应强度为B的磁场中时，若1、3端供给一定的控制电流I，则与电流方向垂直的两侧（即2、4端）有霍尔电压U_h输出，这种物理效应称为霍尔效应。U_h与B有很好的线性关系，当霍尔元件处于被测电流形成的磁场中时，即可对该电流进行测量。由于霍尔效应输出电压U_h为毫伏级，因此霍尔器件内部设有运算放大器，霍尔电压经放大后输出，额定值一般为4V。

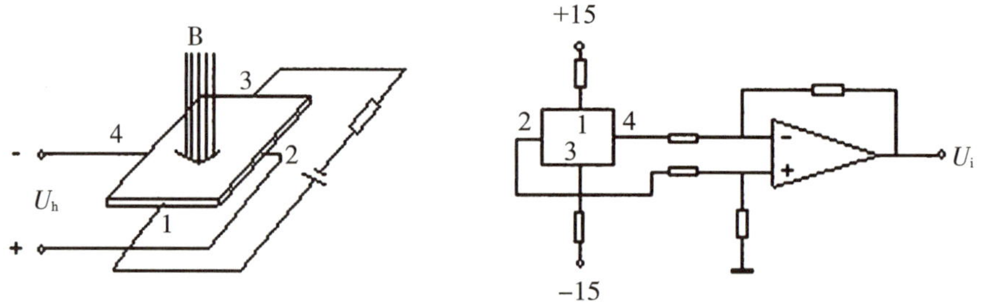

图3.74　霍尔器件原理图

用霍尔器件检测直流电流如图3.75所示（通过霍尔元件的控制电流图中省略未画）。环形铁心由软磁性材料构成，气隙中安装霍尔元件，流过被测电流的导线穿过铁心。当导线中通过电流时，电流在导线周围产生的磁场被环形铁心收集，若被测电流上升，则B增大，使U_h增大，运算放大器输出电压U_i增大，于是电流指示上升。霍尔器件的引脚举例如图3.76所示（3、4脚之间即为反映被测电流大小的信号电压U_i）。

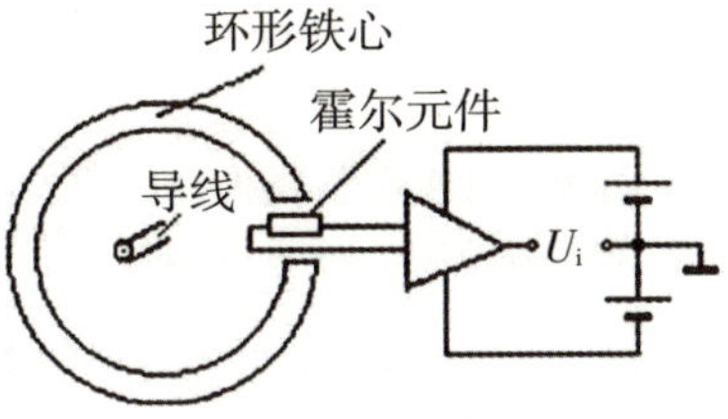

图3.75 用霍尔器件检测直流电流

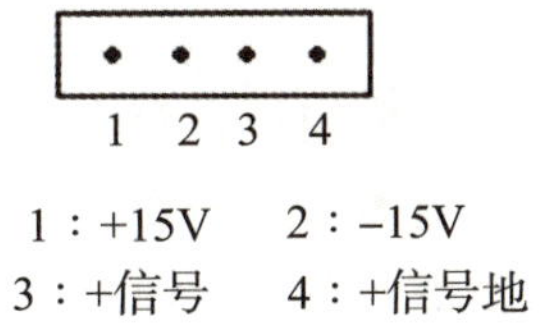

图3.76 霍尔器件引脚图举例

3. 熔断器通断的检测

开关电源的监测系统要对直流输出分路的熔断器、单极空开以及蓄电池支路的熔断器通断情况等开关量进行检测，发现异常及时告警。

（1）直流输出分路熔断器通断的检测

以+24V开关电源系统为例，每个直流输出分路熔断器（或单极空开）的通断检测，举例如图3.77所示，测点为A、B。

熔芯未断时，A、B之间的电压$U_{AB}=0$，光耦不导通，输出高电平（其输出电压$U_{out}\approx+U_{cc}$），经过非门，给CPU送低电平。

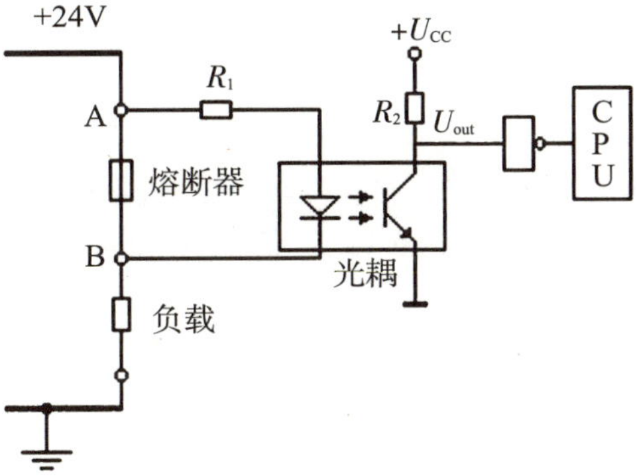

图3.77 直流输出分路熔断器通断的检测

在接有负载的前提下，当熔芯熔断时，由于R_1远大于负载电阻，因此$U_{AB}\approx24V$，于是光耦导通，输出低电平（其输出电压$U_{out}\approx0$），经过非门，给CPU送高电平，发出告警信号。

如果没有接负载，即使熔断器断路，仍是$U_{AB}=0$，光耦不导通，因此不产生告警信号。

采用光耦，可以实现检测电路与负载回路之间的电气隔离。

（2）蓄电池支路熔断器通断的检测

仍以+24V开关电源系统为例，每组蓄电池熔断器通断的检测，可以采用如图3.78所示电路，测点为A、B。

蓄电池支路的熔芯未断时，蓄电池组两端电压U_2与直流配电单元正、负母排之间的电压U_1相等，故$U_{AB}=U_1-U_2=0$。

在接有蓄电池组的前提下，如果蓄电池支路的熔芯熔断，则 $U_{AB}\neq 0$。分为如下两种情况：

①若蓄电池组正在充电（浮充或均充）时熔芯熔断，则必然是 $U_1>U_2$（U_1等于整流器输出的浮充电压或均充电压，U_2在熔芯断开后等于蓄电池组的电动势），故 $U_{AB}>0$；

②若蓄电池组正在放电时熔芯熔断，则必然是 $U_1<U_2$（这时如有另一组蓄电池在放电，则 U_1等于该电池组的放电电压，小于电池组的电动势，假如没有其他蓄电池组，就会是 $U_1=0$），故 $U_{AB}<0$。

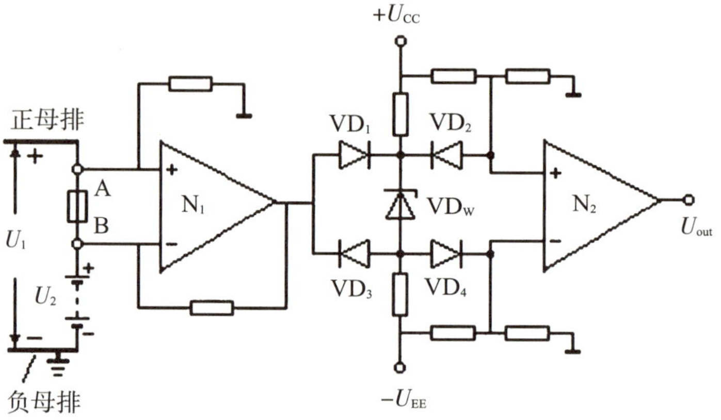

图3.78　蓄电池支路熔断器通断的检测

根据上述情况，做如下定义：当 $|U_{AB}|>200$mV时，认为蓄电池支路的熔芯已断。

图3.78中 N_1是差动放大器，N_2是单限比较器，它们和相关元件组成了一个绝对值比较电路。基本工作原理如下：

蓄电池支路熔断器正常时，N_2的同相输入端比反相输入端电位高，N_2输出高电平；

当 $U_{AB}>200$mV时，N_1输出端电位升高，通过 VD_1、VD_W和 VD_4，使 N_2反相输入端电位升高，N_2翻转为输出低电平；

当 $U_{AB}<-200$mV时，N_1输出端电位降低，通过 VD_2、VD_W和 VD_3，使 N_2同相输入端电位降低，N_2同样翻转为输出低电平。

3.1.7.11　开关电源系统中的监控器

开关电源系统中的监控器又称监控模块、监控单元或控制器，其核心是单片微型计算机。监控器与开关电源系统中的交流检测单元、直流检测单元和转接单元等组成本机监控系统，对开关电源系统及蓄电池组进行实时检测、控制管理和故障告警；并使开关电源能够远程监控，实现少人或无人值守。正是有了这种监控器，才使开关电源设备成为智能电源。

国产开关电源系统中的监控器，屏幕通常采用汉字显示方式，人机界面友好，操作方便。不同厂家生产的开关电源，其监控器的功能基本相同，但监控器的具体操作方法会有所不同，通常开关电源设备的使用说明书或用户手册上有监控器操作方法的说明，操作方法不难掌握。

监控器的功能如下。

（1）状态显示与查询

监控器可检测显示系统状态（浮充或均充等）、交流输入电压、直流输出电压、整流器输出电流、蓄电池电流、负载电流、系统告警及故障内容等，检测并查询整流器状态、蓄电池状态、输出分路状态、历史故障记录等。

（2）常规控制

①系统：开机/关机；

②均充：开/关；

③整流器：开机/关机；

④电池放电试验：开/关。

（3）常规参数设置

①电源参数：均充电压、浮充电压、直流电压上限、直流电压下限、交流电压上限、交流电压下限、时钟等。

②电池管理参数：充电限流值、转换电流值、均充保持时间、均充时间（均充保护时间）、均充周期、电池容量、试验电压（电池组放电试验的放电终止电压）、电池保护一次下电电压、二次下电电压、温度补偿开关和补偿系数等。

③通信参数：设备编号、通信方式、通信速率、电话号码等。

按照YD/T1058—2007的规定，监控器应有设置参数的掉电存储功能。

（4）对整流模块的休眠节能控制

通信用开关电源系统中整流模块的配置，应能满足最大负载电流（通信设备工作电流）和蓄电池组充电电流（按充电限流值考虑）的需要，并有适当裕量；然而开关电源大多数时间处于浮充状态，这时蓄电池组的充电电流很小而使各整流模块处于轻载状态。整流器轻载时效率较低。为了提高整流器的运行效率以实现节能降耗，从2008年起，国产通信用开关电源设备大多增设了让整流模块轮流休眠的自动控制功能，其要点如下。

①根据开关电源总输出电流（通信设备工作电流与蓄电池组充电电流之和）的变化，自动控制整流模块逐个地软关断（关闭APFC电路和DC/DC电路的驱动脉冲）或开启，使工作模块处于比较高的效率区（输出电流不低于额定值的40%，即带载率不低于40%）；休眠模块处于热备份待机状态，需要投入工作时（如工作模块带载率已达90%以上）可立即开启，确保直流电源系统供电安全可靠。

②控制整流模块周期性的自动轮换工作，其轮休周期作为参数可设置（如预置N天，N为1～30可调）；轮换原则为先开后关，以确保供电可靠；自动轮换时，开启连续休眠时间最长的模块，软关断连续工作时间最长的模块，使模块工作时间均衡。

③开关电源初始开机、交流电源停电或系统出现异常情况时，设备运行默认为普通（“非节能”）工作模式；检测到蓄电池组连续充电或浮充24小时且直流供电系统情况正常时，则自动进入休眠节能（“节能”）工作模式。节能状态及相关参数，可在监控器上显示和设置。

（5）其他功能

通过通信接口RS232、RS485（或RS422）与集中监控系统连接，实现“三遥”：遥信、遥测、遥控（或“四遥”：遥信、遥测、遥控和遥调）。

①RS232：本身的传输距离为15m（9600Bd/s），通过调制解调器（Modem）或集中监控系统中的现场监控单元，可进行点对点的通信。

②RS485（或RS422）：监控距离为1200m以内（9600Bd/s），可进行点对多点的通信。

通过干接点告警输出接口，可将开关电源系统的故障告警信号输出至故障监视器。

3.1.7.12 开关电源系统故障处理概述

平时应按照维护规程的要求，完成维护作业计划，做好设备维护工作。

在查找和处理故障时，要做到心中有数，不慌，不乱。心中有数就是对电源系统各部分的位置、作用和基本原理清楚明了，并且熟悉监控器的操作。不慌就是面对故障现象时，能冷静地由表及里，检查、分析故障可能所在部位，逐步缩小查找范围，找出故障点，予以排除。不乱就是按程序，一步一步地检查、拆装、处理，拆下的部件码放有序；绝不要在弄清问题之前乱调乱动，以免扩大故障、增加维修难度。

应当注意，开关电源设备的现场维修往往是带电操作，即使交流电源被切断，也有蓄电池接通，要特别注意人身和设备的安全。在处理故障的过程中，要尽一切可能不中断对通信设备供电。

查找故障一般有以下6种方法。

（1）直观检查

直观检查就是直接观察开关电源及相关设备的状况，从而确定故障现象，发现故障部位或原因。这是维修人员凭借视觉、听觉、嗅觉和触觉，对故障电源设备仔细观察，与正常情况对比，从而逐步缩小故障查找范围，直接发现故障位置、原因的检查方法。

①观察系统有无告警指示或告警信息，查看电源设备的输入、输出电压与电流值以及监控器的显示是否正常，根据告警信息查找有关部位。

②观察电源设备有无插头、接线端子松动脱落现象，有无器件烧焦、断腿、相碰、锈蚀等现象，有无其他人动过设备的现象。

③观察、感觉有无过热的器件、烧焦的煳味，甚至打火、冒烟等现象；有无异常响声。

④观察环境情况，如是否温度过高、湿度过大，有无积水、漏雨及虫蛀鼠咬，了解供电电源及接地等情况。

⑤观察蓄电池组的外观是否异常，连接端子是否有松动、锈蚀等情况。

⑥观察电源设备的参数设置是否正确。参数设置主要在监控器上，有的设备在电池保护板上有一次下电、二次下电电压值的设置。

⑦观察是否有机械结构故障。由于运输等原因，在安装和开通时，可能遇到机械结构方面的问题，要通过直接观察的办法仔细查找。

直观检查能发现很多问题，如相线或零线虚接，浪涌保护器损坏，接线插头的引线及空开接线脱落等。直观检查很重要，它是维修工作的第一步，而且贯穿于整个维修过程中。

（2）用万用表检查

在直观检查不能确定问题所在时，可用万用表检查相关部位电压是否正常，电路是否接通等（注意不能在有电时使用电阻挡）。

①用万用表测交流输入电压是否正常，三相输入是否缺相、虚接，零线是否虚接，零地电压是否符合要求（零线与地线之间的交流电压一般应在5V以下）。

假如接入开关电源系统的相线正常而零线虚接呈断路状态（在开关电源输入端子处或机房配电箱处虚接），当系统内三相负载不平衡时，各相负载（如单相供电的整流模块）的电源电压将会严重不平衡，不但系统不能正常工作，而且可能损坏系统中的一些元器件。

②用万用表测输出电压是否正常。

③检查元、部件工作电压是否正常。

④通过测电压来判断通断。例如，应接通的直流接触器触点之间电压应为零，否则说明触点未接通或接触不良。

⑤在断电条件下，用万用表电阻挡测插接件和连线的通断。

（3）替代法

替代法是用好的部件或元件置换怀疑有故障的部件或元件，从而确定故障部位的检查方法。

例如，怀疑某整流模块有故障，将此模块取下，换一个好模块，若设备工作正常了，则说明此模块确已损坏；若把此模块与机柜上另一个好模块的位置对调，此模块正常了，而原来的好模块到此位置却工作不正常，则说明不是模块的故障，而是机柜上有问题，很可能是插座上有故障。

（4）比较法

比较法是把故障电源设备与正常电源设备相比较，从而找出故障点的检查方法。

采用比较法，必须熟悉电源设备工作正常时各部分的状况。

（5）排查法

排查法是通过逐一试验，排查故障整流模块的方法。

例如，所有整流模块输出过电压关机保护，往往是其中一个模块输出过电压造成的，应迅速找出这个故障模块。这时应关掉所有整流模块，然后逐个开启；当开启某一整流模块再次发生过压保护时，就可判明该模块为故障模块；关掉该模块，并重新关掉所有模块，再逐一开启除故障模块外的其他模块，开关电源系统就能正常供电。故障模块应从机柜中取下送修。

（6）经验检查法

经验检查法即运用工作经验来查找和处理故障。

经验检查法需要较为丰富的实践经验。要善于总结、运用自己和他人的实践经验来指导维修工作。在维修工作中宜做好笔记。

在查找和处理故障的实际工作中，应根据具体情况，灵活地综合运用上述方法解决问题。

3.1.7.13　通信高压直流供电系统简介

1. 概述

互联网数据中心（IDC）机房内安装了大量的服务器等数据设备。这些设备目前均设计成由交流电源供电，对供电质量要求高，而且必须供电不间断，因此采用UPS供电。同直流供电系统相比，UPS效率较低故能耗较高，系统较复杂，可靠性也较低。IDC机房耗电量大，传统的UPS供电模式在供电可靠性、经济性方面凸显的问题比较多。为了提高供电的可靠性和节能降耗，国内外对通信高压直流（HVDC）供电系统进行了一系列研究和试验。

国外试验的通信高压直流供电系统有270V、350V、380V等系统。

国内对通信高压直流供电系统的试验，是将IDC机房中原来由交流供电的服务器的输入电源直接改为由高压直流电源供电（服务器内无工频变压器、接入高压直流电源后整流桥单边工作），直流电源电压标称值为240V或336V。试验效果较好。

我国通信行业标准YD/T2378—2011《通信用240V直流供电系统》，对240V高压直流供电系统进行了规范。其开关电源系统是在一个或多个机架中，由交流配电部分、高频开关整流器模块、直流配电部分、监控单元和绝缘监察装置组成的直流电源系统。开关电源可连接2～4组蓄电池（宜选用铅酸蓄电池）浮充供电，每组蓄电池串联120只2V电池，或40只6V电池，或20只12V电池。

2. 对通信用240V直流供电系统的若干要求

根据YD/T2378—2011，通信用240V直流供电系统应符合以下要求。

（1）采用悬浮方式供电

①系统交流输入应与直流输出电气隔离。

②系统输出应与地、机架、外壳电气隔离。

③使用时，正、负极均不得接地。

④系统应有明显标识标明该系统输出不能接地。

⑤系统应具备绝缘监测功能，对直流输出总母排及各分路的绝缘状况进行在线监测，当绝缘性能劣化时发出告警。

在满足上述要求的前提下，采用240V的HVDC供电系统对原输入交流220V的IT服务器类设备供电时，一般应直流输出“正”极接设备输入电源端口的“N”端，直流输出“负”极接设备输入电源端口的“L”端，设备输入电源端口的“PE”端应可靠地保护接地。

（2）直流电压指标

①系统输出电压的标称值为240V，输出电压范围为204～288V，受电端子电压范围为192～288V，全程允许最大压降为12V。系统的稳压精度应优于±1%。

②直流配电屏内电压降应不超过1.0V。

③蓄电池单体连接条压降应不超过10mV（电流按蓄电池1小时放电率计）。

（3）整流模块的主要技术指标

①输入功率因数：当输入额定电压、输出满载与半载时，输入功率因数应Ⅰ类不小于0.99与0.98、Ⅱ类不小于0.92与0.90。

②输入电流谐波成分：当输入额定电压、输出满载与半载时，输入电流谐波应Ⅰ类不大于5%与10%、Ⅱ类不大于25%与28%。

③效率（η）：输入额定电压，当整流模块额定输出电流在20A以上时，应满载$\eta \geq 92\%$、半载$\eta \geq 91\%$；当整流模块额定输出电流小于20A时，应满载$\eta \geq 91\%$、半载$\eta \geq 90\%$。

④稳压精度：整流模块的稳压精度应优于±0.6%。

⑤峰—峰值杂音电压：整流模块直流输出端在0～20MHz频带内的峰—峰值电压应不大于输出电压标称值的0.5%。

⑥直流输出电流的限流范围：输出限流值应能在额定输出电流的20%～110%调整。

3.1.8　教学策略

表3.10　教学策略

典型工作任务名称	高频开关电源系统巡检维护	适用年级	教学时间/学时
教学目标	1. 具备高频开关电源日常巡检并按照要求完成资料归档能力 2. 具备高频开关系统巡检维护并能对实际情况分析处理能力	×××年级	第×学期8学时
教学资源	多媒体、教材、教学课件、视频资料、高频开关电源实训基地等		
参考教学方法	讲授法、参观教学法、互动式教学法、现场教学法、演示法		
参考资料、学习资源	教材、教学课件、相关标准、专业网站		

思考与练习

1. 画出通信用高频开关电源系统组成框图。

2. 简述高频开关整流器的好换判断方法。

3. 开关电源系统中的监控器有哪些主要功能?

4. 开关电源系统的维护要做哪些工作?

5. 回顾“高频开关电源系统巡检维护”工作任务教学中运用过的教学方法，分析讨论本部分最优教学方法，并研讨采用理实一体化教学场地和实验条件配备。

6. 观看以前“高频开关电源系统巡检维护”工作任务训练视频，从中发现、研讨操作的不足、失误或错误，归纳为典型案例。

典型工作任务3.2　蓄电池组巡检维护

3.2.1　任务描述

通信局（站）的直流供电系统由高频开关电源系统（简称开关电源）、蓄电池组和相关的馈电线路组成。其中高频开关电源系统是由交流配电屏（或交流配电单元）、整流器、直流配电屏（或直流配电单元）和监控器组成的成套设备。本次任务主要涉及蓄电池组的维护，包括日常定期的清洁、检查、测试等。

根据通信行业的维护规定，蓄电池组的维护分月度维护、半年维护和年度维护，在实际教学过程中可根据不同的实际情况，安排不同任务。

3.2.2　任务分析

根据我国通信行业标准YD/T1970.10《通信局（站）电源系统维护技术要求第10部分：阀控式密封铅酸蓄电池》以及各大通信运营企业的“电源、空调维护规程”，阀控式密封铅酸蓄电池维护周期表中规定的日常维护主要有以下项目。

1. 检查以下物理性项目

（1）极柱、连接条是否清洁；有无损伤、变形或腐蚀现象。

（2）连接处有无松动。

（3）电池极柱处是否有爬酸、漏液；安全阀周围是否有酸雾酸液逸出。

（4）电池壳体有无损伤、渗漏和变形。

（5）电池及连接处温升有无异常。

2. 相关参数设置的检查和调整

（1）据厂家提供的技术参数和现场环境条件，检查电池组及单体均、浮充电压是否满足要求，浮充电流是否稳定在正常范围。

（2）检测电池组的充电限流值设置是否正确。

（3）检测电池组的告警电压（低压告警、高压告警）设置是否正确。

3. 测量单体电池电压，判断电池组性能，并及时处理。

4. 对电池组核对性放电，查找落后电池，并及时处理。

5. 测量单体电池内阻或电导，判断蓄电池性能，并及时处理。

通信局（站）内直流供电系统的维护与操作由于涉及带电测量等，完成任务的重点是安全生产，因此必须遵守下列规定。

（1）在对蓄电池组维护与操作时，所用的金属工具必须进行绝缘处理。

（2）维护人员不得佩戴手表等金属饰品。

3.2.3　必备知识

1. 阀控式密封铅酸蓄电池的结构及工作原理

阀控式密封铅酸蓄电池（英文名为 Valve Regulated Lead Acid Battery，缩写为 VR-LAB，有的资料将它表达为“VRLA 电池”）由电池槽、正负极板组、电解液、隔板、安全阀、引出端子（正、负极柱）等部分组成。

阀控式密封铅酸蓄电池的放电过程是蓄电池将储存的化学能转换为电能向外电路输出的过程，此时正极板上的活性物质二氧化铅（PbO_2）和负极板上的活性物质绒状铅（Pb）分别与电解液稀硫酸（H_2SO_4）发生电化学反应，在正、负极板上都生成硫酸铅（$PbSO_4$），在电解液中生成水（H_2O）。

阀控式密封铅酸蓄电池的充电过程是放电的逆过程，是利用外来直流电源向蓄电池输送电能的过程，在此过程中，正、负极板上的硫酸铅（$PbSO_4$）和电解液中的水（H_2O），在充电电流的作用下分别恢复为活性物质二氧化铅（PbO_2）、绒状铅（Pb）和稀硫酸（H_2SO_4）。

2. 全浮充工作方式

通信局（站）蓄电池的运行方式都采用全浮充工作方式，广泛采用的充电方法是恒压限流充电。

通信局（站）蓄电池组平时都是处于浮充状态；当蓄电池组中各单体电池的电压不均衡时，应该对蓄电池组均衡充电，简称均充。在实际维护中，维护人员应该严格按照电池厂家规定设置均充电压和浮充电压。

3. 蓄电池的放电

蓄电池在放电时，放电电流越大，放电时间越短，蓄电池容量越小。为防止蓄电池过放电，所以在蓄电池放电过程中，当蓄电池端电压降到终止电压时，应该立即停止放电。

4. 蓄电池的容量

充足电后的蓄电池放电到规定终止电压所能供应的电量（电流与时间的乘积），称为蓄电池的容量，用C表示，单位为Ah。蓄电池工作的环境温度、放电电流大小等都会影响蓄电池实际容量的大小。

3.2.4　技能训练

1. 用数字万用表检测电池性能

用四位半数字万用表测量电池组总电压及单体电池的浮充电压，并将测试数据填入表3.11中，同时判断电池组均衡性以及其他异常。

表3.11　蓄电池浮充电压测试记录表

序号	电压（V）	序号	电压（V）	序号	电压（V）
1		9		17	
2		10		18	
3		11		19	
4		12		20	
5		13		21	
6		14		22	
7		15		23	
8		16		24	

写出电池组总电压值、单体电池最高电压值、单体电池最低电压值。

电池组是否均衡，其判断依据是什么？

如果该组蓄电池不均衡，该如何处理？

2. 用蓄电池综合测试仪对蓄电池组进行放电测试

选择“放电测试”，进入放电测试参数设置界面；根据实际配置设置整组类型、单节类型、单节排序、标称容量等参数，同时设置放电电流为$0.25C_{10}$（A），按实际设置终止条件按下OK键并根据提示进入放电测试界面，放电15min后记录相关数据。

注意：达到终止条件后，测试仪停止放电，进行散热，此时应关闭测试开关，在散热期间禁止关闭电源，以免造成仪器损坏！

测试结束后，关闭仪器电源，拆除接线，拆线应先拆与电池的连线，后拆与仪器的连线。

表 3.12　蓄电池放电测试记录表

序号	电压（V）	序号	电压（V）	序号	电压（V）
1		9		17	
2		10		18	
3		11		19	
4		12		20	
5		13		21	
6		14		22	
7		15		23	
8		16		24	

写出电池组总电压、单体最高电压、单体最低电压、放出容量、放电电流。

是否有落后电池？记录落后电池编号，其判断依据是什么？

如果该组存在落后电池，该如何处理？

3. 蓄电池内阻测试

（1）蓄电池内阻测试仪简介

当电池老化或出现故障的时候，蓄电池内阻值会增大。

蓄电池内阻测试仪通过将已知频率和振幅的交流恒流源电流信号（如频率为1kHz、电压幅度不超过400mV）施加到单体蓄电池的极柱两端，测量所产生的电压信号，然后计算并显示出该蓄电池的内阻值。可对蓄电池的内阻进行在线测量——蓄电池组不脱离供电系统。

建立每个单体电池的内阻档案。蓄电池内阻初始值一般由电池厂家提供，如GFM-200电池内阻初始值为0.66mΩ。使用中定期（如每季度）测量蓄电池内阻，比较蓄电池内阻变化情况，可作为判断蓄电池健康状况的参考，这是一种蓄电池辅助维护技术。

当单体电池内阻大于初始值140%时，应进行电池容量测试，当实测电池容量小于80%额定容量时，应判定为电池失效，需要更换。

蓄电池内阻测试仪的测量结果能快速发现内阻变化大、不健康的电池，但不能代替蓄电池组的“核对性放电试验”和“容量试验”。不能根据所测电池的内阻值去推断电池的剩余容量或使用寿命。

需要指出，蓄电池内阻测试仪测量电池内阻，其测试方法与YD/T799—2010中规定的电池内阻测试方法不同（前者用交流小信号测量，后者为直流大电流间断5min放电测量）。因此，蓄电池内阻测试仪测量的结果只能用于对同一厂家、同一型号、同一规格的蓄电池比对。

（2）测试蓄电池内阻

根据实验指导老师的讲解，测试记录蓄电池内阻，并将数据记录在表3.13中。

表3.13 蓄电池内阻测试记录表

序号	内阻（mΩ）	序号	内阻（mΩ）	序号	内阻（mΩ）	序号	内阻（mΩ）
1		7		13		19	
2		8		14		20	
3		9		15		21	
4		10		16		22	
5		11		17		23	
6		12		18		24	

该组电池组是否存在问题？如果有该如何处理？

3.2.5 任务完成

1. 分组

以6～8人为一个学习小组，并确定各学习小组组长。然后由组长根据教学任务完成本小组组员工作职责分工如确定操作员、数据记录员、安全监督员等，并负责组织本小组完成本次学习任务。

2. 讨论

各学习小组围绕直流系统日常巡检维护项目展开讨论，并制订出相应的实施方案、具体操作步骤、安全注意事项等。

3. 审核

由指导老师对各学习小组制订的方案进行审核，主要审核各小组方案的完整性、可操作性及安全性等。

4. 实施

各小组根据指导老师审核后的方案完成本次实训任务，并将相关结果填入各表中。

表3.14 蓄电池组日常巡检维护记录表

序号	检查内容	检查结果	处理措施
1	检测蓄电池的清洁度、端子的损伤及发热痕迹、外壳及盖的损坏或过热痕迹		
2	检查引线及端子的接触情况，检查馈电母线、电缆及软连接头等各连接部位的连接是否可靠		
3	检查电池组及单体均、浮充电压是否满足要求，浮充电流是否稳定在正常范围		
4	检查电池组的充电限流值设置是否正确		
5	检测电池组的告警电压（低压告警、高压告警）设置是否正确		

3.2.6　教学评价

整个教学过程在教师的组织和协调中进行，可按照以下几个方面进行考核。

1. 过程考核

教师全程监督整个任务实施过程，观察每个学员在整个过程中各方面的表现，并做好记录。

1）操作的规范及熟练程度：主要考查学员对规范的熟练程度和工具的正确使用并按照正确的步骤完成任务。

2）掌握知识的灵活程度：主要考查学员能否举一反三，可以通过学员对类似问题采取的解决方案提问，以及与学员的交流等几个方面来综合考虑。

3）学习态度：主要考查学员能否积极、主动，完成任务是否认真。

2. 结果考核

1）任务实施情况：主要考查学员是否能按照要求完成高压变配电设备的维护。

2）报告文件：任务实施后，应该提交报告文件，报告文件中主要考查能否提出每个人在这次任务中实实在在的收获。

3）组员互评：小组成员之间在共同完成任务的过程中，从协作能力及在小组中所发挥的作用两个方面互相评分。

评价指标参考见表3.15。通过对下表各项内容的考核，评定出学员的成绩。

表3.15　评价指标参考

评价指标 学员	过程考核（50%）			成果考核（30%）		组员互评（20%）	
	操作的规范及熟练程度（20%）	掌握知识的灵活程度（20%）	学习态度（10%）	任务实施情况（20%）	报告文件（10%）	小组协作能力（10%）	在小组中发挥的作用（10%）

3.2.7　知识链接与拓展

在通信局（站）的直流供电系统中，蓄电池组与整流器并联，组成浮充供电系统：整流器正常输出时，蓄电池组补充充电待用，并起平滑滤波作用，降低整流器的输出杂音，提高供电质量；当整流器故障停机或交流电源中断时，蓄电池组对负载供电，确保供电不中断。蓄电池是直流供电系统中不可缺少的后备电源。

在交流不间断电源系统（UPS）中，蓄电池也是不可缺少的后备电源。当输入交流电源中断时，UPS中的逆变器将蓄电池组提供的直流电逆变为交流电给负载供电。

此外，蓄电池还用作中小型油机发电机组的启动电源。

直流供电系统和交流不间断电源系统中的蓄电池，现在一般采用阀控式密封铅酸蓄电池。用于启动油机发电机组的启动电池，可采用普通铅酸蓄电池，但这种电池自放电和水的损耗都很大，要定期补充蒸馏水。因此启动电池也宜采用阀控式密封铅酸蓄电池。

在制造和使用过程中均对环境无污染的磷酸铁锂蓄电池，已逐渐在通信局（站）应用。

3.2.7.1 通信用阀控式密封铅酸蓄电池的型号命名

我国通信行业标准YD/T799—2010《通信用阀控式密封铅酸蓄电池》中规定，蓄电池型号命名用汉语拼音字母表示，命名方法如图3.79所示。

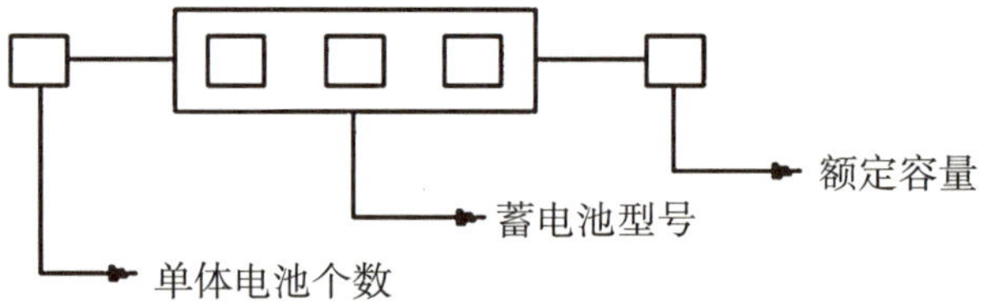

注：单体电池，个数省略；6V、12V电池的个数分别为3、6。

图3.79 蓄电池的型号命名方法

例1 GFM-1000为额定电压2V、额定容量1000Ah的固定型（G）阀控式（F）密封（M）铅酸蓄电池。

例2 6-FM-65为内有6只单体电池、额定电压12V、额定容量65Ah的阀控式（F）密封（M）铅酸蓄电池。

此外，6-Q-100为内有6只单体电池、额定电压12V、额定容量100Ah的启动（Q）电池，属于普通铅酸蓄电池。

3.2.7.2 阀控式密封铅酸蓄电池的结构

阀控式密封铅酸蓄电池正常使用时保持气密和液密状态；当内部气压超过预定值时，安全阀自动开启（开阀压力应在10～35kPa范围内），释放气体；当内部气压降低后，安全阀自动闭合使电池密封（闭阀压力应在3～30kPa范围内），防止外部空气进入电池内部。在使用寿命期间无须补加水或电解液。

阀控式密封铅酸蓄电池由电池槽、正负极板组、电解液、隔板、安全阀、引出端子（正、负极柱）等部分组成。

1. 正负极板组

正、负极板组由单片正极板和单片负极板分别用汇流条焊接而成，其排列示意图如图3.80所示。单片极板由板栅和它支撑的疏松活性物质构成，板栅用无锑或超低锑铅合金铸造，正极板上的活性物质是二氧化铅（PbO_2），负极板上的活性物质是绒状（海绵状）铅（Pb）。

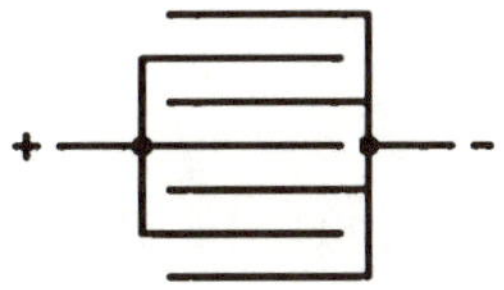

图3.80　正负极板排列示意图

2. 电解液和隔板

电解液为稀硫酸（H_2SO_4）。其作用是浸润正负极板上的活性物质，参与电极化学反应，并形成导电粒子。

阀控式密封铅酸蓄电池以电解液的状态不同而分为贫液式电池和胶体电池。

（1）贫液式电池

贫液式电池用超细玻璃纤维（AGM）做正负极板间的隔板（隔膜），它有93%以上的孔隙率，用以实现以下功能：防止正负极板短路；吸收电解液，让导电离子畅通；阻挡杂质离子扩散，其中10%左右的孔隙为正极析出的氧气扩散到负极进行复合提供通道。采用紧密装配工艺，隔板紧压极板表面，可防止极板活性物质脱落。由于电解液全部吸附在超细玻璃纤维隔板和极板中，因此电池内没有流动的电解液。

贫液式电池具有自放电小、充电效率高、内阻小、气体复合率高等特点，是阀控式密封铅酸蓄电池的主流产品。本书讲述的阀控式密封铅酸蓄电池，基本上是指贫液式电池。

（2）胶体电池

胶体电池采用触变性二氧化硅凝胶（GEL）吸收电解液。胶体在凝固期间收缩形成微裂纹，裂纹宽与AGM的孔径在一个数量级，可为氧气复合提供通道。在电池使用初期，电解液胶体不能形成大量微裂纹，氧的复合效率较低，因此安全阀频繁开启，有气体逸出。随着电池的不断使用，微裂纹增加，氧的复合率达到正常状态。胶体电池的隔板采用该类电池的专用聚氯乙烯（PVC）隔板。

胶体电池采用的是富液式非紧密装配结构，相同容量时，其质量略重于贫液式电池。

胶体电池具有深放电恢复特性较好、较高温度下的使用寿命较长以及内阻较大等特点。

3. 电池槽

电池槽由槽壳和槽盖组成，用于盛装正负极板组、电解液及附件等。电池槽材料应绝缘、阻燃、不渗漏、不变形。槽壳与槽盖必须密封，以杜绝电解液或气体的泄漏。槽盖上设有单向安全阀，用于泄放高压盈余气体，避免电池槽发生炸裂。此外，正、负极柱也设在槽盖上。

3.2.7.3 阀控式密封铅酸蓄电池的工作原理与特点

1. 电动势

铅酸蓄电池的正极板二氧化铅（PbO_2）与硫酸（H_2SO_4）作用失去电子，呈正电位；负极板绒状铅（Pb）与硫酸作用有多余电子，呈负电位。蓄电池开路时正、负极之间的电位差，就是蓄电池的电动势E。换句话说，蓄电池的电动势E等于蓄电池的开路电压。

单体铅酸蓄电池E的标称值为2V，不同厂家的产品其E值由于所用硫酸密度不同而有所差别，同一个蓄电池E的量值也是变化的：充电时，电解液密度增大，E值相应地有所升高；放电时，电解液密度减小，E值也相应地有所降低。

阀控式密封铅酸蓄电池出厂时，不同厂家的产品单体电池开路电压为2.11～2.18V。在一组阀控式密封铅酸蓄电池内，各电池的开路电压应均衡，YD/T799—2010中规定：各电池间的开路电压最高与最低差值，应不大于20mV（2V电池）、50mV（6V电池）和100mV（12V电池）。

2. 电化学反应原理

放电：是蓄电池将储存的化学能转换为电能向外电路输出的过程，如图3.81所示。此时正极板上的活性物质二氧化铅（PbO_2）和负极板上的活性物质绒状铅（Pb）分别与电解液稀硫酸（H_2SO_4）发生电化学反应，在正、负极板上都生成硫酸铅（$PbSO_4$），在电解液中生成水（H_2O）。

由于硫酸铅的导电性能比较差，因此放电后蓄电池的内阻增加。放电过程中生成的水使电解液密度减少，导致放电后蓄电池电动势降低。

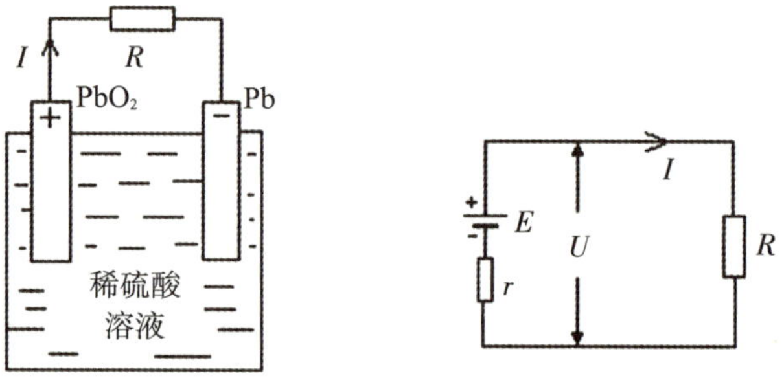

（a）示意图　　（b）电路图

图3.81　铅酸蓄电池的放电示意图及电路图

充电：是利用外来直流电源向蓄电池输送电能的过程，如图3.82所示。这个直流电源通常是整流器，其输出的正、负端应分别与蓄电池的正、负极连接。它是放电的逆过程，此时蓄电池将电能转化为化学能储存起来。在此过程中，正、负极板上的硫酸铅（$PbSO_4$）和电解液中的水（H_2O），在充电电流的作用下分别恢复为活性物质二氧化铅（PbO_2）、绒状铅（Pb）和稀硫酸（H_2SO_4）。

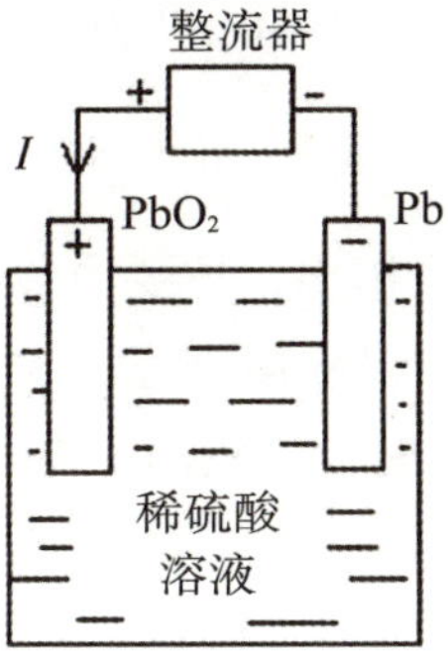

（a）示意图

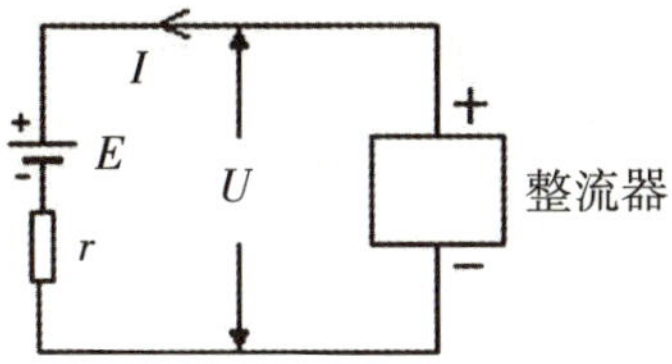

（b）电路图

图3.82　铅酸蓄电池的充电示意图及电路图

铅酸蓄电池在充、放电过程中总的电化学反应式为

$$\underset{\text{正极}}{PbO_2}+\underset{\text{电解液}}{2H_2SO_4}+\underset{\text{负极}}{Pb}\underset{\text{充电}}{\overset{\text{放电}}{\rightleftharpoons}}\underset{\text{正极}}{PbSO_4}+\underset{\text{水}}{2H_2O}+\underset{\text{负极}}{PbSO_4} \tag{3.125}$$

普通铅酸蓄电池在充电后期，由于正、负极板的活性物质大部分已经恢复，充电电流会起分解水的作用，使正极析出氧气，负极析出氢气。阀控式密封铅酸蓄电池负极板活性物质的总量比正极板多15%左右，电池充电至正极板已经充足时，负极板尚未充电到额定容量的90%，同时负极板采用提高析氢过电位的板栅材料（如铅钙合金），因此在正常情况下，电池内只有正极产生少量氧气，负极不会产生难以复合的氢气。正极在充电后期产生的氧气扩散到负极绒状铅的表面，与其化合（变成氧化铅PbO），经化学反应最终复合为水，称为氧循环。其化学反应过程如下

在正极板上的反应

$$2H_2O \rightarrow O_2+4H^++4e^-$$

在负极板上的反应

$$2Pb+O_2 \rightarrow 2PbO$$

$$2PbO+2H_2SO_4 \rightarrow 2PbSO_4+2H_2O$$

$$2PbSO_4+4H^++4e^- \rightarrow 2Pb+2H_2SO_4$$

由于阀控式密封铅酸蓄电池正常工作时无氢氧气体逸出，因此不需要补充水，蓄电池可以密封。

3. 端电压

如图3.81所示，蓄电池放电时端电压

$$U=E-Ir \tag{3.126}$$

如图3.82所示，蓄电池充电时端电压

$$U=E+Ir \tag{3.127}$$

式（3.126）和（3.127）中r为蓄电池内阻。由以上两式可知，充电时，$U>E$；放电时，$U<E$。

4. 主要特点

阀控式密封铅酸蓄电池与防酸隔爆铅酸蓄电池相比，主要有以下特点：质量轻，体积小，能量体积比高；无酸雾逸出，不需要单独设立电池室，可与主机同室放置；无须添加纯水，维护工作量小；自放电小；要求浮充电压较高，并且对浮充电压值要求严格。

近年来出现的阀控式密封铅布蓄电池，进一步减轻了质量。这种蓄电池的正、负极板用复合铅丝网布板栅涂膏制成（所谓复合铅丝网布板栅，就是用玻璃纤维同轴铅丝编织成的极板骨架），在“电池型号”的末尾多一个汉语拼音字母B。

3.2.7.4 全浮充工作方式

蓄电池的运行有充放电循环和浮充两种工作方式。通信局（站）现在都采用全浮充工作方式，即整流器与蓄电池组并联向负载（通信设备等）供电，正常情况下蓄电池组始终同整流器和负载并联，充电时也不脱离负载。

1. 浮充电压

平时整流器的输出电压值为浮充电压。此时整流器供给全部负载电流，并对蓄电池组进行补充充电，使蓄电池组保持电量充足。

浮充电压是指为补充自放电，使蓄电池保持完全充电状态的连续小电流充电的电压。浮充供电的整流器，应在自动稳压状态工作，现在高频开关整流器的稳压精度均应达到±0.6%以内。

所谓自放电，是由于电池内杂质的存在，使正极板和负极板活性物质逐渐被消耗而造成电池容量减小的现象。

浮充电压值的选取直接影响阀控式密封铅酸蓄电池的使用寿命、供电性能和运行的经济性。浮充电压偏低，则补充充电电流太小，不够补充蓄电池的自放电，将使蓄电池长期处于充电不足的状态，一旦遇到交流电源停电，需要蓄电池组放电供给负载电流时，就会因蓄电池储存的电量不足而影响正常供电，并容易使极板硫酸盐化，从而缩短蓄电池的使用寿命；浮充电压偏高，则补充充电电流偏大，将加剧正极板的腐蚀，并可能使蓄电池排气频繁、失水、温度高，甚至造成蓄电池热失控，也会缩短蓄电池的使用寿命。因此，阀控式密封铅酸蓄电池必须严格按照蓄电池厂家的规定来确定浮充电压值。

浮充状态下蓄电池放热，当浮充电压偏高导致浮充电流过大时，电池内产生的热量不能及时散发掉，从而使电池温度升高，这样又促使浮充电流增大。热失控是电池的浮充电流与电池温度发生积累性相互增强而使电池温度急剧升高的现象，轻则使电池槽变形鼓胀，重则导致电池失效。

YD/T799—2010中规定：蓄电池浮充电单体电压为2.20～2.27V（25℃）。需要注意，这是指不同厂家生产的阀控式密封铅酸蓄电池允许进网的浮充电压范围，而不是一个蓄电池成品的浮充电压允许变化范围。对于一种具体产品，阀控式密封铅酸蓄电池的浮充电压在25℃条件下是个确定值。

温度变化时，阀控式密封铅酸蓄电池的浮充电压应进行温度补偿。单体电池浮充电压的温度补偿系数为–3～–7mV/℃，即以25℃为基准，温度每升高1℃，每个单体电池浮充电压应降低3～7mV（不同的产品有差别）。假设阀控式密封铅酸蓄电池的温度补偿系数为–3mV/℃，则某一实际温度（t）下单体电池的浮充电压（U_t）应当是

$$U_t=U_e-0.003\times(t-25) \tag{3.128}$$

蓄电池组的浮充电压绝对值（$|U_{Zt}|$）应当是

$$|U_{Zt}|=n\left[U_e-0.003\times(t-25)\right] \tag{3.129}$$

式中，U_e为蓄电池厂家规定的25℃时单体电池的浮充电压值（V）；t为蓄电池的实际温度（℃）；n为蓄电池组中串联的单体电池个数。

不同厂家的产品规定的浮充电压值有所不同，每只2.23～2.25V（25℃）较为多见。例如某品牌阀控式密封铅酸蓄电池，规定单体浮充电压为2.23±0.02V（25℃），温度补偿系数为–3mV/℃，采用这种蓄电池时，–48V开关电源在25℃条件下输出的浮充电压应为–53.5V。当电池的温度变化时，浮充电压的绝对值应按–72mV/℃进行修正：若温度为30℃，则浮充电压应为–53.1V；若温度为10℃，则浮充电压应为–54.6V；+24V开关电源在25℃条件下输出的浮充电压应为+26.8V。当电池的温度变化时，浮充电压值应按–36mV/℃进行修正：若温度为30℃，则浮充电压应为+26.6V；若温度为10℃，则浮充电压应为+27.3V。这样可使电池性能达到最佳。浮充电压及其温度补偿值，均在开关电源系统的监控器上设置。

实现浮充电压的自动温度补偿，除了开关电源系统要具有此项性能外，还必须将测量蓄电池温度的温度传感器信号接入开关电源系统的相应接口。

准确设置浮充电压及其温度补偿，是正确使用维护阀控式密封铅酸蓄电池最为重要的一个环节。

在一组阀控式密封铅酸蓄电池内，各电池的浮充电压应均衡，YD/T799—2010中规定：蓄电池组进入浮充状态24h后，各蓄电池之间的端电压差应不大于90mV（蓄电池组由不多于24只2V电池串联组成时）、200mV（蓄电池组由多于24只2V电池串联组成时）、240mV（6V电池）和480mV（12V电池）。

2. 均充电压

为使蓄电池组中所有单体电池的电压等达到均匀一致的充电，称为均衡充电，简称均充。如果阀控式密封铅酸蓄电池组中有2只以上单体电池的浮充电压低于2.18V，或蓄电池组放电达20%以上额定容量，或全浮充运行达6个月，或蓄电池搁置不用时间超过3个月，就应进行均衡充电。对蓄电池进行均衡充电的电压，称为均衡充电电压，简称均充电压。

现在通常以恒压限流方式进行均衡充电，均充电压比浮充电压高。YD/T799—2010中规定：蓄电池均衡充电单体电压为2.30～2.40V（25℃）。不同厂家对均充电压值的规定有所不同，不少电池定为每只2.35V（25℃），这时在25℃条件下，–48V开关电源输出的均充电压应为–56.4V，+24V开关电源输出的均充电压应为+28.2V。均充电压也应进行温度补偿——按单体电池温度补偿系数–3～–7mV/℃来进行修正。

一般均充6～12h，均充时间不宜太长，以免蓄电池过充电。如均充后仍有落后电池，可相隔两周后再均充一次。

有的电池厂家指出，其产品无须均衡充电。这时在开关电源的监控器上可将均充电压值设置为与浮充电压相同或比浮充电压略高一点（如高0.1V），并把均充周期设置为最长时间（如999天）。

3. 恒压限流充电

蓄电池放电后应及时充电。通信局（站）现在广泛采用的充电方法是恒压限流充电：整流器以稳压限流方式运行，蓄电池组不脱离负载，进行在线充电（蓄电池组脱离负载进行充电叫离线充电），其“恒压”值一般为均充电压。

平时整流器输出浮充电压给负载供电。交流电源中断后，由蓄电池组给负载供电，蓄电池在放电过程中存储的电量逐渐减少，电压下降。当交流电源恢复整流器重新工作时，即使是输出浮充电压值，由于蓄电池放电后电动势E降低，蓄电池组开始充电的充电电流也可能很大。为了避免充电电流过大使蓄电池遭受损害，阀控式密封铅酸蓄电池的充电电流必须限制在不超过$0.25C_{10}$（A），通常限制在$0.2C_{10}$（A）以下（C_{10}为蓄电池的额定容量）。蓄电池放电失去的电量应及时得到补充，因此充电电流也不能太小。充电限流值一般取$0.1C_{10}$（A）为宜。

蓄电池的充电限流值，可预先在开关电源的监控器上设定。具体设置充电限流值时要考虑两个因素：一是蓄电池允许的充电电流值，二是整流器的承受能力。整流器的额定输出电流乘以安全系数0.9，减去负载电流，为整流器允许提供给蓄电池的充电电流，设定的充电限流值应小于该值。

恒压限流充电的实质是恒流充电和恒压充电相结合。现以交流电源中断一段时间后恢复供电时的情形来说明恒压限流充电过程，见图3.83（图中电压u为绝对值）。

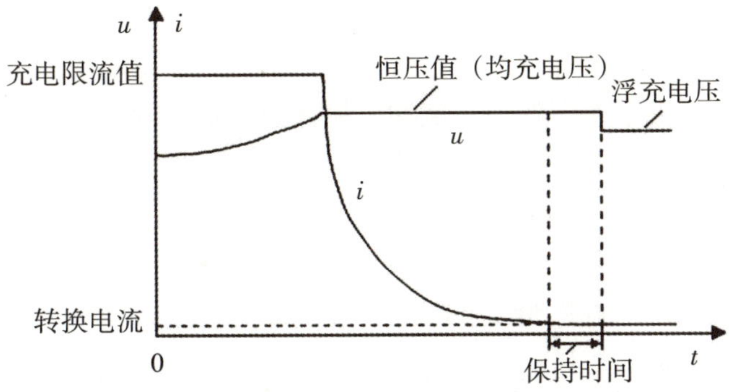

图3.83 恒压限流充电过程

交流电源恢复供电时，整流器开始运行。受开关电源监控器的控制，在充电前期，整流器使蓄电池的充电电流（i）基本恒定在充电限流值，进行恒流充电，从式(3.137）可以看出，这期间因为蓄电池的电解液密度逐渐增大使电动势E逐渐升高，所以整流器的输出电压（即蓄电池组端电压u）由低到高逐渐上升；到充电中后期，当蓄电池组端电压上升至预先设定的均充电压值时，整流器的输出电压保持恒定，变为恒压充电，由于这时蓄电池组的端电压为恒定的均充电压值，而蓄电池的电动势E继续升高，因此充电电流大体上按指数规律下降；当充电电流减小到预先设定的“转换电流”值［可设置为每安时10mA，即$0.01C_{10}$（A）］时，待继续均充的保持时间达到预先设定的“保持时间”(通常可在1～180min范围内设置，如设为10min)，监控器就控制整流器的输出电压降为浮充电压值，自动返回浮充供电状态。

实现上述充电过程的前提条件是：从开始均充到自动返回浮充的时间小于在开关电源监控器上设置的“均充时间”(或“均充保护时间”，下同)。假如尚未完成上述全过程，而恒压限流充电的时间已经达到所设置的“均充时间”，监控器也会控制整流器的输出电压降为浮充电压，结束均充。为了避免蓄电池充电不足，开关电源上设置的“均充时间”不能太短，可设置为12～18h。

3.2.7.5 蓄电池的放电特性

下面讨论铅酸蓄电池恒流放电时端电压的变化情况。

一只充足电且性能良好的阀控式密封铅酸蓄电池以10小时率电流（$0.1C_{10}$）放电时，端电压变化曲线如图3.84所示。

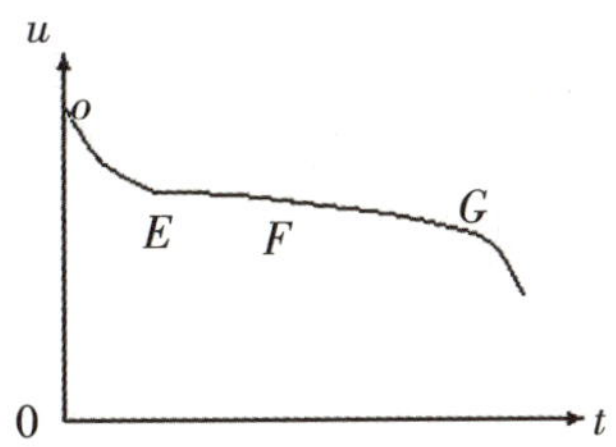

图3.84 蓄电池恒流放电端电压变化曲线

蓄电池在放电之前，活性物质微孔中的硫酸浓度与极板外主体溶液浓度相同，蓄电池的开路电压与此浓度相对应。放电一开始，活性物质表面处（包括孔内表面）的硫酸被消耗，硫酸浓度立即下降，而硫酸由主体溶液向电极表面扩散较缓慢，活性物质表面处所消耗的硫酸不能立即得到补偿，故硫酸浓度继续下降。决定电动势数值的正是活性物质表面处的硫酸浓度（电解液密度），因此蓄电池端电压明显下降，见曲线*OE*段。

随着活性物质表面处的硫酸浓度继续下降，与主体溶液之间的浓度差加大，促进了硫酸向电极表面扩散，于是活性物质表面和微孔内的硫酸得到补充。在一定的电流放电时，在一段时间内，单位时间消耗的硫酸量大部分可由扩散的硫酸予以补充，所以活性物质表面处的硫酸浓度变化缓慢，蓄电池端电压比较稳定；但由于硫酸被消耗，整体硫酸浓度下降，同时放电过程中活性物质被消耗，其作用面积不断减少，使蓄电池的电动势有所下降而内阻有所增加，故端电压随着时间的推移还是缓慢下降，见曲线*EFG*段。

随着放电继续进行，正、负极板的活性物质逐渐转变为硫酸铅，并向活性物质深处扩展。硫酸铅的生成使活性物质的孔隙率降低，加剧了硫酸向微孔内部扩散的困难；硫酸铅的导电性不良，蓄电池内阻增大。这些原因导致放电曲线在*G*点后蓄电池端电压急剧下降，达到放电终止电压。

所谓放电终止电压（也称为放电终了电压），是指蓄电池以一定的放电率放电至能再反复充放电正常使用的最低电压。固定型阀控式密封铅酸蓄电池当放电电流为$0.1C_{10} \sim 0.3C_{10}$（A）时，放电终止电压为每只1.8V（−48V系统为−43.2V、+24V系统为+21.6V）。

蓄电池放电至放电终止电压时，应停止放电。否则，蓄电池过放电，容易使极板硫酸盐化——在极板上生成颗粒粗大、坚硬的硫酸铅结晶，充电时极板上活性物质难以恢复，将导致蓄电池内阻增大、容量减少、寿命缩短。

放电电流越大，其端压下降越快，可使放电的时间越短，放电终止电压则可稍低。例如，固定型阀控式密封铅酸蓄电池放电电流为$0.55C_{10}$（A）时，放电终止电压为每只1.75V；放电电流为$0.9C_{10}$（A）时，放电终止电压为每只1.70V。

放电电流较小时，放电终止电压较高。例如，固定型阀控式密封铅酸蓄电池放电电流为$0.05C_{10}$（A）时，放电终止电压为每只1.85V（−48V系统为−44.4V、+24V系统为+22.2V）；若放电电流更小，则放电终止电压每只在1.9V以上。小电流放电时蓄电池端电压下降不明显，要特别注意防止过放电。

电量充足、性能良好的48V（绝对值，下同）阀控式密封铅酸蓄电池组在25℃条件下以10h率电流放电时，其端电压的变化情况大致是：放电大约半小时端电压降至49V左右；放电1h端电压降至约48V；端电压下降速度很慢、基本保持48V的时间大约7～8h；此后端电压下降速度比较快，降至43.2V时达到放电终止电压，应立即停止放电。蓄电池组停止放电后，其端电压会反弹，上升5V左右，这是由于放电时端电压为电池组的电动势与内压降之差，而放电停止后端电压等于电池组的电动势；并且极板微孔中的电解液密度在停止放电前后有所变化，使电动势相应有所升高。

在一组阀控式密封铅酸蓄电池内，各电池的放电电压应均衡，YD/T799—2010中规定：蓄电池组放电时，各蓄电池之间的端电压差应不大于200mV（2V电池）、350mV（6V电池）和600mV（12V电池）。

3.2.7.6　蓄电池的容量及寿命

1. 蓄电池容量的概念

充足电后的蓄电池放电到规定终止电压所能供应的电量（电流与时间的乘积），称为蓄电池的容量，用C表示，单位为Ah。

固定型铅酸蓄电池（2V电池）的额定容量，是指环境温度为25℃，电池以10小时放电率（10Hr）的恒定电流放电到终止电压1.8V所能放出的电量，用C_{10}表示。10小时率电流为

$$I_{10}=\frac{C_{10}(\mathrm{Ah})}{10(\mathrm{h})}=0.1C_{10}\quad(\mathrm{A}) \tag{3.130}$$

例如，额定容量1000Ah的2V蓄电池，表示它充足电后，在25℃时，以100A的电流放电，放电到规定终止电压1.8V，能够放电10h。

启动用铅酸蓄电池（额定电压12V）及另外一些12V铅酸蓄电池（如6-FM系列）的额定容量，是指环境温度为25±2℃，电池以20小时放电率（20Hr）的恒定电流放电到终止电压n×1.75V（n为单体电池个数）所能放出的电量，用C_{20}表示。20小时率电流为

$$I_{20}=\frac{C_{20}(\mathrm{Ah})}{20(\mathrm{h})}=0.05C_{20}\quad(\mathrm{A}) \tag{3.131}$$

蓄电池的额定容量由正极板的片数和单片容量决定。单片容量同极板面积等因素有关，极板面积大则容量大。

从使用的角度看，蓄电池的实际容量同放电率、电解液温度等因素有关。

2. 蓄电池容量与放电率的关系

放电率表示蓄电池的放电速率，通常采用时间率。多少小时放电率，就是指蓄电池放电到终止电压的时间为多少小时。放电小时数少，表明放电电流大，蓄电池的容量将下降。固定型阀控式密封铅酸蓄电池25℃时不同放电率的放电电流和容量变化情况见表3.16。

表3.16 固定型VRLAB不同放电率的放电电流和电池容量

放电小时数/h	放电容量系数（η）	放电电流/A	放电终止电压/V
≥20	1	$0.05C_{10}$	≥1.85
10	1	$0.1C_{10}$	1.80
8	0.94	$0.118C_{10}$	1.80
6	0.88	$0.147C_{10}$	1.80
4	0.79	$0.198C_{10}$	1.80
3	0.75	$0.25C_{10}$	1.80
2	0.61	$0.305C_{10}$	1.80
1	0.55	$0.55C_{10}$	1.75
0.5	0.45	$0.9C_{10}$	1.70

注：此表的数据依据我国通信行业标准YD/T5040—2005《通信电源设备安装设计规范》。此外，5小时放电率，η=0.8，放电电流为$0.16C_{10}$（A），放电终止电压1.80V。

通信用阀控式密封铅布蓄电池：3小时放电率，η=0.78（放电终止电压1.8V）；1小时放电率，η=0.60（放电终止电压1.75V）。

某放电小时率的蓄电池容量与蓄电池额定容量之比，称为放电容量系数，用η表示。例如，3小时率的η=0.75，表明这时蓄电池的实际容量为额定容量的75%。3小时率放电电流的数值为

$$I_3 = \frac{0.75C_{10}(\mathrm{Ah})}{3(\mathrm{h})} = 0.25C_{10} = 2.5I_{10}\ (\mathrm{A}) \tag{3.132}$$

3. 蓄电池容量与电解液温度的关系

铅酸蓄电池容量与电解液温度的关系用下式计算

$$C_t = C_e\left[1+\alpha(t-25)\right] \tag{3.133}$$

式中，C_t是温度为t时的电池容量。C_e为基准温度（25℃）时的电池容量。α为电池温度系数，10小时率放电时，α=0.006/℃；10>放电小时率≥1时，α=0.008/℃；放电小时率小于1时，α=0.01/℃；t为放电的环境温度（℃）。

温度下降，蓄电池容量减小；温度升高，蓄电池容量增大。但阀控式密封铅酸蓄电池以25℃为基准，运行温度每升高10℃，使用寿命约降低一半。

4. 蓄电池容量的选择

一般用下式来确定直流供电系统中铅酸蓄电池的额定容量

$$C_{10} \geqslant \frac{KIT}{\eta\left[1+\alpha(t-25)\right]} \tag{3.134}$$

式中，K为安全系数，取1.25；I为最大负载电流（A）；T为需要的放电小时数（h）；η为放电容量系数（见表3.11）；α为电池温度系数；t为电池的实际最低环境温度，有采暖设备时按15℃考虑，无采暖设备时按5℃考虑。

5. 蓄电池的寿命

当蓄电池的实际容量（条件为25℃、2V电池和12V电池分别以10小时率电流和20小时率电流放电）低于额定容量的80%时，视为蓄电池寿命终止。

YD/T799—2010中规定，2V蓄电池折合浮充寿命（即按该标准中的寿命试验方法试验后折合的寿命）不低于8年，循环耐久性不少于400次；6V和12V蓄电池折合浮充寿命不低于6年，循环耐久性不少于300次。

蓄电池的实际使用寿命，不但取决于产品设计和制造质量，而且同使用维护是否得当有很大关系。使用维护中的下列因素都会使蓄电池的使用寿命降低，应注意预防、纠正。

①环境温度高。

②浮充电压值或均充电压值偏高，均充时充电限流值过大或充电未限流，均充时间过长等，导致蓄电池过充电。

③浮充电压或均充电压、充电限流值偏低，电池连接处接触不良等，使蓄电池长期充电不足。

④蓄电池过放电，或者放电终止后没有及时充电。

⑤维护工作不到位。

3.2.7.7　蓄电池的内阻

YD/T799—2010中规定，阀控式密封铅酸蓄电池的内阻应满足表3.17的要求。

该标准规定的蓄电池内阻测试方法是：蓄电池充足电后，在25±5℃环境中，以$5I_{10}$的电流放电20s，精确测量记录蓄电池的端电压U_1和电流值I_1（放电最长时间为持续25s），间断5min后，蓄电池以$20I_{10}$的电流放电5s，精确测量记录蓄电池的端电压U_2和电流值I_2。然后用下式计算出蓄电池内阻

$$r=\frac{U_1-U_2}{I_2-I_1} \tag{3.135}$$

表3.17　阀控式密封铅酸蓄电池的内阻要求

额定容量/Ah	内阻/mΩ			额定容量/Ah	内阻/mΩ
	12V电池	6V电池	2V电池		
25	≤14	—	—	400	≤0.6
38	≤13	—	—	500	≤0.6
50	≤12	—	—	600	≤0.4
65	≤10	—	—	800	≤0.4
80	≤9	—	—	1000	≤0.3
100	≤8	≤3	—	1500	≤0.3
200	≤6	≤2	≤1.0	2000	≤0.2
300	—	—	≤0.8	3000	≤0.2

蓄电池的内阻包括欧姆内阻和极化内阻，前者由极柱、极板、溶液、隔膜等的电阻组成，后者为浓差极化和电化学极化的电阻。影响蓄电池内阻的因素有电池状态、工作电流、环境温度等。

蓄电池的内阻在完全充足电时最小，随放出电量的增多而变大。放电过程中，在正极 PbO_2 或负极 Pb 与硫酸溶液接触的表面上形成 $PbSO_4$ 层，由于 $PbSO_4$ 的导电性差，使活性物质欧姆电阻增大。又由于 $PbSO_4$ 层使极板上活性物质孔率变小，降低了电解液中 H^+，SO_4^{2-} 离子向极板内部活性物质扩散的速度，从而增大了浓差极化；同时 $PbSO_4$ 层减小了活性物质与硫酸反应的面积，又使电化学极化增大。浓差极化和电化学极化作用形成了极化电阻。此外，电解液密度随放电深度的增加而减小，进一步增大了电池欧姆电阻。

当蓄电池放电电流增大时，正、负极板上 $PbSO_4$ 层迅速增厚，使组成电池内阻的欧姆内阻和极化内阻都变大，因此蓄电池内阻随工作电流增大而变大。

温度对电池内阻的影响为：内阻随温度的降低而增大，随温度的升高而减小。以20℃为基准，每降低10℃，内阻增大12%～15%。当温度降低时，电解液 H_2SO_4 的电阻和黏度随温度降低而增大，电池内部离子迁移阻力增大，导致电池内阻增大。

3.2.7.8 阀控式密封铅酸蓄电池的安装

1. 对蓄电池运行环境的要求

①阀控式密封铅酸蓄电池能在环境温度−20℃～+45℃的条件下使用。在通信局（站），它宜放置于有空调的机房（房间有定期通风换气装置），机房温度宜保持在10℃～30℃（最佳运行温度为20℃～25℃），相对湿度宜保持在20%～80%。不需专设电池室（防酸隔爆电池必须专设电池室）。

②应避免阳光对蓄电池直射，朝阳窗户应做遮阳处理。

③蓄电池应离热源2m以上；蓄电池组中各电池应温度均匀，温差不超过5℃。

④应确保蓄电池组之间、蓄电池组与其他设备之间有足够的维护通道，不小于0.8m。

⑤楼面承重应满足要求。要弄清所在机房允许的承重（通信楼可达到800kg/m²以上，移动通信基站等租用民房做机房时约为200 kg/m²），蓄电池组的安装必须保证楼面承重安全。阀控式密封铅酸蓄电池（贫液式）的质量如表3.18所示。

表3.18 阀控式密封铅酸蓄电池（贫液式）的质量

额定容量/Ah	12V电池质量/kg		6V电池质量/kg		2V电池质量/kg		额定容量/Ah	2V电池质量/kg	
	下限值	上限值	下限值	上限值	下限值	上限值		下限值	上限值
25	8.0	12.0	—	—	—	—	400	22.0	32.0
38	11.5	18.0	—	—	—	—	500	27.0	39.0
50	15.5	24.0	—	—	—	—	600	31.0	47.0
65	20.0	32.0	—	—	—	—	800	41.0	62.0

续表

额定容量/Ah	12V电池质量/kg		6V电池质量/kg		2V电池质量/kg		额定容量/Ah	2V电池质量/kg	
	下限值	上限值	下限值	上限值	下限值	上限值		下限值	上限值
80	24.0	36.0	—	—	—	—	1000	51.0	76.0
100	29.0	42.0	18.0	23.5	—	—	1500	85.0	112.0
200	60.0	80.0	30.0	45.0	11.0	17.5	2000	110.0	150.0
300	—	—	—	—	17.0	24.5	3000	165.0	215.0

2. 对蓄电池安装的一般要求

①阀控式密封铅酸蓄电池和防酸隔爆蓄电池严禁混合使用在同一个供电系统中；不同厂家、不同型号、不同容量和不同时期（出厂日期相差1年以上）的阀控式密封铅酸蓄电池严禁串、并联使用；新旧程度不同的蓄电池不应在同一直流供电系统中混用。

②蓄电池禁止倒置运输。搬运和安装蓄电池时，应轻搬轻放，注意防止短路或电击。

③安装前应逐个检查阀控式密封铅酸蓄电池的外观，不得有变形、漏液、裂纹及污渍，标志要清晰；清点连接条、连接螺栓等配件是否齐全；用四位半数字万用表测量每个蓄电池的开路电压，在一组电池中，开路电压最高与最低的差值应符合规定（如2V电池的差值应不大于20mV）。

④阀控式密封铅酸蓄电池尽可能卧式安装，这样有利于减少重力作用引起的电解液不均匀。电池组安装后，应逐个检查电池间连接螺栓是否拧紧，是否漏装垫圈；检查电池正负极连接是否符合系统图的要求，电池组的总电压是否正常。需要注意，如果连接螺栓松动，会造成连接处的电阻增大，充放电过程中该处容易发热而引起事故。

⑤蓄电池组中各电池之间的连接电压降（ΔU），在1小时率电流（$5.5I_{10}$）放电时，应不大于10mV（在蓄电池的极柱根部测量）。若放电电流小于1小时率电流值，则应按比例折算实测连接电压降来判断是否符合要求。例如，实际放电电流等于I_{10}，则电池间的连接电压降应不大于1.8mV。

⑥一个开关电源系统接入两组蓄电池时，两组电池的连接线材质、长度和线径均应一致，使其线路电压降相同。

⑦每个蓄电池组至少选2只标示电池，作为了解全组工作情况的参考。

⑧如具备动力及环境集中监控系统，应通过该系统对蓄电池组的总电压、电流、标示电池的单体电压、温度进行监测，并定期对蓄电池组进行检测。通过电池监测装置了解电池充放电曲线及性能，发现故障及时处理。

⑨UPS等使用的高电压电池组的维护通道应铺设绝缘胶垫。

3. 蓄电池组接入开关电源系统的方法

在将蓄电池组接入直流电源系统时，必须防止发生打火现象。为此，对–48V或–24V系统而言，应先将蓄电池组的正端接上开关电源已经接地的正母排；然后，把整流器置于输出浮充电压的状态，在把整流器的输出电压调到与蓄电池组端电压一致时，将蓄电池组的负端与开关电源负母排接通。由于此时蓄电池组的负端与负母排电位差为零，因此避免了在二者接通的瞬间打火。倘若二者接通前有较大的电位差，那么在它们接通的瞬间必然会强烈打火，甚至烧坏相关端子。

同理，+24V系统应先将蓄电池组的负端接上开关电源已经接地的负母排；然后，在把整流器的输出电压调到与蓄电池组端电压一致时，将蓄电池组的正端与开关电源正母排接通。

蓄电池组接入开关电源系统后，再把整流器的浮充电压设置为正常值。

应当避免在整流器停机时将蓄电池组接入开关电源系统，否则接入时可能强烈打火。

操作时必须注意：将蓄电池组接入开关电源系统时，正、负极性不可接反；否则会产生很大的短路电流。

4. 蓄电池使用前的补充充电

阀控式密封铅酸蓄电池组在使用前无须初充电，但应进行补充充电。补充充电应采取恒压限流充电方式，按说明书的规定执行。一般情况下补充充电的充电电流不大于0.2C_{10}（A），充电电压不大于每单体2.35V（25℃），充电时间（均充时间）可设置为12h（均充电压每单体2.35V）或24h（均充电压每单体2.30V）。

新安装的蓄电池组在补充充电结束后应进行放电试验：补充充电完毕静置1h后，在25℃条件下用假负载以10小时放电率的恒定电流放电（电流波动不超过1%），放电开始时应立即测量并记录电池组总电压、放电电流、室温和每个电池的端电压，记录开始时间，以后每1h测一次；当单体电池电压降至1.9V以下时，应随时测量，以免蓄电池过放电，放电终止电压为1.8V。放电容量应大于或等于额定容量的95%。

蓄电池放电后应及时充电，充电终止的判断依据是：充电量达到放出电量的1.1～1.2倍，或充电后期充电电流小于0.005C_{10}（A），或充电后期充电电流连续3h不变化，可视为充电终止。

YD/T799—2010中规定，阀控式密封铅酸蓄电池10小时率容量第1次循环应达到0.95C_{10}，第3次循环之前应达到C_{10}。

3.2.7.9　阀控式密封铅酸蓄电池常见故障分析

1. 电池失水

（1）现象

蓄电池失水使电解液密度升高因而开路电压较高，达每只2.2V，但放电容量却较小，电池内阻显著增大，放电时端电压下降较快。

（2）原因

①蓄电池密封不严，安全阀开阀压力太小，导致正常充电也有氧气逸出而失去水

分（同时还会带出酸雾）。

②浮充电压值或均充电压值偏高，均充时充电限流值过大或充电未限流，均充时间过长等，使得蓄电池过充电，安全阀频繁开启逸出气体，造成水分损失。

③环境温度高。

④蓄电池的正极板栅腐蚀消耗水分。

⑤蓄电池杂质超标或电池受到污染使自放电速度增大，导致失去水分。

⑥蓄电池的气体复合效率低于100%。YD/T799—2010中要求气体复合效率（即密封反应效率）不低于95%，实际可做到97%～98%，这说明总有2%～3%的氧气会从电池中逸出，数年积累下来，失水量便可观。

（3）危害

阀控式密封铅酸蓄电池（此处指AGM电池）是贫液式电池，一旦失去水分，电池容量就要下降，当水损失达到3.5ml/Ah时，电池容量会降至初始容量的75%以下，电池寿命已经宣告终了。

（4）对策

①蓄电池应密封良好，安全阀的开阀压和闭阀压适当。

②严格按照蓄电池厂家的规定来确定浮充电压值，并进行温度补偿，防止浮充电压偏高；均充时注意防止过充电。

③控制环境温度，做好维护工作。

2. 极板硫酸盐化

（1）现象

充电时电池电压迅速升高，充不进电；放电时电池电压迅速降低，放不出电。

（2）原因

①浮充电压值或均充电压值偏低、均充时充电限流值太小、均充时间太短、电池连接处接触不良等，使得蓄电池经常充电不足。

②蓄电池放电终止后没有及时充电。

③蓄电池过放电。

④环境温度高，放电时加速生成硫酸铅结块。

⑤失水使电解液密度升高，导致硫酸盐化的速度加快。

（3）危害

在正常状态下，蓄电池放电时极板上生成的硫酸铅颗粒小、疏松，充电时容易转化成活性物质绒状铅和二氧化铅。如果电池经常处于充电不足或过放电状态，极板上就会逐渐形成颗粒粗大、坚硬的硫酸铅结晶，充电时极板上活性物质难以恢复，这就是极板硫酸盐化（简称极板硫化）。它使得极板活性物质减少，蓄电池容量下降、内阻增大、寿命缩短。

（4）对策

①正确整定浮充电压值和均充电压值，并进行温度补偿；注意防止蓄电池充电不足。

②避免蓄电池过放电，蓄电池放电终止后及时充电。

③控制环境温度，做好维护工作。

④治疗：全组电池均充或单体在线修复；此外，使用“去硫化器”可以抑制和减轻极板硫化。

3. 蓄电池端电压均匀性劣化

（1）现象

新的阀控式密封铅酸蓄电池通常性能比较均匀，能够达到YD/T799—2010中的规定（以2V电池为例，在一组蓄电池中各电池开路电压相差不超过20mV，浮充24h后浮充电压相差不超过90mV），使用0.5 ~ 1年，其均匀性还略有改善。但到寿命中后期，蓄电池组中各单只电池的性能会出现较为明显的差别，而且差别会越来越大，部分电池开始失效。

（2）原因

①生产电池时，各单只电池的性能不可能做到完全一致。

②过放电使电池间的差别加剧。

③各电池的开阀压和闭阀压不均匀。

（3）危害

蓄电池端电压均匀性劣化后，当蓄电池组处于充电状态时，在恒压限流充电的恒流充电期间，落后电池端电压较高、电压上升快（因为极板硫化的电池内阻大，失水的电池电势偏高且内阻大），使得蓄电池组的电压比正常情况提前上升到均充电压值而转入恒压充电，恒流充电时间缩短，故蓄电池充入电量减少；在恒压充电过程中，蓄电池组电压恒定，落后电池电压偏高，必然使其他电池电压偏低，并使蓄电池组充电电流减小。上述情况造成蓄电池组充入电量不足，长此下去将导致整组电池极板硫酸盐化，从而缩短蓄电池组的使用寿命。

当蓄电池组处于放电状态时，其中的落后电池电压下降较快，其他电池尚未达到放电终止电压而这种电池已处于过放电状态，从而进一步缩短其寿命。

由以上分析可以看出，当蓄电池组中电压均匀性明显变差时，会产生恶性循环，促使均匀性加速下降，导致蓄电池组加速失效。

（4）对策

①尽可能避免蓄电池组过放电。

②对蓄电池组进行放电/充电治疗。当蓄电池组出现电压均匀性变差的问题时，用10小时率的电流放电到单体电池电压1.8V，然后以恒压限流方式进行均衡充电——充电电压为每只2.35V（25℃时），充电限流值为0.1C_{10}（A），直到充电进入恒压阶段后充电电流2h保持不变为止。

③尽早处理落后电池。通过全组均充或单体在线修复的方法对落后电池进行修复；若不能修复，则应及时更换，以免个别落后电池使整组蓄电池提前失效。

3.2.7.10　磷酸铁锂蓄电池简介

阀控式密封铅酸蓄电池经过几十年的发展，已经被众多行业广泛应用，但是这种蓄电池大量采用铅，在其开采和加工过程中均容易对环境造成污染。为了更好地保护环境，国际电池界不断地探索研制新型蓄电池。

磷酸铁锂蓄电池问世于1997年，是正极材料为磷酸铁锂（$LiFePO_4$）的锂离子电池。它与阀控式密封铅酸蓄电池相比，具有无污染、使用寿命长、体积小、质量轻、能大电流充放电、可耐受较高环境温度等优点，国内已逐渐在电动车辆、移动通信等领域应用。

1. 磷酸铁锂蓄电池的内部结构及工作原理

磷酸铁锂蓄电池内部主要由正极、负极、电解质及隔膜组成。小型磷酸铁锂蓄电池的内部结构如图3.85所示。

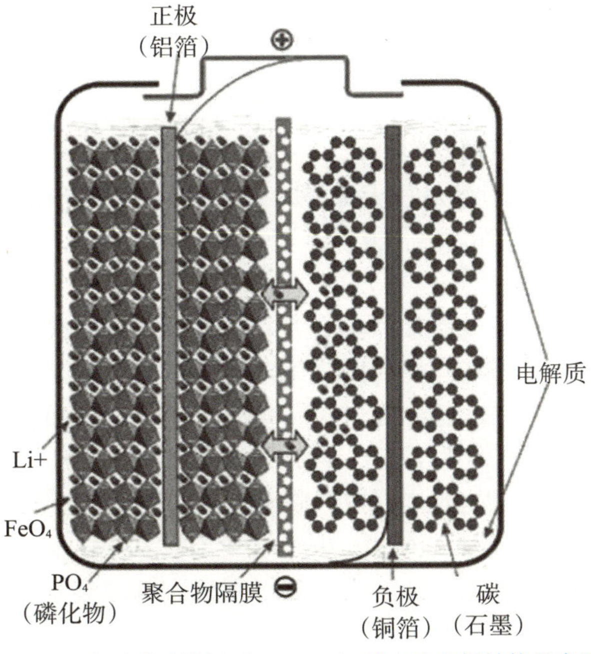

图3.85　小型磷酸铁锂（$LiFePO_4$）蓄电池内部结构示意图

图中左边橄榄石结构的磷酸铁锂（$LiFePO_4$）是电池的正极，由铝箔与电池正极端子连接；右边是碳（石墨）构成的电池负极，由铜箔与电池负极端子连接；中间是聚合物隔膜，它把正极与负极隔开，但锂离子Li^+可以通过而电子e^-不能通过；电池的上下端之间是液态电解质，为锂离子运动提供运输介质。

磷酸铁锂蓄电池充电时，在充电电源的作用下，蓄电池内电流从正极流到负极，此时正极中的锂离子Li^+从磷酸铁锂的晶格中脱出，经液态电解质这一桥梁，通过隔膜向负极迁移，并嵌入石墨负极的层状结构中；与此同时，蓄电池外电流从负极流到正极，电子的运动方向与电流方向相反，即正极的电子经正极铝箔集流体、正极端子、外电路、负极端子、负极铜箔集流体，流到石墨负极，使负极的电荷达到平衡。锂离子从磷酸铁锂脱嵌后，磷酸铁锂转化成磷酸铁。

磷酸铁锂蓄电池放电时，蓄电池内电流从负极流到正极，此时负极中的锂离子Li^+从石墨层间脱出，经液态电解质这一桥梁，通过隔膜向正极迁移，并嵌入正极材料的晶格中；相应地，蓄电池外电流从正极经负载流到负极，即负极的电子经负极铜箔集流体、负极端子、外电路、正极端子、正极铝箔集流体，流到磷酸铁锂正极，使正极的电荷达到平衡。

锂离子电池在充放电过程中，锂离子在正、负极之间往返脱嵌和嵌入，被形象地称为“摇椅电池”。

磷酸铁锂的导电性差；石墨的导电性虽然好一些，仍然需要改善。为了解决磷酸铁锂蓄电池正负极的导电问题，必须在电池的正负极中加入导电剂。

2. 磷酸铁锂蓄电池的特点

（1）磷酸铁锂蓄电池的主要技术参数

①单体电压

磷酸铁锂蓄电池的单体标称电压为3.2V；充满电后静置15min，开路电压约为3.3V；放电性能好，放电时端电压大部分时间在3.2～3.0V范围内平缓地变化，3.0V以下电压下降快，放电截止电压为2.0V。

②额定容量

根据我国通信行业标准YD/T2344.1—2011《通信用磷酸铁锂电池组第1部分：集成式电池组》，通信用磷酸铁锂电池组（标称电压48V）的额定容量，是指环境温度为25±2℃，电池组10小时率放电至终止电压（43.2V）所应提供的电量，用C_{10}表示，单位为Ah；10小时率放电电流用I_{10}表示，数值为$0.1C_{10}$，单位为A。

电池模块（由磷酸铁锂电池串联或并联而成的电池组合）与电池管理系统集成为一体的集成式电池组，YD/T 2344.1—2011中列出其额定容量系列为：5、10、20、30、40、50、60、80、100Ah。分立式电池组则已有额定容量几百安时（如500Ah）的产品。

③工作温度范围

磷酸铁锂蓄电池可以在环境温度为-10℃～+55℃的条件下使用，充电环境温度为0℃～55℃，放电环境温度为-10℃～+55℃。

需要注意的是，磷酸铁锂蓄电池低于0℃充电会对电池有不可逆的损害，高于55℃充电可能会出现析锂现象而发生危险。

(2) 磷酸铁锂蓄电池的主要优点

①环保。磷酸铁锂蓄电池的所有原料都无毒，整个生产过程无毒。

②安全性强。磷酸铁锂蓄电池充放电过程中结构稳定，即使电池内部或外部受到伤害也不燃烧、不爆炸。

③使用寿命长。磷酸铁锂蓄电池循环寿命可达2000次以上。

④比能量较高。比能量指的是单位质量或单位体积的能量，用Wh/kg或Wh/L来表示。Wh（瓦小时）是能量的单位，kg（千克）是质量的单位，L（升）是体积的单位。磷酸铁锂蓄电池的“质量比能量”和“体积比能量”均优于铅酸蓄电池，因此质量轻、体积小。

⑤可以在较高环境温度下使用。磷酸铁锂蓄电池能耐受环境温度为55℃，寿命不受影响。

(3) 磷酸铁锂蓄电池的主要缺点

①目前磷酸铁锂蓄电池产品的一致性不如阀控式密封铅酸蓄电池。

②目前磷酸铁锂蓄电池的价格比阀控式密封铅酸蓄电池高。

3. 磷酸铁锂蓄电池在通信电源系统中的应用

通信用磷酸铁锂蓄电池组由电池组模块和电池管理系统（Battery Management System，BMS）两部分组成，如图3.86所示。BMS由电池生产厂家负责提供，它在开关电源系统和电池组之间起桥梁作用，可以对电池逐个进行检测和充电管理，有利于提高电池的一致性，防止落后电池的发生。

BMS采用智能间歇式充放电管理模式管理电池。它控制磷酸铁锂蓄电池组的充电是先恒流-恒压充电（-48V电池组的充电限制电压为绝对值不超过57.6V），然后控制电池组进入开路静置状态，再控制电池组进入补充电状态，补充电方式也遵循恒流-恒压充电方式。在开路静置状态时，若交流电停电，BMS应能控制电池组无延迟进入放电状态，保证直流电源不间断。

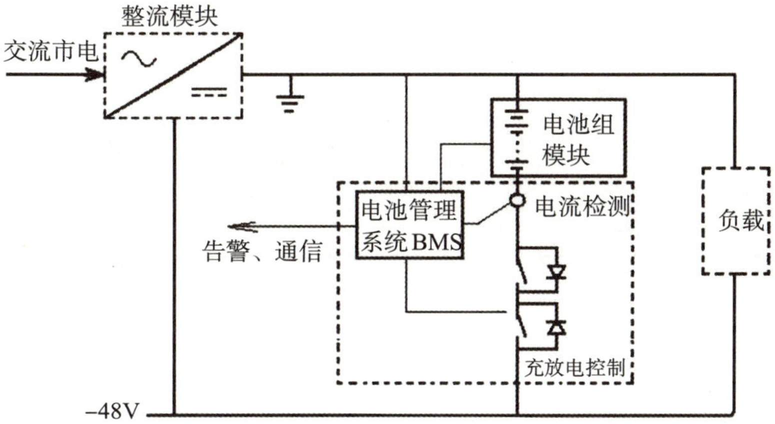

图3.86 磷酸铁锂蓄电池组的组成示意图

在-48V直流电源系统中，磷酸铁锂蓄电池组模块可由16只单体电池串联构成，这时工作电压如表3.19所示（电池组的标称电压计算值为51.2V，但按行业标准称为48V）。连续充电电流限制为不超过1C_{10}（A），瞬间充电电流限制为不超过2C_{10}（A）。通常采用的恒流充电电流值为0.1 C_{10}～0.2C_{10}（A）。

表3.19　48V磷酸铁锂蓄电池组的工作电压（绝对值）

通信设备受电端子上电压允许变动范围/V	电池数/只	标称电压/V		放电终止电压/V		浮充电压/V		均充电压/V	
		组	单体	组	单体	组	单体	组	单体
40～57	16	48	3.2	43.2	2.7	53.6～54.4	3.35～3.40	56.8～57.6	3.55～3.60

磷酸铁锂蓄电池组的实际容量受放电电流大小和环境温度高低的影响小。在25℃条件下，放电电流I_{10}～3.3I_{10}，放电容量均能达到额定容量；放电电流10I_{10}，放电容量能达到额定容量的95%以上。在-10℃放电时，放电电流I_{10}，放电容量能达到额定容量的60%以上。

在移动通信领域，磷酸铁锂蓄电池因循环寿命长，故非常适用于经常停电的四类市电基站；由于它能在较高环境温度下使用，因此特别适用于无机房、无空调的室外站，当它在有机房的基站使用时，可提高夏季机房设定温度，如提高到35℃，从而减少空调的耗电，节约能源。

3.2.8　教学策略

表3.20　教学策略

典型工作任务名称	蓄电池组巡检维护	适用年级	教学时间/学时
教学目标	1.具备VRLA电池组日常巡检并按照要求完成资料归档能力 2.具备检测VRLA电池组性能及判断电池好坏能力 3.具备蓄电池组巡检维护并能对实际情况分析处理能力	×××年级	第×学期10学时
教学资源	多媒体、教材、教学课件、视频资料、蓄电池实训基地等		
参考教学方法	讲授法、参观教学法、互动式教学法、现场教学法、演示法		
参考资料、学习资源	教材、教学课件、相关标准、专业网站		

思考与练习

1. “GFM—500”中G、F、M、500分别表示什么意思？

2. 阀控式密封铅酸蓄电池由哪几部分组成？其正、负极板、电解液，分别是什么物质？安全阀起什么作用？

4. 某品牌阀控式密封铅酸蓄电池，规定浮充电压在25℃时为每只2.23V，这时−48V、+24V开关电源输出的浮充电压应分别为多少？当电池温度变化时，浮充电压的绝对值应怎样进行修正？

5. 画出−48V系统浮充供电的电路原理图。设蓄电池组C_{10}=1000Ah，画出该系统在恒压限流充电全过程中蓄电池组电压、电流随时间变化的曲线，并标出有关电压、电流值。

6. C_{10}表示什么意思？I_{10}表示什么意思？C_{10}和I_{10}如何换算？

7. 如何判断蓄电池已充足电？

8. 什么是落后电池？应怎样处理？

9. 回顾“蓄电池组巡检维护”工作任务教学中运用过的教学方法，分析讨论本部分最优教学方法，并研讨采用理实一体化教学场地和实验条件配备。

10. 观看以前“蓄电池组巡检维护”工作任务训练视频，从中发现、研讨操作的不足、失误或错误，归纳为典型案例。

学习情境四　通信电源集中监控系统运行与维护操作

学习情境及知识地图

1　学习情境概述

本学习情境主要聚焦通信电源集中监控系统的巡检维护，结合目前各通信营运商有关维护界面划分，本学习情境只设置通信电源集中监控系统巡检维护一个典型工作任务，该典型工作任务侧重于维护项目、维护内容、主要指标测试及规范操作等方面取舍教学内容，学生通过学习与实践，掌握通信电源集中监控系统的巡检维护的方法、内容及规范等。

2　学习情境知识地图

本次学习情景的知识地图如图4.1所示。

◆ 巡检维护

（1）巡检维护项目：安全检查、数据采集器及传感器清洁、数据采集器运行状态检查、传感器工作状态检查、数据采集器及传感器有效性测试及分析。

（2）巡检维护周期

定期维护：月维护、季维护、半年维护、年维护。

不定期维护：突发故障时的维护。

◆ 维护资料收集与归档

月度维护记录表、季度维护记录表、半年度维护记录表、年度维护记录表、故障分析处理记录表。

◆ 常用维护技能

（1）指标测量类技能：烟雾告警有效性测试、水浸告警有效性测试、市电故障告警有效性测试、变送器有效性测试。

（2）规范操作类技能：各种传感器规范更换、数据采集器规范更换。

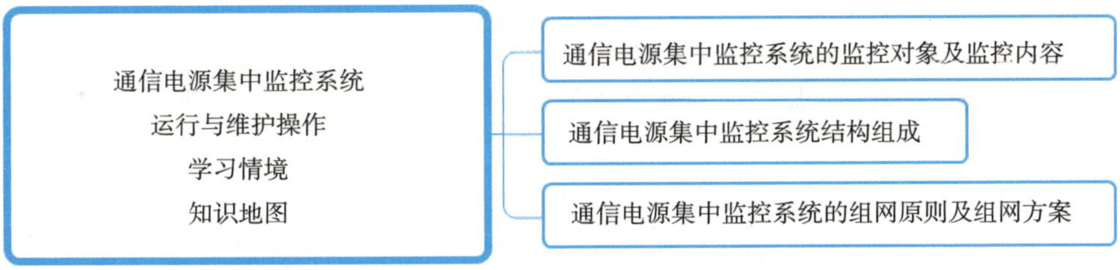

图4.1　交流供电系统运行维护与操作知识结构图

学习任务分析

表4.1　主要学习任务列表

序号	任务名称	主要学习内容	建议学时	学习成果
1	通信电源集中监控系统巡检维护	根据通信行业相关维护标准及维护规程规定，通信电源集中监控系统的巡检维护主要涉及数据采集器、传感器的巡检维护，包括日常定期的清洁、检查及测试等	4学时	熟悉通信电源集中监控系统巡检维护项目、内容，能够测试主要技术指标并分析处理

典型工作任务4.1　通信电源集中监控系统巡检维护

4.1.1　任务描述

通信电源集中监控系统又称为动力环境集中监控系统（PSMS：Power Supply Monitoring System），是一个以通信电源监控为主，并集机房空调、机房环境、安全防范、消防等辅助监控功能为一体的通信局（站）综合基础监控系统。

通信电源集中监控系统巡检维护对象涵盖省、市监控中心服务器、监控主机和配套设备、传输设备、计算机监控网络、监控模块及底端采集和上报设备等。此次工作任务是对现场监控设备进行巡检维护，包括日常定期的清洁、检查及测试等。

根据通信行业的维护规定，通信电源集中监控系统的维护分季度维护和年度维护，在教学过程中可根据不同的实际情况，安排不同任务。

4.1.2　任务分析

根据我国通信行业相关标准以及各大通信运营企业的“电源、空调维护规程”，通信电源集中监控系统维护周期表中规定的巡检维护主要有以下项目。

1. 检查各类监控采集设备是否运行正常，指示灯是否正常，是否有告警。

2. 检查门禁刷卡和远程开门是否工作正常。

3. 检查水浸、烟感、温湿度有无告警，传感器安装位置是否合理，是否需要调整或增补。

4. 检查蓄电池各采集点接触是否接触可靠。

5. 检查各类监控采集设备的电源、接地、信号等接点是否连接牢固可靠。

6. 进行烟雾告警、水浸告警、市电故障告警、温湿度传感器和变送器有效性测试。

7. 各智能设备监控测试。

4.1.3 必备知识

1. 监控对象

（1）被监控设备

通信电源集中监控系统的监控对象包括通信局（站）所有的电源、空调设备以及环境量等。监控对象按用途可分为电源系统和环境系统两大类。电源系统是监控的主要对象，环境系统包括空调、局房环境、安全保卫系统等。

监控对象按被监控设备本身的特性，可分为智能设备和非智能设备。

（2）被监控信号

被监控信号可分为电量信号和非电量信号，也可分为模拟信号和数字信号。在监控系统中，对被监控信号的处理一般要经过传感、变送、转换过程，才能转换为计算机内的数字信号。

传感器的作用是将非电量信号变换成标准电量信号。

变送器的作用是将非标准的电量信号变换成标准电量信号。

2. 通信电源集中监控系统结构组成

按照YD/T1363.1—2005的规定，通信电源集中监控系统采用逐级汇接的结构，一般由监控中心、区域监控中心、监控单元和监控模块组成。其中监控单元和监控模块两部分主要完成现场数据采集功能。一般情况下，在端局设置的前置机（监控主机）通过串口连接各监控模块，采用总线方式或多串口方式进行数据采集。

在组网时，必须遵循相关标准规定的组网原则。

4.1.4 技能训练

参观通信电源集中监控系统各监控点，完成下列各项目内容。

1. 各监控点被监控的设备有哪些?

2. 各监控点安装了哪些传感器?

3. 各监控点安装了数据采集器?

4. 画出通信电源集中监控系统拓扑结构示意图。

4.1.5　任务完成

1. 分组

以6～8人为一个学习小组，并确定各学习小组组长。然后由组长根据教学任务完成本小组组员工作职责分工如确定操作员、数据记录员、安全监督员等，并负责组织本小组完成本次学习任务。

2. 讨论

各学习小组围绕接地系统日常巡检维护项目展开讨论，并制订出相应的实施方案、具体操作步骤、安全注意事项等。

3. 审核

由指导老师对各学习小组制订的方案进行审核，主要审核各小组方案的完整性、可操作性及安全性等。

4. 实施

各小组根据指导老师审核后的方案完成本次实训任务，并将相关结果填入下列各表中。

表4.2　通信电源集中监控系统测量记录表

序号	测试项目	测试用仪器、仪表	测试结果	是否正常	判断依据
1	烟雾告警有效性测试				
2	水浸告警有效性测试				
3	市电故障告警有效性测试				
4	变送器有效性测试				
5	温湿度传感器有效性测试				

表4.3　通信电源集中监控系统巡检维护记录表

序号	检查内容	检查结果	处理措施
1	检查各类监控采集设备是否运行正常，指示灯是否正常，是否有告警		
2	检查门禁刷卡和远程开门是否工作正常		
3	检查水浸、烟感、温湿度有无告警，传感器安装位置是否合理，是否需要调整或增补		
4	检查蓄电池各采集点接触是否接触可靠		
5	检查各类监控采集设备的电源、接地、信号等接点是否连接牢固可靠		

4.1.6　教学评价

整个教学过程在教师的组织和协调中进行，可按照以下几个方面进行考核。

1. 过程考核

教师全程监督整个任务实施过程，观察每个学员在整个过程中各方面的表现，并做好记录。

1）操作的规范及熟练程度：主要考查学员对规范的熟练程度和工具的正确使用并按照正确的步骤完成任务。

2）掌握知识的灵活程度：主要考查学员能否举一反三，可以通过学员对类似问题采取的解决方案，提问，以及与学员的交流等几个方面来综合考虑。

3）学习态度：主要考查学员能否积极、主动，完成任务是否认真。

2. 结果考核

1）任务实施情况：主要考查学员是否能按照要求完成高压变配电设备的维护。

2）报告文件：任务实施后，应该提交报告文件，报告文件中主要考查能否提出每个人在这次任务中实实在在的收获。

3）组员互评：小组成员之间在共同完成任务的过程中，从协作能力及在小组中所发挥的作用两个方面互相评分。

评价指标参考见表4.4。通过对下表各项内容的考核，评定出学员的成绩。

表4.4　评价指标参考

评价指标 / 学员	过程考核（50%）			成果考核（30%）		组员互评（20%）	
	操作的规范及熟练程度（20%）	掌握知识的灵活程度（20%）	学习态度（10%）	任务实施情况（20%）	报告文件（10%）	小组协作能力（10%）	在小组中发挥的作用（10%）

4.1.7　知识链接与拓展

4.1.7.1　通信电源集中监控系统概述

1. 通信电源集中监控系统的作用及其主要功能

通信电源集中监控系统的作用是对监控范围内的电源系统、空调系统和系统内的各个设备及机房环境等进行遥测、遥信、遥控，实时监视系统和设备运行状态，记录和处理监控数据，及时侦测故障并通知维护人员处理，从而实现通信局（站）的无人或少人值守，以及电源、空调的集中维护和优化管理，提高供电系统的可靠性和通信设备的安全性。

通信电源集中监控系统主要有以下功能。

（1）实时监视功能

实时监视电源设备和空调等设备的运行状态，并随时监视局房环境等。

（2）远程控制功能

对被监控的设备（电源设备、空调等）进行远程手动或自动控制。

（3）故障诊断和报警功能

监控系统能根据被监控设备的工作状态和参数变化趋势，及时、准确地定位故障源，产生告警信息并能通过各种手段（如声、光、语音、手机短信等）将故障诊断结果通知维护人员，以便维护人员及时地采取措施。

（4）数据查询和报表功能

主要通过键盘和显示界面查询被监控对象的实时数据等，且能生成相关报表，便于维护人员分析。

2. 对通信电源集中监控系统的一般要求

（1）可靠性

监控系统的采用，不应影响被监控设备的正常工作；系统局部故障时不应影响整个监控系统的正常工作；监控系统应具有自诊断功能，对数据紊乱、通信干扰等可自动恢复，对通信中断、软硬件故障等应能诊出故障并及时告警；监控系统应具有较强的容错能力，不能因用户误操作等引起程序运行出错；监控系统应具有处理多事件多点同时告警的能力；监控系统硬件的平均失效间隔时间（MTBF）应大于100 000h，平均故障修复时间（MTTR）应小于0.5h；整个监控系统的平均失效间隔时间（MT-BF）应大于20 000h。

（2）可扩充性

监控系统的软、硬件应采用模块化结构，便于监控系统的扩充、升级，以适应不同规模监控系统网络和不同数量监控对象的需要。

（3）实时性

组成监控系统的各监控级应能实时监视其监控对象的状态，发现故障及时告警。从告警发生到有人值守监控中心接收到告警信息的时间间隔应不超过10s（拨号通信方式除外）。告警准确度的要求为100%。

（4）安全性

监控系统应具有较完善的安全防范措施，对所有操作人员按级别赋予不同的操作权限，并有完善的密码管理功能，以保证系统及数据的安全。监控系统还应具有在前端监控微机上设置禁止远端遥控的功能。监控系统中的计算机系统应能发现并抵御外来病毒或非法用户的攻击。

（5）测量精度

直流电压的测量精度应优于0.5%；蓄电池电压测量误差应不大于±5mV（2V电池）、±10mV（6V电池）、±20mV（12V电池）；其他电量的测量精度应优于2%；非电量的测量精度一般应优于5%。

（6）电源

监控系统应采用不间断电源供电。

（7）接地

监控系统应采用局（站）内的接地系统。

（8）电磁兼容性

监控系统应具有良好的电磁兼容性。被监控的设备处于任何工作状态下，监控系统应能正常工作；同时监控设备本身不应产生影响被监控设备正常工作的电磁骚扰。

（9）硬件

监控系统的硬件设备应采用通用的高可靠性的计算机及配套设备；系统硬件应能适应安装现场温度、湿度、海拔、干扰等要求，应有可靠的抗雷击和过电压保护装置；监测机房环境等使用的烟雾、防盗传感器等应经过公安消防部门认可。

（10）软件

监控系统的软件系统要求采用分层的模块化结构，便于系统的扩充、使用和维护等。计算机系统所采用的操作系统、数据库管理系统、网络通信协议和程序设计语言等应采用通用的系统，且便于纳入本地网管系统，系统软件应有合法使用证明。监控软件应包含以下功能模块：安全管理、配置管理（设备管理、人员管理、监控点管理）、通信管理、设备监控、告警管理、性能管理、数据管理、打印和帮助等。

4.1.7.2 通信电源集中监控系统的监控对象及监控内容

1. 监控对象

（1）被监控设备

通信电源集中监控系统的监控对象（SO：Supervision Object）包括通信局（站）所有的电源、空调设备以及环境量等。监控对象按用途可分为电源系统和环境系统两大类。电源系统是监控的主要对象，包括高压配电设备、变压器、低压配电设备、备用发电机组、UPS、逆变器、整流配电设备、蓄电池组、直流-直流变换器等。环境系统包括空调、局房环境、安全保卫系统等。

监控对象按被监控设备本身的特性，可分为智能设备和非智能设备。其中智能设备本身能采集和处理数据，并带有智能通信接口（RS232、RS422/RS485），可直接或通过协议转换的方式接入监控系统，如智能高频开关电源系统等，一般每台智能设备作为一个监控模块（SM）。而非智能设备本身不能采集和处理数据，没有智能通信接口，如一般的低压交流配电柜、蓄电池组等，需要通过数据采集控制设备（数据采集器）才能接入监控系统，每个数据采集控制设备作为一个监控模块。

（2）被监控信号

被监控信号可分为电量信号和非电量信号，也可分为模拟信号和数字信号。在监控系统中，对被监控信号的处理一般要经过传感、变送、转换过程，才能转换为计算机内的数字信号。

非智能设备和环境量不能直接接入数据采集器的采集通道进行测量，需要通过传感器/变送器先将这些电量信号或非电量信号变成标准电量信号，方可接入数据采集器。

数据采集器一般可直接测量的模拟量信号范围是：直流电压-4 ~ 10V，直流电流0 ~ 20mA，交流电压0 ~ 2.5V；可直接测量的开关量信号范围是：直流电压0 ~ 30V，交流电压0 ~ 20V。

传感器的作用是将非电量信号变换成标准电量信号。监控现场遇到的非电量信号有温度、湿度、液位等，监控现场需要测量的开关量有红外感应、烟感、门碰、漏水等。这些非电量信号和开关量信号，需要通过相应的传感器（如温度传感器、湿度传感器、液位传感器、红外探测器、感烟探测器、门磁开关、水浸探测器等）转换成标准电量信号后，才能被数据采集器采集。

变送器的作用是将非标准的电量信号变换成标准电量信号。监控现场遇到的模拟电量数值较大、范围较宽，如交流电压220V、380V，交流电流0 ~ 200A，直流电压24V、48V，直流电流0 ~ 1000A，频率50Hz等，需要通过变送器将非标准电量信号变换成标准电量信号（如变成直流4 ~ 20mA或0 ~ 5V等），才能被数据采集器采集。常用的变送器有三相电压变送器、三相电流变送器、有功功率变送器、功率因数变送器、频率变送器、直流电压变送器等。不同厂家的变送器外特性有差别，应按照产品说明书来安装使用。

智能电量变送器集成了多个电压、电流隔离变换模块，采用了可编程增益放大器、高精度A/D转换器以及单片机技术，可以实时测量几乎所有的交流电量，取代所有三相变送器，并以远程通信接口输出数字测量信号。目前这种智能电量变送器已较广泛地运用于通信电源监控系统中。

在不特指时，常将传感器和变送器统称为传感器。

2. 监控内容

通信电源集中监控系统的监控内容，是指对以上监控对象设置的监控项目，即监控点（SP：Supervision Point）。监控项目可按遥测、遥信、遥控来进行划分。

①遥测：对连续变化的模拟信号（如电压、电流等）进行数据采集。

②遥信：对离散状态的开关信号（如开关的接通/断开、设备的运行/停机、正常/故障等）进行数据采集。

③遥控：由监控系统发出的离散的控制命令（如控制整流器均充/浮充、控制设备的开/关机等）。

此外，必要时还可进行遥调：由监控系统发出调整运行参数的控制命令。

根据我国通信行业标准YD/T1363.1—2014《通信局（站）电源、空调及环境集中监控管理系统第1部分：系统技术要求》的规定，通信电源集中监控系统的监控内容见表4.5。

表4.5　通信电源集中监控系统的监控内容

序号	设备大类	设备子类	类型	内容
1	高压设备	进线柜	遥测	三相电压，三相电流
			遥信	开关状态，过流跳闸告警，速断跳闸告警，失压跳闸告警，接地跳闸告警（可选）
		出线柜	遥信	开关状态，过流跳闸告警，速断跳闸告警，失压跳闸告警（可选），接地跳闸告警（可选），变压器过温告警，瓦斯告警（可选）
		母联柜	遥信	开关状态，过流跳闸告警，速断跳闸告警
		直流操作电源柜	遥测	贮能电压，控制电压
			遥信	开关状态，贮能电压高/低，控制电压高/低，操作柜充电机故障告警
		变压器	遥信	过温告警
2	低压配电设备	进线柜	遥测	三相输入电压，三相输入电流，功率因数，频率
			遥信	开关状态，缺相、过压、欠压告警
			遥控	开关分合闸（可选）
		主要配电柜	遥信	开关状态
			遥控	开关分合闸（可选）
		稳压器	遥测	三相输入电压，三相输入电流，三相输出电压，三相输出电流
			遥信	稳压器工作状态（正常/故障，工作/旁路），输入过压，输入欠压，输入缺相，输入过流
3	柴油发电机组		遥测	三相输出电压，三相输出电流，输出频率/转速，水温（水冷），润滑油油压，润滑油油温，启动电池电压，输出功率，油箱液位
			遥信	工作状态（运行/停机），工作方式（自动/手动），主、备用机组，自动转换开关（ATS）状态，过压，欠压，过流，频率/转速高，水温高（水冷），皮带断裂（风冷），润滑油油压低，润滑油油温高，启动失败，启动电池电压高/低，过载，紧急停车，市电故障，充电器故障（可选）
			遥控	开/关机，紧急停车，选择主备用机组
4	不间断电源（UPS）		遥测	三相输入电压，直流输入电压，三相输出电压，三相输出电流，输出频率，标示蓄电池电压（可选），标示蓄电池温度（可选）
			遥信	同步/不同步状态，UPS/旁路供电，蓄电池放电电压低，市电故障，整流器故障，逆变器故障，旁路故障
5	逆变器		遥测	交流输出电压，交流输出电流，输出频率
			遥信	输出电压过压/欠压，输出过流，输出频率过高/过低

续表

序号	设备大类	设备子类	类型	内容
6	整流配电设备	交流屏	遥测	三相输入电压，三相输入电流，输入频率（可选）
			遥信	三相输入过压/欠压，缺相，三相输出过流，频率过高/过低，熔丝故障、开关状态
		整流器	遥测	输出电压，每个整流模块输出电流
			遥信	每个整流模块的工作状态（开/关机、限流/不限流），故障/正常；系统状态（均/浮充/测试），系统故障/正常
			遥控	开/关机，均/浮充，测试
		直流屏	遥测	直流输出电压，总负载电流，主要分路电流，蓄电池充/放电电流
			遥信	直流输出过压/欠压，蓄电池熔丝状态、主要分路熔丝/开关故障
7	蓄电池组		遥测	蓄电池组总电压，每只蓄电池电压，标示电池温度，每组充/放电电流，每组电池安时量（可选）
			遥信	蓄电池组总电压高/低，每只蓄电池电压高/低，标示电池温度高，充电电流高
8	直流–直流变换器		遥测	输出电压，输出电流
			遥信	输出过压/欠压，输出过流
9	太阳能供电设备		遥测	方阵输出电压、电流
			遥信	方阵工作状态（投入/撤出），输出过压、过流
			遥控	方阵投入/撤出
10	风力发电设备		遥测	三相输出电压，三相输出电流
			遥信	风机开/关
			遥控	风机开/关
11	分散空调设备		遥测	空调主机工作电压，工作电流，送风温度，回风温度，送风湿度，回风湿度，压缩机吸气压力，压缩机排气压力
			遥信	开/关机，电压、电流过高/过低，回风温度过高/低，回风湿度过高/低，过滤器正常/堵塞，风机正常/故障，压缩机正常/故障
			遥控	空调开/关机，温度设定
12	集中空调设备	冷冻系统	遥测	冷冻水进、出温度，冷却水进、出温度，冷冻机工作电流，冷冻水泵工作电流，冷却水泵工作电流
			遥信	冷冻机、冷冻水泵、冷却水泵、冷却塔风机工作状态和故障告警，冷却水塔（水池）液位告警
			遥控	开/关冷冻机，开/关冷冻水泵，开关冷却水泵，开关冷却塔风机
		空调系统	遥测	回风温度，回风湿度，送风温度，送风湿度
			遥信	风机工作状态，故障告警，过滤器堵塞告警
			遥控	开/关风机
		配电柜	遥测	电源电压、电流
			遥信	电源电压高/低告警，工作电流过高

续表

序号	设备大类	设备子类	类型	内容
13	防雷器件		遥信	故障告警
14	环境		遥测	温度，湿度
			遥信	烟感，温感，湿度，水浸，红外，玻璃破碎，门窗告警
			遥控	门开/关

4.1.7.3　通信电源集中监控系统的结构和组成

1．通信电源监控系统结构组成

按照YD/T1363.1—2014的规定，通信电源集中监控系统采用逐级汇接的结构，一般由监控中心、区域监控中心、监控单元和监控模块组成，如图4.2所示。在此基础上根据实际情况和维护管理要求，可以灵活地组织成各种类型的运行系统。

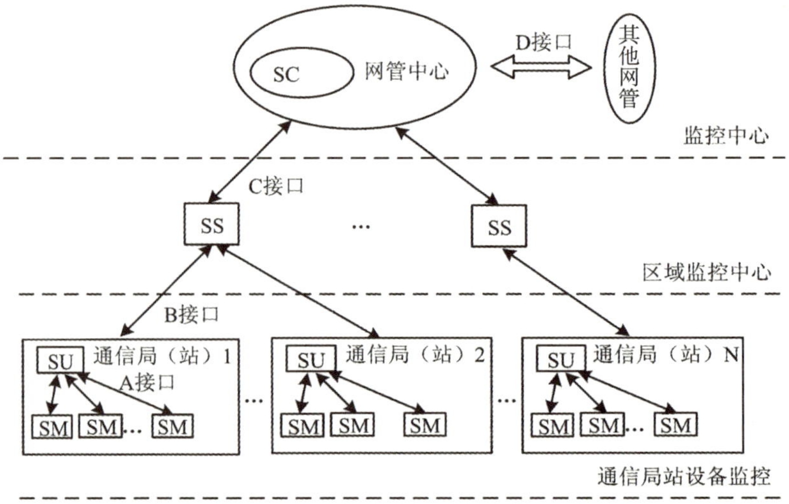

图4.2　通信局（站）通信电源集中监控系统结构图

①监控中心（SC：Supervision Center）是为适应集中监控、集中维护和集中管理的要求而设置的，一般为市（州）级的监控管理中心。通信电源集中监控系统的建设可以相对独立，归属网管的一个组成部分。其主要功能为具备监控站所有的配置、监控和管理功能；能保存告警数据、操作数据和监测数据至少1年；具有向本地网/城域网网管中心提供数据的能力，以满足本地网发展的需要；定时下发时钟校准命令。

②区域监控中心（SS：Supervision Station）又称监控站，是为满足本地县、区级的管理要求而设置的，负责辖区内各监控单元的管理。对于固定电话网，区域监控中心的管辖范围为一个县/区；移动通信网由于其组网方式不同于固话本地网，则相对弱化了这一级。其主要功能为能同时监视辖区内多个监控单元的工作状态并与监控中心

保持通信，以动态实时图形及数据显示监控对象的参量变化；实时向监控中心转发紧急告警信息，并通过监控单元对监控模块下达监测和控制命令；查询监控单元采集的各种监测数据和告警信息并生成要求的统计报表及曲线，同时对监测数据进行智能分析、处理，为维护人员提供参考信息和建议。

③监控单元（SU：Supervision Unit）为监控系统的最小子系统，一般完成一个独立的通信局站（端局）内所有监控模块的管理工作，个别情况可兼管其他小局（站）的设备。监控单元一般是一台计算机，又称前置机或监控主机。其主要功能为随时接收并快速响应来自监控站的监控命令；负责对下层各种监控模块进行监控管理；在本级具有保存告警信息及监测数据的统计值至少1天的能力；与上级通信中断时应能连续保存数据，在通信恢复后，应能主动发送保存的数据；具有对采集的数据进行智能分析的功能，避免系统阻塞，缩短系统反应时间；能够接入以RS232、RS422/RS485等作为物理接口的多种监控模块。

④监控模块（SM：Supervision Module）面向具体的监控对象，完成数据采集和必要的控制功能。不同监控对象有不同的监控模块，在一个监控系统中通常有多个监控模块。其主要功能是实时采集被监控设备及机房环境的运行参数和工作状态，收集故障告警信息并送往监控单元；实时接收和执行来自监控单元的监测和控制命令。

有的通信运营商根据其网络的特点，重新定义了网络结构，使之更加符合自身的维护需求。如移动通信网的动力环境集中监控系统，三级网络结构由CSC（省级监控中心，相当于前述SC）、LSC（市州级监控中心，相当于前述SS）和FSU（现场监控单元，相当于SU）组成。组网弱化了县/区这一级别的监控中心，各移动通信机房和基站的监控信息直接汇聚到LSC（市州级监控中心）。

2. 通信电源集中监控系统数据采集方案

在通信电源集中监控系统中SU、SM两部分主要完成现场数据采集功能。SM包括智能设备和数据采集器。SU一般由端局计算机（前置机）承担，负责对SM进行监控管理，包括各种监控数据的收集、分析、处理、上报、存储和监控命令的下达等。对被监控设备数据的采集，通常采用串行通信数据采集方案。

一般情况下，在端局设置的前置机（监控主机）通过串口连接各监控模块，采用总线方式或多串口方式进行数据采集。

图4.3所示为总线方式的数据采集方案。图中所用的通信接口一般为RS422/RS485，要求总线上每一个数据采集器或智能设备的接口方式和通信协议都相同，但地址完全不同；如果接口方式不同而通信协议相同，可以通过接口转换器接入总线；如果接口方式相同而通信协议不同或接口方式和通信协议都不相同，则可以通过协议转换器接入总线。由于在一条RS422/RS485总线上并接多台数据采集器和智能设备，对总线上每一个数据采集器和智能设备采用轮询方式采集数据，因此，数据采集周期较长，工作速度慢。这种方案适用于局（站）内设备种类较少、测点不多的小局或基站。

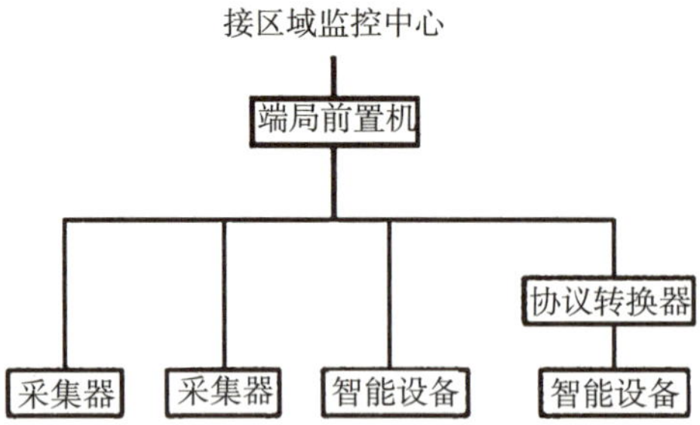

图4.3　总线方式的数据采集方案

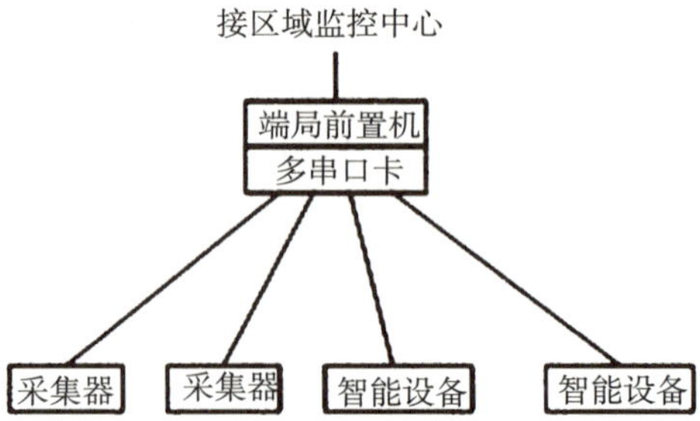

图4.4　多串口方式的数据采集方案

图4.4所示为多串口方式的数据采集方案。在该图中所用的通信接口一般为RS232，对各个数据采集器和智能设备的通信协议和地址没有具体要求；端局前置机通过多串口卡分别与各个数据采集器和智能设备通信，可以同时采集数据，因此数据采集周期短，采集速度快。这种结构适用于大而复杂、设备和测点数多的端局，如枢纽局、汇接局等大型通信局站。

当端局小或被监控设备很少时，没有必要在端局放置一台前置机，此时可将前置机移到SS或某一个大的端局，各远端局的SM通过某种传输资源远程连接至该前置机的串口上。由于有多个端局的设备接入，因此该前置机称为多端局前置机。

3. 通信电源集中监控系统传输信道与组网设备

在图4.2中，SC和SS内部一般是由多台计算机组成的局域网（LAN）；SU以上部分是基于TCP/IP协议的广域网（WAN）。SU、SS、SC三部分主要完成数据传输等功能。

（1）数据传输信道

通信电源集中监控系统可以采用多种数据传输信道传输数据，常用的有如下4种。

①公用电话网（PSTN：Public Switched Telephone Network）

公用电话网提供的传输资源主要有电话线（有拨号电话线和专用电话线两种信道）和E1中继（即2M中继）。

电话线传输的是模拟信号，当用于数字传输时，需要调制解调器（Modem）进行A/D、D/A转换，电话线提供的通信速率为300bit/s～56kbit/s。

E1中继是直接由数字传输设备提供的PDH基群速率数据传输通道，主要用来连接不同地点的交换设备，包括程控交换机、DDN节点机等。E1中继有两种：一种为非信道化E1，只提供2.048Mbit/s码流；另一种为信道化E1（又称CE1）。一般E1均指CE1。信道化E1定义了帧的概念，按照时分复用的方法，把一个2048kbit/s的比特流，分为32个相互独立的64kbit/s信道，每个信道称为1个时隙（Time Slot），编号从TS_0至TS_{31}，其中时隙0用于传送同步信号，时隙16用于传送信令信号，其余30个时隙用来承载其他业务。在公用电话网中，每一个时隙即为一个话路。监控系统可以用从E1中抽取时隙的设备——数据服务单元（DSU：Data Service Unit）/通道服务单元

（CSU：Channel Service Unit），将2M中的一个、几个或全部64k时隙提取出来用于数据传输。

当两个局间的2M线路直接通过传输设备连接时，如图4.5（a）所示，2M线A和B的每一个时隙均是对应的相同时隙，可在两端抽取同一个时隙用于传输监控数据；当2M线路通过交换机连接时，如图4.5（b）所示，2M线Y和Z之间不一定是对应的联系，可通过在交换机上进行数据设置，使Y中的某一个时隙（例如TS_1）和Z中的某一个时隙（例如TS_{31}）连接起来传输数据。这种时隙的连接称为半永久连接。同样地，2M线X中某时隙可以交换到Z中的某一个时隙（例如TS_{30}）。这样，2M线Z中各时隙通过半永久连接，最多可以与30个端局的2M线中的某一个时隙连接。

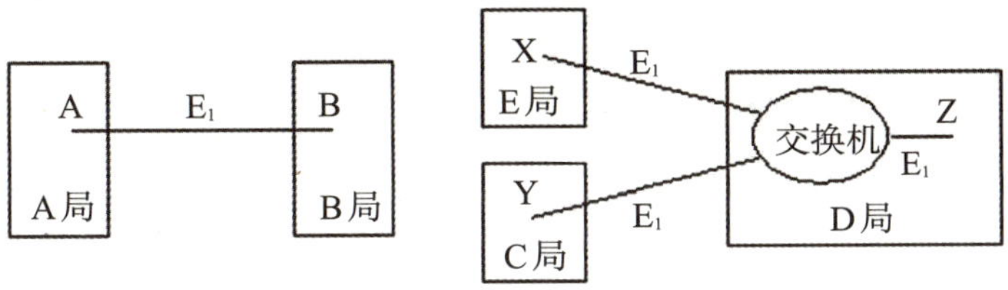

（a）　　　　（b）

图4.5　2M传输及半永久连接示意图

通过2M抽时隙传输数据，永远在线，避免了拨号连接可能因为网络忙而在关键时刻不能接通的问题。目前在集中监控系统中大量使用，半永久连接较为常见。利用半永久连接进行数据传输时，需要在交换机上进行半永久连接的数据设定，并闭塞相应话路。

2M中继的接口有两种形式，一种是平衡接口，采用2对120Ω的双绞线对，一对线收（RX），一对线发（TX）；另一种是非平衡接口，采用一对75Ω的同轴电缆，一根收，一根发。任意两台设备之间的2M线连接均是RX与对方的TX相连，TX与对方的RX相连，当设备接口方式不匹配时，需要使用75～120Ω的阻抗转换器。

②数字数据网（DDN：Digital Data Network）

DDN是一种数据业务网，可以向用户提供端对端的透明数字串行专线。DDN提供的透明串行专线可以分为同步串行专线和异步串行专线。同步串行专线提供的通信速率从64kbit/s到n×64kbit/s，最高可达2.048Mbit/s；异步串行专线提供的通信速率一般小于64kbit/s，从2400bit/s、9600bit/s直到38.4kbit/s。监控系统中用得较多的是64kbit/s同步专线传输和19.2kbit/s异步专线传输。在使用DDN传输时，需要DDN通信设备——数据端接设备（DTU：Data Termination Unit），DTU一般是一对一使用的。

③数据通信网（DCN：Data Communication Network）

DCN是通信企业内部的一个广域网，是由路由器和各种广域传输链路组成的网状网络。监控系统使用DCN网很方便，只需将各级监控中心和监控端局的局域网用网线接入所在局的DCN网交换机即可。

由于DCN网容量大、可靠性高、扩展性强，因此YD/T5027—2005中提出，SU与SS、SS与SC之间宜优先利用DCN网连接。

④数字公务信道

数字公务信道一般多用做基站的数据传输信道，它提供标准的RS232接口或V.11接口。V.11接口的接线端子定义为In+、In-、Out+、Out-，这4个端子分别与RS422接口的数据接收端子RX+、RX-和数据发送端子TX+、TX-相对应，可直接使用，V.11接口的用法和RS422接口的用法一样。

（2）传输与组网设备

在通信电源集中监控系统中，两地之间数据的传输是通过传输网络系统完成的，而要组成传输网络，除了需要数据传输信道之外，还需要传输与组网设备。根据传输与组网设备在网络互连中所起作用，可分为以下3种类型。

①接入设备

接入设备用于接入各个终端计算机，如多串口卡、远程访问服务器、数据上网器等。

· 多串口卡：在监控系统中，通信局（站）的所有数据采集器和智能设备都连接到端局计算机的串口上，而计算机提供的串口就一个或两个，远远不能满足要求，因此需要安装多串口卡以扩充计算机的串口。多串口卡对外提供标准的RS232或RS422/RS485接口。

· 远程访问服务器：它是将多个终端接入网络的设备，能支持一定的网络互联协议。远程访问服务器可以直接和计算机通过串行电缆相连，也可以通过Modem等通信设备和远程的计算机相连。远程访问服务器与所连计算机之间的接口为异步串行接口，并同网络上的其他主机用该网络的标准协议（如TCP/IP）通信。

· 数据上网器：简写为DCU，用于将多个远端局的监控数据打包接入TCP/IP网络，需要与数据通信模块（如IDA-DCM模块）配套使用。端局的数据由数据通信模块插入E1线路中的某个时隙，再经过传输和交换机（必须支持半永久连接），收敛到一条E1线上，该E1的各时隙中包含了各监控端局的数据。数据上网器接入E1，从E1线路的30个时隙（其中TS_0、TS_{16}不用）中提取数据，按TCP/IP协议进行打包，传输到以太网上，与以太网上的前置机通信。

②通信设备

通信设用于承担网络线路上的数据通信功能，如调制解调器（Modem），数据端接设备（DTU），数据服务单元/通道服务单元（DSU/CSU）等。

· Modem：在监控系统中，当选用电话线为数据传输信道时，由于电话线上传输的信号是模拟信号，而计算机之间（或计算机与数据采集器、智能设备之间）的通信只能使用数字信号，为实现数字信号在模拟信道（电话线）上传输的目的，需要用Modem来进行数字信号和远程传输的模拟信号之间的转换。

· DTU：它是DDN的专用设备，其作用是在接入DDN时实现信号的转换，使数据信号能在不同传输介质中顺利传送。DTU提供的串行接口一般有RS232和V.35两种。

· DSU/CSU：在监控系统中，当选用E1作为传输信道时，DSU/CSU能从2M中继提取一个、几个或全部时隙作为监控系统的数据传输信道。

③网络交换设备

网络交换设备是用来实现网络互连的设备，用于提供数据交换服务，构建互连网络的主干，如路由器等。

在监控系统中，SS、SC一般都是多台计算机组成的局域网，路由器的主要作用就是把两个局域网连接起来，为两个局域网提供数据交换服务，从而构成广域网。

4.1.7.4　通信电源集中监控系统的组网原则及组网方案

1. 通信电源集中监控系统的组网原则

通信电源集中监控系统的组网原则如下。

①地市级及其以上，原则上设置一个SC。

②根据各地实际情况，SC之下设置若干SS，SS的设立可以以区或县为单位，也可以以汇接局的模式建立；在SS之下设数个SU。也可以根据各通信营运企业维护体制和减少管理层次的要求，不设监控站，此时监控中心同时具有SC、SS的全部功能。

③一般情况下，每一个通信局（站）配置一个SU，大型通信枢纽楼、综合楼可根据被监控设备的情况设置多个SU，SU对下层各种SM进行监控管理。对于某些小局、基站等，可不设置SU，其SM可通过一定的传输方式连接到上级SS的前置机上。

2. 通信电源集中监控系统的组网方案

图4.6至图4.7所示是几种组网方案，供参考。

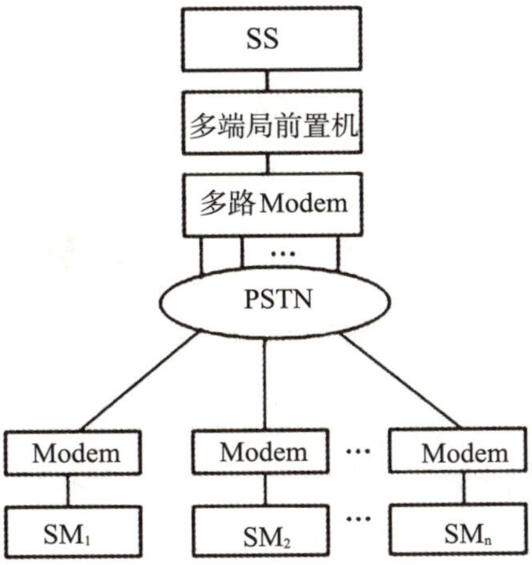

图4.6　多端局前置机基于电话线的组网方案

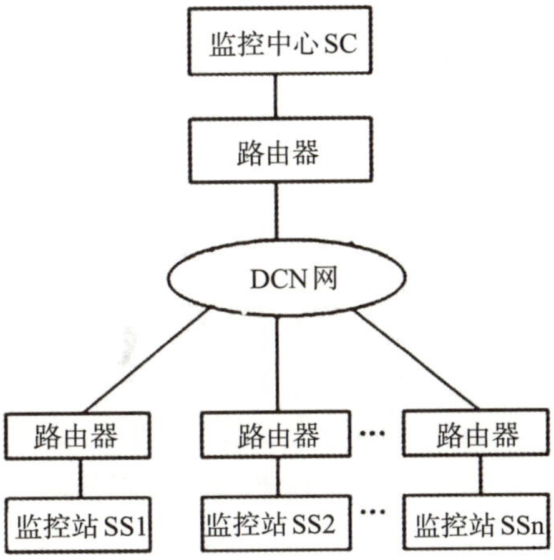

图4.7　基于DCN的组网方案

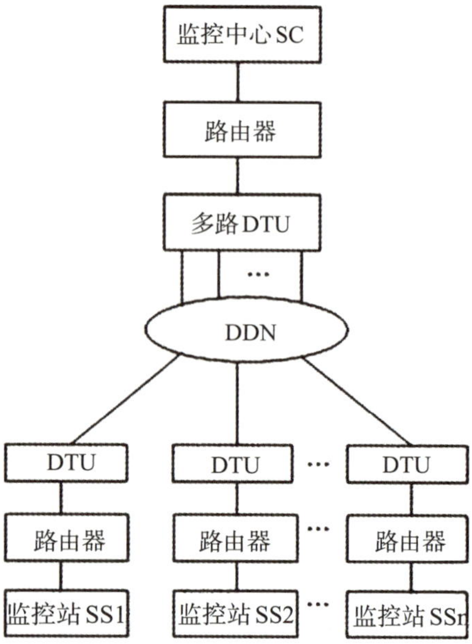

图4.8 基于DDN的组网方案

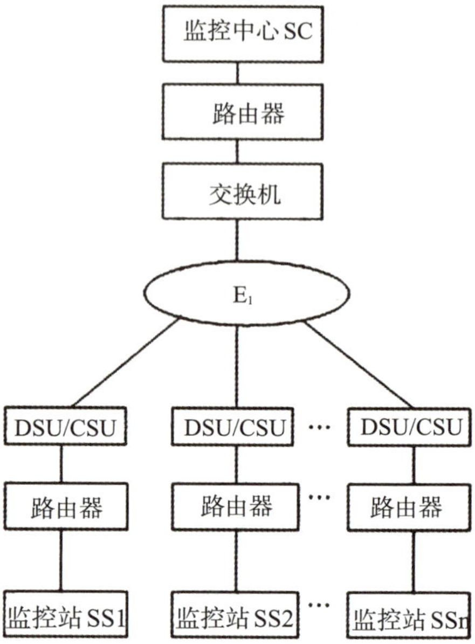

图4.9 基于E1的组网方案

4.1.8 教学策略

表4.6 教学策略

典型工作任务名称	通信电源集中监控系统巡检维护	适用年级	教学时间/学时
教学目标	1.具备正确判断传感器、数据采集器运行状态能力 2.具备规范操作业务台并查询、分析、处理运行数据及按照要求完成资料归档能力	×××年级	第×学期4学时
教学资源	多媒体、教材、教学课件、视频资料、移动通信基站实训基地等		
参考教学方法	讲授法、参观教学法、互动式教学法、现场教学法、演示法		
参考资料、学习资源	教材、教学课件、相关标准、专业网站		

思考与练习

1. 什么是通信电源集中监控系统？它起什么作用？有哪些主要功能？
2. 什么叫智能设备？什么叫非智能设备？并举例。
3. 在通信电源集中监控系统中，遥测、遥信、遥控分别是什么含义？
4. 画出通信电源集中监控系统的总体结构示意图，说出每一部分的名称和作用。
5. 通信电源集中监控系统常用的数据传输信道有哪几种？
6. 回顾“通信电源集中监控系统巡检维护”工作任务教学中运用过的教学方法，分析讨论本部分最优教学方法，并研讨采用理实一体化教学场地和实验条件配备。
7. 观看以前“通信电源集中监控系统巡检维护”工作任务训练视频，从中发现、研讨操作的不足、失误或错误，归纳为典型案例。

学习情境五　通信动力工程建设

学习情境及知识地图

1　学习情境概述

本学习情境主要聚焦通信动力工程建设，主要从通信动力工程设计、通信动力工程安装与调试等方面设置典型工作任务，典型工作任务通信动力工程设计主要涉及供电系统的设计、防雷与接地系统的设计、通信电源设备配置、交直流导线的选择等教学内容。典型工作任务通信动力工程安装与调试主要涉及通信局（站）电源系统设备的安装与调试、通信局（站）电源系统导线的敷设等教学内容。学生通过学习与实践，能完成通信动力工程设计、安装与调试等工程项目。

2　学习情境知识地图

本次学习情景的知识地图如图5.1所示。

图5.1　交流供电系统运行维护与操作知识结构图

◆ 工程资料撰写与归档：动力工程设计报告、动力工程安装调试竣工报告。

◆ 常用操作技能

（1）设计类技能：供电系统的设计、防雷与接地系统的设计、通信电源设备配置、交直流导线的选择。

（2）安装与调试类技能：铜鼻子制作、动力设备安装、电力线布放、通信动力系统通电调试。

学习任务分析

表5.1　主要学习任务列表

序号	任务名称	主要学习内容	建议学时	学习成果
1	通信动力工程设计	根据通信行业相关维护标准及维护规程规定，主要涉及供电系统的设计、防雷与接地系统的设计、通信电源设备配置、交直流导线的选择等	4学时	熟悉通信动力工程设计流程，并能完成供电系统、防雷与接地系统、通信电源设备、交直流导线等相关设计
2	通信动力工程安装与调试	根据通信行业相关维护标准及维护规程规定，通信动力工程安装与调试主要涉及通信局（站）电源系统设备的安装与调试、通信局（站）电源系统导线的敷设等	4学时	熟悉通信动力工程安装与调试流程，能够完成通信动力设备安装、电力线敷设、通信动力系统通电调试等

典型工作任务5.1　通信动力工程设计

5.1.1　任务描述

根据YD5040—2005《通信电源设备安装工程设计规范》，通信动力工程设计内容多，全部实施有难度，建议理论知识的储备按任务描述进行，任务的完成可选用通信电源设备配置及选型、交直流导线的选择及布放作为子任务来完成。通过举一反三，使学生掌握通信动力工程设计的流程和具体电源设备的配置和选型。

5.1.2　任务分析

根据YD5040—2005《通信电源设备安装工程设计规范》、YD/T1051—2010《通信局（站）电源系统总技术要求》、YD5098—2005《通信局（站）防雷接地设计规范》和YD/T5027—2005《通信电源集中监控系统工程设计规范》等标准，通信动力工程设计主要项目有：

供电系统的设计和选择；

防雷与接地系统的设计和选择；

监控系统的设计和选择；

通信电源设备配置及选型；

交直流导线的选择及布放。

5.1.3　必备知识

1. 通信电源设备的容量计算与选型

（1）蓄电池的容量计算与选择

蓄电池的选择原则是按近期考虑，即蓄电池的容量只需满足近期负载的要求。

（2）开关电源的容量计算与选择

整流器的选择原则是按近期负荷考虑，开关电源系统容量按远期负荷考虑。

（3）油机发电机组容量计算及选择

油机发电机组的输出功率应大于用电设备所消耗的有功功率之和。

2. 电力导线选择

直流电源馈线应按远期负荷确定。截面大于95mm²的导线宜采用硬母线。当近期负荷与远期负荷相差悬殊时，可按分期敷的方式确定，设计时应考虑将来扩装的条件。

交流电源线的截面积一般按安全载流量即发热条件来选择。导线的安全载流量与导线的敷设方式、导线数量有关，可通过《电工手册》查得。

5.1.4　技能训练

例题：移动某分公司新建−48V基站，已知基站约20m²（5m×4m），负载电流约40A，要求停电时电池组先对40A的负载进行5个小时的供电，而后负载下电断掉35A的设备，电池组再对传输设备（5A）维持10h的供电后，电池欠压保护；另外在冬季测得机房周围土壤电阻率约60Ω·m，请完成各基站以下各项设计。

1. 开关电源系统、蓄电池组等设备容量计算并选型。

2. 配电箱到开关电源系统及电池组到开关电源系统（10m）各段电缆线径及选型。

3. 完成基站接地系统设计（接地电阻不大于10Ω）。

5.1.5　任务完成

（1）根据指导老师布置的设计任务，主要利用课余时间完成设计。

（2）审核：由指导老师对各学生任务完成情况进行讲评。

5.1.6　教学评价

整个教学过程在教师的组织和协调中进行，可按照以下几个方面进行考核。

1. 过程考核

教师全程监督整个任务实施过程，观察每个学员在整个过程中各方面的表现，并做好记录。

考查学生掌握知识的灵活程度，能否举一反三，可以通过学员对类似问题采取的解决方案，提问，以及与学员的交流等几个方面来综合考虑。考查学员能否积极、主动，完成任务是否认真。

2. 结果考核

1）任务实施情况：主要考查学员是否能按照要求完成设计任务。

2）报告文件：任务实施后，应该提交设计报告，设计报告要正确、完整。

5.1.7 知识链接与拓展

5.1.7.1 设计总则

1. 通信电源设备安装设计必须贯彻国家技术政策，合理利用资源，执行国家防空、防震、消防和环境保护等有关标准规定。

2. 通信电源设备安装设计必须在保证供电质量的前提下，考虑安装、维护和使用方便，注意战时或自然灾害等特殊条件下的通信安全。

3. 设计中应采用经质量认证的设备和成熟的技术，积极利用新能源、采用新技术，努力实现集中监控管理，逐步达到少人维护，直至无人值守。

4. 设计总体方案、设备选型等近期建设规模应与远期发展规划相结合，一般以近期为主。同时还应根据建设和发展情况、经济效果、设备寿命、扩建和改建的可能等因素，进行多方案技术经济比较，努力降低工程造价和维护成本。

5. 设计应做到切合实际、技术先进、经济合理、安全适用。扩建和改建工程应充分考虑原有通信设施的特点，合理利用原有建筑、设备和器材，积极采取革新措施。力求达到先进、适用、经济的目标。

5.1.7.2 供电系统的设计及选择

1. 通信用交流电源宜利用市电作为主用电源。有条件可申请高一类别市电供电。

2. 通信局（站）宜采用专用变压器。

3. 通信局（站）局内低压供电线路不宜采用架空线路。

4. 市电引入线路过长或无市电的通信局（站），当年日照时数大于2000h、负荷小于1kW时，宜采用太阳能电源供电；负荷小于50kW、年平均风速大于4m/s时，宜采用风力发电电源供电。

5. 由市电和自备发电机组电源组成的交流供电系统宜采用集中供电方式供电。在满足局（站）用电负荷要求的前提下，应做到接线简单、操作安全、调度灵活、检修方便。低压交流供电系统应采用三相五线和单相三线制供电。

6. 局（站）变压器容量为630kVA及以上的应设高压配电装置。设有备用市电电源自动投入装置的两路市电引入的供电系统，其变压器容量在630kVA及以上时，市电自动投入装置应设在高压侧；其变压器容量在630kVA及以下时，市电自动投入装置可设在低压侧。

7. 通信局在市电供电时，应按相关标准的要求配置无功功率补偿装置，使功率因数达到0.90以上。对于容量较大的自备发电机组，当负荷的功率因数低于0.7时，应安装无功功率偿装置，使其功率因数达到0.8以上。

8. 通信局（站）所配置的自备发电机组，宜采用自动投入、自动切除、自动补给并具有遥信、遥测、遥控性能和标准的接口及通信协议的自动化机组。

9. 要求交流不间断的通信负荷，应采用UPS供电系统或逆变器供电系统供电。

10. 由整流配电设备和蓄电池组组成的直流供电系统，对通信设备可采用分散或集中供电方式供电。

11. 分散供电方式应根据通信容量、机房分布、维护技术和维护体制等条件，使电源设备尽量靠近负荷中心，并能提供机动灵活的扩容条件。对于大型通信枢纽、大型或重要的通信局（站）、容量超过5万门或有两个以上交换系统的电话交换局，宜采用分散供电方式。电源设备安装于通信机房内时，必须采用高频开关型整流器、阀控式密封铅酸蓄电池组。

12. 直流供电系统应采用在线充电方式以全浮充制运行。

13. 通信局（站）用直流基础电源电压一般为标称值−48V，在通信设备受电端子上电压允许变动范围为−40 ~ −57V。

5.1.7.3　设备配置原则

1. 市电发生异常情况时，为保证仍能对通信负荷和重要动力负荷可靠供电，应配置自备发电机组为自备电源。

2. 通信负荷要求不间断和无瞬变的交流供电时，宜采用UPS电源或逆变器电源。

3. 要求无瞬间停电的直流供电时，应设置蓄电池组；负荷小或电压低的，宜设置直流−直流变换器。

4. 高压配电设备远期负荷发展不大时应按远期负荷配置，低压配屏应按远期负荷配置。

5. 一个供电系统远期发展负荷不大时，通信用交流配电设备按远期负荷配置；一个供电系统远期发展负荷超出现有配电设备容量时，交流配电设备按现有最大配电设备容量配置。

6. 开关电源、变换器、交流不间断电源设备、逆变器的容量应按近期负荷配置。

7. 蓄电池组的容量应按近期负荷配置。

8. 市电供电为一、二类的局（站），远期发展负荷大时，自备发电机组的容量可按满足近期负荷并考虑一定的发展负荷需要配置。市电供电为三类的局（站），宜按近期负荷配置。

以上市电类别的局（站）远期发展负荷不大时，宜按远期负荷配置。市电供电为四类的局（站），应按近期负荷配置。

9. 变电设备。专用变压器（包括有载调压变压器）的容量应按满足近期负荷并考虑一定的发展负荷需要配置，经常运行负荷不宜小于额定容量的60%。季节性负荷变化较大时，宜配置2台或多台变压器，其中一台承担季节性负荷，其余应能承担长期性负荷。

10. 补偿设备。补偿电容器柜的容量应按近期负荷配置。

5.1.7.4 通信电源设备的容量计算及选型

（一）蓄电池的容量计算与选择

蓄电池的选择原则是按近期考虑，即蓄电池的容量只需满足近期负载的要求。

1. 蓄电池应满足的放电时间

蓄电池放电小时数T，应根据通信局站的类型、所用市电类别和油机发电机组的配置情况来选取，在YD/T5040—2005中规定了不同情况的具体值，如表5.2所示。

表5.2 蓄电池的放电时间选取

市电类别	中小型综合通信局/h	移动通信基站（无线设备/传输设备）/h
一类	1	—
二类	1～2	1～3/12
三类	2～3	2～4/20
四类	—	3～5/24

2. 计算蓄电池容量

$$C \geqslant K\frac{IT}{\eta[1+\alpha(t-25)]} \tag{5.1}$$

式中，K是安全系数，取1.25；I是最大负载电流，单位是A；T是需要的放电小时数，单位是h；η是放电容量系数（其数值与T值关联），α是电池温度系数（当放电小时率≥10时，取α=0.006；当10＞放电小时率＞1时，取α=0.008；当放电小时率≤1时，取α=0.01）；t是电池的实际最低环境温度，有采暖时取15℃，无采暖时取5℃（无采暖有空调时可以取10℃）。

当采用两组蓄电池时，每组电池的额定容量按上式计算容量的一半来确定。

3. 选择蓄电池容量

蓄电池宜分两组安装，此时每组电池的额定容量按1/2计算容量选择，选择总容量略大于计算容量。

（二）开关电源的容量计算与选择

1. 开关电源总输出电流应包括负载最大电流和电池组充电电流，其计算公式为

$$I_{OUT}=I_{fz}+n*0.2C_{10} \tag{5.2}$$

式中，I_{fz}是所需最大负载电流，单位是A；n是电池组数，C_{10}是蓄电池额定容量，单位是Ah。

2. 选择整流器规格，计算所需整流模块数量N

$$N \geqslant \frac{I_{out}}{I_Z} \tag{5.3}$$

式中，I_z是整流模块的额定输出电流，单位是A；N向上取整数。

3. 按N+1原则配置整流模块数量

当N≤10时，配置整流模块数为N+1；

当N>10时，每10个模块加配1个。

交、直流配电屏或交、直流配电单元应与开关整流器配套。

（三）油机发电机组容量计算及选择

1.油机发电机组输出功率的选择

油机发电机组的输出功率应大于用电设备所消耗的有功功率之和。计算方法如下

$$P_e \geqslant \sum P_f \tag{5.4}$$

式中，P_e是发电机的输出功率，单位是kW；$\sum P_f$是负荷有功功率总和，单位是kW。

应急基站用发电机组应能保证主体设备负荷的最大功率及蓄电池组的10小时率充电功率。

无人值守交换局用固定式发电机组应按最大负荷配置。

应急局用移动式发电机组应能保证主体设备负荷的最大功率及蓄电池组的10小时率充电功率及机房空调设备供电。

假设按应急基站考虑配置，计算通信设备消耗的功率和电池的充电功率，一方面可查开关电源的交流输入功率，另一方面也可通过计算直流功率进行折算。

设开关电源的负载电流为I_f，电池的额定容量为C_{10}，取电池的充电电流为0.1C_{10}，开关电源的浮充电压为U_f，效率为η，则开关电源的输入功率近似为

$$p = \frac{U_f \cdot (I_f + 0.1C_{10})}{\eta} \tag{5.5}$$

2. 油机发电机的输出功率并不是固定不变的，它随着使用地点海拔高度不同，其输出功率有着较大的变化。当海拔高度超过1000m以上时，由于空气稀薄、散热条件差，发电机还未达到额定输出功率时，温升可能已达到或超过允许值。为了使温升不超过允许值，必须降低交流发电机的输出功率。

在海拔高度1000m以上时，发电机在不同高度允许的实际输出功率，可按下式计算

$$P_H = P_f - \Delta P_{100} \cdot \frac{H-1000}{100} \tag{5.6}$$

式中，P_f是发电机额定容量，单位是kW；ΔP_{100}是海拔高度每增加100m时，功率降低的值，单位是kW；H是油机使用地点的海拔高度，单位是m。

额定输出功率为10～100kW的交流发电机，其ΔP_{100}=（0.5～1%）P_f，若以1%计算，上式可写成

$$P_H = (1\% \times \frac{H-1000}{100})\ P_f = K_f P_f (\text{kW}) \tag{5.7}$$

式中，K_f是发电机功率修正系数（见表5.3）。

表5.3　10～100kW发电机在不同海拔高度时功率修正系数

H/m	1200	1400	1600	1800	2000	2200	2400	2600
K_f	0.98	0.96	0.94	0.92	0.90	0.88	0.86	0.84
H/m	2800	3000	3200	3400	3600	3800	4000	4200
K_f	0.82	0.80	0.78	0.76	0.74	0.72	0.70	0.68

3. 在选定油机发电机组的输出功率时，还应考虑油机发电机组输出额定功率的条件和持续工作时间。也就是说在同一海拔高度工作，油机的输出功率与环境温度、相对湿度和持续工作的时间长短有关。

机组的额定功率应当是在标准工况下的输出功率，由于各个国家生产的设备执行的标准不同，虽然标明同一容量的机组，但在同一标准工况下进行比较时，其机组输出容量是不同的。为此在选用机组时，应注意了解设备供应商提供产品的标准工况，以便更合理地选择机组容量。表5.4是相关国家生产的柴油发电机组输出额定功率的标准工况。

表5.4　各国生产的柴油发电机组输出额定功率的标准工况

标准工况	设备产地及产品名称						
	中国	美国			日本	英国	德国
		CATERPILAR	Cummins	KOHLER	三菱重工	威尔逊	道依茨
环境温度/℃	20	40	40	40	40	25	25
相对湿度/%	60	60	60	60	60	30	30
海拔高度/m	0	1000	1000	1070	1000	300	300

目前，移动基站使用的小型机组多为5kW或10kW，转速为（3000～4000）转/分。表5.5列出了YW6500X汽油发电机组的主要技术参数。

表5.5　便携式（小型）汽油发电机组主要技术规定

型号	YW6500X	最大输出功率	13马力/4000转/分
输出最大交流电功率	5.2kW	点火系统	无触点晶体管点火
输出额定交流电功率	4.8kW	启动系统	手控启动
交流电流频率	220V/50Hz	燃油和容量	汽油/25L
输出直流电功率	12V/8.3A	连续工作时间	10小时
发动机型号	单缸、四冲程强制风冷	尺寸（长×宽×高）	700mm×530mm×600mm
排量	389cm^3	重量	84kg

从表中可知，机组最大输出功率为5.2kW，额定输出功率为4.8kW，连续工作时间10小时，若工作时间超过10小时，还须降低功率输出。

5.1.7.5　导线选择及布放

（一）导线的选择原则

1. 高压柜出线、低压配电设备的交流进线宜按远期负荷计算，并据此选择导线型号与规格；低压配电屏的出线应按被供负荷的容量计算，并据此选择导线型号与规格。

2. 自备发电机组的输出导线，应按其输出容量选择导线型号与规格。

3. 按满足电压要求选取直流放电回路的导线时，直流放电回路全程压降不应大于下列值：48V电源为3.2V；24V电源为2.6V。

4. 直流电源馈线应按远期负荷确定。截面大于95mm^{2}的导线宜采用硬母线。当近期负荷与远期负荷相差悬殊时，可按分期敷的方式确定，设计时应考虑将来扩装的条件。

5. 接地导线应采用铜芯导线；沿海等有盐雾等腐蚀的环境条件下，应采用铜芯导线；机房的交流导线应采用阻燃型电缆。

（二）电力导线的计算及选择

1. 电力导线选择方法

根据导线的使用电压、敷设条件、使用环境和用途来确定导线的型号；根据导线中流过的电流、应满足的使用年限、允许导线上的电压降来计算导线截面，从而确定导线规格。电力导线宜选用绝缘铜芯导线。

2. 交流导线截面的计算

交流电源线的截面积一般按安全载流量即发热条件来选择。导线的安全载流量与导线的敷设方式、导线数量有关，可通过《电工手册》查得。交流导线截面也可以按经济电流密度法进行计算。其计算公式为

$$A \geqslant \frac{I}{J} \tag{5.8}$$

式中，I是通过导线的电流有效值，J是导线电流密度。铜芯绝缘导线的电流密度可按2～5A/mm²来选取：当通过导线的电流不大于40A时，电流密度为5～4A/mm²；当导线电流为41～100A时，取电流密度为3～2A/mm²；当导线电流大于100A时，电流密度为2A/mm²（这时宜查产品手册来确定线芯截面积）。

绝缘导线的线芯标称截面积（mm²）系列为：1、1.5、2.5、4、6、10、16、25、35、50、70、95、120、150、185、240等。

电源线接入设备，应采用铜鼻子连接。导线及连接头的温度，不应超过70℃。若铝线与铜材料相连接，则必须使用铜铝过渡接头，以免铜、铝接触处由于电腐蚀作用产生较大的接触电阻，导致通电时连接处发热，甚至产生火灾。

3. 保护接地导线选择

假设相线截面为S_x，保护导线截面为S_b，则保护导线的最小截面应：

当$S_x \leqslant 16\text{mm}^2$时，$S_b = S_x$，但$S_b \geqslant 4\text{mm}^2$；

当$16\text{mm}^2 < S_x \leqslant 35\text{mm}^2$时，$S_b = 16\text{mm}^2$；

当$S_x > 35\text{mm}^2$时，$S_b = S_x/2$。

保护导线应采用铜芯导线，沿海在有盐雾腐蚀的环境条件下应防腐。

4. 直流导线截面的计算

直流电源馈线应按远期负荷确定，当近期负荷与远期负荷相差悬殊时，可按分期敷设的方式确定，设计时应考虑将来扩容。直流导线由于电压低电流大，因此一般按允许电压降来选择导线截面。

–48V电源全程最大允许压降为3.2V，24V电源全程最大允许压降为2.6V。把全程允许压降扣除直流屏内压降0.5V后，根据具体情况适当分配到各段线路上（如蓄电池组至直流屏，直流屏至通信设备电源架等），根据压降来计算各段导线的截面。

导线计算截面为

$$S = \frac{IL}{\gamma \Delta U} \tag{5.9}$$

式中，S是导线计算截面，单位是mm²；I是导线中通过的最大电流，单位是A；L是导线的回路长度，单位是m；γ是导线电导率，单位是m/Ω·mm²，铜导线$\gamma=57$，铝导线$\gamma=34$；ΔU是该段导线允许压降，单位是V。

以上计算出的截面积同时要满足电缆经济电流密度的指标，即每平方毫米电流不大于4～5A。考虑到安全因素，行业标准规定电缆要有防火特性，所以直流电缆宜采用ZR-RVVZ电缆。

直流电源母线的颜色，应正极为红色，负极为蓝色。

5.1.7.6　接地系统

（一）设计原则

1. 通信局（站）应采用联合接地。

2. 接地系统的设计应按国家标准GB50689—2011《通信局（站）防雷与接地工程设计规范》和通信行业标准YD5098—2005《通信局（站）防雷与接地工程设计规范》、YD/T2324—2011《无线基站防雷的技术要求和测试方法》等标准执行。

3. YD5098—2005中对通信大楼未提出接地电阻要求。但其有效地网面积必须符合设计规范的要求。YD5098—2005中，将移动通信基站地网的工频接地电阻要求，由原来的5Ω放宽到10Ω；对少数大地电阻率很高（大于700Ω·m）的基站不限制工频接地电阻值，而要求地网的等效半径达到雷电最大有效冲击半径（20m），并在地网四角敷设20～30m的辐射形水平接地体，同时提高电源第一级过电压保护和设备端口的保护水平。小型有线通信局（站）的接地电阻一般不宜大于10Ω。

（二）接地系统的设计

1. 原始资料的准备

在进行接地设计前，必须收集好资料。应掌握当地土壤电阻率的实测数据；土壤结冰厚度、化学成分；地下水深度及其所含成分；降雨量情况；雷暴日及雷电活动情况；自然接地极的钢材规格及联结方法；建筑物防雷、防爆及防火的等级；用电设备的性质和接地要求等。

2. 接地体的计算

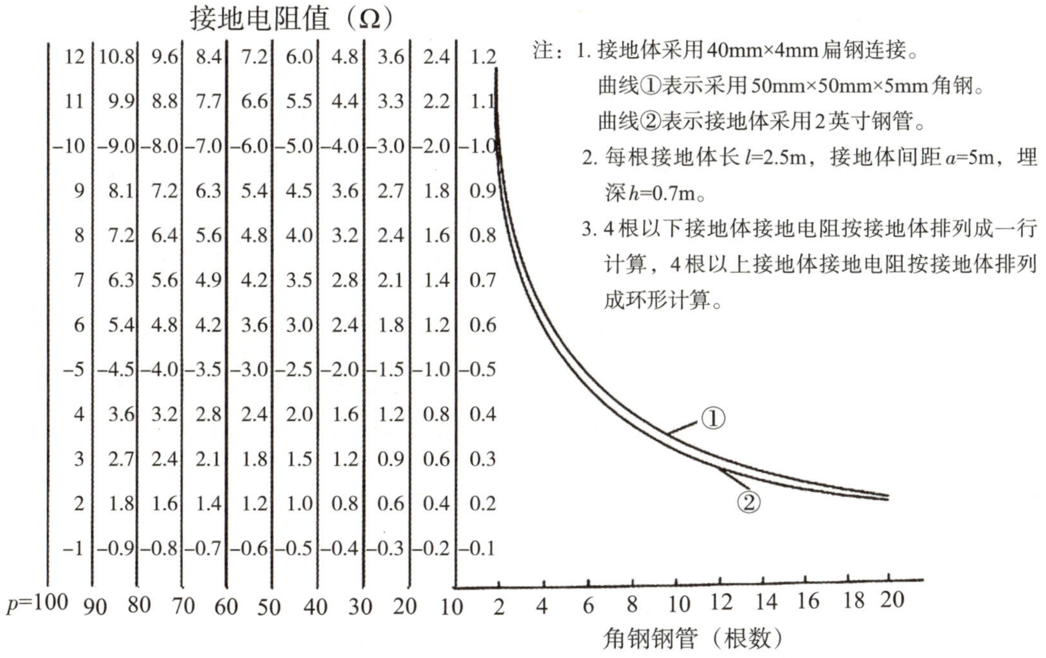

图5.2　角钢和钢管呈矩形排列时，多极接地体接地电阻计算曲线

为了达到所需接地电阻值，工程中往往采用多极接地体，即由多根单极接地体连接起来组成接地网。在工程设计中，如已知通信局（站）要求的接地电阻值和土壤电阻率，则可利用图表直接查出角钢和钢管多极接地体的数量，并算出连接扁钢的长度。角钢和钢管呈矩形排列时，多极接地体接地电阻计算曲线如图5.2所示。

当多根接地体相互靠拢时，入地电流的流散相互受到排挤，将使接地装置的利用率下降。因此，垂直接地体的间距一般不宜小于接地体长度的2倍，水平接地体的间距一般不宜小于5m。

当设计的闭合地网面积大于100m²时，其接地电阻可用式（2.4）进行核算。

一字形接地网多极接地体接地电阻计算曲线如图5.3所示。

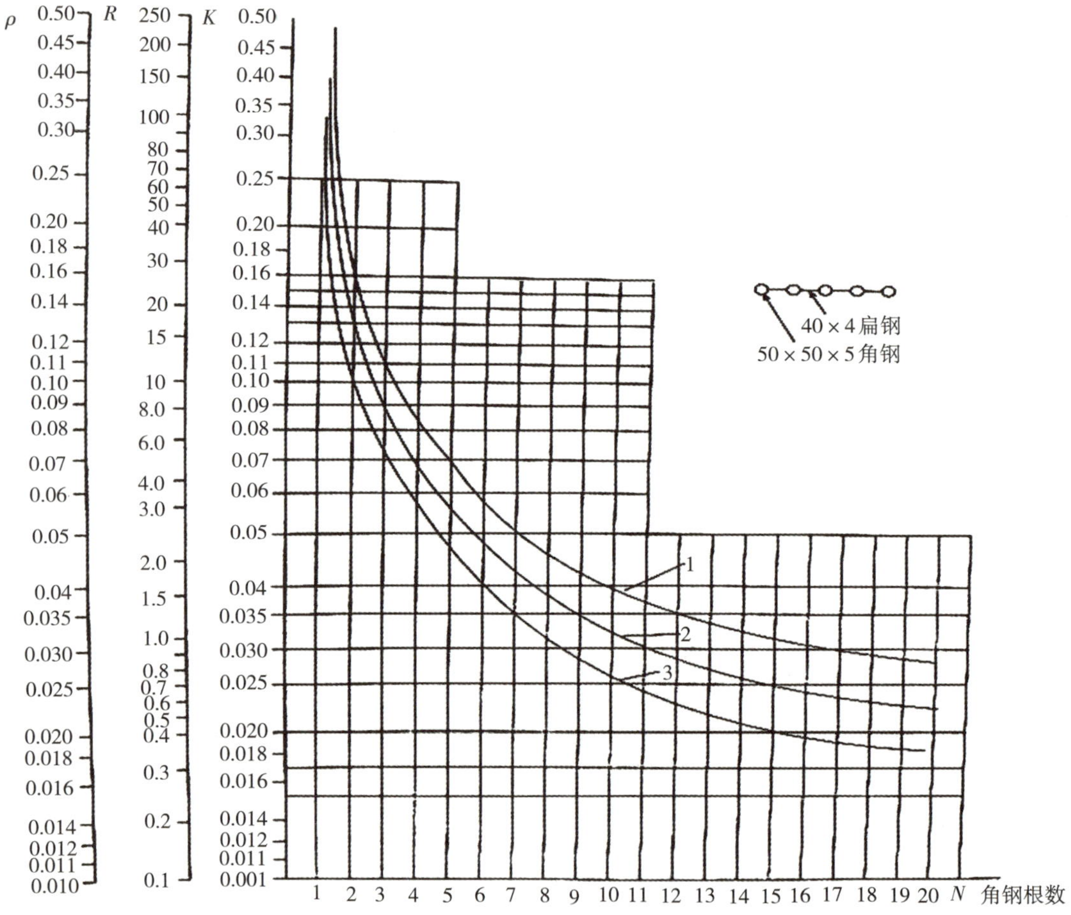

图5.3　一字形接地网多极接地体接地电阻计算曲线

曲线1：50×50×5×1500等边角钢做接地体，间距为3m；长度为3（n—1）的40×4扁钢做连接体，埋深为0.7m的接地电阻计算曲线。

曲线2：50×50×5×2000等边角钢做接地体，间距为4m；长度为4（n—1）的40×4扁钢做连接体，埋深为0.7m的接地电阻计算曲线。

曲线3：50×50×5×2500等边角钢做接地体，间距为5m；长度为5（$n-1$）的40×4扁钢做连接体，埋深为0.7m的接地电阻计算曲线。

图中R表示接地电阻，ρ表示土壤电阻率，K表示接地电阻与土壤电阻率之比，N表示角钢数量（根）。

为了保证接地电阻在任何季节中都能符合标准，一般根据在不同季节里实测出的土壤电阻率ρ_0值，再推算出当地的土壤电阻率ρ。

5.1.8　教学策略

表5.6　教学策略

典型工作任务名称	通信动力工程设计	适用年级	教学时间/学时
教学目标	1.具备新建局（站）勘察，相关资料收集能力 2.具备动力设备及导线型号选择能力 3.具备接地系统设计能力	×××年级	第×学期4学时
教学资源	多媒体、教材、教学课件、视频资料、移动通信基站实训基地等		
参考教学方法	讲授法、参观教学法、互动式教学法、现场教学法、演示法		
参考资料、学习资源	教材、教学课件、相关标准、专业网站		

思考与练习

1. 已知某移动通信基站机房约20m²；基站照明用电按8W/m²；该基站无线主设备工作电流约40A，传输设备工作电流约15A；在市电停电后，电池组供电5h后断开无线主设备，传输设备继续工作8h后，断开传输设备。

试完成以下问题：

（1）完成该移动通信基站蓄电池组配置；

（2）完成该移动通信基站高频开关电源系统配置；

（3）完成该移动通信基站空调配置；

（4）如果该基站引入10kV高压，完成该基站变压器配置（整流器及照明灯功率因数取1，空调功率因数取0.8）；

（5）完成该移动通信基站配电箱配置；

（6）估算开关电源至配电箱电源线（走线架敷设）、照明线及空调电源线截面积并选型；

（7）已知蓄电池组至开关电源的走线距离约10m，估算电池电缆线截面积并选型。

2. 根据业务发展规划，某公司准备新建通信机房，要求该局接地电阻不大于5Ω，设计人员到现场勘察时测得土壤电阻率如表所示，要求完成该局地网设计。

测试日期	气候情况	测试地点	两接地极间距/m	地阻仪读数/Ω
2015.9.1	阴天	主楼东	2	2.7
2015.9.1	阴天	主楼西	3	1.5
2015.9.1	阴天	主楼北	5	1
2015.9.1	阴天	主楼南	2	2.2

3.回顾“通信动力工程设计”工作任务教学中运用过的教学方法，分析讨论本部分最优教学方法，并研讨采用理实一体化教学场地和实验条件配备。

4.观看以前“通信动力工程设计”工作任务训练视频，从中发现、研讨操作的不足、失误或错误，归纳为典型案例。

典型工作任务5.2　通信动力工程安装与调试

5.2.1　任务描述

根据工信部颁布的有关规范，通信动力工程安装与调试涉及内容很多，本课程难以全部实施。课程中选择部分具有代表性的设备的安装调试作为任务来完成，如：蓄电池组安装与测试、高频开关电源系统安装与调试、配电箱（屏）安装与调试等。

5.2.2　任务分析

通信动力工程安装与调试主要项目有：

1. 通信局（站）电源系统设备的安装与调试；
2. 通信局（站）电源系统导线的敷设；
3. 接地系统的安装；
4. 监控系统的安装与调试；
5. 工程竣工验收。

通信动力工程安装与调试应满足设计要求，并应满足YD 5079—2005《通信电源设备安装工程验收规范》、YD/T 5175—2009《通信局（站）防雷与接地工程验收规范》和YD/T 5058—2005《通信电源集中监控系统工程验收规范》等标准的要求。

5.2.3　必备知识

按照通信动力系统安装与调试作业流程，完成施工准备、到货验收、通信动力系统安装，最后完成交流配电箱通电调试、高频开关电源系统通电调试、对蓄电池组补充充电。

5.2.4 技能训练

（一）通信动力系统安装与调试作业流程

通信动力系统安装与调试作业流程主要包括：施工前条件检查、开箱验货、设备安装、单机设备调试、系统初检、试运行监测、竣工验收等。

（二）通信动力系统安装（以移动通信基站动力系统为例）

1. 施工准备

按以下步骤进行施工准备，并填写《准备工作检查记录表》。

（1）技术资料：相关施工图纸及相关技术资料。

（2）工器具准备：准备好相关工器具及仪器仪表。

（3）人员组织：根据本次作业内容和性质确定好参加人员，并组织学习指导书。

（4）施工材料准备：线缆、螺栓、绝缘材料等。

（5）按规定办理好工作票许可手续、完成开工报审手续、安全技术交底单工作。

（6）检查施工条件，确定机房照明供电、配电设备、接地条件、环境卫生符合施工要求。

2. 到货验收

按以下步骤进行到货验收，并填写《外观、结构检测检查记录表》。

（1）会同供货商、监理一起开箱检验，对照装箱单一一核对数量，验货完毕用户代表和安装督导在装箱单上签字。

（2）在开箱过程中，如发现货物有损坏现象，应上报建设单位和监理单位，发现货物损坏要注意收集相关证据。

3. 通信动力系统安装

（1）根据配电箱施工图纸及相关技术资料安装配电箱。

（2）根据相关施工图纸及相关技术资料安装高频开关电源系统。

（3）安装蓄电池组。

（4）市电引入。

（三）通信动力系统调试

1. 交流配电箱通电调试

按以下步骤进行调试，并填写交流配电设备电气性能检查记录表。

（1）交流配电箱开机前的检查

①确认机外输入隔离开关是断开的。

②确认交流配电设备内市电输入断路器、输出空气开关全部断开，合上防雷开关。

③检查交流引入线、地线和机柜内配线是否正确并连接可靠，螺丝是否松动。

④测量交流输入断路器输入与输出的相线间、相线与零线间、相线与地线及外壳之间的电阻，确认无短路。

⑤用万用表检查各交流备用输出断路器输出端与零线间是否有短路现象。

⑥用万用表检查给系统供电的交流电电压是否符合系统电压范围的要求。

（2）交流配电箱上电

①闭合交流配电箱输入开关，检查交流电输入电压及输出各分路电压是否正常。

②发现设备有损坏现象，应上报监理单位、建设单位。

2. 高频开关电源系统通电调试

按以下步骤进行调试，并填写高频开关电源设备电气性能检查记录表。

（1）高频开关电源设备开机前的检查

①确认配电箱连开关电源的输出开关是断开的。

②确认高频开关电源设备内市电输入开关、整流模块输入空气开关全部断开，合上防雷开关。

③检查交流引入线、地线和机柜内配线是否正确并连接可靠，螺丝是否松动。

④测量交流输入断路器输入与输出的相线间、相线与零线间、相线与地线及外壳之间的电阻，确认无短路。

⑤用万用表检查给系统供电的交流电电压是否符合系统电压范围的要求。

（2）高频开关电源系统上电调试

①闭合连开关电源的输出开关，在设备输入接线端测量交流电输入电压是否正常。

②闭合高频开关电源柜交流输入开关，检查交流电输入电压及输出各分路电压是否正常。

③闭合所有在位的整流模块的交流输入开关，启动整流模块，确认每一个整流模块都能正常启动，并输出53.5V电压。

④启动监控单元、设置核实电源输出保护上下限电压值、电池保护电压值，及相应告警值。

⑤测量高频开关电源系统各输出端电压是否正常。

3. 对蓄电池组补充充电

5.2.5 任务完成

1. 分组

以6～8人为一个学习小组，并确定各学习小组组长。然后由组长根据教学任务完成本小组组员工作职责分工如确定操作员、数据记录员、安全监督员等，并负责组织本小组完成本次学习任务。

2. 讨论

各学习小组围绕接地系统日常巡检维护项目展开讨论，并订定出相应的实施方案、具体操作步骤、安全注意事项等。

3. 审核

由指导老师对各学习小组制订的方案进行审核，主要审核各小组方案的完整性、可操作性及安全性等。

4. 实施

各小组根据指导老师审核后的方案完成本次实训任务。

5.2.6　教学评价

整个教学过程在教师的组织和协调中进行，可按照以下几个方面进行考核。

1. 过程考核

教师全程监督整个任务实施过程，观察每个学员在整个过程中各方面的表现，并做好记录。

1）操作的规范及熟练程度：主要考查学员对规范的熟练程度和工具的正确使用并按照正确的步骤完成任务。

2）掌握知识的灵活程度：主要考查学员能否举一反三，可以通过学员对类似问题采取的解决方案，提问，以及与学员的交流等几个方面来综合考虑。

3）学习态度：主要考查学员能否积极、主动，完成任务是否认真。

2. 结果考核

1）任务实施情况：主要考查学员是否能按照要求完成通信动力系统的安装与调试。

2）报告文件：任务实施后，应该提交报告文件，报告文件中主要考查能否提出每个人在这次任务中实实在在的收获。

3）组员互评：小组成员之间在共同完成任务的过程中，从协作能力及在小组中所发挥的作用两个方面互相评分。

评价指标参考见表5.7。通过对下表各项内容的考核，评定出学员的成绩。

表5.7　评价指标参考

评价指标／学员	过程考核（50%）			成果考核（30%）		组员互评（20%）	
	操作的规范及熟练程度（20%）	掌握知识的灵活程度（20%）	学习态度（10%）	任务实施情况（20%）	报告文件（10%）	小组协作能力（10%）	在小组中发挥的作用（10%）

5.2.7 知识链接与拓展

5.2.7.1 通信电源设备的安装

1. 各种设备排列整齐，垂直度误差不超过机架高度的0.15%，列架机面平直，每米偏差不大于3mm，全列偏差不大于15mm。

2. 设备安装位置应符合施工图设计规定，其偏差不大于10mm。

3. 安装的设备，附件的型号、规格应符合施工图设计要求。

4. 设备结构应无变形，表面无损伤，指示仪表、按键和旋钮、机内部件无碰损、无卡阻、无脱落、无损坏。

5. 开关、闸刀应运转灵活、接触牢靠、无电弧击伤。

6. 机架与地面固定时，应由4只M10～M12的膨胀螺栓与地面加固。

7. 在需要抗震的地区，按设计图纸要求，机架安装应采取抗震措施。地震设计烈度为8度及以上局站，机架还应与房屋柱体连接牢固。

8. 走线架、机架面漆应保持完整、清洁，颜色应基本一致。

9. 部件组装要稳固、整齐一致、接线正确无误，并应认真校对分装的部件编号。

10. 机架与部件接地线要安装牢固。防雷地线与机框保护地线安装要符合设计要求。

11. 电池架排列位置符合设计图纸规定，偏差不大于10mm。电池架排列平整稳固，水平偏差每米不大于3mm，全长不大于15mm。

12. 电池铁架安装后，各个组装螺栓、螺母及漆面脱落处都应补喷防腐漆。铁架与地面加固处的膨胀螺栓要事先进行防腐处理。

13. 在要求抗震的地区按设计要求，蓄电池架应采取抗震措施加固。

14. 安装的电池型号、规格、数量应符合设计图纸规定，并有合格证及产品说明书。

15. 电池外壳不得有损坏现象。

16. 电池各列要排放整齐，前后位置、间距适当，符合施工图要求。每列外侧应保持垂直与水平在一直线上，其偏差不大于3mm，底部四角均匀着力，如不平整应用油毡垫实。

17. 电池间隔偏差不大于5mm，电池之间的连接条应磨平，连接螺栓、螺母拧紧，并在连接条和螺栓、螺母上涂一层防氧化物或加装塑料盒盖。

18. 发电机组型号、规格、零部件应符合设计要求。不得有损坏、变形、受潮或缺少零部件。

19. 机组基础位置、预留孔、地槽、盖板应符合设计和安装的要求。机组安装要稳固，地脚螺栓应采用“二次灌浆”预埋，螺栓规格宜为M18～M20，外露要一致，预埋位置准确，一般露出螺母3～5丝扣。机组底座与基础之间要按设计要求加装减震装置，并应采取防滑铁件定位措施。

20. 油箱（油罐）要按设计要求安装在指定位置，燃油管路安装平直，无漏油渗油。

21. 机组各种电源线、信号线按布线要求接线牢固可靠、整齐美观、无差错。保护接地良好。

22. 在抗震地区，应按设计要求对油机采取抗震措施加固。

23. 管路系统装配平直牢固，倾斜度不大于0.2%。连接处螺栓、螺母拧紧，无漏水、漏气、漏油现象。

24. 排烟管水平伸向室外时，靠近机器侧应高于外伸侧，其坡度为0.5%，离地高度应符合设计规定，无规定时，一般不低于2.5m。排烟管水平外伸口，应安装丝网护罩，垂直伸出口顶应安装伞形防雨帽。

25. 风冷柴油机进风管和排风管安装应平直，高度符合设计要求，吊挂要牢固。

5.2.7.2　通信电源设备的通电测试检验

（一）设备通电前的检验

1. 通电前应对设备、部件、布线进行绝缘电阻的检查，并应符合要求。

2. 接触器与继电器的可动部分动作灵活无松动和卡阻，其接触表面应无金属碎屑或烧伤痕迹。

3. 接触器和闸刀的灭弧装置完好。

4. 布线和接线正确，无碰地、短路、开路、假焊等情况。机内各种插件连接正确、无松动。

5. 各种开关、闸刀、熔断器容量规格应符合设计要求。

6. 机架保护地线连接可靠。

7. 各种电压、电流表应进行校验和铅封。

8. 测试机内布线及设备非电子器件对地绝缘电阻应符合说明书规定，无规定时，应不小于2MΩ / 500V。

9. 交流、直流配电设备及开关电源、变换设备等通电检验项目应符合产品技术说明书要求。

10. 各组电池应根据母线走向确定正负极出线位置，电池组及电池均应设有清晰的明显标志。

11. 用万用表检查电池端电压和极性，保证极性正确连接。

12. 各电池间的开路电压最高与最低差值应不大于20mV（2V电池）、50mV（6V电池）和100mV（12V电池）。

13. 油机发电机组控制屏及各种仪表应完好、齐全，接线正确牢固，相线排序一致。

14. 各零部件螺栓及管路接头牢固。

15. 由电动机启动油机时，启动蓄电池电压应正常，接线正确。

16. 燃油、机油要符合油机说明书的规定。

（二）通信电源设备通电检验

1. 能自动（人工）接通、转换“市电”和“油机”电源，并有指示信号。

2.“市电”停电时能自动接通事故照明电路，并发出可见可闻信号，“市电”恢复供电时能自动（人工）切断事故照明电路。

3. 各种电压、电流测试显示正确。

4. 事故、过压、欠压、缺相等自动保护电路应能准确动作并能发出指示信号。

5.“浮—均”充电测试显示正确。

6. 电压过高、过低，熔断器熔断均能发出可见可闻信号。

7. 配电设备内部电压降应符合设计要求（直流屏内放电回路压降不大于0.5V）。

8. 同设备多台并联使用时，具有均分性能。

9. 监控接口性能正常。

10. 通电前应将输入、输出开关全部关断，并再次确认所有信号线、电源线是否正确。检查绝缘电阻是否符合说明书要求。

11. 接通交流电源，检查三相电压是否正确，观察通电后模块显示器信号、指示灯是否正常。

12. 工作参数设置：按厂家说明书要求对整流、监控模块进行工作参数的设置和修改。主要有浮充、均充电压，输出过、欠压阀值，输出过压关断阀值，输出电流限流值，模块地址，输出电压微调，选择浮、均充自动方式，自动测试，自动显示功能。

13. 检验以下主要电气性能参数：交流输入电压，直流输出电压、电流，输出杂音，稳压精度，输入过压、欠压保护值，输出过压、过流保护值，输出限流特性，浮充、均充电压和自动转换性能。

14. 检查各种告警功能，市电故障，熔丝故障，交流输入过压、欠压故障、缺相，散热器温度过高，输出过压、欠压故障，输出过流故障等。

15. 检查远端控制功能：监控模块通过标准接口与监控中心设备相连，实现对电源设备的远端“三遥”。

16. 新安装的蓄电池组应进行补充充电。补充充电应采取恒压限流充电方式，按说明书的规定执行。一般情况下补充充电的充电电流不大于$0.2C_{10}$（A），充电电压不大于2.35V/单体，充电时间（均充时间）可设置为12h（均充电压2.35V/单体）或24h（均充电压2.30V/单体）。充电时每1h进行标测，每4h进行全测。

17. 蓄电池组补充充电结束后应进行放电试验：补充充电完毕静置1h后，在25℃条件下用假负载以10小时放电率的恒定电流放电（电流波动不超过1%），放电终止电压为单体1.8V。

放电开始时应立即测试电池组总电压、总电流，并记录开始时间，后每1h进行标测，每2h全测，但当电压降至1.9V以下时，应每15min全测一次。

18. YD/T799—2010中规定，阀控式密封铅酸蓄电池10小时率容量第1次循环应不低于$0.95C_{10}$，第3次循环之前应达到C_{10}。

19. 油机发电机组空载试验。运转平稳、均匀，调速器调速准确，转速稳定，无异常响声及异常发热情况。电压表、电流表、频率表、温度表、油压表指示应正常。排烟及噪声应正常，符合GB3096—2008《声环境质量标准》。润滑油压力与温度，冷却水进出口温度应符合技术说明书规定。空载试验时间0.15～0.5h。

20. 油机发电机组带载试验。发电机在进行负荷试验时，须检查下列项目：自动电压调节或调速性能；连续运转下的油机水温、油压；机械运转及声响；发电机输出三相电压的平衡程度；转速及发电频率；燃油系统、润滑系统、冷却系统及排气情况。

21. 在油机的监控开通后，应能实现油机的自动启动、停机、自动调整输出电压、频率及故障显示、油位显示等。

5.2.7.3　导线敷设

1. 电源线、信号线及铜、铝接线端子、螺栓、螺母的规格、型号必须符合施工图设计的规定。

2. 直流电源线、交流电源线、信号线应分开敷设，避免在同一线束内。

3. 电缆线应走线方便、整齐、美观，与设备连线越短越好，同时不应妨碍今后的维护工作。

4. 电源线敷设时，应保持其平直、整齐，绑扎间隔适当、松紧合适，塑料扎头（或麻线扎头）应放在隐蔽处，电源线、信号线必须是整条线料，外皮完整，中间严禁有接头和急弯处。

5. 机房布线、架间连线及各部件连线应无差错，接触良好，焊接光滑。不得碰地、短路、断路。严禁虚焊、漏焊。

6. 沿地槽布放电源线时，电缆不宜直接与地面接触，宜用橡皮垫子或横木条垫底。

7. 沿墙布放电源线时，应将其牢固地卡在建筑物上，间隔均匀、平直。如电缆为铅皮应接地良好；如电缆为塑料外套，应使用绝缘子绝缘。电源线、信号线穿越上、下层或水平穿墙时，应用防火封堵材料将洞孔堵实。

7. 布放消防系统的导线、电缆均应采用钢芯阻燃型或耐火型，消防配电线路除设在金属梯架、金属线槽、电缆沟及电缆井等处外，其余应采用金属管穿绝缘导线敷设。穿越通信机房的管线应暗设或按设计规定办理。

8. 室外直埋电缆敷设深度应根据设计而定。无规定时，一般不小于60～80cm。遇有障碍物时或穿越公路时应敷设穿线钢管或塑料管。

9. 直埋电缆敷设前应检查绝缘电阻、绝缘强度、导电率，不合格的要及时更换。

10. 直埋电缆的地沟底层应铺一层细砂土，电缆入土后，再铺5cm厚的细砂土，然后铺一层红砖，最后再回土、填平。

11. 电源线穿越钢管（塑料管）应符合下列要求：钢管管径、位置应符合施工图要求，管内清洁、平滑。电源线穿越后，管口两端应密封。非同一级电压的电力电缆不得穿在同一管孔内。

12. 母线、电源线安装完毕，其单线对地及线间绝缘电阻应大于1mΩ/500V。测试其电压降值应符合设计规定（用负载模拟满负荷的情况下）。通电1h后，在现用负荷下测量母线装配连接线及母线与设备端子连接处的温度应不大于70℃，电源线接线端子处，电源线与设备连接处温度不大于65℃（可用点温计测定）。

5.2.7.4 接地系统安装

1. 新建局站应采用联合接地装置。接地装置的位置、接地体的埋探及尺寸应符合施工图设计规定，并应尽量避免安装在腐蚀性强的地带。

2. 接地线各部件连接方法应符合设计规定。接地引入线与接地体焊接牢固，焊缝处做防腐处理。

3. 接地引入线应涂沥青（一般用镀锌扁钢做引入线），并用麻布条缠扎，然后在麻布条外涂沥青保护。

4. 接地汇集装置安装位置应符合设计规定，安装端正、牢固并有明显的标志。

5. 出、入局（站）交流电力线的接地与防雷。选用具有金属铠装层的电力电缆出、入局（站）时应将电缆线埋入地下。高压电力电缆进入通信局（站），埋地长度应大于200m；低压电力电缆进入通信局（站），埋地长度应大于15m（高压电力电缆已做埋地处理时，低压电缆的埋地长度可不做限制）。当埋地引入有困难时，应适当增加电源系统第一级过电压保护设备的防护等级。具有金属护套的电缆进入局（站）时，应将金属护套接地。无金属外护套的电缆宜穿钢管埋地引入，钢管两端应做好接地处理。其金属护套两端应就近接地。当局（站）设有阴极保护装置时，其电缆金属护套通过放电器接地。缆内两端的芯线应加装避雷器件。

6. 出、入局（站）通信电缆线应采取由地下出、入局（站）的方式，所采用的电缆，其金属护套应在进线室做保护接地，缆内芯线应在引入设备前分别对地加装保护装置。由楼顶引入机房的电缆应选用具有金属护套的电缆，并应在采取了相应的防雷措施后方可进入机房。

7. 通信机房内接地线的布置方式，采用星形或网状形。要求机房内所有通信设备除从接地汇集线上就近引接地线外，不得通过安装加固螺栓与建筑钢筋相碰而自然形成的电气接通。

8. 接地装置应按隐蔽工程处理，经检验合格后再回土。回土时，要分层夯实，不应将石块、乱砖、垃圾等杂物填入沟内。

5.2.7.5 监控系统安装

1. 监控设备的型号、规格，应符合施工图设计要求。

2. 监控系统用电缆、电线规格、型号应符合设计要求，布线必须规则，电缆、电线绑扎牢固、松紧适度、平直、端正、整齐。应尽量减少交叉，并使传输线远离干扰源。不应与强信号、高频信号线平行布放。监控系统用信号电缆和电源线宜分道布放，如只能走在同一道内，电源线必须铠装或穿金属管。

3. 监控设备必须有良好的接地系统。局站监控中心的设备电源输入端不应与市电共地。局站监控中心设备与被监测电源设备必须完全隔离，不得共地。

4. 监控功能应按设计要求或说明书要求检查，无要求的可按下节所列项目检查。

交流配电设备

遥信：开关状态，缺相告警，过压告警，欠压告警，市电故障。

遥测：输入电压、电流、频率。

遥控："市电""油机"自动转换供电，应急照明开关切换，告警切除。

直流配电设备

遥信：过压、过流、欠流、熔丝告警。

遥测：输出电压、电流，蓄电池总电压，负载电压，电流。

开关电源设备

遥信：工作状态，均充/浮充状态，熔丝告警，整流模块故障，直流输出过压、欠压。

遥测：各模块交流输入电压、电流，直流输出电压、电流，各整流模块输出总电流，各输出分路电流。

遥控：整流模块的自动开/关，蓄电池浮/均充控制。

蓄电池

遥信：电池欠压，连接线断。

遥测：充、放电安时数，单体电池电压，电池组电流，电池温度。

油机

遥信：运行/停机工作状态，水温过高，燃油压力低，油位低，启动失败，电压异常，频率（转速）异常，过流告警，启动电压低。

遥测：输出三相电压、电流、频率，燃油油位、水温。

遥控：自动启动/停机。

空调和环境

遥信：温度过高、过低压缩机故障，加湿器故障，压缩机运行/停机，门禁告警，烟雾告警。

遥测：机房温度、湿度，空调的交流输入电压、电流。

遥控：自动开关，门锁控制。

5.2.7.6　工程竣工和验收

1. 工程竣工后应按《通信电源设备安装工程验收规范》的规定进行验收。

2. 通信局（站）通信电源工程按施工图设计施工完毕后，应由施工单位向建设单位（业主）报告提请验收，并提供一式四份的竣工技术文件，其中一份在竣工验收签证后退后还给施工单位，竣工技术文件应包括以下主要内容：工程说明、开工报告、建筑安装工程量总表、已安装的设备明细表、交工报告、工程设计变更单、重大工程事故报告单、停（复）工通知、验收证书、交接书、随工检查和中间验收签证记录、竣工图纸、测试记录。

3. 全套工程竣工图纸，包括设备安装平面图、信号线、电源线、母线路由图、设备系统连接图。

4. 施工测试和检查记录，包括交流配电屏检测记录、直流配电屏检测记录、开关电源设备检测记录、换流设备检测记录、蓄电池充放电测试记录、柴油发动机组检测记录、母线（电源线）检测记录、接地电阻测试记录、监控功能检查记录。

5. 竣工资料要求内容齐全、资料完整、版面整洁、数据准确、字迹清楚、规格一致，符合归档要求。

6. 对设备的工艺安装、布线和隐蔽工程在施工时由建设单位（业主）派出施工代表或施工监理进行随工验收和签证，内容见表5.8。

7. 建设单位（业主）在接到施工单位的交工通知和竣工文件后，应根据有关文件精神在一周内组织验收小组按工程设计要求和本规范规定的测试项目进行初验。施工单位、设计单位、供货单位应给予配合。

8. 初验过程中发现不合格的项目应由责任方立即调整或返修直至合格，再进行补验。

9. 施工单位应根据设备附件清单和设计图纸规定准备附件，材料如数清点、移交，损坏、丢失应补齐。

表5.8　通信电源设备安装工程随工检验签证内容表

项目	检验内容
配电、换流设备	（1）安装位置 （2）设备的水平和垂直度 （3）设备漆面基本一致 （4）接地线可靠 （5）进入设备的电源线、信号线绑扎均匀，接线端头焊（压）接牢固、平滑 （6）抗震加固符合设计要求
蓄电池	（1）安装位置符合设计要求，电池排列整齐，连接条经过防腐处理，连接牢靠 （2）电池比重计、温度计摆放符合要求，电解液面水平一致 （3）电池铁架水平及垂直度符合要求，漆面完整，螺栓、螺母经过防腐处理 （4）抗震加固符合设计要求
柴油发电机组	（1）油机、油罐、油泵及水箱的安装位置符合要求 （2）管件加工符合要求 （3）管路安装平直，管件连接正确，吊挂整齐，高度符合设计要求 （4）漆面颜色符合规范 （5）进风管、排风管及防尘装置安装正确，进、排风畅通 （6）地下铁管经过防锈处理 （7）抗震加固符合设计要求

续表

项目	检验内容
走线架（槽）	（1）安装位置、高度符合设计要求 （2）加固支撑安装牢固、平稳，吊挂垂直、整齐 （3）走线架（槽）平直，横铁间隔均匀 （4）漆面完整，颜色一致 （5）地槽橡胶（垫木）垫整齐，盖板牢固、可靠
母线、电源线、信号线	（1）路由走向符合设计要求 （2）弯曲半径符合要求 （3）绑扎均匀，线缆平齐 （4）线缆端头处理良好，连接可靠，端头塑料带（管）颜色符合要求 （5）母线平直，接头牢固、整齐，支撑架安装牢靠、整齐 （6）母线绝缘漆面平整，漆色符合要求
接地装置	（1）接地体安装位置、埋深及尺寸符合设计要求 （2）接地体引入线与接地体连接牢靠，并进行防腐处理 （3）地线沟符合要求（尽量避开腐蚀性较强的地带） （4）接地电阻符合设计要求

5.2.8　教学策略

表5.9　教学策略

典型工作任务名称	通信动力工程安装与调试	适用年级	教学时间/学时
教学目标	具备通信动力系统安装、调试能力	×××年级	第×学期4学时
教学资源	多媒体、教材、教学课件、视频资料、移动通信基站实训基地等		
参考教学方法	讲授法、参观教学法、互动式教学法、现场教学法、演示法		
参考资料、学习资源	教材、教学课件、相关标准、专业网站		

思考与练习

1. 简述通信动力系统安装流程。

2. 简述将蓄电池组接入开关电源系统的步骤。

3. 回顾“通信动力工程安装与调试”工作任务教学中运用过的教学方法，分析讨论本部分最优教学方法，并研讨采用理实一体化教学场地和实验条件配备。

4. 观看此次或以前“通信动力工程安装与调试”工作任务训练视频，从中发现、研讨操作的不足、失误或错误，归纳为典型案例。

附　　录

通信局(站)电源系统补充知识

一、通信局（站）电源系统的组成

通信局（站）电源系统是对局（站）内各种通信设备及建筑负荷等提供用电的设备和系统的总称。该系统由交流供电系统、直流供电系统、接地系统、防雷系统和集中监控系统组成。

通信局（站）电源系统必须保证稳定、可靠和安全地供电。不同类型的通信局（站），分别采用集中供电、分散供电、混合供电等不同的电源系统组成方式。

通信局(站)应设事故照明。事故照明灯具可采用直流照明灯或交流应急灯。

（一）通信局（站）的类型

根据我国通信行业标准YD/T1051—2010《通信局（站）电源系统总技术要求》，通信局（站）按其重要性和规模大小，分为以下几类。

一类局站：国家级枢纽、容灾备份中心、省会级枢纽、长途通信楼、核心网局、互联网安全中心、省级的IDC（互联网数据中心）。

二类局站：地市级枢纽、国家级传输干线站、地市级的IDC数据机房、卫星地球站、客服大楼。

三类局站：县级综合楼、省级传输干线站。

四类局站：末端接入网站、移动通信基站、室内分布站等。

（二）集中供电方式电源系统的组成

集中供电是指在通信局（站）内只设一个通信电源供电中心（如电力电池室），所有通信设备都由该供电中心的电源供电。集中供电方式电源系统的组成示意图如图1所示。

下面以集中供电方式为例（见图1），初步介绍通信局（站）电源系统的各组成部分。

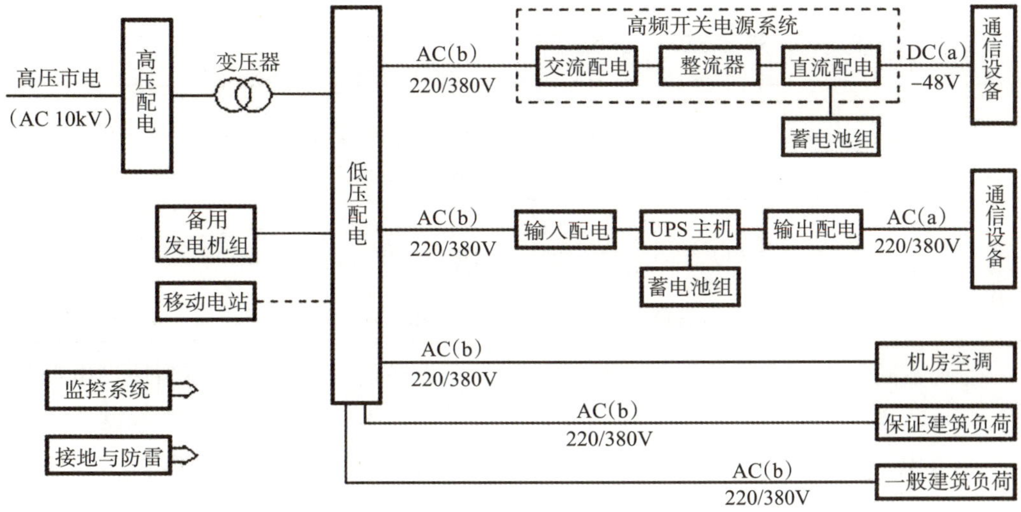

注：（a）不间断（b）可短时间中断

图1　集中供电方式电源系统组成示意图

1. 交流供电系统

通信局（站）的交流供电系统由主用交流电源（市电）、变配电系统（包括高压配电设备及其操作电源、降压电力变压器、低压配电设备）、备用电源系统（包括备用发电机组及附属设备、移动电站）、交流不间断电源系统（包括UPS主机、相应的蓄电池组、输入输出配电柜）以及相关的配电线路组成。

（1）主用交流电源

主用交流电源为市电，一般从10kV（线电压）高压电网引入。

市电的可靠性用“市电不可用度”来衡量。市电的不可用度是指市电的不可用时间同可用时间和不可用时间之和的比，即

$$\text{市电不可用度}=\frac{\text{不可用时间}}{\text{不可用时间}+\text{可用时间}}$$

在我国通信行业标准YD/T1051—2010中，将市电供电方式分为一类、二类、三类和四类，见表1。

表1　市电供电方式分类

市电供电类别	含义
一类市电	（1）从两个稳定可靠的独立电源引入两路供电线 （2）两路电源不应有同时检修停电 （3）不可用度指标：平均每月停电（故障）次数不大于1次，平均每次停电（故障）时间不超过0.5h；年不可用度小于6.8×10^{-4}
二类市电	（1）引入稳定可靠的一路供电线 （2）不可用度指标：平均每月停电次数不大于3.5次，平均每次停电时间不超过6h；年不可用度小于3×10^{-2}

续表

市电供电类别	含义
三类市电	（1）引入一路供电线 （2）不可用度指标：平均每月停电次数不大于4.5次，平均每次停电时间不超过8h；年不可用度小于5×10^{-2}
四类市电	符合下列情形之一者： （1）引入一路供电线，经常昼夜停电，供电无保证，达不到三类市电要求 （2）有季节性长时间停电或无市电可用

类别不同的供电方式涉及供电系统的可靠性，通信局（站）要与当地供电部门协商，引入适当类别的市电。一类局站原则上应采用一类市电引入；二类局站原则上考虑二类市电引入，具备外市电条件且投资增长不大时可考虑一类市电引入；三类局站，具备条件时引入二类市电，不具备条件时引入三类市电；四类局站可就近引入可靠的220/380V低压市电。

（2）变配电系统

高压配电装置和降压电力变压器（又称配电变压器，简称变压器）组成通信局（站）的专用变电站。根据通信局（站）建设规模及用电负荷的不同，可分为室外小型专用变电站和室内专用变电站。

室外小型专用变电站将变压器安装在室外，变压器高压侧常用高压熔断器式跌落开关（跌落式熔断器）进行操作。

室内专用变电站将变压器安装在室内。当变压器容量小于315kVA时，一般不设高压开关柜，变压器高压侧常用高压负荷开关进行操作；变压器容量在630kVA以上或有两路高压市电引入时，应配置适当的高压开关柜。

高压开关柜引入10kV高压市电，输送给降压电力变压器。它能保护本局的设备和配电线路，同时能防止本局的故障波及外线设备，还具有操作控制及监测电压、电流等性能。高压开关柜内装设高压开关电器、高压熔断器、高压仪用互感器、避雷器、继电保护装置以及电磁和手动操作机构。

降压电力变压器把三相10kV高压变成220/380V低压，用三相五线制（TN-S系统）配线方式输送给低压配电设备，为整个通信局（站）提供低压交流电。一般采用油浸式变压器，如在主楼内安装，应选用干式变压器。

低压配电设备进行低压供电的分配、通断控制、监测、告警和保护。在整个低压配电设备中，包括市电油机转换屏，用于由市电供电或备用发电机组供电的自动或手动切换；还包括电容补偿柜，其作用是自动补偿功率因数，使通信局（站）的功率因数保持在0.90以上。

（3）备用电源系统

通信局（站）一般应配置备用发电机组，当市电停电时，用它供给220/380V交流电。备用发电机组主要采用柴油发电机组，不少通信局（站）采用了可以无人值守的自动化柴油发电机组，当市电停电时能自动启动、自动加载，在市电恢复后能自动卸载停机；燃气轮发电机组已在有的枢纽局使用，它与柴油发电机组相比，性能更好，具有体积小、质量轻、不需水冷却系统、发电品质好、运行可靠性高、使用寿命长和有利于环境保护等显著优点，但价格较昂贵。

移动电站是移动式的备用发电机组，使用机动灵活，用于应急供电。

需要注意，备用发电机组三相电压的相序，在交流供电系统的线位上必须与市电三相电压的相序一致。假如发现相序接错，应将接备用发电机组输出端三根相线中的任意两根对调。

现在通信局（站）装备了先进的交换、传输和监控设备，这些设备的正常运行十分依赖机房内的空调装置。例如程控交换机，当空调持续停止工作45min以上时，机房内的温升就可能使它难以维持正常工作，甚至发生瘫痪。所以通信网数字化、程控化后，通信局（站）电源系统确保交流供电显得非常重要。一旦市电停电，应在15min内使备用发电机组启动运行，以保证机房空调等用电。

图0.1中保证建筑负荷是指保证照明、消防电梯和消防水泵等负荷；一般建筑负荷是指一般空调、一般照明以及生活用电等负荷。

（4）交流不间断电源系统（UPS）

卫星通信地球站的通信设备、数据通信机房服务器及其终端、网管监控服务器及其终端、计费系统服务器及其终端等，采用交流电源并要求交流电源不间断，为此应采用交流不间断电源系统（UPS）及其相应的输入、输出配电柜对其供电。

UPS由整流器、蓄电池组、逆变器和转换开关等部分组成，其输入、输出均为交流电。在通信电源系统中通常采用双变换UPS——正常情况下，不论市电是否停电，均由UPS中的逆变器输出稳定、纯净的正弦波交流电压（50Hz三相380V或单相220V）供给负载，供电质量高。

2. 直流供电系统

通信局（站）的直流供电系统由高频开关电源系统（简称开关电源）、蓄电池组和相关的馈电线路组成。其中高频开关电源系统是由交流配电屏（或交流配电单元）、整流器、直流配电屏（或直流配电单元）和监控器组成的成套设备。直流供电系统向各种通信设备、直流变换器（DC/DC）和逆变器（DC/AC）等提供直流不间断电源。

（1）交流配电屏

交流配电屏输入低压交流电，对各高频开关整流器等进行供电的分配、通断控制、监测、告警和保护。

在大容量的通信用高频开关电源系统中，交流配电屏是其中的一个独立机柜。在容量相对较小的组合式高频开关电源设备中，没有单独的交流配电屏，但必有交流配电单元。

（2）整流器

整流器将低压交流电变成所需直流电。通信用整流器已由晶闸管整流器（相控整流器）发展到高频开关整流器。晶闸管整流器由于有笨重的工频变压器和低频滤波电感而使设备的体积和质量都很大，而且效率和功率因数都较低，智能化程度也低，因此逐渐被淘汰，由技术更先进的高频开关整流器取代。高频开关整流器采用无工频变压器整流、功率因数校正电路和脉宽调制高频开关电源技术，具有体积小、质量轻、高效率、高功率因数、高可靠性以及智能化程度高、可以远程监控、无人或少人值守等优点，现已得到广泛应用，并且逐渐在实现全数字化控制。

通信用高频开关整流器为模块化结构。在一个高频开关电源系统中，通常是若干高频开关整流器模块并联输出，输出电压自动稳定，各整流模块的输出电流自动均衡。

（3）蓄电池组

蓄电池是一种可以储存电能的化学电源。充电时，电能变成化学能储存于蓄电池中；放电时，化学能变为电能，向负载供电。充、放电过程是可逆的，可以反复循环许多次。

传统蓄电池可分为酸性电解液（稀硫酸）的铅酸蓄电池和碱性电解液（氢氧化钾或氢氧化钠）的碱性蓄电池。

通信局（站）一般采用铅酸蓄电池。铅酸蓄电池已由防酸式铅酸蓄电池发展到阀控式密封铅酸蓄电池。阀控式密封铅酸蓄电池在使用中无酸雾排出，不会污染环境和腐蚀设备，可以和通信设备安装在同一机房，平时维护比较简便，蓄电池中无流动电解液，体积较小，可立放或卧放工作，蓄电池组可以进行积木式安装，节省占用空间，因此它在通信局（站）中得到了广泛应用。

蓄电池的运行有充放电循环和浮充两种工作方式。通信局（站）现在都采用全浮充工作方式，即整流器与蓄电池组并联向负载（通信设备等）供电——通过直流配电屏连接，整流器的出端、蓄电池组和负载始终并联，以–48V直流电源系统为例，如图2所示。交流电源正常时，整流器输出稳定的“浮充电压”，供给全部负载电流，并对蓄电池组进行补充充电，使蓄电池组保持电量充足，此时蓄电池组仅起平滑滤波作用；当交流电源中断，整流器停止工作时，蓄电池组放电供给负载电流；当交流电源恢复、整流器投入工作时，又由整流器供给全部负载电流，同时它以稳压限流方式对蓄电池组进行恒压限流充电，然后返回正常浮充状态。为了保证直流电源不间断，蓄电池组是必不可少的。

在–48V电源系统中，通常采用24只2V蓄电池串联构成一个蓄电池组；在–24V或+24V电源系统中，通常采用12只2V蓄电池串联构成一个蓄电池组。蓄电池组中每只电池的规格型号和容量都应相同。当采用两组蓄电池并联时，两组电池性能应一致。

碱性蓄电池与铅酸蓄电池相比，具有耐过充电、过放电和使用寿命长等优点，但电动势低、价格昂贵，在通信局（站）中很少使用。

近年来，磷酸铁锂电池等新型蓄电池逐渐在通信局（站）应用。

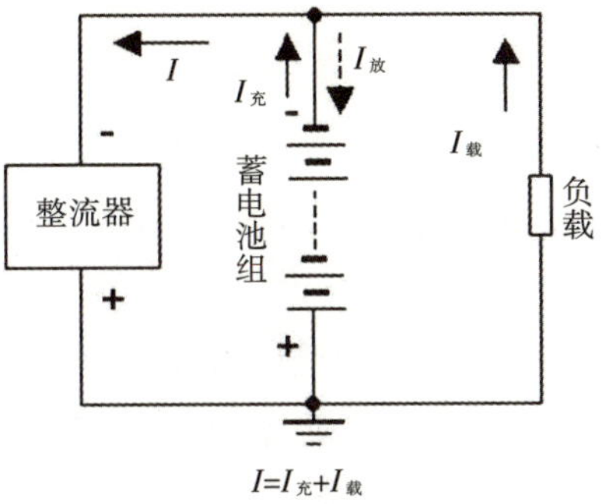

图2　浮充供电原理图

（4）直流配电屏

直流配电屏把整流器的输出端、蓄电池组和负载连接起来，构成全浮充工作方式的直流不间断电源供电系统，并对直流供电进行分配、通断控制、监测、告警和保护。

直流配电屏按照配电方式不同，分为低阻配电和高阻配电两种。大多数通信设备采用低阻配电，低阻配电屏的输出分路较少，每个输出分路的馈电线截面积应足够大，使输出馈线上的压降小于规定值。有的通信设备如瑞典AXE-10型程控交换机，则要求采用高阻配电，高阻配电屏的输出分路多，分别给交换机各机架馈电，各输出分路均引出正、负馈线，其中每根负馈线都经熔断器引出，为小截面高阻馈线，每根负馈线的电阻应不小于45mΩ，负馈线的截面积为10mm^2，若馈线长度较短，则串入30mΩ电阻片，正馈线电阻则应小于1mΩ，蓄电池内阻应小于4～5mΩ。高阻配电的优点是：当某一机架发生短路时，由于高阻馈线电阻为电池内阻的10倍左右，它限制了短路电流，因此可以大大减小其他机架供电电压的跌落。

在大容量的通信用高频开关电源系统中，直流配电屏是其中的一个独立机柜。在组合式高频开关电源设备中，没有单独的直流配电屏，但必有直流配电单元。

3. 接地系统

为了保证通信质量并确保人身与设备安全，通信局（站）必须具有良好的接地装置，使各种电气电子设备的零电位点与大地有良好的电气连接。

通信电源接地按照功能，可分为工作接地（直流电源的正极或负极接地称为直流工作接地、交流电源的中性点接地称为交流工作接地）、保护接地和防雷接地。

我国从20世纪80年代以来，根据防雷等电位原则，通信局（站）均采用联合接地。联合接地方式是交、直流工作接地、保护接地以及建筑物防雷接地等共同合用一组接地系统的接地方式。联合接地系统由接地网（由一组或多组接地体在地下相互连接构成）、接地引入线、接地汇集线和接地线四部分组成。

−48V或−24V电源系统，电源正端必须可靠接地；+24V电源系统，电源负端必须可靠接地。此即直流工作接地。电源设备的金属外壳必须可靠地保护接地。直流工作接地的接地线和保护接地的接地线应分别单独与接地汇集线（或汇流排）连接。严禁在接地线中加装开关或熔断器。

4. 防雷系统

通信局（站）的防雷系统由接闪器（避雷针等）、雷电流引下线、接地网、等电位连接、各级浪涌保护器（SPD）等组成，用于防止雷电产生的危害。

5. 集中监控系统

在通信局（站）中，电源、空调和环境监控采用同一套集中监控系统，该系统由各种监控模块和数据采集设备、网络传输设备、监控终端等设备组成。

集中监控系统对监控范围内的电源系统和系统内各个设备进行遥测、遥信、遥控，实时监视电源系统和设备的运行状态，记录和处理相关数据，及时侦测故障并通知维护人员处理，从而实现通信电源的少人或无人值守、集中维护管理。

集中供电方式适用于规模不大的通信局（站），例如比较小的县级综合楼等。地市级枢纽等规模较大的通信局（站），应采用分散供电方式。

（三）分散供电方式电源系统的组成

分散供电是指在通信局（站）内分设多个通信电源供电点，每个供电点对邻近的通信设备提供独立的供电电源。分散供电方式电源系统的组成示意图如图3所示，地市级以上的通信枢纽引入一路或两路10kV高压市电，宜采用2台或多台降压电力变压器。

分散供电方式实际上主要是指直流供电系统采用分散供电方式，而交流供电系统基本上仍然是集中供电，同一通信局（站）原则上应设置一个总的变配电系统和备用电源系统，由此分别向各楼层及各直流供电系统提供低压交流电。

各直流供电系统可分楼层设置，也可按通信设备系统设置；设置地点可为单独的电力电池室，也可与通信设备同一机房。

当通信局（站）对交流不间断电源的总容量需求很大时，UPS系统宜采用相对分散的方式供电，例如分楼层设置UPS系统。

采用分散供电方式时，把通信大楼中的通信设备分为几部分，每一部分由容量适当的电源系统供电，多个电源系统同时出故障的概率小，即全局通信瘫痪的概率小，因而供电可靠性高。此外，分散供电方式电源设备应靠近通信设备布置，从直流配电屏到通信设备的直流馈线长度缩短，故馈电线路电能损耗小，节能，并可减少线料费用。所以，地市级以上的通信大楼现在都采用分散供电方式。

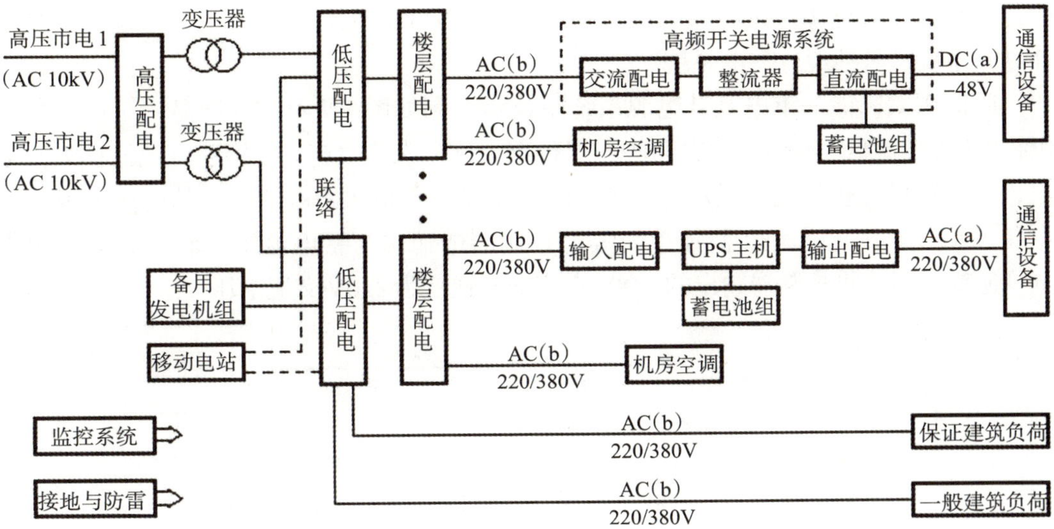

注：(a) 不间断 (b) 可短时间中断

图3　分散供电方式电源系统组成示意图

(四) 移动通信基站常用电源系统的组成

移动通信基站常用的电源系统组成示意图如图4所示。

在城镇设置的移动通信基站，通常输入220/380V低压市电。由于移动通信基站用电量较小，用电设备较少，机房中一般不配置交流配电屏，只配置交流配电箱，它接入220/380V低压交流电，将其分配给高频开关电源和空调等设备，同时对交流供电进行控制、监测、告警和保护。

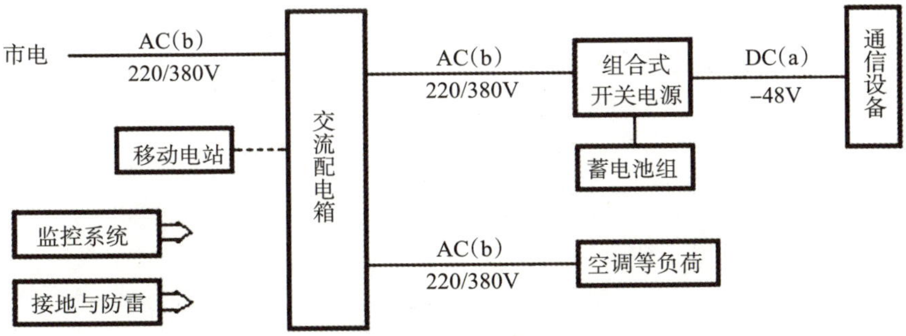

注：(a) 不间断 (b) 可短时间中断

图4　移动通信基站常用的电源系统组成示意图

(五) 其他供电方式电源系统的组成

1. 通信用新能源电源系统

通信用新能源电源系统包括通信用太阳能电源系统和通信用风能电源系统，根据系统的组成不同可分为：独立太阳能电源系统、独立风能电源系统、太阳能（或风能）—市电互补电源系统、太阳能（或风能）—柴油发电机组互补电源系统、风光互补电源系统、其他混合发电系统。

通信用太阳能—市电互补电源系统组成示意图如图5所示。太阳是一个巨大的能源，PN结在光照射下会产生电动势，这种现象称为光伏效应。太阳能电池简称太阳电池，就是利用光伏效应制成的。图5中的控制器，包括太阳电池组件的电压变换与稳定装置、直流配电单元和监控单元等。控制器的输出与蓄电池组并联浮充对负载供电。逆变器用于将控制器输出的−48V直流电压逆变为220V交流电压。

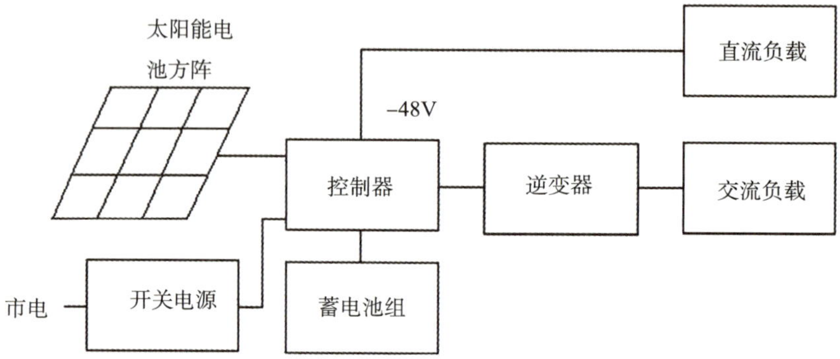

图5　通信用太阳能—市电互补电源系统组成示意图

通信用风光互补电源系统组成示意图如图6所示。该图中的控制器，包括风力发电机组整流稳压装置、太阳电池组件的电压变换与稳定装置、直流配电单元和监控单元等。

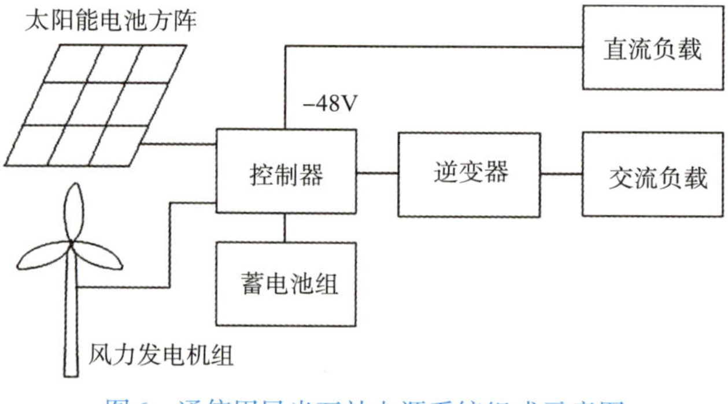

图6　通信用风光互补电源系统组成示意图

2. 一体化供电方式电源系统

一体化供电方式，即通信设备和电源设备组合在同一个机架内，由低压交流电源供电。通常通信设备位于机架的上部，电源设备装在机架的下部。

一体化组合电源系统包括两种类型：一体化直流电源，一体化UPS电源。

一体化直流电源包括：整流模块、交直流配电单元、监控单元和蓄电池组。

一体化UPS电源包括：UPS模块、交流配电单元、监控单元和蓄电池组。

一体化供电方式适用于小型通信站，如接入网站、室内分布站、室外小基站等。

这些通信站也应有合格的接地与防雷系统，并应接入上级局（站）的集中监控系统中。

二、低压交流配电系统的类型

根据国际电工委员会（IEC）标准，低压交流配电系统按接地方式的不同，分为TN系统、TT系统和IT系统三种基本类型。其中第一个大写字母表示电源端与地的关系：T（法文Terre）表示电源端有一点（中性点）直接接地，I（法文Isoland）表示电源端的所有带电部分不接地或有一点通过阻抗接地；第二个大写字母表示电气设备的外露可导电部分与地的关系：N（法文Neutre）表示电气设备的外露可导电部分与电源端接地点有直接的电气连接，T（法文Terre）表示电气设备的外露可导电部分直接接地，但此接地点在电气上独立于电源端的接地点。

（一）TN系统

TN系统是交流配电系统中电源的中性点直接接地，电气设备的外露可导电部分（金属外壳）通过保护导线连接到该接地点的系统。该系统按照中性线与保护线的不同连接方式，又分为TN-S系统、TN-C系统和TN-C-S系统三种类型。其中短横线后面的字母S（法文Separateur）表示中性线和保护线是分开的，C(法文Combinaison）表示中性线和保护线是合一的。

TN系统适用于城镇低压电力网。

1. TN-S系统

TN-S系统即三相五线制系统，如图7所示。图中降压电力变压器仅画出了副绕组。副绕组采用星形（Y形）连接，副绕组的首端引出三根相线：L_1、L_2、L_3，副绕组的中性点直接接地（接地电阻一般应不大于4Ω)，从其接地汇流排上引出两根彼此绝缘的导线，一根为中性线即工作零线N（简称零线，与变压器或发电机直接接地的中性点连接的中性线称为零线)，另一根为保护零线即保护地线PE。工作零线N参与传输电能，流过三相不平衡电流。保护地线PE不参与传输电能，它接到电气设备的金属外壳上，使设备的金属外壳通过PE线在电源的接地点接地。PE线平时无电流通过，当交流相线与机壳短路时，流过较大的短路电流，使接于相线中的断路器或熔断器等保护器件迅速动作，及时切断电源，从而保障人身和设备的安全。

TN-S系统是工作零线N与保护地线PE完全分开的系统。应用中必须注意：严禁采用零线N作为保护地线，零线N不得重复接地；设备中的零线铜排必须与设备的金属外壳绝缘；保护地线PE应与联合接地系统中的接地总汇集线（或总汇流排）连通。

为了人身和设备的安全，严禁在保护地线和公共零线中加装开关或熔断器，并应在实际工作中注意，保护地线端子和零线端子均要连接牢固，防止虚接。如果保护地线断路，若某一相线碰连设备的金属外壳，则机壳对地电压将达到相电压，这时没有较大的短路电流，一般的过电流保护装置不能切断电源进行保护，从而严重危及人身安全。如果公共零线断路而星形连接的负载接通了三相电源，当三相负载不平衡时，负载侧中性点将会发生电位偏移，各相负载电压失去平衡，可能有的负载电压接近线电压，而有的负载电压远低于正常相电压，因此用电设备不能正常工作，甚至一相或两相上的用电设备被烧坏。

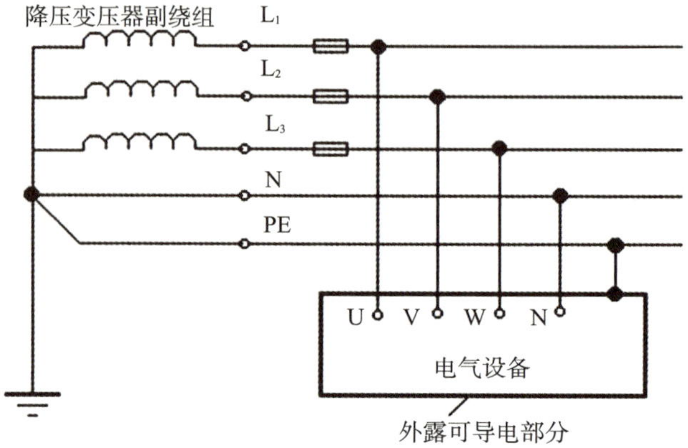

图7　TN-S系统（三相五线制）原理图

在三相五线制供电系统中，单相供电采用单相三线制，三线即相线、零线和保护地线。为了安全，单相设备的电源开关只能装在相线上，而不准装在零线上（但可采用相线和零线同时通断的二极开关）。

2. TN-C系统

TN-C系统即三相四线制接零保护系统，是工作零线N与保护地线PE合一的系统，如图8所示。从降压电力变压器副绕组直接接地的中性点引出的中性线，既是工作零线，又是保护地线，工作零线与保护地线合为一体，称为保护中性线，即PEN线。这时电气设备的金属外壳必须接到PEN线上，进行接零保护。

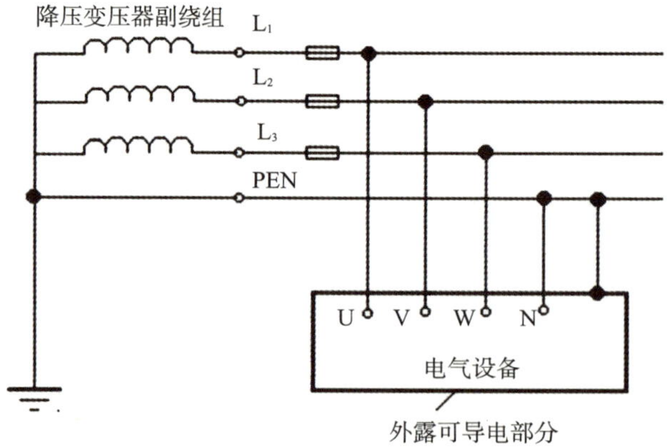

图8　TN-C系统（三相四线制）原理图

在TN-C系统中，为了防止因PEN线断线而造成危害，当距离电源接地点超过50m时，PEN线在引入建筑物处应重复接地（其接地电阻不宜超过10Ω）。

3. TN-C-S系统

TN-C-S系统如图9所示，整个低压交流配电系统的前部分为TN-C系统，其零线和保护地线是合一的PEN线；后部分则采用TN-S系统，其零线N和保护地线PE分开，并且不允许再合并或者混用。

通信局（站）采用TN-C-S系统时，PEN线在进入通信楼房处应做重复接地——将PEN线与机房联合接地系统中的接地总汇集线（或总汇流排）可靠连通。

为了便于区分不同的电源线，电气设备交流电源线的颜色应符合规定：相线为A相（U相）黄色、B相（V相）绿色、C相（W相）红色，零线（N）为淡蓝色，保护地线（PE）为黄、绿双色。

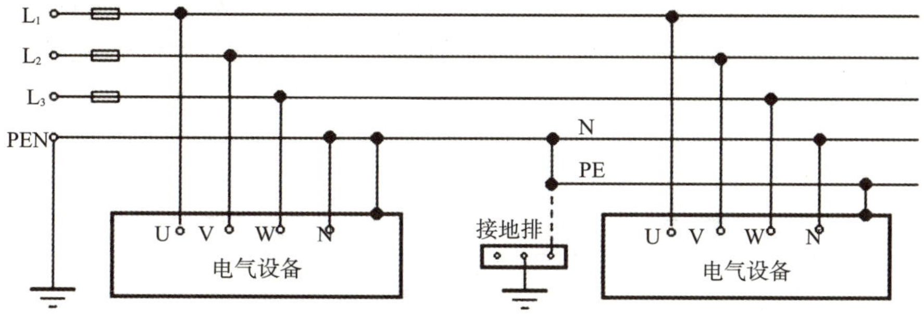

图9 TN-C-S系统原理图

（二）TT系统

TT系统是交流配电系统中电源的中性点直接接地，电气设备的外露可导电部分（金属外壳）就近保护接地，两个接地装置无直接关联的系统，如图10所示。在这种系统中，除降压电力变压器副绕组中性点直接接地外，引出的中性线（零线N）不得再接地，并应与相线（L_1、L_2、L_3）保持相等的绝缘水平。

TT系统适用于农村低压电力网。

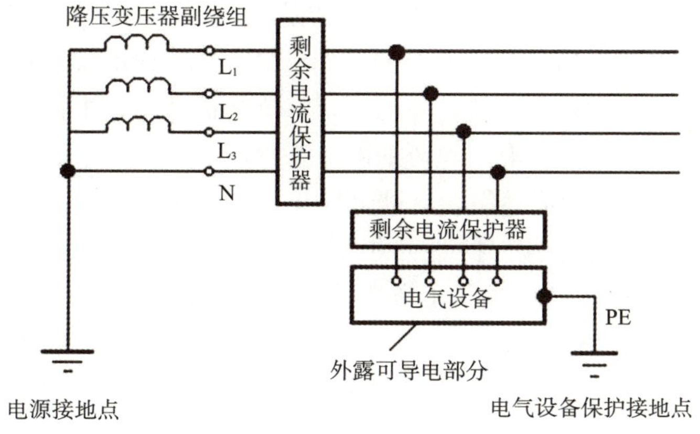

图10 TT系统原理图

TT系统如不采取专门保护措施，其保护性能不能确保安全。假如电气设备中某一相线碰到了设备的金属外壳，如图11所示，这时设备金属外壳的对地电压为

$$U_E = \frac{R_A}{R_A + R_N}U \tag{1}$$

式中，R_A为保护接地装置的接地电阻，R_N为电力变压器中性点的接地电阻，U为相电压。

虽然$U_E<U$，但由于R_A和R_N在同一个数量级，因此机壳对地电压U_E几乎不可能限制在安全范围内（国家标准规定，工频安全电压的限值为有效值50V）。由于这时没有较大的短路电流，故断路器或熔断器不一定能切断电源进行保护。所以，通信局（站）一般不宜采用TT系统。若确有困难，不得不采用TT系统，则必须在低压交流电源进线处装设剩余电流保护器，将故障持续时间限制在允许范围之内（如0.1s）。

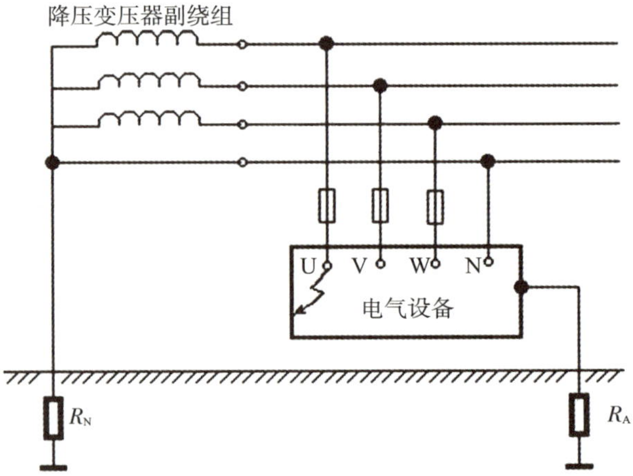

图11　TT系统相线碰机壳的分析

剩余电流保护器的全称是剩余电流动作保护器（RCD：Residual Current Device）。“剩余电流”是相线与中性线的电流相量和（其瞬时值是相线与中性线电流瞬时值的代数和）。参看图12，线路和设备绝缘良好时，剩余电流为0（即使三相负载不平衡，由基尔霍夫电流定律可知，剩余电流也为0）；如果供电线路或电气设备发生单相接地故障，就会产生一定量值的剩余电流。使用剩余电流保护器时，中性线应与相线一起穿过剩余电流保护器中用于检测剩余电流的电流互感器。当剩余电流达到“额定剩余动作电流”时，剩余电流保护器动作，及时切断电源，实施保护。

TT系统通常采用剩余电流保护器实施两级或三级保护。各级剩余电流保护器的动作特性应互相协调，并应避免电网正常泄漏电流使保护器误动作。例如，末级保护（用电设备电源进线处）选用高灵敏度、快速动作型的RCD，选取额定剩余动作电流$I_{\Delta n}$≤30mA、额定动作时间T_n≤0.1s；中级保护（配电系统分支线路）的RCD，选取$I_{\Delta n}$=60～100mA、T_n=0.3s；总保护（降压电力变压器输出端）选用延时型的RCD，选

取 $I_{\Delta n}$=200～300mA、T_n=0.5s。

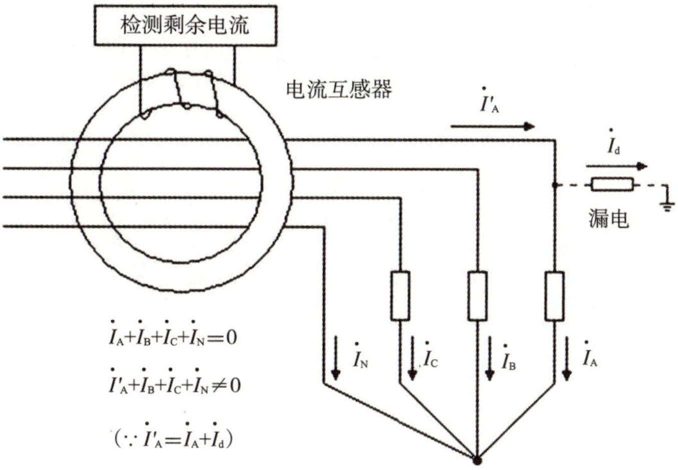

图 12 剩余电流示意图

常用的剩余电流保护器是具有漏电保护、过载保护和短路保护功能的剩余电流断路器。

需要指出，在同一台变压器供电的低压配电网中，不允许一部分电气设备采用接零保护，而另一部分电气设备采用接地保护，即一般不允许同时采用TN-C方式和TT方式混合运行。图13所示就是这种错误的混合运行方式，这时若接地保护设备的相线碰连金属外壳，则该设备的机壳对地电压 U_E 如式（1）所示，而零线以及所有接零保护设备的机壳对地电压为

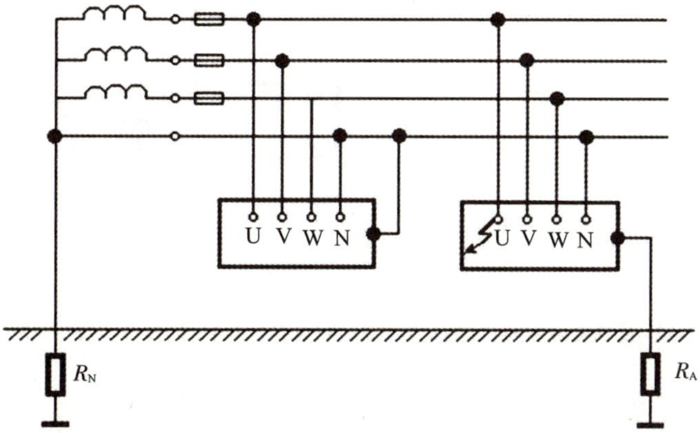

图 13 错误的混合运行方式

$$U_N=\frac{R_N}{R_N+R_A}U \tag{2}$$

式中，R_A 为保护接地装置的接地电阻，R_N 为电力变压器中性点的接地电阻，U 为相电压。

U_E和U_N都可能给人以致命的电击，而且故障接地电流不大，一般的过电流保护装置往往不动作，危险状态将长时间存在。因此，这种混合运行方式一般是不允许的。

如确有困难，不得不采用混合运行方式，则属于TT保护方式的设备必须装设剩余电流保护器。

（三）IT系统

IT系统是交流配电系统中电源的带电部分不接地或有一点（中性点）经足够大的阻抗接地，电气设备的外露可导电部分（金属外壳）就近保护接地的系统，如图14所示。它也是接地保护系统。

IT系统可引出中性线，也可不引出中性线。必须装设绝缘监视及接地故障告警装置。这种系统可用于对安全有特殊要求的井下配电网等动力网。

通信局（站）的低压交流配电不采用IT系统。

国家标准GB50689—2011《通信局（站）防雷与接地工程设计规范》中规定：“大（中）型通信局（站）必须采用TN-S或TN-C-S供电方式。”

移动通信基站等，一般应采用TN-S或TN-C-S供电方式；当使用农村低压电网供电或虽使用专用电力变压器但离基站较远时，可采用TT供电方式。

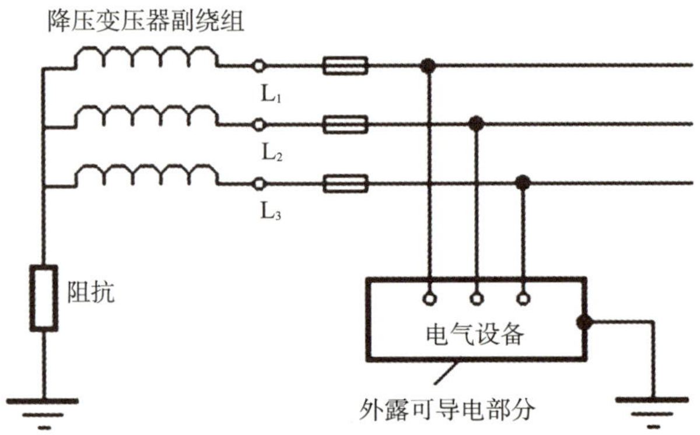

图14　IT系统原理图

三、通信电源供电要求

通信电源系统必须保证稳定、可靠和安全地向通信设备供电，供电不中断，供电质量达到规定指标的要求，电磁兼容性符合相关标准的规定。通信电源设备还应效率高、节能环保、体积小、质量轻，便于安装维护和扩容，并应智能化程度高，可以进行集中监控，实现少人或无人值守。

对通信电源供电的具体要求，主要有以下几方面。

（一）供电可靠性

通信电源系统的可靠性用“不可用度”指标来衡量。电源系统的不可用度是指电源系统故障时间同故障时间和正常供电时间之和的比，即

$$\text{电源系统不可用度} = \frac{\text{故障时间}}{\text{故障时间} + \text{正常供电时间}}$$

我国通信行业标准YD/T1051—2010《通信局（站）电源系统总技术要求》中规定：一类局站电源系统的不可用度应不大于5×10^{-7}，即平均20年时间内，每个电源系统故障的累计时间应不大于5分钟；二类局站电源系统的不可用度应不大于1×10^{-6}，即平均20年时间内，每个电源系统故障的累计时间应不大于10分钟；三类局站电源系统的不可用度应不大于5×10^{-6}，即平均20年时间内，每个电源系统故障的累计时间应不大于50分钟。

通信电源系统主要设备的可靠性，主要用“平均失效间隔时间（MTBF：Mean Time Between Failure）”指标来衡量，在YD/T1051—2010中做了具体规定。例如：高频开关整流器，在15年使用时间内，MTBF应不小于5×10^{4}小时；阀控式密封铅酸蓄电池组，全浮充工作方式在8年使用时间内，MTBF应不小于3.5×10^{5}小时。

（二）供电质量

通信电源包括基础电源和机架电源（即通信设备内部的插件电源），本书主要讨论基础电源。

根据YD/T1051—2010和YD/T1970.1—2009《通信局（站）电源系统维护技术要求第1部分：总则》等标准，对通信局（站）交、直流基础电源的供电质量有以下要求。

1. 交流基础电源技术指标

由市电或备用发电机组（含移动电站）提供的低压交流电源，称为通信局（站）的交流基础电源。其额定电压为220/380V，即相电压220V，线电压380V，额定频率为50Hz。

通信设备用交流电供电时，在通信设备的电源输入端子处测量，电压允许变动范围为：额定电压值+5%～-10%，即相电压231～198V、线电压399～342V。

通信电源设备及重要建筑用电设备用交流电供电时，在设备的电源输入端子处测量，电压允许变动范围为：额定电压值+10%～-15%，即相电压242～187V、线电压418～323V。

当市电供电电压不能满足上述规定时，应采用调压或稳压设备来满足电压允许变动范围的要求。

频率允许变动范围为额定值±4%，即48～52Hz。

电压波形正弦畸变率，即电压总谐波畸变率，应不大于5%。电压总谐波畸变率

（VTHD：Voltage Total Harmonics Distortion）是交流电压中各谐波分量的方均根值与基波有效值之比的百分数。

三相供电电压不平衡度应不大于4%。

此外，设置降压电力变压器的通信局（站），应安装无功功率补偿装置，使功率因数保持在0.90以上。

整流电路等非线性负载，会使输入电流波形畸变，即在输入电流中出现谐波电流。通信局（站）的输入电流总谐波畸变率THD_i（2～39次输入谐波电流的方均根值与基波电流有效值之比的百分数），应不大于10%，超过10%时应采取谐波治理措施，如加装滤波器。

2. 直流基础电源技术指标

向各种通信设备、通信逆变器和直流变换器提供直流电压的电源，称为直流基础电源。

直流基础电源的电压，YD/T1051—2010中规定，首选标称值−48V，过渡时期暂留标称值−24V及+24V。

直流基础电源的技术指标如表2所示。通信用直流电源电压的纹波用杂音电压来衡量。

直流供电回路中每个接线端子（直流配电屏以外）的压降应符合下列要求：1000A以下，每百安培接线端子压降不大于5mV；1000A以上，每百安培接线端子压降不大于3mV。

表2 直流基础电源电压标准及技术指标

标称电压/V		−48	−24	+24
通信设备受电端子上电压允许变动范围/V		−40～−57	−19～−29	+19～+29
杂音电压/mV	电话衡重	≤2	≤2	≤2
	峰-峰值	≤200（0～20MHz）	≤200（0～20MHz）	≤200（0～20MHz）
	宽频（有效值）	<100（3.4～150kHz） <30（0.15～30MHz）	<100（3.4～150kHz） <30（0.15～30MHz）	<100（3.4～150kHz） <30（0.15～30MHz）
供电回路全程最大允许压降/V		3.2	2.6	2.6

注：1.杂音电压指标是在直流配电屏输出端子处的测量值。
2.表中宽频杂音电压指标是YD/T1970.1—2009的规定；YD/T731—2008《通信用高频开关整流器》要求整流器输出宽频杂音电压为：≤50mV（3.4～150kHz）、≤20mV（0.15～30MHz）。然而在YD/T1058—2007《通信用高频开关电源系统》和YD/T1051—2010中，取消了对宽频杂音电压的要求。

（三）安全供电

安全供电十分重要，它涉及的面比较宽，例如：电源机房应按有关规定满足防火、抗震等防灾害要求，工作人员应严格遵守操作规程，安全生产管理应常抓不懈等。就通信电源系统本身而言，为了保证人身、设备和供电的安全，应满足以下要求。

首先，通信局（站）电源系统应有完善的接地与防雷设施，具备可靠的过压和雷击防护功能，电源设备的金属壳体应可靠地保护接地。

其次，通信电源设备及电源线应具有良好的电气绝缘，包括有足够大的绝缘电阻和绝缘强度。

最后，通信电源设备应具有保护与告警性能。此外，有些电源设备还需满足外壳防护等级的要求。

（四）电磁兼容性

随着电子电气设备的使用日益广泛，电磁环境愈来愈复杂。高频开关电源等通信电源设备只有具备良好的电磁兼容性，才能在复杂的电磁环境中不但自身可以正常工作，而且不骚扰别的设备正常运行，成为“绿色”电源。通信电源设备的电磁兼容性用YD/T983—1998等标准来规范。

1. 基本概念

电磁兼容性的定义是：设备或系统在其电磁环境中能正常工作且不对该环境中任何事物构成不能承受的电磁骚扰的能力。它有两方面的含义，一方面任何设备不应骚扰别的设备正常工作，另一方面对外来的骚扰有抵御能力。即电磁兼容性包含电磁骚扰和对电磁骚扰的抗扰度两个方面。

电磁骚扰的定义为：任何可能引起装置、设备、系统性能降低或者对生物或非生物产生损害作用的电磁现象。这种电磁现象对外界形成干扰，可能造成通信质量降低甚至通信失效等不良后果，因此电磁骚扰的产生必须受到限制，使通信设备与系统以及其他电子电气设备能够正常运行。

对电磁骚扰的抗扰度（或简称抗扰度），定义为：装置、设备或系统面临电磁骚扰不降低性能的能力。抗扰度又称抗扰性。任何电子电气设备都要有适当的抗扰度，才能在越来越复杂的电磁环境中正常工作。

电磁骚扰根据能量传输方式的不同，分为传导骚扰和辐射骚扰。前者是通过端子和导线向外传递能量的电磁骚扰，后者是以电磁波的形式通过空间传播能量的电磁骚扰。

电磁骚扰用电平来度量，以分贝（dB）及其参量的单位来表示。传导骚扰一般用电压（以μV为单位）做参量，辐射骚扰用离骚扰源一定距离（如10m或3m）的电场强度（以μV/m为单位）或磁场强度（以μA/m为单位）做参量，通常以1μV或1μV/m为0dB，表达为0dB（μV）或0dB（μV/m）。传导骚扰电平D=20lgU，单位为dB（μV），例如传导骚扰电压U=5mV，就是传导骚扰电平74dB（μV）。辐射骚扰用电场强度（E）做参量时，其骚扰电平D=20lgE，单位为dB（μV/m）。

2. 电磁骚扰限值

电磁骚扰限值方面的国际标准是国际电工委员会（IEC）下属的国际无线电干扰特别委员会（CISPR）制定的CISPR22《信息技术设备的无线电骚扰限值和测量方法》，这个标准规定了信息技术设备在0.15～6000MHz频率范围内的电磁骚扰限值。我国的国家标准GB9254—2008《信息技术设备的无线电骚扰限值和测量方法》，等同CISPR22：2006（第5.2版）。我国通信行业标准YD/T983—2013《通信电源设备电磁兼容性要求及测量方法》对通信电源设备的电磁骚扰限值等做了规定。

在电磁兼容性标准的电磁骚扰限值要求中，都有A、B两个等级。其中B级要求较高，适用于居住区和商业区等生活环境；A级要求较低，适用于生活环境以外的场所。电磁骚扰限值通常用准峰值和平均值来表达：准峰值是指骚扰包络经具有规定时间常数的检波器检波后的值，与施加的脉冲重复率有关，脉冲重复率增加则检波后的量值增大（趋向于峰值但小于峰值），它用准峰值检波测试仪测量；平均值是指骚扰包络的平均值，用平均值检波测试仪测量。

根据GB9254—2008和YD/T983—2013的规定，通信电源设备（TPE）通过电源线的传导骚扰，应满足表3或表4的限值要求，准峰值与平均值限值应同时满足；通过空间的辐射骚扰，应满足表5或表6以及表7或表8的限值要求。

表3　B级TPE电源端子传导骚扰限值

频率范围/MHz	限值/dB（μV）	
	准峰值	平均值
0.15～0.50	66～56	56～46
0.50～5	56	46
5～30	60	50

注：1. 在衔接频率点（0.5MHz和5MHz）应采用较低的限值。
　　2. 在0.15～0.50Mz内，限值随频率的对数呈线性减小。

表4　A级TPE电源端子传导骚扰限值

频率范围/MHz	限值/dB(μV)	
	准峰值	平均值
0.15～0.50	79	66
0.50～30	73	60

注：在衔接频率点（0.5MHz）应采用较低的限值。

表5　B级TPE在10m测试距离的辐射骚扰限值

频率范围/MHz	准峰值限值/dB(μV/m)
30～230	30
230～1 000	37

注：1. 在衔接频率点应采用较低的限值。
　　2. 当出现外界骚扰时，可能需要采取附加措施（从略）。

表6 A级TPE在10m测试距离的辐射骚扰限值

频率范围/MHz	准峰值限值/dB（μV/m）
30～230	40
230～1 000	47

注：1. 在衔接频率点应采用较低的限值。

2. 当出现外界骚扰时，可能需要采取附加措施（从略）。

表7 B级TPE在3m测试距离的辐射骚扰限值

频率范围/GHz	平均值限值/dB(μV/m)	峰值限值/dB(μV/m)
1～3	50	70
3～6	54	74

注：在衔接频率点应采用较低的限值。

表8 A级TPE在3m测试距离的辐射骚扰限值

频率范围/GHz	平均值限值/dB(μV/m)	峰值限值/dB(μV/m)
1～3	56	76
3～6	60	80

注：在衔接频率点应采用较低的限值。

3. 抗扰度要求

通信电源设备（TPE）的抗扰度，是从设备自身的安全可靠运行上着眼的。对设备的不同部位：外壳表面、直流电源端口、交流电源端口、通信端口等，有不同的抗扰度要求。在IEC61000-4、GB/T17626和YD/T983—2013等标准中，对各项抗扰度的测试做了规定，并给出了判定准则。通信电源设备各方面的抗扰度（即抗扰性）均应符合YD/T983—2013中的要求。

高频开关整流器等通信电源设备，既是电磁骚扰源，又是电磁骚扰的承受者。为了确保通信电源系统稳定、可靠、安全地供电及通信系统的正常运行，通信电源设备必须具有良好的电磁兼容性，其电磁骚扰和抗扰度都要符合相关标准的要求。某种型号的产品电磁兼容性是否符合相关标准，由专门机构抽样检验来认定。

电磁兼容性的三大要素是骚扰源、耦合通路和敏感体。解决电磁兼容性问题的方法主要有屏蔽、接地、滤波，以及改进和创新电路设计与制造工艺。

四、电气设备外壳防护等级

有些电源设备有外壳防护等级的要求。

根据国家标准GB4208—2008《外壳防护等级（IP代码）》，电气设备外壳防护等级按如下方法表示

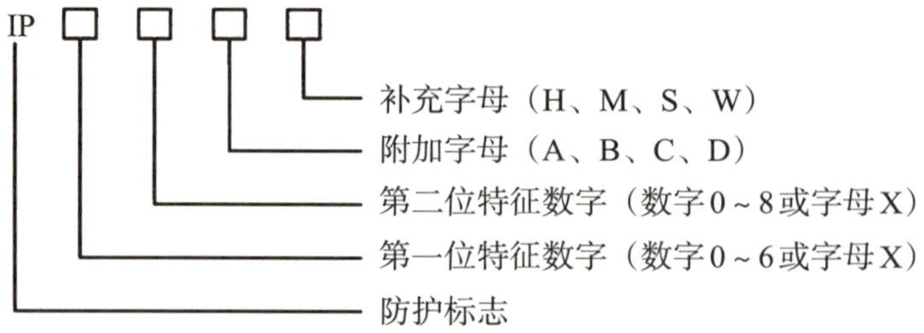

IP是国际防护（International Protection）的英文缩写。

第一位特征数字表示第一种防护形式等级。第一种防护是对固体异物进入内部以及对人接近危险部件（内部带电部分或运动部分）的防护，分为0～6共7级，如表9所示。

第二位特征数字表示第二种防护形式等级。第二种防护是对水进入内部的防护，分为0～8共9级，如表10所示。

产品不要求规定特征数字时，数字用字母X代替。

附加字母表示对人接近危险部件的防护等级：A、B、C、D对应地表示能防止手背、手指、工具（直径2.5mm、长100 mm）、金属线（直径1.0mm、长100mm）接近危险部件。附加字母仅在对人接近危险部件的防护高于第一位特征数字所代表的防护等级，或第一位特征数字用X代替，仅需表示对接近危险部件防护等级的情况下使用。

表9　电气设备第一种防护

防护等级	简称	防护性能
0	无防护	没有专门的防护
1	防护直径不小于50mm的固体	能防止直径不小于50mm的固体异物进入壳内，能防止手背接近危险部件
2	防护直径不小于12.5mm的固体	能防止直径不小于12.5mm的固体异物进入壳内，能防止手指接近危险部件
3	防护直径不小于2.5mm的固体	能防止直径不小于2.5mm的固体异物进入壳内，能防止直径（或厚度）2.5mm的工具、金属线等接近危险部件
4	防护直径不小于1mm的固体	能防止直径不小于1.0mm的固体异物进入壳内，能防止直径1.0mm的金属线等接近危险部件
5	防尘	不能完全防止尘埃进入，但进入的灰尘量不影响设备的正常运行和安全；能防止金属线接近危险部件
6	尘密	能完全防止灰尘进入壳内，能防止金属线接近危险部件

表10 电气设备第二种防护

防护等级	简称	防护性能
0	无防护	没有专门的防护
1	防垂直滴水	垂直方向的滴水，无有害影响
2	防15°滴水	当外壳的各垂直面在15°角范围内倾斜时，垂直滴水无有害影响
3	防淋水	与垂线成60°角范围内的淋水，无有害影响
4	防溅水	向外壳各方向溅水，无有害影响
5	防喷水	向外壳各方向喷水，无有害影响
6	防强烈喷水	向外壳各方向强烈喷水，无有害影响
7	防短时间浸水影响	在规定的压力和时间下浸在水中，进水量不致达到有害程度
8	防持续潜水影响	在规定的压力下长时间浸在水中，进水量不致达到有害程度

补充字母是专门补充的信息：H表示高压设备，M表示做防水试验时设备的可动部件（如电机转子）运行，S表示做防水试验时设备的可动部件静止，W表示提供附加防护或处理以适用于规定的气候条件。

如不需要特别说明，附加字母和补充字母可以省略。

举例：某室外型通信电源设备的防护等级为IP45，表明该设备对固体异物进入内部的防护为4级，能防止直径1.0mm的固体异物入内；对水进入内部的防护为5级，即防喷水级。

参 考 资 料

[1] 中华人民共和国通信行业标准YD/T 1051—2010 通信局（站）电源系统总技术要求

[2] 中华人民共和国通信行业标准YD/T 1970．1—2009 通信局（站）电源系统维护技术要求第1部分：总则

[3] 漆逢吉．通信电源（第4版）．北京：北京邮电大学出版社，2015．

[4] 曲世惠．电工作业．北京：气象出版社，2001．

[5] 中讯邮电咨询设计院．通信电源技术培训教材．邮电设计技术，2003（增刊）

[6] 中华人民共和国国家标准GB/T 156—2007标准电压

[7] 中华人民共和国国家标准GB/T 14549—93电能质量公用电网谐波

[8] 中华人民共和国国家标准GB/T 15543—2008电能质量三相电压不平衡

[9] 中华人民共和国国家标准GB 14050—2008系统接地的型式及安全技术要求

[10] 中华人民共和国国家标准GB50065—2011交流电气装置的接地设计规范

[11]中华人民共和国电力行业标准DL/T 499—2001农村低压电力技术规程

[12] 中华人民共和国通信行业标准YD/T 5040—2005 通信电源设备安装设计规范

[13] 中华人民共和国通信行业标准YD 5079—2005 通信电源设备安装工程验收规范

[14] 夏国明．供配电技术．北京：中国电力出版社，2004．

[15] 朱雄世．新型电信电源系统与设备．北京：人民邮电出版社，2002．

[16] 侯振义，夏峥．通信电源站原理及设计．北京：人民邮电出版社，2002．

[17] 中华人民共和国通信行业标准YD/T1970．2—2010 通信局（站）电源系统维护技术要求第2部分：高低压变配电系统

[18] 中华人民共和国通信行业标准YD/T 502—2007 通信用柴油发电机组

[19] 中华人民共和国国家标准GB/T 20136—2006内燃机电站通用试验方法

[20]苏石川．现代柴油发电机组的应用与管理．北京：化学工业出版社，2005

[21] 中华人民共和国通信行业标准YD/T 1970．6—2009 通信局（站）电源系统维护技术要求第6部分：发电机组系统

[22] 中华人民共和国国家标准GB/T 7260．3—2003 不间断电源设备（UPS）第3部分：确定性能的方法和试验要求

[23] 张立，赵永健．现代电力电子技术．北京：科学出版社，1992．

[24] 中华人民共和国国家标准GB/T 14715—93 信息技术设备用不间断电源通用技

术条件

[25] 中华人民共和国通信行业标准YD/T 1095—2008 通信用不间断电源——UPS

[26] 刘希禹．UPS的性能分类与标准化UPS系统结构．邮电设计技术，2006（增刊）：66-75．

[27] 中华人民共和国通信行业标准YD/T 1970．4—2009 通信局（站）电源系统维护技术要求第4部分：不间断电源（UPS）系统

[28] 中华人民共和国国家标准GB 50689—2011通信局（站）防雷与接地工程设计规范

[29] 中华人民共和国通信行业标准YD 5098—2005 通信局（站）防雷与接地工程设计规范

[30] 中华人民共和国通信行业标准YD/T 1429—2006 通信局（站）在用防雷系统的技术要求和检测方法

[31] 中华人民共和国通信行业标准YD/T 5175—2009 通信局（站）防雷与接地工程验收规范

[32] 中华人民共和国通信行业标准YD/T 2324—2011 无线基站防雷的技术要求和测试方法

[33] 中华人民共和国国家标准GB 50057—2010 建筑物防雷设计规范

[34] 中华人民共和国通信行业标准YD/T 1235．1—2002 通信局（站）低压配电系统用电涌保护器技术要求

[35] 中华人民共和国通信行业标准YD/T 944—2007 通信电源设备的防雷技术要求和测试方法

[36] 漆逢吉．整流与变换（上册）．北京：人民邮电出版社，1992．

[37]漆逢吉．程控交换机电源设备．成都：四川科学技术出版社，1994．

[38] 徐德高，金刚．脉宽调制变换器型稳压电源．北京：科学出版社，1983．

[39] 黄济青．通信电源设备．北京：北京邮电大学出版社，1998．

[40] 黄济青，黄小军．通信高频开关电源．北京：机械工业出版社，2004．

[41] 张占松，蔡宣三．开关电源的原理与设计．北京：电子工业出版社，1998．

[42] 杨旭，裴云庆，王兆安．开关电源技术．北京：机械工业出版社，2004．

[43] 杨旭，赵志伟，王兆安．移相全桥型零电压软开关电路谐振过程的研究．电力电子技术，1998（3）：36-39．

[44] 中华人民共和国通信行业标准YD/T 1058—2007 通信用高频开关电源系统

[45] 中华人民共和国通信行业标准YD/T 731—2008 通信用高频开关整流器

[46] 中华人民共和国通信行业标准YD/T 585—2010 通信用配电设备

[47] 中华人民共和国通信行业标准YD/T 1173—2010 通信电源用阻燃耐火软电缆

[48] 中华人民共和国通信行业标准YD/T 1970．3—2010 通信局（站）电源系统维

护技术要求第3部分：直流系统

[49] 中华人民共和国通信行业标准 YD/T 2378—2011 通信用240V直流供电系统

[50] 中华人民共和国通信行业标准 YD/T 799—2010 通信用阀控式密封铅酸蓄电池

[51] 中华人民共和国通信行业标准 YD/T 1360—2005 通信用阀控式密封胶体蓄电池

[52] 中华人民共和国通信行业标准 YD/T 1970．10—2009 通信局（站）电源系统维护技术要求第10部分：阀控式密封铅酸蓄电池

[53] 桂长清．阀控密封铅蓄电池常见故障原因和对策．通信电源技术，2006，23（4）：76-79.

[54] 方佩敏．新型磷酸铁锂动力电池．今日电子网，2007-09-01.

[55] 中华人民共和国通信行业标准 YD/T 2344．1—2011 通信用磷酸铁锂电池组第1部分：集成式电池组

[56] 中华人民共和国通信行业标准 YD/T 1363．1—2014 通信局（站）电源、空调及环境集中监控管理系统第1部分：系统技术要求

[57] 中华人民共和国通信行业标准 YD/T 1363．2—2014 通信局（站）电源、空调及环境集中监控管理系统第2部分：互联协议

[58] 中华人民共和国通信行业标准 YD/T 1363．3—2005 通信局（站）电源、空调及环境集中监控管理系统第3部分：前端智能设备协议

[59] 中华人民共和国通信行业标准 YD/T 5027—2005 通信电源集中监控系统工程设计规范

[60] 中华人民共和国通信行业标准 YD/T 5058—2005 通信电源集中监控系统工程验收规范

[61] 中华人民共和国通信行业标准 YD 5184—2009 通信局（站）节能设计规范

[62] 中华人民共和国通信行业标准 YD/T 2435．1—2012 通信电源和机房环境节能技术指南第1部分：总则

[63] 中华人民共和国国家标准 GB/T 26264—2010 通信用太阳能电源系统

[64] 中华人民共和国国家标准 GB/T 26263—2010 通信用风能电源系统

[65] 中华人民共和国通信行业标准 YD/T 2321—2011 通信用变换稳压型太阳能电源控制器技术要求和试验方法

[66] 中华人民共和国国家标准 GB13955—2005 剩余电流动作保护装置安装和运行

[67] 中华人民共和国国家标准 GB/T 4365—2003 电工术语电磁兼容

[68] 中华人民共和国国家标准 GB 9254—2008 信息技术设备的无线电骚扰限值和测量方法

[69] 中华人民共和国通信行业标准 YD/T 983—2013 通信电源设备电磁兼容性要求及测量方法

[70] 中华人民共和国国家标准 GB 4208—2008 外壳防护等级（IP代码）